Inhalt

Heinrich Riedl

Handbuch praktische Motorradtechnik

Für alle Marken:

Grundwissen,
Störfälle,
Pannendiagnose,
Schadensbehebung

BLV Verlagsgesellschaft
München Wien Zürich

CIP-Titelaufnahme der Deutschen Bibliothek

Riedl, Heinrich:
Handbuch praktische Motorradtechnik: Für alle Marken:
Grundwissen, Störfälle, Pannendiagnose, Schadensbehebung /
Heinrich Riedl. – München; Wien; Zürich:
BLV Verlagsgesellschaft, 1988
ISBN 3-405-13526-5

Redaktion: Halwart Schrader
Gestaltung: Sonja Anderle
Titelbild: Hans-Jürgen Schneider
Alle Abbildungen vom Autor

Gesamtherstellung: Friedrich Pustet, Regensburg

Printed in Germany · ISBN 3-405-13526-5

Vorwort

Da Motorräder komplizierte und hochbeanspruchte Maschinen sind, ist die Reparaturhäufigkeit relativ hoch. Jeder Motorradfahrer wird trotz sorgfältiger Pflege und regelmäßiger Inspektionen irgendwann auch mit einem Störfall konfrontiert werden. Meist tritt eine Panne zum ungünstigsten Zeitpunkt auf, zum Beispiel kurz vor einer wichtigen Verabredung, oder bei schlechtem Wetter springt der Motor nicht an oder bleibt stehen. Um in allen Situationen eine Fehlerdiagnose stellen und zur Selbsthilfe greifen zu können, sind Kenntnisse über sämtliche Bauteile und Komponenten sowie über die Wirkungsweise der Motoren, deren Hilfssysteme und über die elektrische Anlage erforderlich. Sie werden in diesem Buch ausführlich vermittelt. Selbstverständlich sind auch Benzineinspritzung und Turbolader beschrieben und die elektrischen Stromlaufpläne detailliert dargestellt, eine Voraussetzung zur schnellen und sicheren Fehlerdiagnose und gezielten Fehlersuche in der elektrischen Anlage.

Der erste Schritt zur Beseitigung einer Störung ist deren Diagnose. Hierzu dient die Störfallübersicht, durch die man feststellen kann, welche Anlagenteile Ursache einer Störung sein können. Zur Erleichterung der Diagnose sind 170 der 230 erfaßten Motorrad-Störfälle gründlich erläutert.

Ist die Diagnose erstellt, kann mit der Fehlersuche und Fehlerbehebung begonnen werden. Hierzu findet der Praktiker 185 Arbeitsabläufe. Die auszuführenden Arbeitsgänge eines Arbeitsablaufs sind in richtiger Schrittfolge aufgeführt und entsprechend illustriert.

Da oft auch mehrere Komponenten Ursache einer Störung sind, kann auch eine Fachwerkstatt bereits bei einfachen Fahrzeugmängeln Probleme haben. Dies führt häufig zum Austausch noch einwandfreier Teile und folglich zu erhöhten Reparaturkosten. Deshalb sollte jeder Motorradfahrer in der Lage sein, eine sichere Störfalldiagnose selbst zu erstellen, damit Störungen gezielt beseitigt werden können bzw. der Werkstatt ein einwandfreier Arbeitsauftrag erteilt werden kann. Ferner können auch Rückschlüsse auf Folgeschäden und Auswirkungen auf die Verkehrs- und Betriebssicherheit getroffen werden.

Somit ist dieses Buch, in welchem alle Fabrikate und Typen berücksichtigt sind, eine unentbehrliche Unterlage zur Bewältigung aller praxisbezogenen Probleme.

Daß Sie im Falle einer Panne deren Ursache stets auf die Spur kommen mögen und möglichst viele Reparatur- und Wartungsarbeiten selbst und fachmännisch ausführen können, wünscht Ihnen Ihr

Heinrich Riedl

Bepackt für die Große Fahrt – hoffentlich sind auch die notwendigsten Werkzeuge dabei!

1. Grundlagen

1.1 Elektrotechnik

Jeder überhaupt vorkommende Stoff ist aus Atomen aufgebaut, die sich im wesentlichen aus Elektronen, Protonen und Neutronen zusammensetzen.

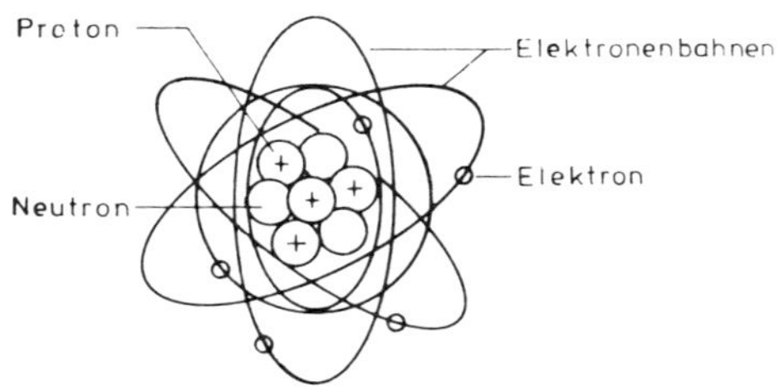

1 Prinzipieller Aufbau eines Atoms

Um die atomaren Vorgänge verstehen zu können, stellt man sich am besten ein Atom aus einem kugelartigen Kern vor (Abb. 1), um den auf bestimmten Bahnen (wie die Planeten um die Sonne) die Elektronen kreisen. Außer dem Wasserstoff-Atom, das aus einem Proton (positive elektrische Ladung) und einem Elektron (negativ elektrisch geladenes Elementarteilchen) besteht, weisen alle übrigen Elemente mehrere Protonen und Elektronen auf. Außerdem sind in ihren Atomkernen neben den Protonen auch Neutronen (elektrisch neutrale Elementarteilchen, das heißt, sie haben nach außen keine wirksame Ladung) vorhanden. Da ein Leiter dadurch gekennzeichnet ist, daß er außer den Elektronen, die um den Atomkern kreisen, noch freie, das heißt: an keinen Atomkern gebundene Elektronen besitzt, kann er ein aus dem Atomverband entferntes Elektron ersetzen. Daraus folgt, daß ein elektrischer Stromfluß ein Austausch von Elektronen, ein Elektronenfluß ist.
Nichtleiter, zum Beispiel Glas oder Gummi, besitzen keine freien Elektronen, und ihre Atome sind nicht in der Lage, gegenseitig Elektronen auszutauschen. Außer metallischen Leitern und Nichtleitern gibt es Halbleiter, zum Beispiel Germanium und Silizium.

Spannung und Strom

Zum leichteren Verständnis dieser Begriffe gehen wir von einem Wasserkreislauf gemäß Abb. 2 A aus.
Wird die Pumpe P von einem Motor angetrieben, so stellt sich bei geschlossenem Ventil V auf der Druckseite P_1 gegenüber der Saugseite P_2 ein Überdruck ein, das heißt, zwischen P_1 und P_2 entsteht eine Druckdifferenz Δp. Abb. 2 B zeigt den entsprechenden elektrischen Kreislauf mit einem galvanischen Element (Stromquelle), das als Elektronenpumpe zu betrachten ist. Der Druckunterschied Δp des Wassers läßt sich mit der Spannung U der Stromquelle Uq vergleichen. Innerhalb der Stromquelle bewirkt die Spannung eine Verschiebung der freien Elektronen von einer Klemme zur anderen. Beim galvanischen Element besteht an der Minusklemme eine Anhäufung von Elektronen, während an der Plusklemme ein Elektronenmangel besteht.

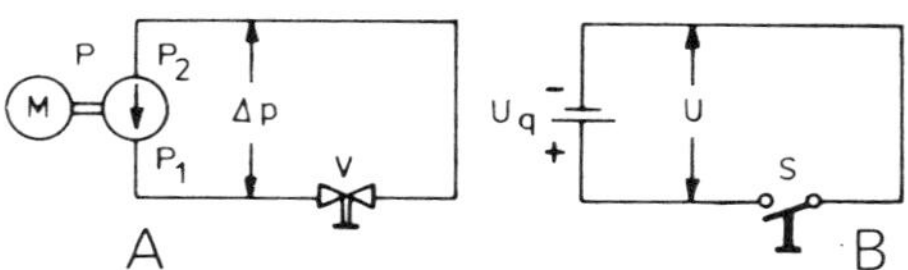

2 A Wasserkreislauf
B elektrischer Stromkreislauf

Öffnet man das Ventil V im Wasserkreislauf, dann bewirkt das von der Pumpe erzeugte Druckgefälle eine Wasserströmung, das heißt, der Wasserkreislauf ist geschlossen.
Dementsprechend wird durch Einschalten des Schalters S der elektrische Stromkreis geschlossen und die Elektronenbewegung setzt ein. Die Spannung ist dabei die Ursache der Elektronenbewegung. Der Elektronenstrom ist wie beim Wasserstrom an jeder Stelle des Kreislaufes gleich groß. Die Stromstärke ist jedoch von der Größe der Spannung abhängig.
Für die bisherigen Betrachtungen diente als Stromquelle das galvanische Element. Anstelle dessen kann natürlich jeder Stromerzeuger (Dynamo, Generator) treten. Die sogenannten rotierenden Stromerzeuger liefern entsprechend ihres Aufbaus einen Gleich-, Wechsel- oder Drehstrom.

In jedem Spannungserzeuger entsteht durch Ladungstrennung eine elektrische Spannung. Einen Strom von konstanter Stärke und Richtung bezeichnet man als Gleichstrom. Ändert ein Strom seine Stärke und Richtung sinusförmig, so spricht man von Wechselstrom. Die Frequenz des Wechselstromnetzes beträgt 50 Schwingungen pro Sekunde oder 50 Hertz. Bei Spannungs- und Stromangaben ist immer der Effektivwert (Mittelwert) zu verstehen; das ist der Wert, der von Spannungs- und Strommessern angezeigt wird. Der Drehstrom, auch Dreiphasenstrom genannt, besteht aus drei verketteten Wechselströmen, die um 120 ° phasenverschoben sind. Die Maßeinheit der Stromstärke ist das Ampere, das Kurzzeichen = A und das Formelzeichen = I.
1 A ist die Stärke des Stromes, der aus einer Silbernitratlösung in einer Sekunde 1,118 Milligramm Silber ausscheidet. Die Maßeinheit der elektrischen Spannung ist das Volt, das Kurzzeichen = V und das Formelzeichen = U.
1 V ist die Spannung, die durch einen Widerstand von 1 Ohm einen Strom von 1 A treibt.

Widerstand

Ist das Ventil V im Wasserkreislauf gemäß Abb. 2 A ganz geöffnet, und der Motor treibt die Pumpe P mit konstanter Drehzahl an, dann fließt entsprechend dem Druckunterschied Δp ein konstanter Wasserstrom. Wird das Ventil allmählich geschlossen, der Rohrquerschnitt also verkleinert, dann reduziert sich der Wasserstrom solange, bis er schließlich bei geschlossenem Ventil (größter Widerstand) vollkommen unterbrochen ist. Ferner entsteht insbesondere an der Einschnürung infolge der Reibung eine erhöhte Erwärmung. Daraus ergeben sich zwei grundlegende Effekte:

- der Widerstand verkleinert den Wasserstrom,
- der Widerstand erwärmt sich dabei.

Analoge Verhältnisse ergeben sich bei einem elektrischen Stromkreis gemäß Abb. 3 mit dem elektrischen Widerstand R.
Die Maßeinheit des elektrischen Widerstandes ist das Ohm, das Kurzzeichen = Ω (griechisch Omega), das Formelzeichen = R.

1 Ω ist der Gleichstrom-Widerstand einer Quecksilbersäule von 1 mm^2 Querschnitt und 106,3 cm Länge bei einer Temperatur von 0 °C. Über die Beziehung zwischen Strom und Widerstand gibt folgende Gleichung Aufschluß:

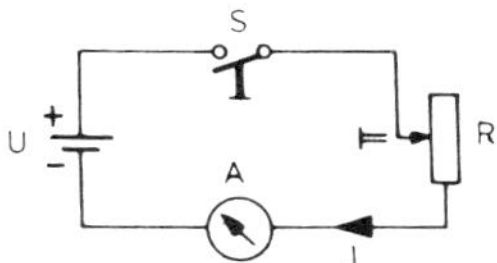

3 Einfacher Stromkreis mit Stromquelle U. Schalter S, Widerstand R und Strommesser A

Spannung [V] = Strom [A] × Widerstand [Ω]

$$U = I \times R$$

Das ist das »Ohmsche Gesetz«, das grundlegende und wichtigste in der Elektrotechnik. Durch Umwandlungen obiger Formel ergeben sich die Gleichungen:

$$I = \frac{U}{R} \text{ bzw. } R = \frac{U}{I}$$

Bei der Reihen- oder Hintereinanderschaltung von Widerständen durchfließt der Strom nacheinander die Einzelwiderstände. Die Stromstärke ist wie im gesamten Stromkreis in allen Widerständen gleich groß, die Gesamtspannung ist gleich der Summe der Teilspannungen

$$U = U_1 + U_2 + \ldots$$

und der Gesamtwiderstand R gleich der Summe der Einzelwiderstände R_1, R_2 und so weiter.

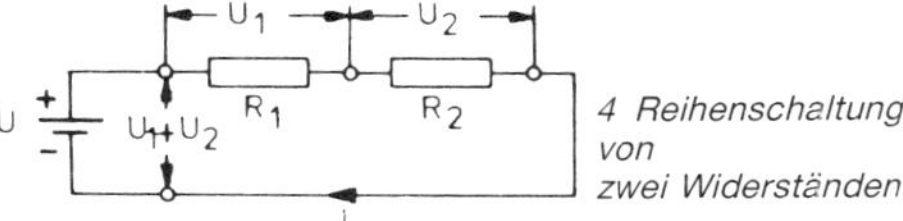

4 Reihenschaltung von zwei Widerständen

$$R = R_1 + R_2 + \ldots$$

Durch Umformung ergeben sich die Gleichungen:

$$R_1 = R - R_2$$
$$R_2 = R - R_1$$

Schaltet man mehrere Widerstände parallel oder nebeneinander, dann wird jeder Einzelwiderstand von einem ihrem Widerstandswert entsprechenden Strom durchflossen. Der Gesamtstrom J_G ist gleich der Summe der Teilströme.

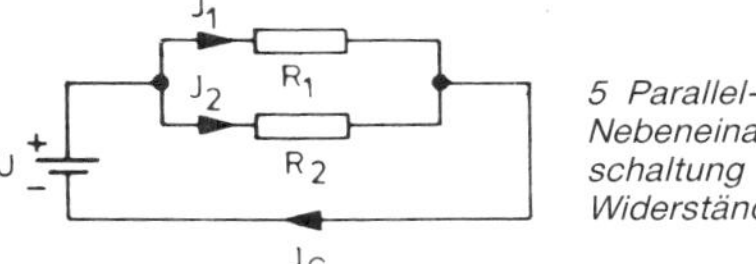

5 Parallel- oder Nebeneinanderschaltung von zwei Widerständen

Der Gesamtwiderstand R einer Parallelschaltung von Widerständen ist immer kleiner als der kleinste Einzelwiderstand.

Für zwei parallel geschaltete Widerstände ergibt sich der Gesamtwiderstand R zu:

$$R = \frac{R_1 \cdot R_2}{R_1 + R_2}$$

Schaltet man vor einem Verbraucher einen Festwiderstand, zum Beispiel um eine 6 V-Lampe an ein 12 V-Netz anschließen zu können, so teilt sich die angelegte Spannung den Widerstandswerten entsprechend auf.
Die Größe des Vorwiderstandes R_v kann nach dem Ohmschen Gesetz berechnet werden.

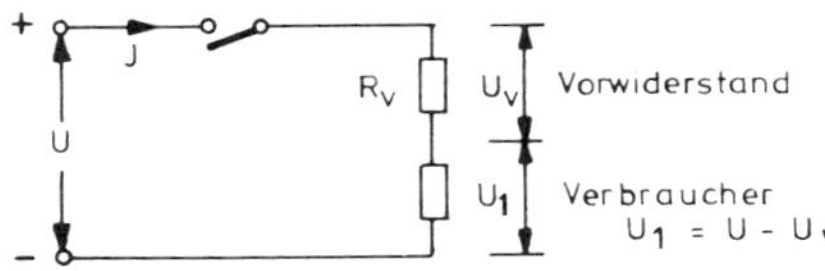

6 Schaltung eines Vorwiderstandes

In der Meß-, Regel- und Steuerungstechnik findet man häufig den sogenannten Spannungsteiler. Eine Spannungsteilung kann durch Reihenschaltung von Festwiderständen, einstellbaren Widerständen bzw. durch einen stufenlos einstellbaren Widerstand (Potentiometer) gemäß Abb. 7 erreicht werden.

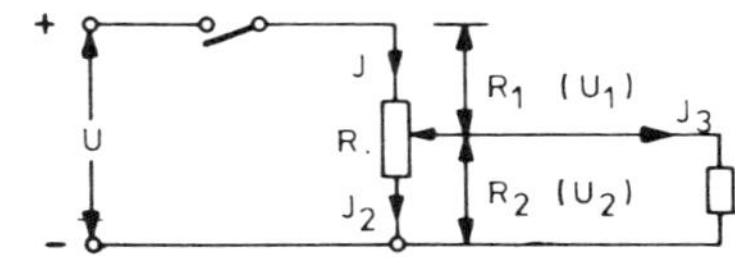

7 Schaltung eines Spannungsteilers

Bei Verwendung eines Potentiometers kann jeder Spannungswert zwischen null und der vollen Spannung U eingestellt werden. Der Gesamtstrom I fließt durch den Widerstand R_1 und teilt sich dann – entsprechend den Widerstandsgrößen R_2 und R_3 – in die Teilströme I_2 und I_3.
Wird an die Enden eines Drahtes von bestimmter Länge eine konstante Spannung angelegt, fließt ein Strom I = U : R (R = Widerstand des Drahtes). Eine Halbierung des Drahtquerschnitts bewirkt, daß der Strom auf die Hälfte seines Wertes zurückgeht, da der Widerstand verdoppelt wurde. Daraus folgt, daß der Widerstand eines Drahtes proportional seiner Länge und umgekehrt proportional seinem Querschnitt ist.
Jedes Leitermaterial hat einen bestimmten, den sogenannten spezifischen Widerstand (für Kupfer 0,0178). Er ist eine Materialkonstante für einen Draht von 1 m Länge und 1 mm^2 Querschnitt und hat das Formelzeichen ϱ (griechisch Rho). Demnach ist der Widerstand eines Drahtes oder einer elektrischen Leitung:

$$R = \frac{\varrho \cdot l\,[m]}{A\,[mm^2]}\,[\Omega]$$

Energie und Leistung

Wird ein Stromverbraucher an eine Stromquelle angeschlossen, wird dem Gerät elektrische Energie zugeführt. Sie ist abhängig von der Höhe der Spannung U, der Stromstärke I und der Zeitdauer t.
Die Einheit der elektrischen Energie ist das Watt W (1000 W = 1 Kilowatt = 1 KW)
Elektrische Energie = Spannung × Strom × Zeit

$$W = U \times I \times t$$

Da die elektrische Energie von der Zeitdauer abhängig ist während der sie verbraucht wird und sich zeitlich stark ändern kann, wurde die elektrische Leistung P eingeführt, die zeitunabhängig ist.

$$P\,[W] = U\,[V] \times I\,[A]$$

Die Maßeinheit für die aufgenommene bzw. verbrauchte elektrische Leistung und für die abgegebene mechanische Leistung (z. B. Motorleistung) ist das Kilowatt (1 KW = 1,36 PS).

Magnetismus

Unter Magnetismus versteht man die Eigenschaft bestimmter Stoffe, Eisen anzuziehen. Nach den Erkenntnissen der Atomphysik wird jeder Magnetismus, auch der eines Dauermagneten, der sogenannte permanente Magnet,

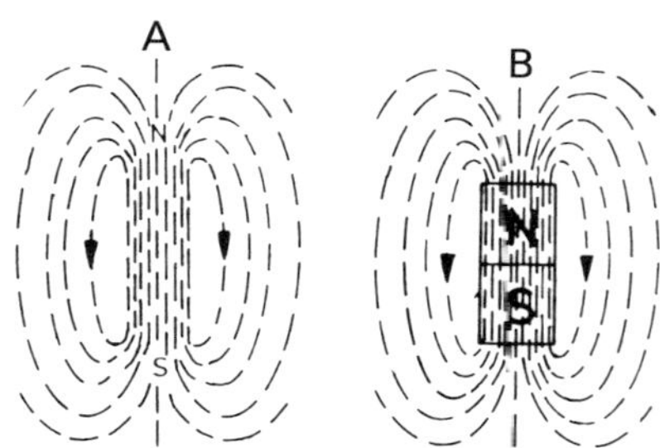

8 Magnetisches Kraftfeld:
A einer stromdurchflossenen Spule,
B eines Dauermagnets

durch elektrische Ströme erzeugt. Um einen stromdurchflossenen Leiter bildet sich ein Magnetfeld aus, dessen Feldlinien den Leiter auf seiner ganzen Länge ringförmig umgeben. Die Richtung der Feldlinien ist von der Stromrichtung abhängig. Wie aus Abb. 8 ersichtlich, besteht zwischen dem magnetischen Kraftfeld einer stromdurchflossenen Spule und dem eines Dauermagneten kein wesentlicher Unterschied.

In beiden Fällen ist das Ende, an dem die Kraftlinien den Stabmagnet beziehungsweise die Spule verlassen, der Nordpol N; dort, wo sie wieder zurückkehren, der Südpol S. Im Innern der Magnete laufen die Kraftlinien von S nach N und bilden ein homogenes Feld. Ferner ziehen sich ungleichnamige Pole eines Magneten an und gleichnamige stoßen sich ab.

Lediglich die magnetische Wirkung eines Elektromagneten hält im Gegensatz zum Dauermagneten nur so lange an, solange die Spule vom Strom durchflossen wird.

Die Kraftliniendichte ist bei einer Spule mit Eisenkern größer als bei einer Spule ohne Eisenkern. Die Kraft eines Magneten wird bestimmt durch die Gesamtzahl der aus einer Polfläche austretenden Kraftlinien, das heißt durch den magnetischen Kraftfluß.

Bei der Luftspule ist der magnetische Kraftfluß $\Phi 1$ proportional der Stromstärke I des durch die Spule fließenden Stromes. Bei der Kernspule ist infolge der Magnetisierung des Eisenkerns der Kraftfluß $\Phi 2$ in der Spule bei gleicher Stromstärke I wesentlich größer als der Kraftfluß $\Phi 1$ der Luftspule (Abb. 9).

Bewegt man einen Leiter in einem Magnetfeld so, daß er magnetische Kraft- oder Feldlinien schneidet, dann wird in diesem Leiter eine Spannung induziert. Der gleiche Effekt tritt ein, wenn sich, ohne Bewegung des Leiters, das Magnetfeld ändert, verstärkt oder geschwächt wird.

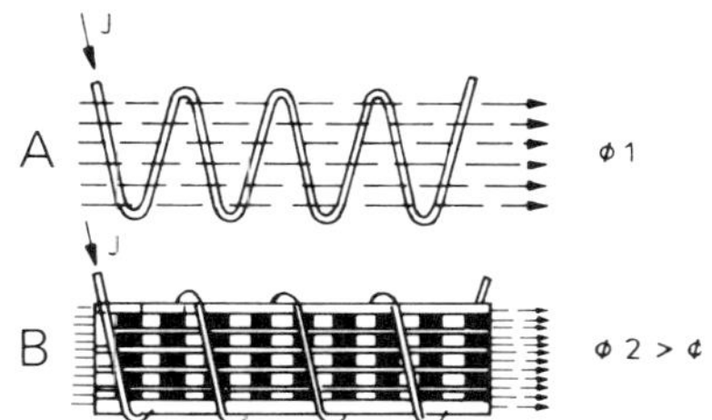

9 A Spule ohne Eisenkern (Luftspule), B Spule mit Eisenkern (Kernspule)

Wird nun eine Spule von einem Wechselstrom durchflossen, dann entsteht in der Spule ein magnetisches Wechselfeld, das heißt, der die Spule durchdringende magnetische Kraftfluß ist nicht konstant, sondern wechselt gemäß dem Spulenstrom fortlaufend seine Stärke und Richtung. Dadurch wird in der Spule eine Spannung, die sogenannte Selbstinduktionsspannung, induziert.

Die Größe der induzierten Spannung ist davon abhängig, je mehr Feldlinien von einem Leiter in der Zeiteinheit geschnitten werden beziehungsweise je schneller sich die Stärke des Magnetfeldes, das heißt der magnetische Kraftfluß, ändert. Der Magnetfluß erfährt seine größte Änderung beim Nulldurchgang des Wechselstromes. Infolgedessen entsteht zu diesem Zeitpunkt die höchste Selbstinduktionsspannung.

1.1.1 Gerätetechnik

Schaltgeräte

Schaltgeräte sind Geräte, die Strompfade, das heißt Stromkreise, schließen bzw. unterbrechen. Es gibt verschiedene Arten von Schaltgeräten, die sich aufgrund ihres Aufbaus und ihrer Wirkungsweise erheblich voneinander unterscheiden.

Schalter

Bei den Schaltern unterscheidet man zwischen

Stellschalter = Schalter ohne Rückzugskraft (Ein, Aus),

Tastschalter = Schalter mit Rückzugskraft,

Schloßschalter = Schalter mit mechanischer Sperre (Schlüsselschalter),

Wahlschalter = Schalter, mit denen zwischen zwei oder mehreren Strompfaden ausgewählt wird,

Grenzschalter = Schalter, die eine physikalische Größe bzw. einen Betriebszustand überwachen und beim Über- oder Unterschreiten einer eingestellten Grenze schalten.

Die Schalter können je nach Ausführung und Verwendungszweck mit folgenden Kontakten bestückt sein:

Schließer = Schaltkontakt, der im Ruhezustand eines Schaltgerätes offen ist und bei Betätigung schließt,

Öffner = Schaltkontakt, der im Ruhezustand eines Schaltgerätes geschlossen ist und bei Betätigung öffnet,

Wechsler = Schaltkontakte, von denen einer im Ruhezustand eines Schaltgerätes geschlossen und der andere offen ist und bei Betätigung ihre Schaltstellung wechseln, d. h. der Öffner schließt und der Schließer öffnet. Öffner- und Schließkontakt des Wechslers haben eine gemeinsame Zuleitung.

Wischer = Schaltkontakt, der bei Betätigung des Schaltgerätes kurzzeitig geschlossen wird.

Zur Abschwächung der beim Schalten auftretenden Funkenbildung finden, sofern erforderlich, Gegenmaßnahmen gemäß Abb. 10 Anwendung.

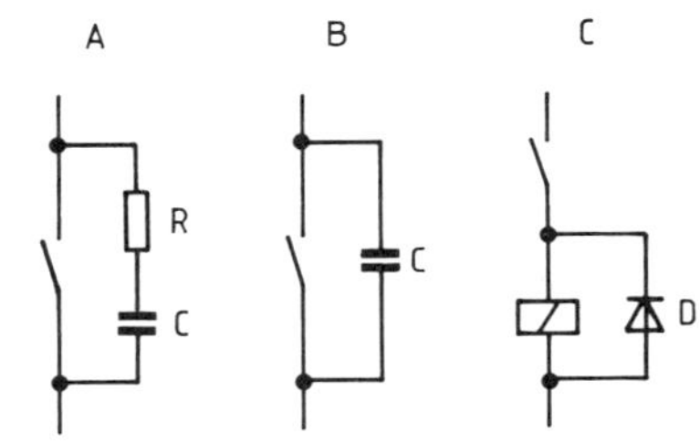

10 Funkenlöschung:
A durch ein RC-Glied
B durch einen Kondensator
C durch eine Diode

Relais

Ein Relais ist ein elektromagnetisch betätigter Fernschalter mit Rückzugskraft. Es besteht im wesentlichen aus einem Elektromagnet, einem Kontakt oder einem Kontaktsatz mit Schaltbalken, einem Anker, den Kontaktfedern und dem Gehäuse.

Wird der Stromkreis des Elektromagneten geschlossen, d. h. das Relais erregt, baut sich ein elektromagnetisches Feld auf, durch dessen Wirkung der Anker gegen die Federkraft an den Magnetkern gezogen wird. Dadurch werden die Kontakte gleichzeitig über den auf dem

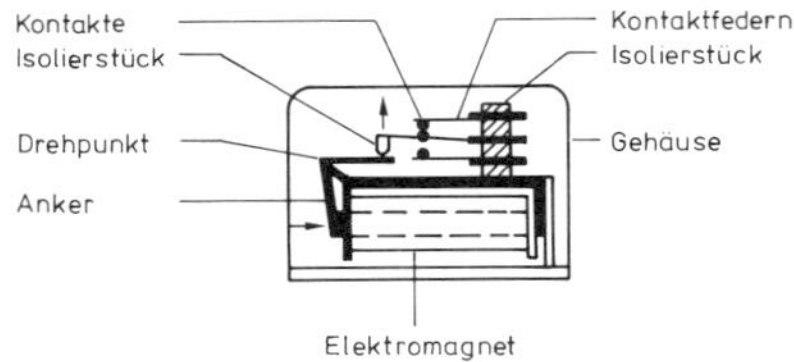

11 Schematische Darstellung eines Relais

Anker ruhenden, aus Isoliermaterial bestehenden Kontaktbalken betätigt. Sinkt die magnetische Kraft unter einen bestimmten Wert – wenn also die Spannung auf ein bestimmtes Maß abfällt oder gleich Null wird, was beim Unterbrechen des Stromkreises der Fall ist –, dann wird der Anker durch die Federkraft in seine Ruhelage bewegt. Man bezeichnet diesen Vorgang als Abfallen des Relais.

Sicherungen

Sicherungen dienen zum Schutz elektrischer Geräte und Anlagen. Sie zählen zu den Schaltgeräten, da sie die Stromkreise bei zu hohem Strom durch Schmelzen des stromführenden Teils selbsttätig öffnen. Die Auslösezeit ist abhängig von der Größe der Überstromstärke. Wird der Nennstrom um ein Mehrfaches überschritten (z. B. bei einem Kurzschluß), unterbricht die Schmelzsicherung den Stromkreis unverzögert. Eine angesprochene Sicherung ist durch eine neue gleicher Stärke zu ersetzen. Brennt eine Sicherung wiederholt durch, ist die Leitung oder der Stromverbraucher defekt.

Stecker

Aus fertigungstechnischen bzw. Rationalisierungsgründen hat sich der Stecker als verbindendes Element auch im Kraftfahrzeugbau durchgesetzt. Ferner erleichtern Steckverbindungen die Fehlersuche und Fehlerbehebung. Entsprechend ihrer Form unterscheidet man zwichen Rund- und Flachsteckern. Die Verbindung mit der elektrischen Leitung erfolgt durch Quetschen mit einer Spezialzange. Soll an einer mit einem Stecker versehenen Leitung eine weitere Leitung angeschlossen werden, sind Steckverteiler erforderlich.

Außer den meist blanken Einzelsteckern werden auch Mehrfachstecker eingesetzt. Diese Stecker bestehen aus zwei Gehäuseteilen, von denen das eine die Buchsen, das andere die Stifte beinhaltet. Über einen derartigen Stecker können mehrere Leitungen bzw. ein mehradriges Kabel geführt werden.

Widerstände

Widerstände haben in elektrischen Schaltungen verschiedene Aufgaben zu erfüllen. Ihrem Aufbau bzw. ihrer Wirkungsweise entsprechend lassen sie sich in Festwiderstände und Stellwiderstände einteilen.

Der Widerstandswert eines Festwiderstandes ist nicht verstellbar. Festwiderstände werden als Draht- und Schichtwiderstände gefertigt. Der Drahtwiderstand besteht aus einem zylinderförmigen Keramikkörper, auf den der Widerstandsdraht aufgewickelt ist. Die Drahtwindungen werden durch einen Lacküberzug oder durch eine Oxidschicht isoliert. Je nach

Ausführung werden Drahtwiderstände mit Widerstandswerten bis zu mehreren Kiloohm verwendet.
Widerstände mit höheren Widerstandswerten werden vorwiegend als Schichtwiderstand hergestellt. Er besteht aus einem Keramikkörper, auf den eine elektrisch schlecht leitende Schicht (meist kohlenstoffhaltig) aufgetragen ist.
Stellwiderstände sind dadurch gekennzeichnet, daß der Widerstandswert stetig oder in Stufen verstellbar ist. Verstellbare Widerstände werden als Schiebewiderstand oder als Drehwiderstand ausgeführt. Die Widerstandsänderung wird durch Verschieben eines Schleifers erreicht. Bei Stufenwiderständen kann der Widerstandswert stufenweise verstellt werden.
Widerstände dürfen maximal nur mit einer Stromstärke belastet werden, die der Leistungsangabe entspricht. Überschreitet man die Grenztemperaturen – sie betragen bei Schichtwiderständen etwa 110 °C und bei Drahtwiderständen etwa 170 °C –, werden die Widerstände zerstört.
Die Belastbarkeit eines Widerstandes ist definiert als die elektrische Leistung, die er, ohne Schaden zu nehmen, in Wärme überführen kann.

Kondensator

Ein Kondensator besteht aus zwei Platten oder Elektroden, die durch Luft, einem festen oder flüssigen Isolator voneinander getrennt sind. Legt man an den Kondensator eine Gleichspannung nach Abb. 12 an, so ist im ersten Augenblick die Spannung noch null, während ein starker Strom durch den Widerstand fließt. Allmählich lädt sich der Kondensator auf, wobei der Strom abnimmt, da die Spannungsdifferenz zwischen Kondensator und Stromquelle immer kleiner wird. Schaltet man die Gleichspannung ab, bleiben die Elektronen solange in der gespannten Lage, bis eine Entladung durch Kurzschließen der Elektroden erfolgt, wodurch die Elektronen in ihre Ruhelage zurückkehren können.
Wechselstrom kann ungehindert durch einen Kondensator fließen.

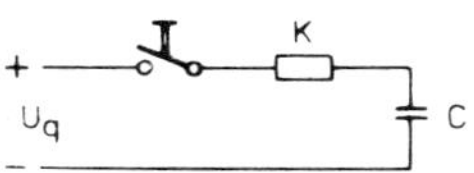

12 Kondensator an Gleichspannung

Thermistoren

Thermistoren sind Halbleiterwiderstände, deren Ohmwert sich stark mit der Temperatur ändert. Es ist zwischen einem Kaltleiter und Heißleiter zu unterscheiden. Der Widerstand eines Kaltleiters erhöht sich, der eines Heißleiters verringert sich mit steigender Temperatur.

13 Schaltzeichen eines Thermistors

Varistor

Ein Varistor ändert seinen Widerstand sehr stark in Abhängigkeit der Spannung, d. h. bei niedriger Spannung ist der Varistor hochohmig und umgekehrt.

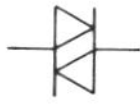

14 Schaltzeichen eines Varistors

Fotoelement

Die Wirkungsweise eines Photoelements beruht auf dem lichtelektrischen Effekt. Schaltet man ein Photoelement in einen geschlossenen Stromkreis (Abb. 15), dann fließt ein Strom in der eingezeichneten Richtung. Die Spannung U des Photoelements ist um so größer, je stärker das Photoelement belichtet wird. Die Stromstärke I hängt von der Höhe der Spannung U des Photoelements und vom Widerstandswert R_a ab.

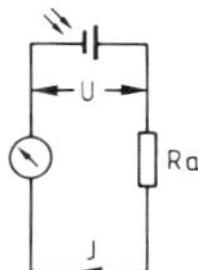

15 Fotoelement in einem geschlossenen Stromkreis

1.1.2 Elektronik

Die Elektronik ist ein Zweig der Elektrotechnik. Ihre wesentlichen Bauteile bestehen aus Halbleitern (Dioden, Transistoren, Thyristoren), die in elektronischen Schaltungen verwendet werden.

Dioden

Die Arbeitsweise einer Diode beruht auf einer ausgeprägten Ventilwirkung, d. h., sie haben unterschiedliche Widerstände in Sperrrichtung (Diode hochohmig) und Durchlaßrichtung (Diode leitfähig).

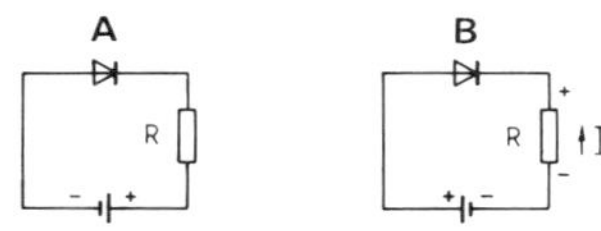

16 Schaltung einer Diode in A Sperrichtung, B Durchlaßrichtung

Gemäß Abb. 16 B fließt ein Elektronenstrom – entgegen der festgelegten technischen Stromrichtung – durch den Stromverbraucher R von Minus (—) nach Plus (+). Halbleiterdioden finden u. a. zur Umformung (Gleichrichtung) von Wechsel- oder Drehstrom in Gleichstrom Anwendung.
Zum Schutz empfindlicher Meßgeräte und elektronischer Bauteile bzw. zur Stabilisierung von Spannungen kommen sogenannte Zenerdioden zum Einsatz. Bei einer bestimmten Spannung geht eine in Sperrichtung geschaltete Zenerdiode vom nichtleitenden in einen gut leitenden Zustand über. Dabei steigt der Strom stark an; die Spannung an der Zenerdiode ändert sich jedoch nur geringfügig. Zur Stabilisierung höherer Spannungen sind mehrere Zenerdioden in Sperrichtung hintereinander geschaltet.

Transistoren

Der Transistor ist durch drei Halbleiterzonen gekennzeichnet. Die mittlere Zone heißt Basis (B), die beiden äußeren Emitter (E) und Kollektor (C).

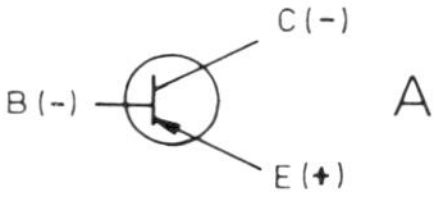

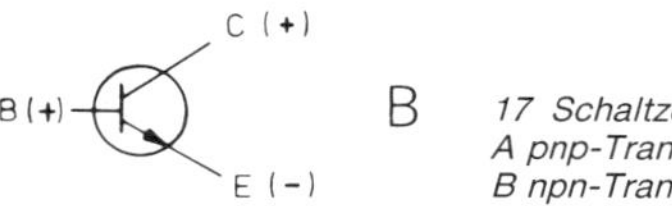

17 Schaltzeichen: A pnp-Transistor B npn-Transistor

In der Wirkungsweise besteht kein grundsätzlicher Unterschied, jedoch ist beim pnp-Transistor der positive Pol einer Spannung an den Emitter und der negative Pol an die Basis anzuschließen. Beim npn-Transistor ist es gerade umgekehrt.
Liegt nur am Emitter und Kollektor eine Spannung, so sperrt er in beiden Richtungen. Erst wenn ein Basisstrom fließt, wird der Transistor durchlässig, d. h., es fließt ein vielfach stärkerer Strom in Richtung Emitter/Kollektor) (Abb. 17 A) bzw. Kollektor/Emitter (Abb. 17 B) als der jeweilige Basisstrom.

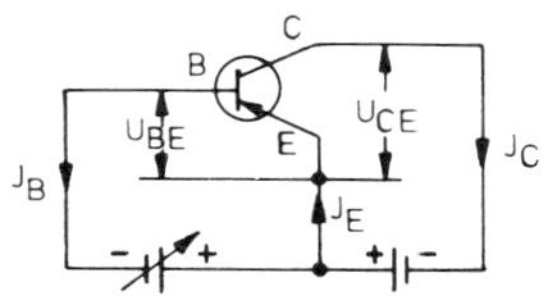

18 Grundschaltung eines Transistors

Kennzeichnend für den Transistor ist, daß bei konstanter Kollektorspannung im Kollektorkreis ein um so stärkerer Strom fließt, je stärker der Strom im Basiskreis ist (Abb. 18), das bedeutet, daß durch den Basisstrom der Kollektorstrom gesteuert werden kann.
Transistoren werden als Spannungs- bzw. Stromverstärker und als Leistungsverstärker verwendet. Abb. 19 zeigt die Grundschaltung. Das zu verstärkende Signal – eine Wechselspannung oder ein Wechselstrom – wird über den Kondensator C_1 in den Basiskreis geschleust. Im Rhythmus des Eingangssignals schwankt der Basisstrom, was entsprechende Schwankungen des Kollektorstromes zur Folge hat. Dieser ist infolge der Verstärkerwirkung des Transistors um ein Vielfaches stärker als der Basiswechselstrom. Am Arbeitswiderstand R_a, der vom Kollektorstrom durchflossen wird, entsteht daher eine verhältnismäßig große Spannung, die über den Kondensator C_2 an den Ausgang der Schaltung gelangt.

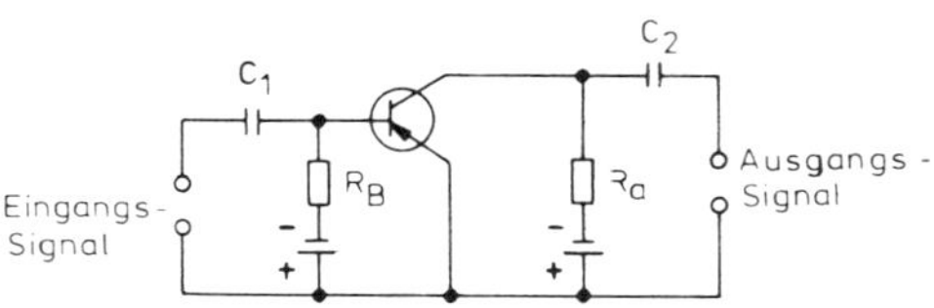

19 Grundschaltung eines Spannungs- bzw. Stromverstärkers

Der Leistungsverstärker arbeitet im Prinzip genauso wie ein Spannungs- oder Stromverstärker. Der einzige Unterschied in der Wirkungsweise besteht darin, daß am Ausgang des Verstärkers an einem Arbeitswiderstand über einen Transformator eine Wechselstromleistung abgenommen wird.

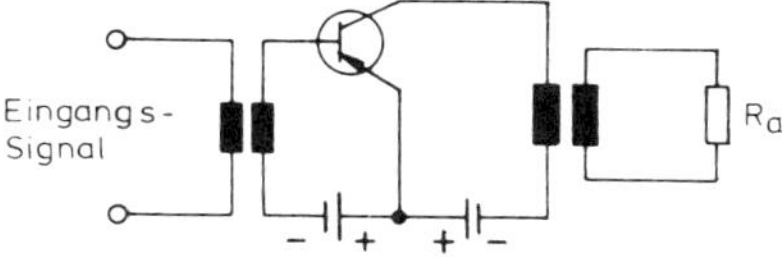

20 *Grundschaltung eines Leistungsverstärkers*

Ein weiteres Anwendungsgebiet des Transistors ist der Schalterbetrieb. Hiervon spricht man immer dann, wenn der Transistor schnell vom gesperrten Zustand in den leitenden umgesteuert wird. Die Spannungsquelle U_S steuert mit den negativen Spannungsimpulsen, die sie an die Basis abgibt, über den Widerstand R_B den Transistor. Die Steuerspannung muß so groß sein, daß der Transistor voll durchgesteuert wird, d. h., daß der volle Kollektorstrom fließt.

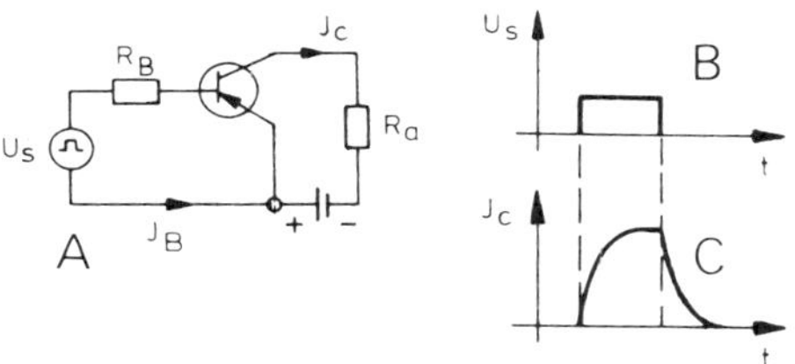

21 *A Grundschaltung für den Schalterbetrieb eines Transistors,*
B Steuerspannungsimpuls,
C Übergangsfunktion (Kollektorstrom)

Thyristoren

Thyristoren sind steuerbare Siliziumzellen. Solange der Steuerkreis offen ist, die Basis-Emitter-Strecke des Transistorteils also keine Spannung von außen zugeführt erhält, fließt nur ein ganz schwacher Strom. Schließt man nun den Schalter im Steuerkreis, so daß an die Basis B des Transistorteils eine positive Spannung gelangt, dann wird der Transistorteil des Thyristors stromleitend.
Da die Sperrwirkung des Transistorteils jetzt aufgehoben ist, fließt im Arbeitskreis ein Strom, dessen Größe von der Speisespannung U_B und dem Arbeitswiderstand R_a abhängt. Schaltet man nun die Steuerspannung wieder ab, dann fließt weiterhin der volle Arbeitsstrom, da eine einmal gezündete Zelle stromdurchlässig bleibt. Ein Abschalten des Arbeitsstromes ist nur dadurch möglich, daß man die an der Zelle liegende Spannung abschaltet oder auf einen bestimmten Wert absenkt.

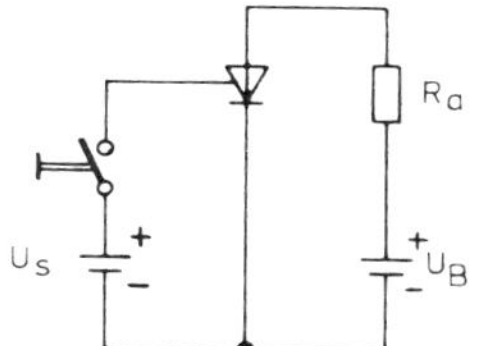

22 *Schaltung einer steuerbaren Siliziumzelle*

Integrierte Schaltung

Unter einer integrierten Schaltung ist die Zusammenfassung mehrerer Miniatur-Bauelemente wie z. B. Dioden, Transistoren, Widerstände, Kondensatoren zu einer elektronischen Schalteinheit zu verstehen. Alle Bauelemente sind durch feine Aluminiumschichten verbunden.

1.1.3 Schaltplantechnik

Schaltpläne

Die im Kraftfahrzeug eingebauten elektrischen Bauteile, Geräte und Komponenten sind entsprechend ihrer Schaltfunktion durch isolierte Kupferdrähte (Leitungen) verbunden. Aufschluß hierüber gibt der elektrische Schaltplan. Dem Verwendungszweck entsprechend unterscheidet man zwischen folgenden Schaltplänen:

- Wirkschaltplan
- Stromlaufplan
- Übersichtsschaltplan
- Blockschaltplan

Wirkschaltplan

Beim Wirkschaltplan werden sämtliche Geräte und Leitungen möglichst anordnungsgetreu dargestellt. Dadurch ist bei Anlagen mit mehreren verknüpften oder unverknüpften Anlagenteilen das Verfolgen der Stromwege und somit das Erkennen der Wirkungsweise nicht immer leicht. Ferner weicht man hier, sofern es dem besseren Verständnis der Funktion dient, von der normgerechten Darstellung ab und zeichnet die Geräte und Komponenten mit ganzer bzw. teilweiser Innenschaltung. Er beinhaltet alle Anschlußpunkte, deren Bezeichnungen bzw. Kabelfarben und Kabelquerschnitte.

Stromlaufplan

Der Stromlaufplan ist die ausführliche Darstellung einer Schaltung, d. h., er zeigt den Stromverlauf, die Schaltfolge und alle Einzelheiten.

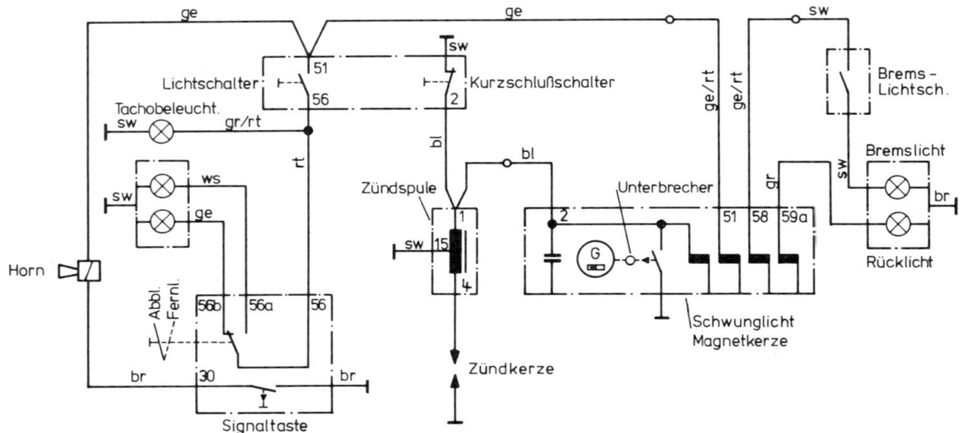

23 Wirkschaltplan der elektrischen Anlage eines Kleinkraftrades mit Schwunglichtmagnetzünder

Gerätetechnik und Wirkungsweise sind eindeutig zu entnehmen. Die räumliche Lage und der mechanische Zusammenhang der einzelnen Teile können unberücksichtigt bleiben. So können sich zum Beispiel die Kontakte eines Schaltelementes an verschiedenen Stellen eines Stromlaufplanes befinden, da ihre Zusammengehörigkeit aus der Bezeichnung hervorgeht. Gelesen wird der Stromlaufplan – der festgelegten Stromrichtung entsprechend – von Plus (+ = Pluspol der Batterie) nach Minus (— = Minuspol der Batterie). Die Verfolgung des Stromverlaufs eines Gleichstromkreises beginnt immer beim Pluspol.

Schaltkontakte werden generell in der Ruhe- oder Nullstellung gezeichnet, d. h. im ausgeschalteten Zustand eines Schalters bzw. stromlosen Zustand eines Relais. Das bedeutet, daß die Kontakte eines Relais im Schaltplan in der Lage offen oder geschlossen gezeichnet werden, als wäre das Relais unerregt (Relaiswicklung stromlos beziehungsweise Relaisanker abgefallen). Wird z. B. gemäß Abb. 24 der Schalter geschlossen, fließt Strom von Plus (+) über den Kontakt des Schalters und durch die Magnetwicklung des Relais nach Minus (—). Dadurch schließt der Relaiskontakt und der Verbraucher ist eingeschaltet.

In der Kraftfahrzeugelektronik dient meist die Masse (Motorblock, Fahrgestell) als Rückleitung zum Minuspol der Batterie.

Nur wenn keine Gewähr für eine einwandfreie leitende Verbindung gegeben ist, ist auch die Rückleitung isoliert verlegt.

Schalter
Relais
Verbraucher
Masse

24 Relaissteuerung eines Verbrauchers

A
B

25 Massedarstellung:
A Gerät an Masse,
B Gerät über eine Masseklemme mit Masse verbunden

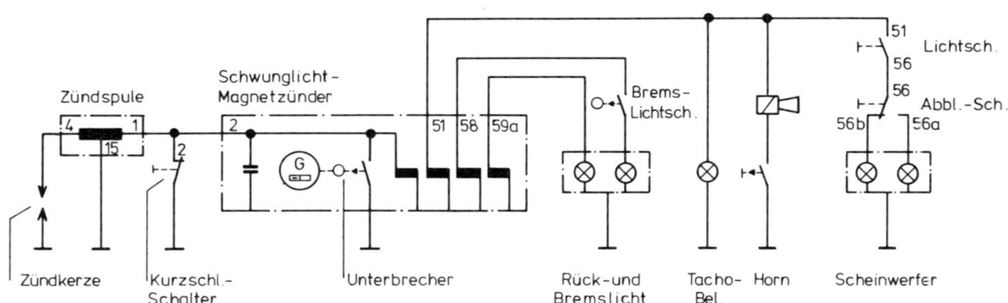

26 Stromlaufplan der elektrischen Anlage eines Kleinkraftrades mit Schwunglichtmagnetzünder

Das Lesen eines Stromlaufplans sei anhand der elektrischen Anlage eines Kleinkraftrades (Abb. 26) erläutert.
Die Stromerzeugung erfolgt während des Motorlaufs durch den Schwunglichtmagnetzünder. Von dessen Zündanker (Anschluß 2) fließt bei offenem Unterbrecher und offenem Kurzschlußschalter Strom durch die Primärwicklung der Zündspule (Klemme 1 und 15) nach Minus. Im Zündzeitpunkt schließt der Kontakt des Unterbrechers, d. h., die Primärwicklung und der Zündanker werden über Masse im Augenblick der höchsten Induktivität der Zündspule (Unterbrechung wenn der Primärstrom am größten, also kurz nachdem die Magnetpole die Polschuhe des Zündankers verlassen haben) kurzgeschlossen. Durch das nun zusammenbrechende Magnetfeld der Primärwicklung wird in der Sekundärwicklung der Zündspule (Klemme 15 und 4) durch Selbstinduktion die Zündspannung erzeugt. Diese gelangt über die Klemme 4 und das Zündkabel zur Zündkerze.
Die Stromversorgung des Rück- und Bremslichts erfolgt durch je eine Ankerwicklung. Da sich zwischen dem Rücklichtanker (Klemme 59a) und der Rücklichtlampe kein Schaltglied befindet, leuchtet das Rücklicht ständig, während der Motor läuft.
Dagegen leuchtet das Bremslicht nur bei einem Bremsvorgang, da während dieser Zeit der Bremslichtschalter geschlossen ist. Es fließt Strom vom Schwunglichtmagnetzünder (Klemme 58) über den Bremslichtschalter und die Bremslichtlampe nach Masse.
Alle übrigen Stromverbraucher sind an den Lichtanker (Klemme 51) angeschlossen. Demgemäß kann durch Betätigen der Hupentaste das Horn in Funktion gesetzt werden bzw. durch Einschalten des Lichtschalters, je nach Stellung des Abblendschalters, das Abblendlicht (Klemme 56 und 56 b) oder Fernlicht (Klemme 56 und 56 a).
Bei komplizierten Schaltungen, also bei Schaltungen mit mehreren verknüpften Stromkreisen, ist jeweils nur ein Strompfad zu betrachten, z. B. der Steuerstromkreis eines Relais oder Anlassers bzw. der Stromkreis einer Lampe oder einer Messung.

Übersichtsschaltplan

Der Übersichtsschaltplan zeigt die elektrische Anlage in vereinfachter Form. Er gibt Aufschluß über den Umfang der Anlage, d. h. über die wesentlichen gerätetechnischen Bestandteile und deren elektrische Verbindungen in einpoliger Darstellung.

Blockschaltplan

Im Blockschaltplan ist jedes Gerät bzw. jede Komponente einer elektrischen Anlage als Block dargestellt. Dieser Plan gibt Aufschluß über den Anlagenumfang und das Zusammenwirken der Anlagenteile. In die einzelnen Blöcke werden meist genormte Schaltzeichen bzw. beliebige Darstellungen eingetragen, aus denen die Aufgabe jedes Blocks in der Gesamtanlage zu erkennen ist, oder sie werden gemäß Abb. 28 mit entsprechenden Texten versehen.
Die Größe der Einzelblöcke kann unterschiedlich sein. Ferner können die Umrandungen entsprechend ihrer Bedeutung mit verschiedener Stärke ausgeführt werden.

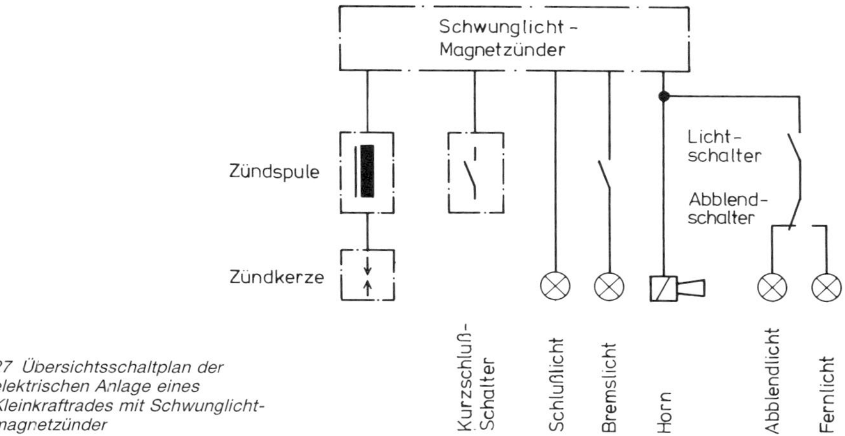

27 Übersichtsschaltplan der elektrischen Anlage eines Kleinkraftrades mit Schwunglichtmagnetzünder

Bezeichnungssystem

Jedes Gerät der elektrischen Anlage ist im Schaltplan mit einem Buchstaben gekennzeichnet. Leider sind bei Kraftfahrzeugen die

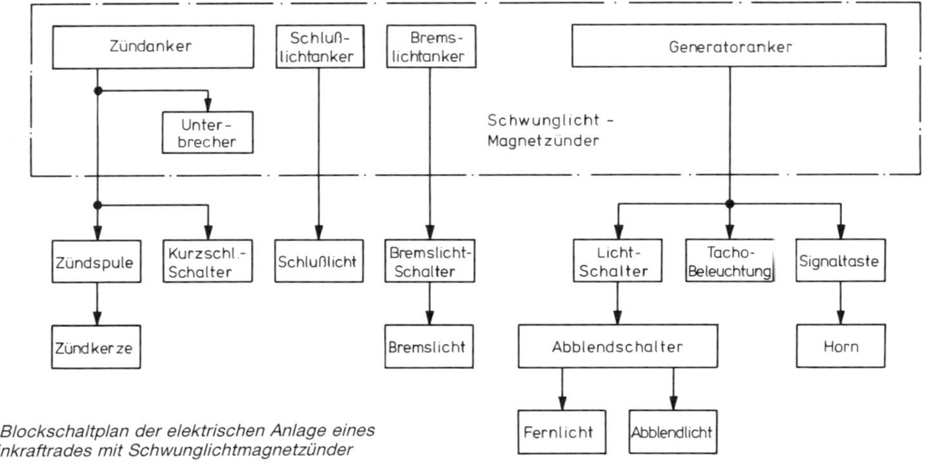

28 Blockschaltplan der elektrischen Anlage eines Kleinkraftrades mit Schwunglichtmagnetzünder

Gerätebezeichnungen am Gerät selbst nicht angebracht.
Die Bezeichnung der Geräteanschlußklemmen ist genormt. Dadurch ist die Zuordnung der Leitungsanschlüsse im Schaltbild und am Gerät eindeutig und bei Kraftfahrzeugen deutscher Hersteller einheitlich. Zur Arbeitserleichterung und Vermeidung von Fehlanschlüssen an der elektrischen Anlage sind die unten aufgeführten Grundfarben vorgesehen.

Grundfarben der Verkabelung

Farbe	Abkürzung	Farbe	Abkürzung	Farbe	Abkürzung
Rot Schwarz Braun	ro (RO) sw (SW) br (BR)	Weiß Gelb Grün	ws (WS) ge (GE) gn (GN)	Grau Hellblau	gr (GR) hb (HB)

Eine weitere Unterscheidung der Kabel wird durch farbige Wendel oder Ringe auf der Isolierung erreicht. Hier findet zusätzlich die Farbe Lila = li Anwendung. Leider werden von den Kfz-Herstellern für gleiche Geräteverbindungen z. T. Kabel mit unterschiedlichen Farbkombinationen verwendet.
In Anschlußplänen ist außer der Farbkennzeichnung auch der Leitungsquerschnitt eingetragen. Die vollständige Bezeichnung einer elektrischen Leitung lautet demnach zum Beispiel 1,5 ro, das heißt der Leitungsquerschnitt beträgt 1,5 mm^2, die Leitungsfarbe ist Rot. Ist eine Leitung außer der Grundfarbe noch mit einer Kennfarbe versehen, so lautet die gesamte Bezeichnung zum Beispiel 1,0 sw-ge, das heißt, der Leiterquerschnitt beträgt 1,0 mm^2, die Grundfarbe ist Schwarz und die Kennfarbe Gelb.
Geräte, deren Funktion trotz Vertauschung der Anschlüsse aufrecht erhalten bleibt, werden mit keiner Klemmenbezeichnung versehen. Dies trifft im übrigen auch für Geräte zu, deren Anschlüsse zwar nicht vertauscht werden dürfen, eine Verwechslung jedoch aufgrund verschieden großer Klemmen unmöglich ist.
Mehrfach-Steckverbindungen sind mit fortlaufenden Buchstaben oder Zahlen gekennzeichnet. Die Anschlüsse an elektrischen Geräten sind bei deutschen Motorrädern mit Zahlen versehen. Tabelle 1 gibt Überblick über die wesentlichen Anschlußbezeichnungen.

Tabelle 1: Geräteanschluß-Bezeichnungen

von Gerät	Klemme	Farbe	nach Gerät	Klemme	Bemerkung
Zündspule	1	gn	Unterbrecher		Primärwicklung
Magnetzünder	2	–	Kurzschlußtaste bzw. Zündschalter		Zündanker eines Magnetzünders

von Gerät	Klemme	Farbe	nach Gerät	Klemme	Bemerkung
Zündspule	4	–	Zündkerze oder Zündverteiler		Sekundärwicklung
Zündschalter	15	sw	Zündspule	15	Stromversorgung (Plus-Potential)
			Horn, Bremslicht		
	15/54		Zündspule	15	
			Horn, Bremslicht, Ladekontrolle		
Batterie	+ (30)		Zündschalter	30	Plus-Potential
			Anlasser		
Lichtmaschine-Regler	30/51		Batterie	+	
Batterie	– (31)	br	Masse		Minus-Potential
Anlassertaster- bzw. Schalter	50	sw	Anlasser-Magnetschalter	50	
Lichtmaschine-Regler	51	rt	Batterie	+	Plus-Potential
Zündschalter	54		Stromverbraucher		
Lichtschalter	56	sw/ws	Abblendschalter	56	Stromzuführung
Abblendschalter	56 a	ws	Fernlicht		
	56 b	ge	Abblendlicht		
Lichtschalter	57	gr	Standlicht		
	58		Rücklicht		Seitenwagenbeleuchtung
Lichtanker einer Wechselstromlichtmaschine	59 (51)		Lichtschalter		
Ladeanker einer Wechselstromlichtmaschine	59 a	gr	Batterie	+	Zur Gleichrichtung des Wechselstromes befindet sich in der Lichtmaschine oder außerhalb ein Gleichrichter
Regler	61		Ladekontrolle		
Relais	85		Masse		Wicklung
	86		Schalter		
	87		Stromverbraucher		Arbeitskontakt
	87 a				Ruhekontakt
Regler					Bei Gleichstromlichtmaschinen
Drehstromlichtmaschine	B +	rt	Batterie	+	
Gleichstrom- bzw. Drehstromlichtmaschine	D +	bl	Regler	D +	Erregerwicklung der Lichtmaschinen
	DF	bl/sw		DF	
	D –	br		D –	Masse
Blinkschalter	L	bl/rt	Blinkleuchte links		
	R	bl/sw	Blinkleuchte rechts		

Schaltzeichen

Das Schaltzeichen ist die schaltungstechnische Darstellung von Bauteilen, Geräten und Komponenten in vereinfachter Form. Durch sie ist das Erstellen eines Schaltplanes möglich. Eine im Hinblick auf die Kraftfahrzeugtechnik getroffene Auswahl von DIN-Schaltzeichen vermittelt die Tabelle 2.

Tabelle 2: Schaltplanzeichen

Schaltzeichen	Benennung	Bemerkung
	Umrahmungslinie	z. B. Umrahmung der zu einem Gerät gehörenden Bauteile
	Leitungen	Isolierter Draht oder Litzendraht
	Kreuzung von Leitungen	Keine leitende Verbindung
	Bewegliche Leitung	Nicht fest verlegt, z. B. ortsveränderlich
	Abzweigung und Kreuzung	z. B. Lötstellen, Klemmverbindungen
	Stecker, Steckerbuchse	
	Erde allgemein	Geräteanschlüsse mit diesem Zeichen sind mit Masse zu verbinden
	Masse allgemein	Im Kraftfahrzeug Minuspol der Batterie. Bei deutschen Kfz Fahrzeugmasse
	Widerstand allgemein	
	Potentiometer	Zum Abgreifen einer Spannung in einem Stromkreis
	Halbleiterwiderstand	Heißleiter, Kaltleiter
	Wicklung, Induktivität allgemein	Verwendet bei Motoren, Generatoren, Transformatoren, Zündspulen
	Wicklung mit Kern	
	Kondensator	
	Batterien	Stromquellen
	Glühlampe, allgemein	
	Glühlampe mit zwei Leuchtkörpern	z. B. Biluxlampe
	Kennzeichnung der Stellungen	Schalterstellungen
	Handantrieb	
	Fußantrieb	
	Raste	
	Handantrieb, abnehmbar	Steckschlüssel
	Absperrorgan, allgemein	Elektromagnetisch betätigtes Ventil

Tabelle 2: Schaltplanzeichen (Fortsetzung)

Schaltzeichen	Benennung	Bemerkung
	Schalter	Schließer, Einschaltglied
	Schalter	Öffner, Ausschaltglied
	Schalter	Wechsler, Umschaltglied
	Mehrstellenschalter	z. B. 3 Schaltstellungen
	Elektromagnet, allgemein	Spule(n) aus isoliertem Kupferdraht auf einem Isolierkörper mit Eisenkern. Es sind Elektromagnete, durch die im stromdurchflossenen Zustand elektrische Kontakte oder Ventile betätigt werden.
	Elektromagnet mit einer Wicklung	
	Elektromagnet mit mehreren gleichsinnig wirkenden Wicklungen	
	Elektromagnet mit zwei gegensinnig wirkenden Wicklungen	
	Kraftantrieb	Einflußgrößen können durch Eintragen der Formelzeichen angegeben werden.
	Kraftantrieb	z. B. Kolbenantrieb
	Gleichrichter	Läßt den elektrischen Strom nur in einer Richtung fließen bzw. nur eine Halbwelle eines Wechselstromes durch.
	Zenerdiode	Wird bei Erreichen einer bestimmten Spannung durchlässig. Ein Unterschreiten dieses Spannungswertes bewirkt die Undurchlässigkeit des Stromes.
	Thyristor	Steuerbare Siliziumzelle. Ein Steuerimpuls macht den Thyristor stromdurchlässig. Der Stromfluß wird gesperrt, wenn der Arbeitsstrom auf einen bestimmten Wert abgesunken ist oder abgeschaltet wird und die Steuerspannung fehlt.
E C B	PNP-Transistor E = Emitter C = Kollektor B = Basis	Liegt an der Emitter/Basisstrecke eine Steuerspannung, fließt ein Steuerstrom und somit über die Kollektor/Emitter-strecke ein Arbeitsstrom.
	NPN-Transistor	Je größer bei konstanter Kollektor-spannung der Steuer- oder Basisstrom ist, umso stärker ist der Arbeitsstrom.
	Meßinstrument	Allgemein
V	Meßinstrument mit Angabe der Einheit	z. B. Voltmeter = V Amperemeter = A Ohmmeter = O

Tabelle 2: Schaltplanzeichen (Fortsetzung)

Schaltzeichen	Benennung	Bemerkung
	Sicherung	Trennt den elektrischen Stromkreis bei einer bestimmten Stromstärke automatisch
	Funkenstrecke	z. B. Zündkerze, Zündverteiler
	Signalhorn	
	Verdichter	Mechanisch oder elektromotorisch angetriebenes Gebläse
	Flüssigkeitspumpe	Mechanisch, elektromotorisch oder elektromagnetisch angetrieben
—	Gleichstrom	
~	Wechselstrom	
3~	3-Phasen-Wechselstrom	Drehstrom
G	Generator	Beim Generator verläßt der Strom den Anker über die Plusbürste, beim Motor tritt er dort ein.
M	Motor	
M	Motor	Dauermagneterregung
M	Motor mit 3 Bürsten für 2 Geschwindigkeiten	
G	Drehstrom-Synchrongenerator in Sternschaltung. Schleifringläufer mit Erregerwicklung	Drehstromlichtmaschine

1.1.4 Meßtechnik

Unter Messen ist ein Vergleich der zu messenden Größe mit einer Maßeinheit zu verstehen. Hierzu verwendet man Meßinstrumente beziehungsweise Meßgeräte. Ein Meßinstrument ist um so empfindlicher, je größer der entstehende Verdrehungs- oder Ausschlagwinkel bei gleicher Stromstärke wird und je kleiner die Fehlereinflüsse sind. Man unterscheidet zwischen »subjektiven Fehlern« – das sind Fehler, die von der Bedienungsperson verursacht werden (Ablesefehler oder Parallaxefehler) – und »objektiven Fehlern«, die im Instrument begründet sind (Reibungsfehler, Fehler durch Temperatureinflüsse usw.). Meßgeräte werden der Genauigkeit entsprechend als Feinmeßgeräte oder als Betriebsmeßgeräte klassifiziert. Die zugelassene Fehlergrenze wird in Prozent angegeben und beträgt bei Feinmeßgeräten 0,1, 0,2 oder 0,5 % und bei Betriebsmeßgeräten 1, 1,5, 2,5 oder 5 %. Das Klassenzeichen, d. h. die Prozentangabe, bezieht sich immer auf den Meßbereichsendwert und muß auf der Skala des Meßgerätes angegeben sein.
Jedes elektrische Meßinstrument muß außer der Meßwertteilung noch folgende Angaben auf der Skala enthalten:

Meßgrößeneinheit
Hersteller
Klassenzeichen
Stromartzeichen
Zeichen für die Art des Meßwerkes
Prüfspannungszeichen
Lagezeichen

Eine Übersicht der Sinnbilder zur Kennzeichnung eines Meßgerätes vermittelt nachstehende Zusammenstellung.
Bei den sogenannten Mehrfachinstrumenten kann man auf mehrere Meßbereiche bzw. auf verschiedene physikalische Größen umschalten.

Sinnbilder auf Meßgeräten

Sinnbild	Bedeutung
—	Gleichstrominstrument
~	Wechselstrominstrument
≂	Gleich- und Wechselstrominstrument
a) b)	Drehspulmeßwerk a) mit Dauermagnet (für —) b) mit Gleichrichter (für ~)
	Kreuzspulmeßwerk
	Drehspulquotientenmeßwerk
	Dreheisenmeßwerk
☆	Prüfspannungszeichen ohne Ziffer: 500 Volt mit Ziffer: Angabe in KV mit Null: ohne Spannungsprüfung
⊥	Senkrechte Gebrauchslage
⊓	Waagrechte Gebrauchslage
∠45°	Schräge Gebrauchslage
	Nullpunkteinstellung

Drehspulmeßgerät
Bedingt durch das Meßprinzip ist das Drehspulinstrument nur zur Messung von Gleichstrom (Gleichspannungs- und Gleichstrommessung) geeignet. Der zu messende Gleichstrom fließt durch die drehbar gelagerte Spule (Drehspule). Sie befindet sich im starken Magnetfeld eines Dauermagneten und erzeugt während des Stromflusses mit diesem ein Drehmoment.
Das mechanische Gegendrehmoment wird von zwei Spiralfeldern bzw. Spannbändern geliefert, die ferner als Stromzuführung zur Spule dienen. Der Verdrehungswinkel des beweglichen Organs ist der Meßstromstärke direkt proportional. Durch Vorschalten eines Gleichrichters vor die Drehspule – es gibt auch Drehspulmeßgeräte mit eingebautem Meßgleichrichter –

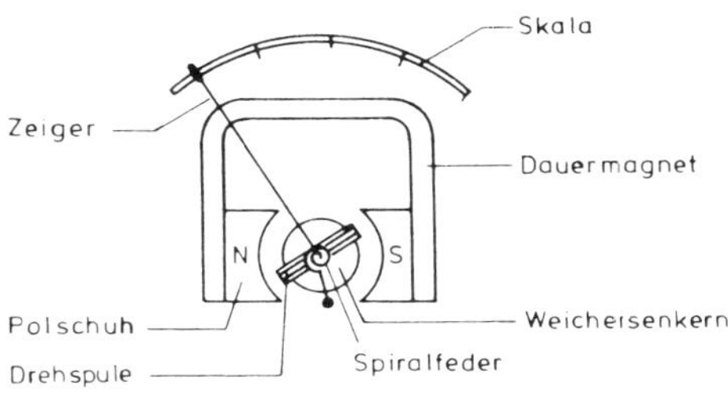

29 Drehspulmeßwerk

kann mit diesem Meßgerät auch Wechselstrom gemessen werden.

Kreuzspulmeßgerät

Kreuzspulmeßinstrumente, auch Drehspulquotientenmesser genannt, haben einen feststehenden Dauermagnet und zwei starr miteinander verbundene, elektromagnetisch abgelenkte Drehspulen ohne mechanische Richtkraft (ohne Gegendrehmoment).

Die festverbundenen, gekreuzten Drehspulen (Abb. 30) befinden sich im starken Magnetfeld eines Dauermagneten. Die Windungen der beiden Spulen sind so gewickelt, daß ihre Drehmomente gegeneinander wirken. Die Einstellung des beweglichen Organs ist nur vom Verhältnis der beiden Spulenströme abhängig. Spiralfedern zur Erzielung eines Gegendrehmomentes sind nicht notwendig.

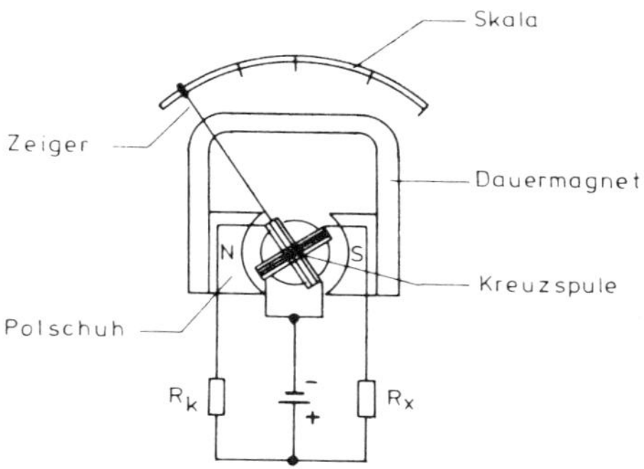

30 Meßwerk und Schaltung eines Kreuzspulmeßgerätes

Spannungsmessung

Jede Spannungsmessung wird auf eine Strommessung zurückgeführt. Hat das Meßwerk des Strommessers entsprechend der Meßschaltung nach Abb. 31 den Innenwiderstand R_i (bei Spannungsmessern sehr groß, um einen geringen Spannungsabfall am Instrument zu erhalten), so entsteht bei einer Stromstärke I an den Klemmen des Meßinstrumentes nach dem Ohmschen Gesetz die Spannung $U = I \times R_i$.

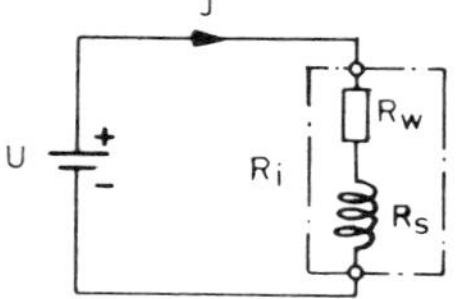

31 Schaltung einer Spannungsmessung

U = Spannungsquelle (Gleich- bzw. Wechselstrom),

R_i = $R_w + R_s$ = Innenwiderstand des Meßwerkes,

R_w = Vorwiderstand des Meßwerks,

R_s = Spulenwiderstand des Meßwerks.

Strommessung

Die Strommesserschaltung ist aus Abb. 32 zu ersehen.

R_i = Innenwiderstand des Instruments,

R_v = Vorwiderstand des Instruments,

R_s = Spulenwiderstand des Instruments,

R_n = Nebenwiderstand im Instrument,

R_a = Widerstand des Stromkreises (ohne Widerstand des Instruments),

U = Stromquelle (Gleich- bzw. Wechselstrom).

Damit der Widerstand eines Stromkreises durch Einfügen eines Strommessers nicht beträchtlich erhöht wird, was besonders bei Stromkreisen mit kleinem Widerstand R_a von Bedeutung ist, wird der Widerstand dieser Meßgeräte sehr klein gehalten.

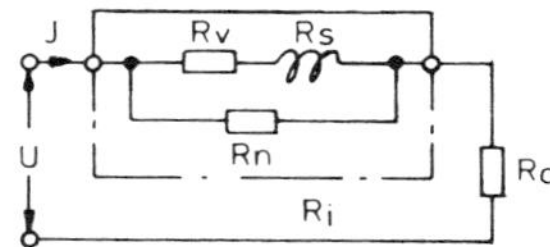

32 Schaltung eines Strommessers

Widerstandsmessung

Zur Messung von Widerständen finden Ohmmeter, Isolationsmeßgeräte und Meßbrücken Anwendung. Ohmmeter (Abb. 33) eignen sich nur für grobe Widerstandsmessungen. Das Meßprinzip beruht auf einer Strommessung, d. h., der im Meßkreis fließende Strom ist ein Maß für den unbekannten Widerstand R_x. Demzufolge ist die Skala direkt in Ohm geeicht. Vor Beginn einer Messung beziehungsweise Meßreihe ist die Taste T zu drücken und die Nulleinstellung durch Ändern des Regelwiderstandes (Spannungsteiler Sp) vorzunehmen. Dieser Vorgang ist erforderlich, um die im Laufe der Zeit absinkende Batteriespannung zu kompensieren. Ist die Nulleinstellung nicht mehr möglich, muß eine neue Batterie eingesetzt werden.

Isolationsmeßgeräte (Abb. 34) sind tragbare Betriebsinstrumente, die eine schnelle, ungefährliche Bestimmung von Isolationswiderständen ermöglichen. Da diese Widerstände eine Größenordnung bis 10^6 Ohm erreichen, sind Meßspannungen von etwa 500 bis 2000 V erforderlich. Die Meßspannung U wird von einem von Hand angetriebenen Kurbelinduktor erzeugt. Der Meßwert kann direkt auf der in Ohm bzw. Megohm geeichten Skala abgelesen werden.

Meßbrücken (Abb. 35) sind die genauesten Meßgeräte zur Ermittlung von Widerständen. Man findet sie aufgrund der einfachen Bedienbarkeit sehr häufig als tragbare Betriebsmeßgeräte.

Während der Messung ist die Taste T zu betätigen. Das Meßergebnis ist von der Größe der Meßspannung unabhängig.

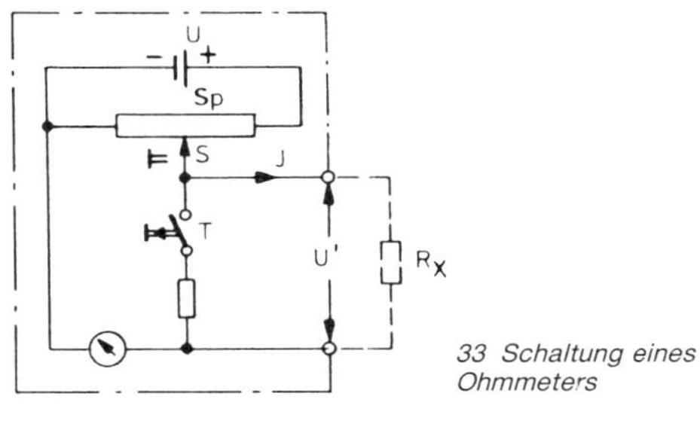

33 Schaltung eines Ohmmeters

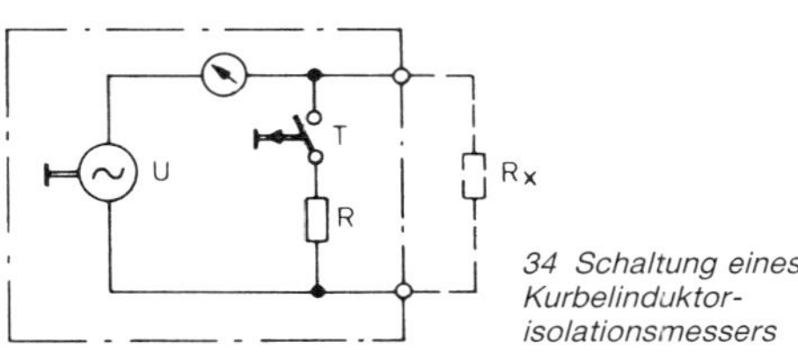

34 Schaltung eines Kurbelinduktorisolationsmessers

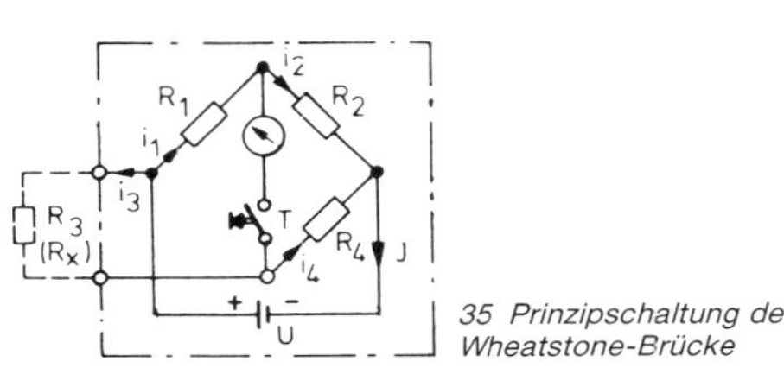

35 Prinzipschaltung der Wheatstone-Brücke

1.2 Arbeitsverfahren

Grundlagenkenntnisse der manuellen Arbeitsverfahren sind Voraussetzungen zur fachgerechten Ausführung von Änderungen, Erweiterungen und Reparaturen.

Anreißen

Unter Anreißen ist das Übertragen von maßgerechten Formen auf das zu bearbeitende Werkstück zu verstehen.

Zu den Anreißwerkzeugen zählen:

- Stahlreißnadel; zum Herstellen von Rißlinien.
- Stahlzirkel; zum Ziehen von Kreisen und Übertragen von Teilstrecken.
- Körner; zur Mittelpunktbestimmung von Bohrungen bzw. zur stärkeren Markierung einer Rißlinie.
- Stahllineal; für Meßaufgaben.
- Bleistift; er ist da anzuwenden, wo das Zerstören einer Oberfläche vermieden werden muß (zum Beispiel bei Leichtmetallen).

Die Reißnadel muß beim Anreißen in einem geeigneten Winkel zum Werkstück geführt werden, um Rattern zu verhindern.

Ferner muß die Spitze der Reißnadel in der Ecke, zum Beispiel zwischen Lineal und Werkstück, entlanggezogen werden (Abb. 36).
Auf Leichtmetallen nur mit dem Bleistift anreißen (eine Ausnahme bilden Schnittstellen), da Rißlinien zu Korrosion und Brüchen führen.
Die Körnerspitze darf nicht stumpf sein und muß bei Ausführen des Hammerschlages in einem Winkel von 90 ° zum Werkstück stehen (Abb. 37).

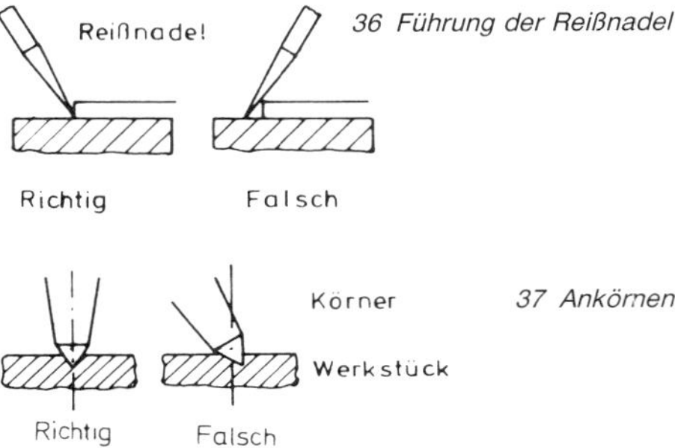

36 Führung der Reißnadel

37 Ankörnen

Feilen

Feilen haben gegeneinander versetzte Zähne, die beim Feilvorgang nicht schneiden, sondern schaben. Für grobe Arbeiten (Schruppen) werden Vorfeilen verwendet und zum Erzielen glatter Oberflächen Schlichtfeilen. Für feinere Arbeiten benutzt man Nadelfeilen, deren Querschnittsformen die Anpassung an die jeweilige Werkstückform ermöglichen. Das Bearbeiten von Leichtmetall oder Holz erfolgt mit speziellen Feilen.
Leichtmetallfeilen eignen sich nicht zur Stahlbearbeitung. Zum Kantenbrechen sollten alte Feilen benutzt werden. Feilen sollten nur mit der Feilbürste oder mit weichen Gegenständen gereinigt werden.

Bohren

Beim Bohren mit Bohrmaschinen führt der Bohrer sowohl die Schnittbewegung als auch den Vorschub aus, d. h., das Werkstück bewegt sich dabei nicht.
Das Einspannen eines Bohrers mit zylindrischem Schaft erfolgt in einem Spannfutter. Der Bohrer soll im Futter aufsitzen, damit keine Verschiebung während des Bohrvorganges eintritt. Zur Vermeidung von Unfällen sollte das Werkstück beim Bohren grundsätzlich nicht mit der bloßen Hand festgehalten werden.
Der Anschliff des Bohrers muß richtig und scharf sein. Beim Bohren tieferer Löcher ist der Bohrer mit Bohrwasser zu kühlen. Größere Löcher sind mit einem kleineren Bohrer vorzubohren. Aussparungen (z. B. für den Einbau eines Zusatzinstruments) sind zu erzielen,

indem um den gesamten Umfang in kleinen Abständen Löcher gebohrt und anschließend die noch bestehenden Verbindungen zwischen den Löchern mittels Feile bzw. Meißel getrennt und abgefeilt werden. Dies erfordert natürlich viel Geduld.

Senken

Durch Senken werden Bohrungen kegelig oder zylindrisch erweitert. Eine kegelige Senkung wird mittels Spitzsenker erzielt. Zylindrische Erweiterungen von Bohrungen werden mit dem Kopf- und Halssenker hergestellt.

38 Gesenkte Bohrungen: A: kegelig, B: zylindrisch

Die Schneiden des Senkers müssen gleichzeitig angreifen, um Rattern beziehungsweise eine unrunde Senkung zu vermeiden. Lochdurchmesser und Größe des Senkers beziehungsweise dessen Zapfen sollten in jedem Fall genau übereinstimmen.

Reiben

Das Reiben dient zur Verbesserung der Oberflächengüte und Erhöhung der Maßgenauigkeit gebohrter Löcher und wird mittels Reibahlen vorgenommen. Die Bearbeitungszugabe, d. h. das durch den Reibvorgang abzutragende Material, soll je nach Lochdurchmesser 0,1 bis 0,3 mm betragen. Ein Verkanten der Reibahle ist zu vermeiden, da sich sonst kegelige oder schiefe Löcher ergeben.

Gewindeschneiden

Konstruktionsbauteile können miteinander mittels Schrauben beziehungsweise Muttern starr verbunden werden. Jedes Gewinde trägt in den Flanken, wobei Gewindedurchmesser (Teilung) eines Gewindelochs und Gewindebolzen übereinstimmen müssen.

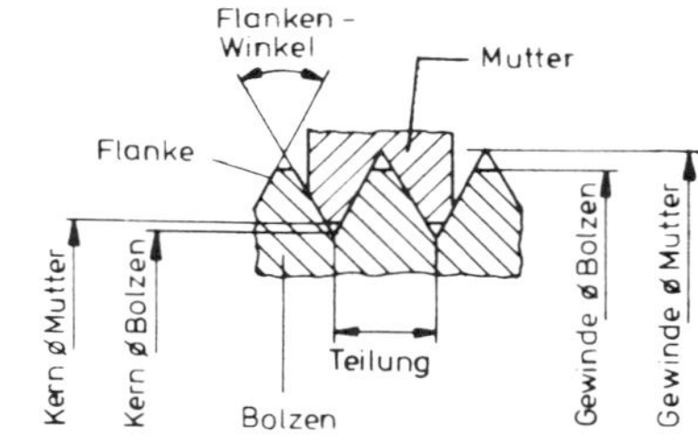

39 Metrisches Gewinde

Die Kernlochdurchmesser für die im Maschinenbau vorwiegend verwendeten Gewinde sind der Tabelle 3 zu entnehmen.

Zur Herstellung eines Innengewindes benötigt man einen Gewindebohrersatz, der aus Vor-, Mittel- und Fertigschneider besteht. Bei geringer Materialstärke ist kein Vorschneiden erforderlich. Das Eindrehen der Gewindebohrer erfolgt mit dem Windeisen.

Außengewinde werden mit dem Schneideisen in einem Arbeitsgang geschnitten. Der Außendurchmesser des Bolzens sollte etwas kleiner sein als der Gewindedurchmesser.

Durch Schmieren wird die Gefahr des Anreißens der Gewindegänge verringert. Für Stahl ist Schneidöl, für Aluminium Petrolium zu verwenden.

Um einen guten Schneidvorgang zu erreichen, sind vor dem Gewindeschneiden Bohrungen anzusenken und Bolzen abzuschrägen. Sacklöcher sind tiefer als das vorgesehene Gewinde zu bohren. Ein Verkanten des Schneidwerkzeugs ist zu vermeiden.

Sägen

Sägen dienen zum Trennen von Werkstoffen. Zur Metallverarbeitung kleineren Ausmaßes wird meist die Handbügelsäge verwendet. Das Sägeblatt besitzt eine kleine Zahnteilung, wodurch sich der Schnittdruck auf möglichst viele Zähne verteilen kann. Um Klemmen zu verhindern, ist es wellig, und die Sägezähne sind breiter als die Dicke des Blattes ausgebildet. Das Sägeblatt muß fest eingespannt werden, d. h., es darf nicht flattern, damit kein Klemmen beziehungsweise Ausbrechen der Zähne zu befürchten ist. Es ist stets – bezogen auf das Werkstück – in einem flachen Winkel anzuschneiden. Bei langen Schnitten ist das Sägeblatt um 90° versetzt einzuspannen und das Werkstück möglichst kurz zu fassen. Das Durchsägen von Rohren erfordert einen geringen Schnittdruck und erhöhte Vorsicht.

Schleifen

Nach der zu bearbeitenden Arbeitsfläche unterscheidet man folgende Schleifverfahren: Planschleifen (ebene Flächen), Rundschleifen (Zylinder, Ventile), Scharfschleifen (Werkzeuge). Die Schleifscheiben bestehen aus einer Vielzahl von Schleifkörnern mit sehr kleinen Schneiden, die durch die Bindung – meist aus Keramik – zusammengehalten werden. Zur Bearbeitung harter Werkstoffe sind weiche Scheiben einzusetzen, da das Schleifkorn schneller abstumpft, und für weiche Werkstoffe harte Scheiben. Schleifvorgänge sind nur mit Schutzbrille auszuführen und mit reichlich Wasser zu kühlen.

Tabelle 3: Metrische Gewinde

Gewinde-Abmessung	M 3	M 4	M 5	M 6	M 8	M 10	M 12
Kernlochdurchmesser in mm	2,4 – 2,5	3,2 – 3,3	4,1 – 4,2	4,8 – 5,0	6,5 – 6,7	8,2 – 8,4	9,9 – 10

Tabelle 4: Splintabmessungen in mm

Schrauben- oder Bolzendurchmesser	Splintdurchmesser	Splintlänge (ohne Kopf)
6	1,5	15
8	2	20
10	2	22
12	3	25
14	3	28

Schaben

Unebenheiten auf einer Metallfläche werden durch Schaben beseitigt. Die Sichtbarmachung der abzutragenden Erhöhungen erfolgt durch Tuschieren. Flächen werden mit dem Flachschaber, Lager mit dem Dreikant- bzw. Löffelschaber bearbeitet.
Vor dem Schaben werden große Unebenheiten mit der Schlichtfeile beseitigt.

Verbindungen

Geräte bzw. Maschinenbauteile werden den Erfordernissen entsprechend fest oder lösbar miteinander verbunden. Zu den nichtlösbaren Verbindungen zählen z. B.: Löten, Schweißen und Nieten. Lösbare Verbindungen können durch Schrauben, Stifte, Keile, Verzahnungen usw. hergestellt werden.
Beim Herstellen einer Schraubverbindung ist darauf zu achten, daß die Auflageflächen von Schraubenkopf und Mutter plan sind und im Winkel von 90° zur Gewindeachse liegen. Zur Verbesserung der Auflage und Erleichterung beim Lösen helfen Unterlegscheiben. Gegen Lockern oder Erschütterungen dienen Schraubensicherungen.

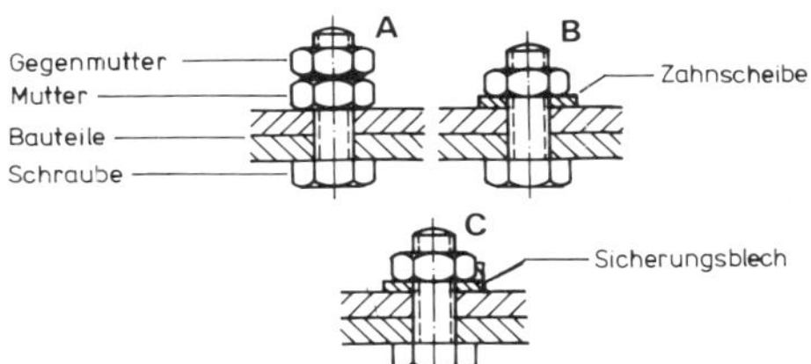

40 Schraubensicherungen:
A Doppel- oder Gegenmutter
B Zahnscheibe oder Sprengring
C Sicherungsblech (Lappen hochgebogen)

Außer den in Abb. 40 dargestellten Möglichkeiten finden auch Federscheiben, selbstsichernde Muttern und bei leichten Bauteilen auch Sicherungslack Verwendung.
Durch Paßstifte, die wie bei Scheibenbremsen selbstsichernd sind, werden zwei Bauteile zueinander festgelegt. Keile sitzen mit Pressung in der Keilnut, wodurch Naben und Wellen verbunden werden.
Verzahnungen ermöglichen durch axiale Verschiebung eine Kopplung oder Trennung von Maschinenbauteilen.
Damit sich Schrauben, Muttern oder Bolzen nicht lösen können, sichert man sie durch Splinte. Ihre Längen und Durchmesser sind genormt (siehe Tabelle 4).

Löten

Unter Löten ist das Verbinden von Metallen (Bleche, Drähte) durch ein Lot zu verstehen. Beim Lötvorgang dringt das flüssig aufzutragende Lot in die Oberfläche der Werkstücke ein. Voraussetzung für eine einwandfreie Verbindung sind blanke Lötstellen. Die Festigkeit einer Lötverbindung ist vom Lot und dessen Eindringtiefe bestimmt. Man unterscheidet zwischen Weich- und Hartloten. Weichlote werden mit Lötzinn ausgeführt. Hartlote finden zum Löten von Metallen mit höherem Schmelzpunkt (Messing, Stahl) Anwendung.
Zur Auflösung bzw. Verhinderung von Oxydhäuten sind dem Lot Flußmittel beizugeben. Als Flußmittel dienen für Weichlötung Lötwasser, Lötfett, Kolophonium (meist im Lötdraht enthalten). Für Hartlötung: Borax.
Weichlötungen werden mit dem elektrischen oder durch Flammen beheizten Lötkolben ausgeführt. Die für die Hartlötung erforderliche Löthitze wird durch Schweißbrenner, Lötlampen usw. erzeugt. Lötstellen sollten nicht plötzlich abgekühlt werden, damit keine Verminderung der Festigkeit eintritt.

2. Motorrad-Technik

2.1 Verbrennungsmotoren

Die wesentlichen Bestandteile eines Viertakt-Verbrennungsmotors sind Zylinderblock, Zylinderkopf, Ventile, Ventilsteuerung, Kolben, Pleuelstange und Kurbelwelle.
Im Verbrennungsraum wird die im Kraftstoff gebundene Energie durch einen Verbrennungsprozeß in mechanische Energie umgewandelt. Die dabei entstehenden Gasdruckkräfte werden über Kolben und Pleuelstange auf die Kurbelwelle übertragen.
Im oberen Drittel des Kolbens sind drei Kolbenringe eingesetzt, die federnd gegen die Zylinderwand drücken. Die oberen zwei Kolbenringe (Verdichtungsringe) verhindern, daß Kraftstoff-Luftgemisch vom Verbrennungsraum ins Kurbelgehäuse gelangen kann. Der untere Kolbenring (Ölabstreifring) verhindert, daß Schmieröl aus dem Kurbelgehäuse in den Verbrennungsraum gelangt.
Der Kolben durchläuft den Weg zwischen den Totpunkten mit verschiedenen Geschwindigkeiten. In beiden Totpunkten ändert er seine Bewegungsrichtung und hat hier die Geschwindigkeit Null. Die Kurbelwelle ist mit einem Schwungrad ausgerüstet, um Drehzahlschwankungen – infolge des stoßweisen Antriebes – auszugleichen.

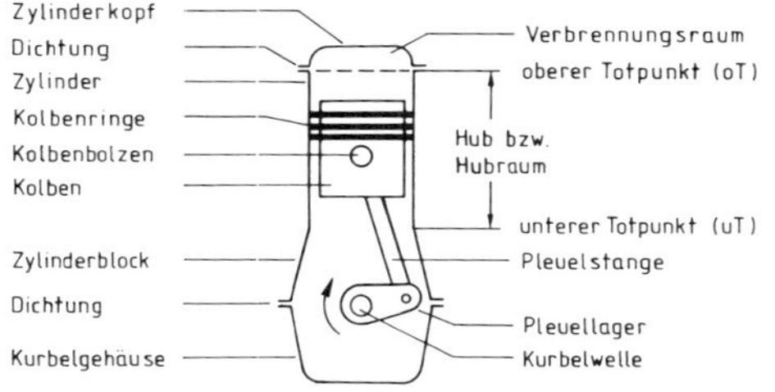

41 Schematische Darstellung der Komponenten eines Viertakt-Verbrennungsmotors

Der während der Verdichtung entstehende Kompressionsdruck ist ein Maß für die Ansaugmenge (Zylinderfüllung) sowie für die Beurteilung des Kolbens und der Ventile im Hinblick auf die Abdichtung des Verbrennungsraumes.

Die Höhe des Kompressionsdrucks ist durch das Verdichtungsverhältnis »ε« bestimmt.

$$\varepsilon = \frac{V_H + V_K}{V_K}$$

ε = griechischer Buchstabe »Epsilon«
V_H = Volumen des Kolbenhubs
V_K = Volumen des Kompressionsraumes (Verbrennungsraum)

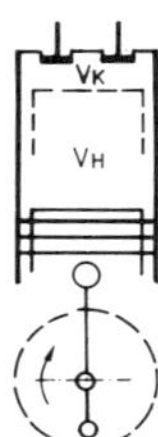

42 Schematische Darstellung des Hub- und Kompressionsraumes

Das Kraftstoff-Luftgemisch wird entweder in einem Vergaser oder durch Einspritzen von Benzin in die Ansaugkanäle bzw. Verbrennungsräume gebildet. In jedem Fall erfolgt die Zündung des Kraftstoff-Luftgemisches durch die Zündkerze der Zündanlage.
Der technischen Konzeption entsprechend arbeitet ein Verbrennungsmotor im Vier- oder Zweitaktverfahren.
Die Konstruktionsmerkmale sind aus Tabelle 5 ersichtlich.

Viertaktmotor

Die Arbeitsweise des Viertaktmotors ist aus Abb. 43 ersichtlich (s. Seite 32 unten und Seite 34).

43 Prinzip eines Viertaktmotors (Forts. s. Seite 34)

1. Takt: Ansaugen
Der Kolben (K) geht nach unten und saugt durch das geöffnete Einlaßventil (E) Gas-Luftgemisch, beim Dieselmotor Frischluft, an.

2. Takt: Verdichten
Ein- und Auslaßventil (E und A) sind geschlossen, der aufwärtsgehende Kolben (K) verdichtet das Gas-Luftgemisch. Beim Dieselmotor Frischluft.

E A K — *1. Takt Ansaugen*
E A K — *2. Takt Verdichten*

Tabelle 5: Motoren-Konstruktionsmerkmale

Einzelheit	Viertaktmotor	Zweitaktmotor	Bemerkung
Benzin	●	●	Kraftstoff vergast
Fremdzündung	●	●	elektrischer Funke
Vergaseranlage	●	●	Gemischbildung im Vergaser
Einspritzanlage	●		Gemischbildung im Ansaugrohr
		●	Noch nicht in Serie
Zwei Arbeitstakte		●	Arbeitsablauf
Vier Arbeitstakte	●		
Ansaugdruck	●		0,1 bar bis 0,2 bar Unterdruck
Regelung (Kraftstoff-Luftgemisch 1 : 14 max. 1 : 16)	●	●	Änderung der Gemischmenge
	●		Änderung der Einspritzmenge
Verdichtungsverhältnis	●	●	7 : 1 bis 10 : 1
Kompressionsdruck	●	●	12 bar bis 18 bar
Verbrennungstemperatur	●		2000 °C bis 3000 °C
		●	2000 °C bis 2800 °C
Höchstdrehzahl	●	●	ca. 8 000 1/min Sport- und Renn-maschinen bis ca. 11 000 1/min
Leerlaufdrehzahl	●		800 bis 1050 1/min
		●	ca. 1000 1/min
Wasserkühlung	●	●	Motorkühlung
Luftkühlung	●	●	
Ölkühlung	●		
Druckumlaufschmierung	●		
Trockensumpfschmierung	●		
Tauchschmierung	●		Motorschmierung
Mischungsschmierung		●	
Getrenntschmierung		●	
Reihenmotor	●	●	2 bis 6 Zylinder Zylinderanordnung in einer Reihe
V-Motor	●		2 und 4 Zylinder
Boxermotor	●	●	
Gegenkolbenmotor		●	Kolben bewegen sich gleichläufig
Kurbelgehäuse	●		geteilt
		●	gasdicht

43 Prinzip eines Viertaktmotors (Forts.)

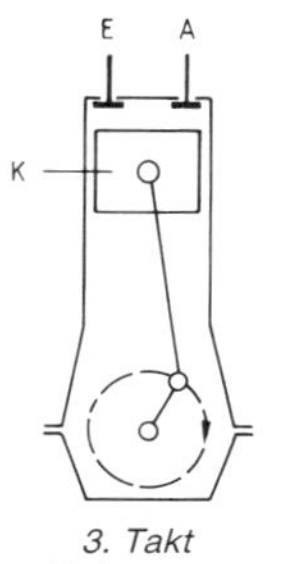

3. Takt
Verbrennen

Kurz vor dem oberen Totpunkt wird das Gas-Luftgemisch durch die Zündkerze entzündet und verbrennt. Beim Dieselmotor wird Dieselkraftstoff über ein Einspritzventil direkt in den Verbrennungsraum gespritzt. Dieser entzündet sich an der heißverdichteten Frischluft.

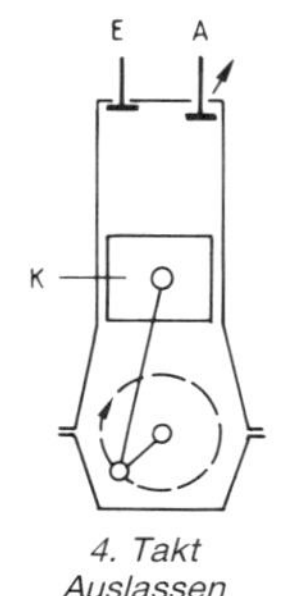

4. Takt
Auslassen

Kurz nach dem unteren Totpunkt öffnet das Auslaßventil (A). Die noch unter einem gewissen Druck stehenden Gase entweichen ins Freie. Reste werden beim Aufwärtshub des Kolbens (K) noch aus dem Zylinder gestoßen.

Abb. 44 zeigt in schematischer Form einen Motor mit Vergaser. Der Start erfolgt mit Hilfe des Anlassers oder Kickstarters. Die über die Kurbelwelle angetriebenen Komponenten nehmen bereits während des Starts ihre Aufgabe war.
Die wesentlichen Komponenten eines Motors mit Benzineinspritzung sind aus Abb. 45 ersichtlich.

Zum Öffnen und Schließen der Ein- und Auslaßventile bei Viertaktmotoren dient die mit Nocken versehene Nockenwelle. Diese kann über den Ventilen (obenliegende Nockenwelle) oder unten in Nähe der Kurbelwelle (untenliegende Nockenwelle) angeordnet sein.
Der Antrieb einer obenliegenden Nockenwelle erfolgt gemäß Abb. 46 A, B und C meist über eine Steuerkette oder gemäß Abb. 46 D über Steuerräder, Stößel, Stößelstange und Kipphebel.

44 Schema eines Viertakt-Ottomotors mit Vergaser

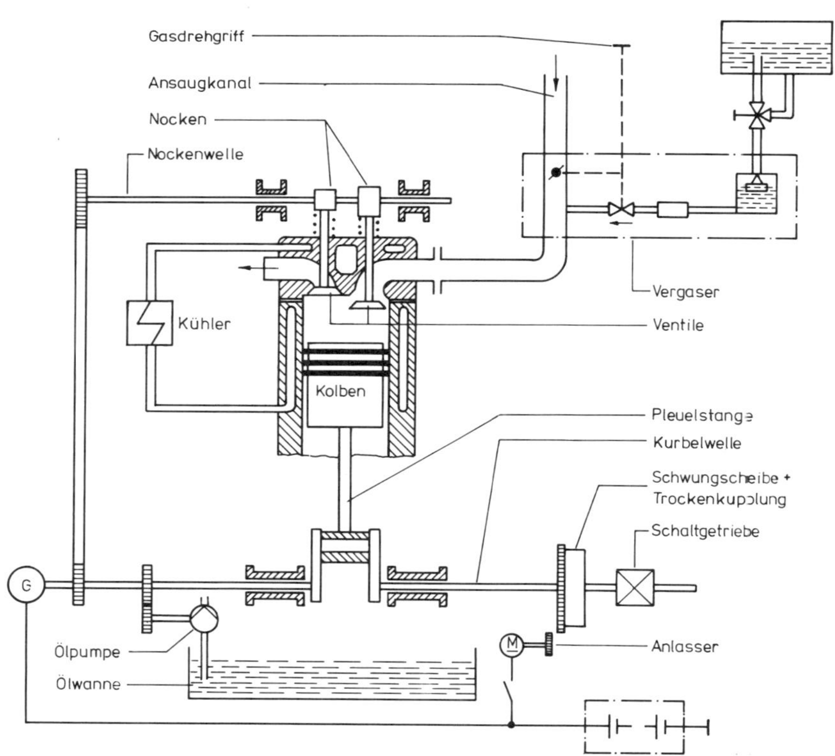

45 *Blockschema einer Benzineinspritzanlage*

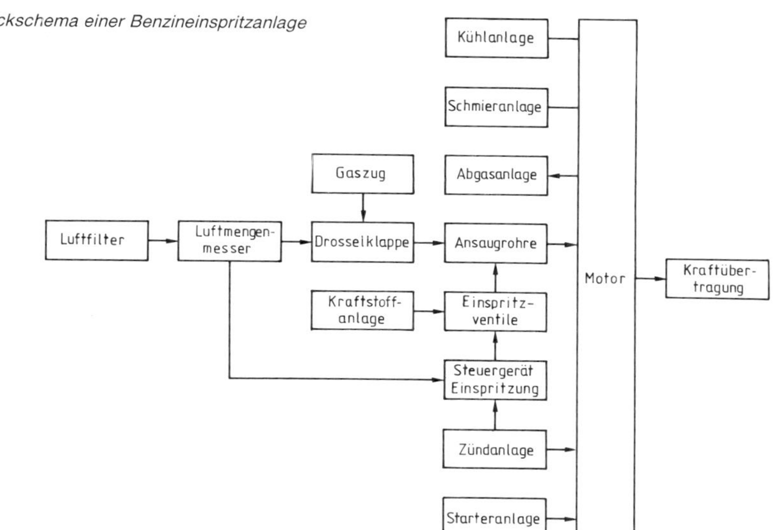

46 *Schematische Darstellung der Ventilsteuerung mit*

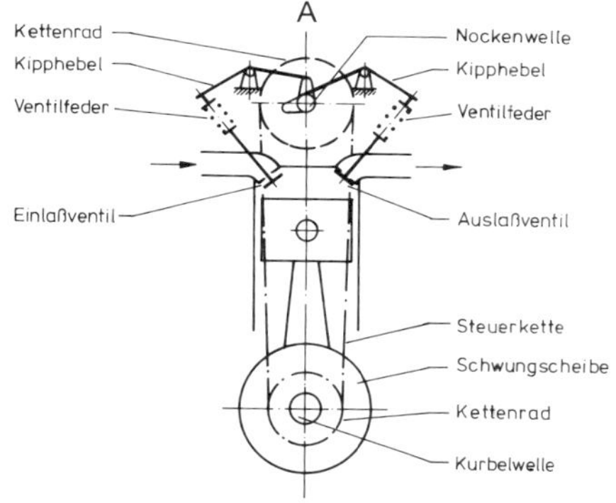

A einer obenliegenden Nockenwelle und Kipphebel

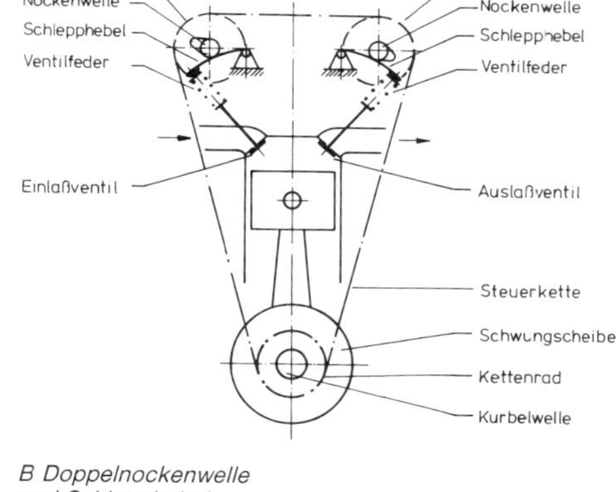

B Doppelnockenwelle und Schlepphebel

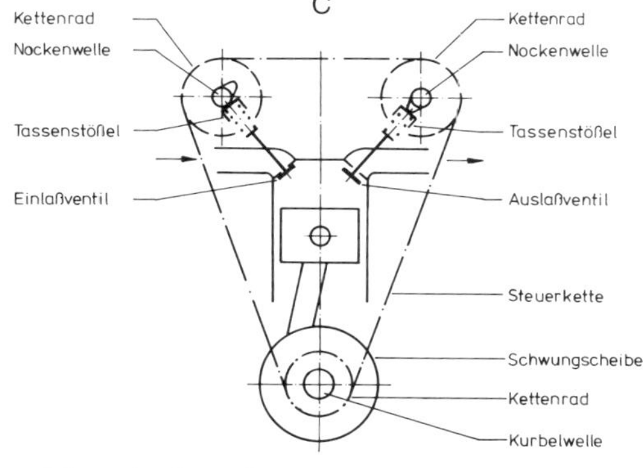

C Doppelnockenwelle und Tassenstößel

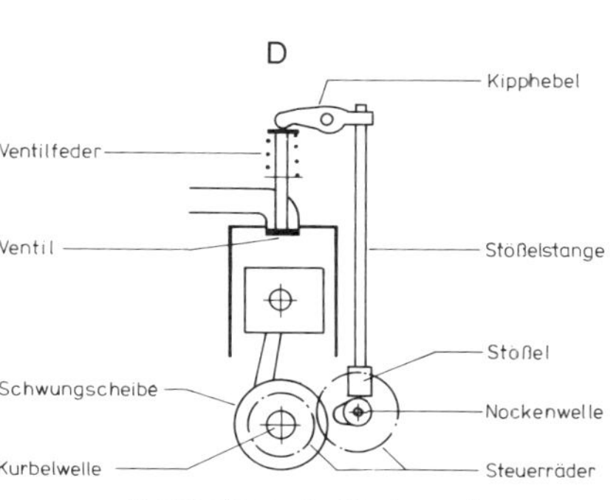

D untenliegender Nockenwelle

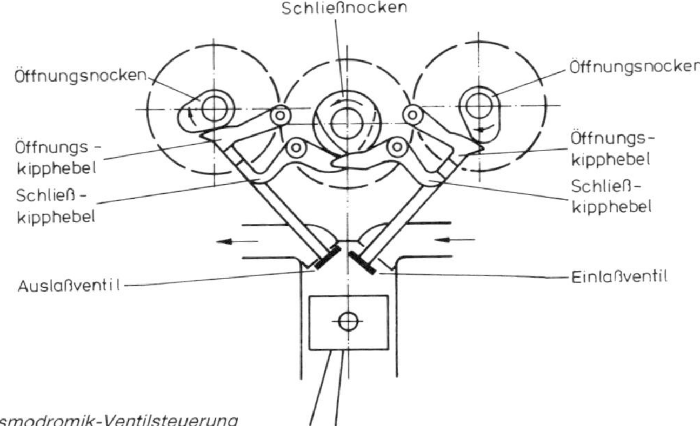

47 Schema der Desmodromik-Ventilsteuerung

Bei sämtlichen Konstruktionen gemäß Abb. 46 werden die Ventile durch die Nocken geöffnet und durch die Ventilfedern geschlossen. Davon weicht lediglich die »Desmodromische Ventilsteuerung« ab (Abb. 47). Hier werden die Ein- und Auslaßventile über Öffnungs-Kipphebel und Öffnungsnocken geöffnet und durch einen Schließnocken und Schließ-Kipphebel wieder geschlossen. Der Schließnocken wird über eine Welle betätigt, die von der Kurbelwelle angetrieben wird.
Die Steuerkette wird exakt geführt und von einem Kettenspanner gespannt.
Damit ein Motor einwandfrei arbeitet, muß das Ventilspiel zwischen Ventilbetätigung und Ventil regelmäßig auf den Sollwert eingestellt werden. Eine Ventileinstellung ist bei Motoren mit hydraulischen Ventilstößeln jedoch nicht erforderlich.

48 Prinzip eines hydraulischen Ventilstößels

Der Schlepp- bzw. Kipphebel stützt sich über den hydraulischen Ventilstößel ab (Abb. 49). Das Hydraulikelement besteht aus einem Außen- und Innenzylinder, die mit Motoröl gefüllt sind. Der Innenzylinder wird im Ruhezustand durch die Druckfeder gegen den Hebel der Ventilbetätigung gedrückt. Wird das Motorventil durch den Nocken der Nockenwelle nach unten bewegt (geöffnet), wird der Hohlraum des Innenzylinders belastet und das Kugelventil schließt (Abb. 48).
Beim Schließen des Motorventils wird der Hohlraum des Innenzylinders druckfrei, das Kugelventil öffnet und der Innenzylinder wird durch die Druckfeder nach oben bewegt. Dadurch liegt der Schlepp- bzw. Kipphebel ständig spielfrei an der Nockenwelle bzw. an deren Nocken und am Ventilschaft auf.

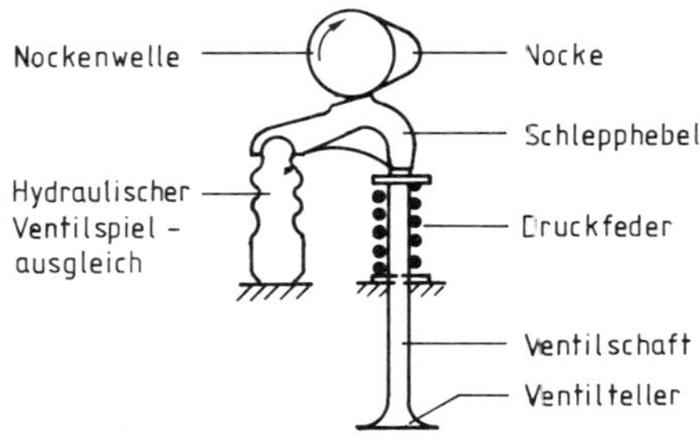

49 Prinzip eines hydraulischen Ventilspielausgleichs

Zweitaktmotor

Der Arbeitsablauf erfolgt gemäß Abb. 50 in zwei Takten, das heißt, daß nach zwei Kolbenhüben, von denen einer Arbeit verrichtet, die Kurbel-

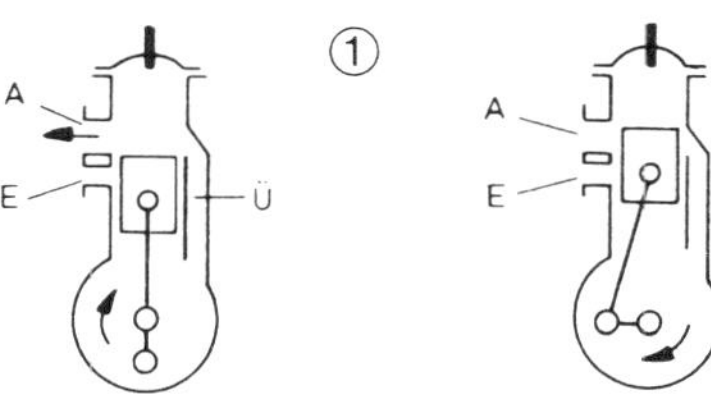

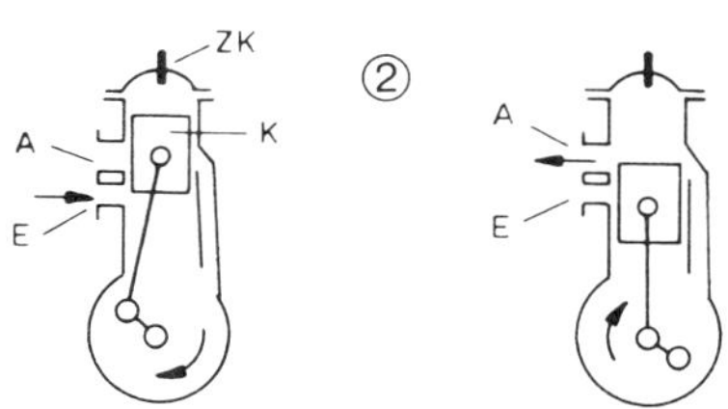

50 Prinzip eines Zweitaktmotors:

1. Takt. Überströmen und Verdichten:
Das Gemisch strömt durch den Überströmkanal (Ü) in den Zylinder und schiebt dabei die Reste verbrannten Gases durch den Auslaßschlitz (A) ins Freie. Der aufwärtsgehende Kolben deckt Überström- und Auslaßschlitz zu und verdichtet das Gas. Er gibt mit der Unterkante den Gaseinlaßschlitz (E) frei und saugt Frischgas in das Kurbelgehäuse.

2.Takt. Verbrennen und Auslassen:
Das Gemisch wird durch die Zündkerze entzündet, dehnt sich aus und drückt den Kolben (K) nach unten. Der Einlaßschlitz (E) wird vom Kolben wieder verdeckt. Der Auslaßschlitz (A) wird frei, die verbrannten Gase strömen aus. Das Frischgas ist durch den abwärtsgehenden Kolben vorverdichtet worden.

welle eine Umdrehung ausführt. Die Steuerung des Ein- und Auslaßschlitzes erfolgt durch den Kolben.

Während der Abwärtsbewegung des Kolbens entweicht mit den verbrannten Gasen auch ein Teil des Frischgases.

Die Füllung im Kurbelgehäuse ist drehzahlabhängig. Bei kleiner Drehzahl entsteht eine Rückströmung bevor die Kolbenunterkante den Einlaßschlitz verschlossen hat; bei höherer Drehzahl wird der Einlaßschlitz bereits verschlossen, bevor der maximale Druck im Kurbelgehäuse erreicht ist. In beiden Fällen ergibt sich eine verminderte Füllung. Damit auch im unteren und mittleren Drehzahlbereich eine möglicht große Füllung erzielt wird, setzt man in den Ansaugkanal Lamellen ein. Bei Unterdruck im Kurbelgehäuse (Kolben bewegt sich nach oben) heben die Lamellen schlagartig ab, wodurch der Einlaßquerschnitt geöffnet wird. Steigt der Druck im Kurbelgehäuse an (Kolben bewegt sich nach unten), verschließen sie den Einlaßquerschnitt wieder. Somit ist eine Rückströmung des Kraftstoff-Luftgemisches vom Kurbelgehäuse in den Ansaugkanal verhindert. Das vorverdichtete Kraftstoff-Luftgemisch strömt beim Öffnen des Überströmkanals in den Verbrennungsraum.

51 Prinzip der Lamellen-Steuerung

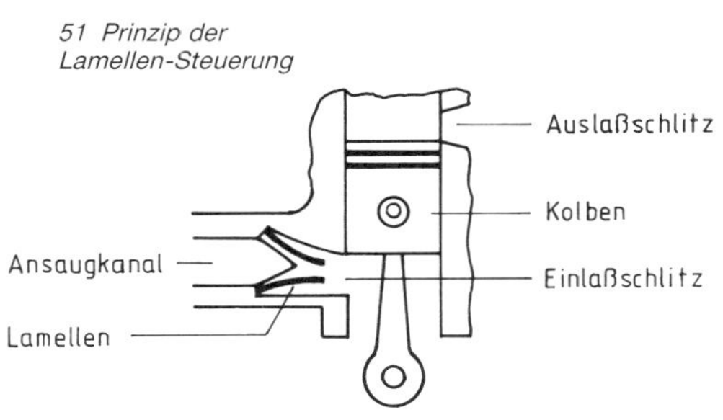

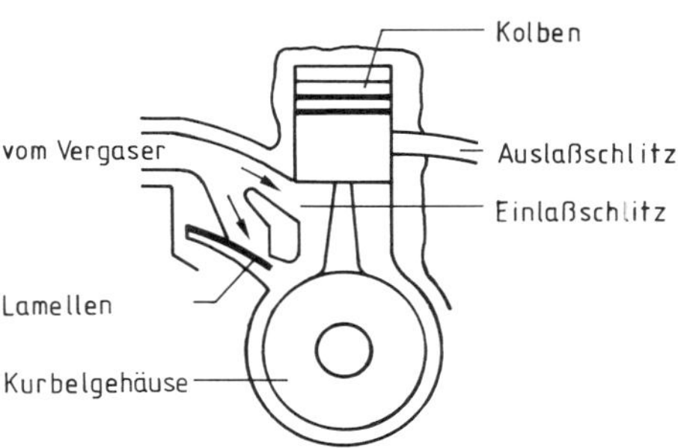

52 Prinzip einer Kolbenschlitzsteuerung mit einem durch Lamellen gesteuerten Nebenschlußkanal

Ferner baut man die Lamellen auch in einen parallel zum Einlaßschlitz befindlichen Einlaßkanal.

Zur Erzielung einer gleichmäßigen Gemischzusammensetzung in allen Drehzahlbereichen baut man in die Saugleitung zwischen Vergaser und Motor eine Schwingkammer ein. Dadurch fließt ein Teil des zurückströmenden Frischgases beim Schließen des Einlaßschlitzes bzw. der Lamellen in die Schwingkammer und nicht mit Kraftstoff angereichert ins Kurbelgehäuse zurück. Bei offenem Einlaßkanal strömt Frischgas aus dem Vergaser und aus der Schwingkammer ins Kurbelgehäuse.

53 Prinzipielle Darstellung einer Saugleitung mit Schwingkammer

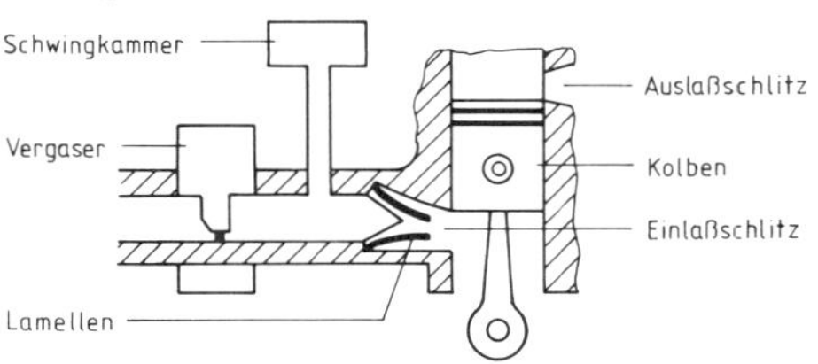

Der Druckverlauf im Kurbelgehäuse und somit der Füllungsgrad wird bedeutend von der Dämpfung der Abgasanlage bestimmt (Abb. 54).

Während der Spülung (Kraftstoff-Luftgemisch strömt vom Kurbelgehäuse in den Verbrennungsraum) entsteht im Kurbelgehäuse ein Überdruck, der bei etwa 150° KW sein Maximum erreicht und unabhängig vom Dämpfungsgrad der Abgasanlage etwa gleich groß ist. Beim Öffnen des Einlaßschlitzes herrscht jedoch bei einer ungedämpften Abgasanlage ein bedeutend höherer Unterdruck im Kurbelgehäuse (größere Füllung) als bei einer stark gedämpften.

Da die Füllmenge auch von der Temperatur im Kurbelgehäuse stark abhängig ist, muß eine ausreichende Kühlung gewährleistet sein.

Zur Zündung findet eine kontakt- oder impulsgesteuerte Batterie- oder Magnetzündung Anwendung.

Die Schmierung erfolgt nach dem Prinzip der Frischölautomatik oder Mischungsschmierung.

Flüssigkeitskühlsysteme werden mit oder ohne Pumpe bzw. Thermostat ausgeführt.

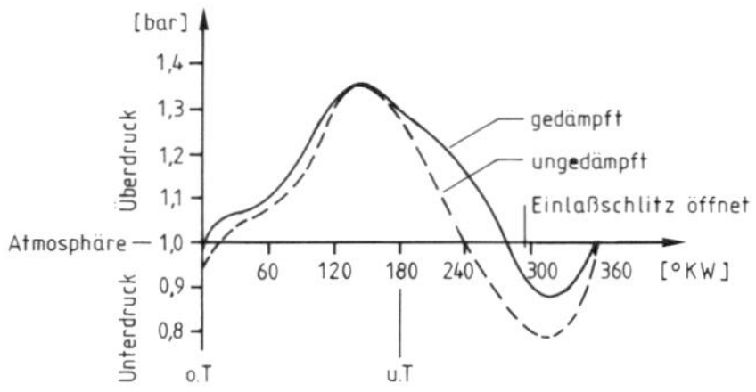

54 Druckverlauf im Kurbelgehäuse eines Zweitaktmotors bei höherer Motordrehzahl einer gedämpften und ungedämpften Abgasanlage

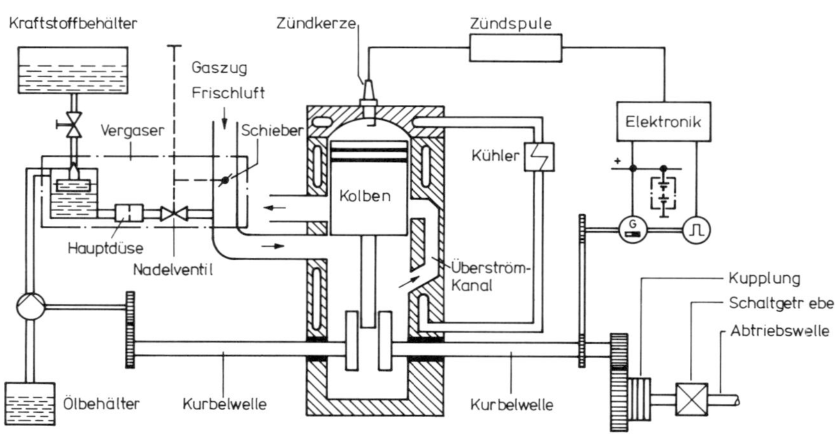

55 Schema eines Zweitakt-Ottomotors mit Frischölautomatik, Batteriezündung und Wasserkühlung

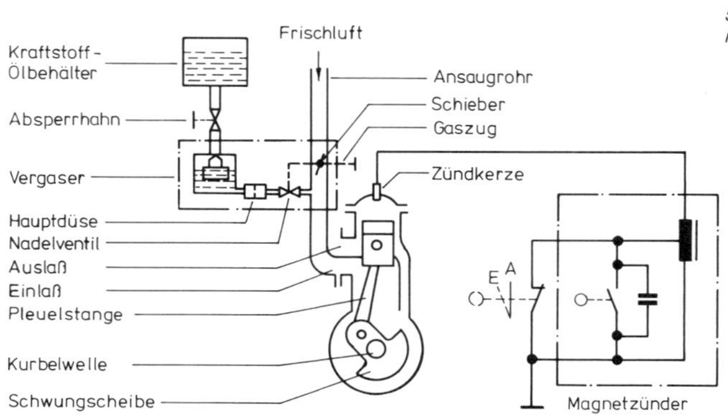

56 Schema eines Zweitakt-Ottomotors mit Mischungsschmierung, Magnetzündung und Luftkühlung

Bauformen

Einzylindermotor

Zylinderanordnung senkrecht oder nach vorn geneigt. Die Kurbelwelle, bestehend aus Hubscheiben, Hubzapfen und Wellenzapfen wird meist aus Einzelteilen zusammengebaut.
Viele moderne Einzylinder-Viertaktmotoren besitzen vier Ventile pro Zylinder.

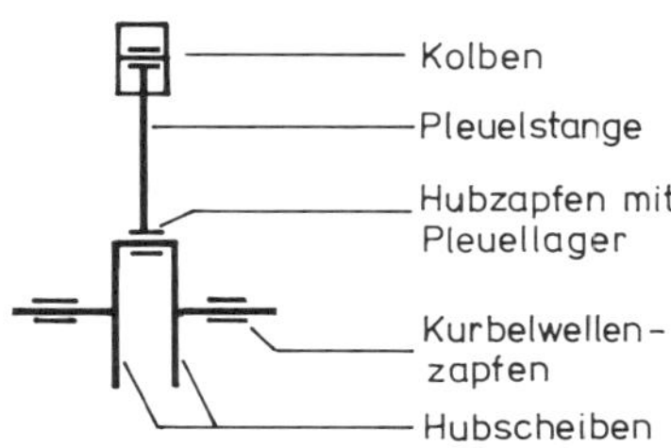

57 Zylinderanordnung eines Einzylindermotors

Reihenmotor

Die Zylinder sind in einer Reihe quer zur Fahrtrichtung angeordnet. Der Abtrieb bei Zweizylindermotoren erfolgt meist direkt von der Kurbelwelle (Abb. 58 A). Bei einigen Zweizylindermotoren (Abb. 58 B) und den meisten Mehrzylindermotoren findet man jedoch den sogenannten Mittelabtrieb. Hier ist die Kurbelwelle zwischen den Zylindern über Zahnräder bzw. über eine Kette kraftschlüssig mit einer Abtriebswelle verbunden.

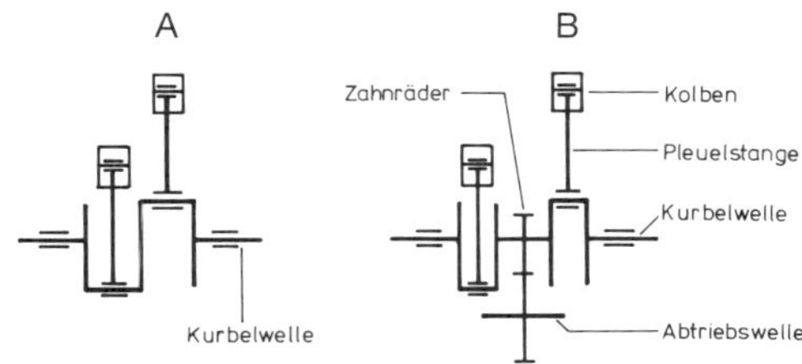

58 Zylinderanordnung bei Zweizylinder-Reihenmotoren

Gebaut werden Reihenmotoren mit 2 bis 6 Zylindern. Beispiele:
2 Zylinder
(1 Einlaß- und 1 Auslaßventil je Zylinder)
4 Zylinder
(1 Einlaß- und 1 Auslaßventil je Zylinder)
4 Zylinder mit 16 Ventilen
(2 Einlaß- und 2 Auslaßventile je Zylinder)
4 Zylinder mit 20 Ventilen
(3 Einlaß- und 2 Auslaßventile je Zylinder)
6 Zylinder mit 24 Ventilen
(2 Einlaß- und 2 Auslaßventile je Zylinder)
Motoren mit 3 Ventilen je Zylinder
(2 Einlaß- und 1 Auslaßventil)

V-Motor

Die Zylinder sind in V-Form quer oder längs zur Fahrtrichtung angeordnet.

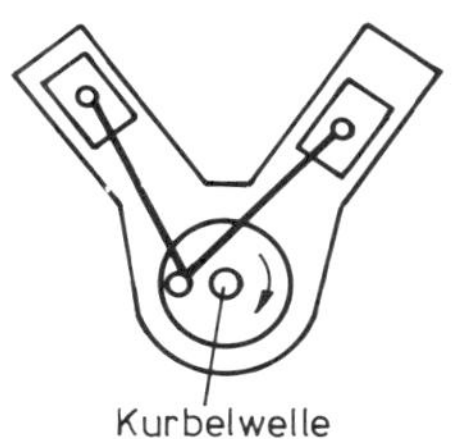

59 Zylinderanordnung beim V-Motor

Boxermotor

Die Zylinder liegen sich in einer Ebene gegenüber. Die Kolben wirken über die Pleuelstange direkt auf die Kurbelwelle. Nach diesem Konstruktionsprinzip werden Zwei- und Vierzylindermotoren gebaut.

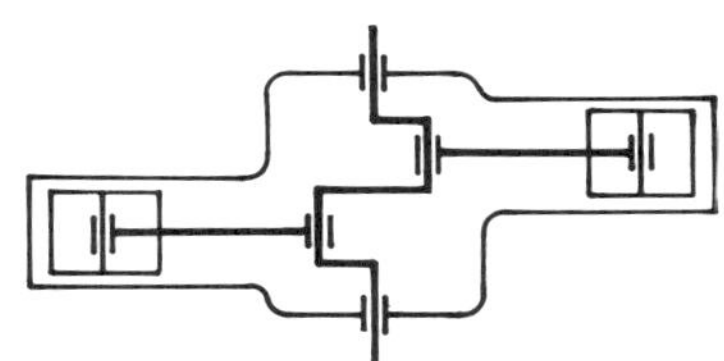

60 Zylinderanordnung beim Boxermotor

U-Motor

Hier handelt es sich um einen Zweitakt-Doppelkolbenmotor, dessen Kolben sich gleichläufig bewegen und auf einen gemeinsamen Hubzapfen arbeiten. Es ist nur ein Brennraum vorhanden, wobei ein Kolben den Einlaß, der andere den Auslaß steuert.

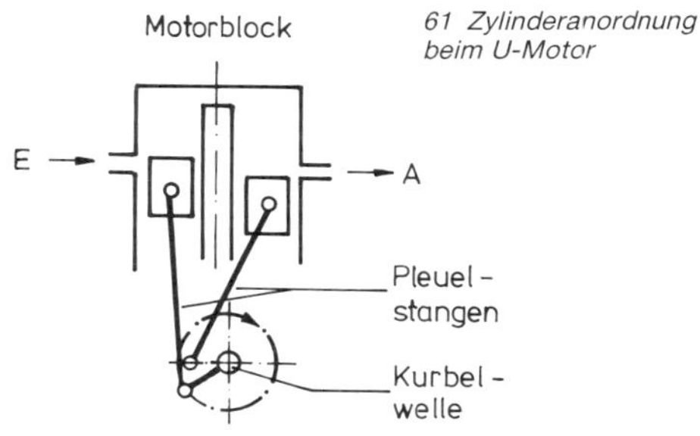

61 Zylinderanordnung beim U-Motor

Gegenkolbenmotor
Die Kolben dieses Zweitaktmotors bewegen sich gegenläufig und arbeiten auf je eine Kurbelwelle, die kraftschlüssig verbunden sind. Ein Kolben steuert den Einlaß, der andere den Auslaß.

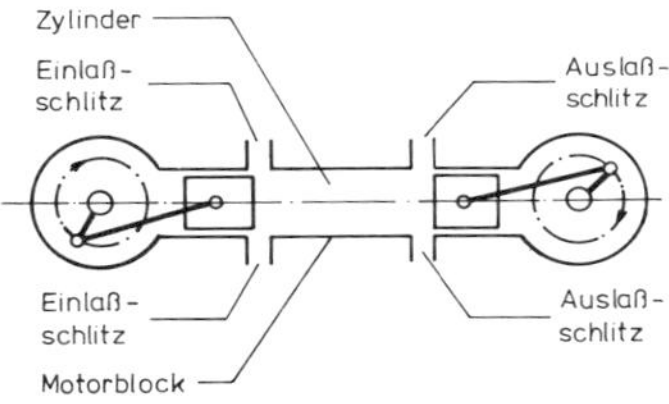

62 Zylinderanordnung beim Gegenkolbenmotor

Motorradmotoren werden als Längsläufer oder Querläufer gebaut. Beim Längsläufer liegt die Schwungmasse in Fahrtrichtung. Kurbel- und Getriebewelle sind quer zur Fahrtrichtung angeordnet. Beim Querläufer liegt die Schwungmasse quer zur Fahrtrichtung. Kurbel- und Getriebewelle sind in Fahrtrichtung angeordnet.

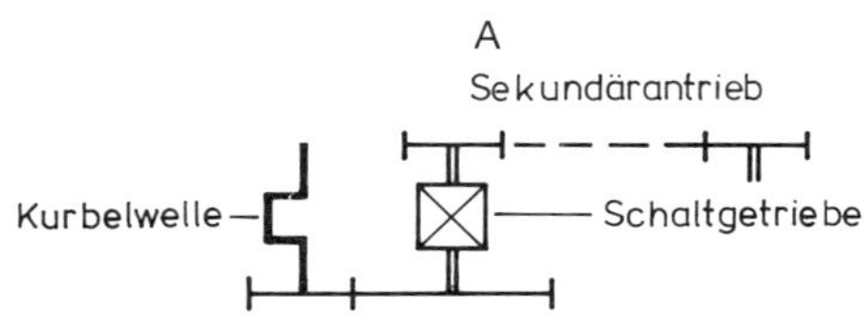

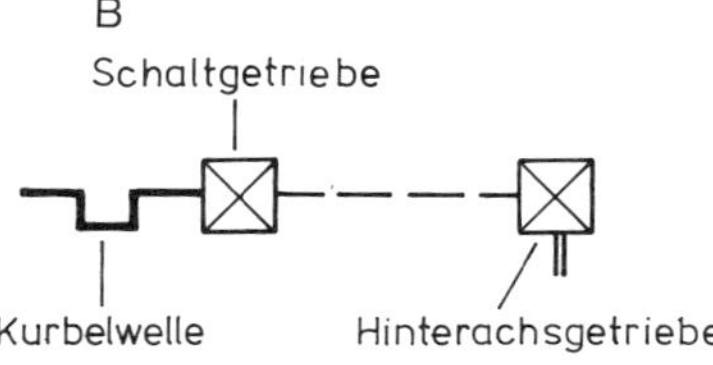

63 Motoranordnungen
A Längsläufer, B Querläufer

Kraftstoffanlage
Die Kraftstoffanlage führt einem Motor den für den Betrieb erforderlichen Kraftstoff zu (Abb. 64).
Der Kraftstoffbehälter ist mit einem Verschluß versehen und besitzt zur Aufrechterhaltung der Druckgleichheit zwischen Behälterinnerem und der Außenluft eine Verbindung. Verstopft dieser Kanal, entsteht im Behälter bei steigender Temperatur ein Überdruck und bei Kraftstoffentnahme ein Unterdruck, der eine Reduzierung der Kraftstoffördermenge zur Folge hat und den Motorstillstand herbeiführen kann.

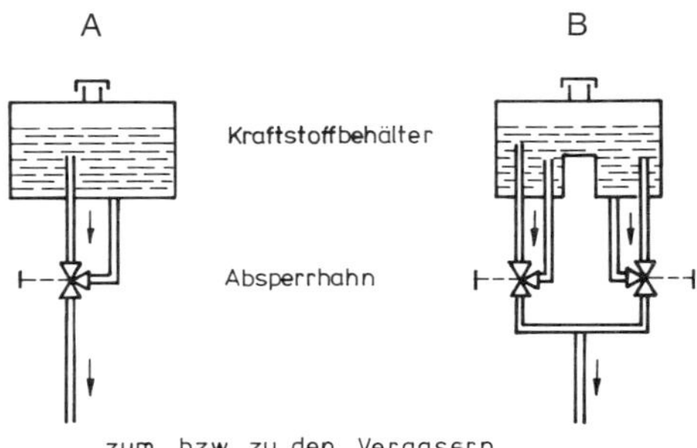

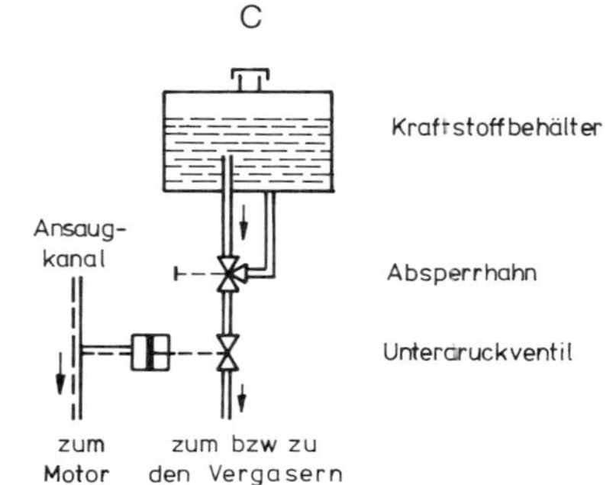

64 Kraftstoffanlagen:
A Mit einem Absperrhahn und Reserveleitung
B Mit zwei Absperrhähnen und drei Reserveleitungen
C Mit einem Absperrhahn, einer Reserveleitung und einem Unterdruckventil (geöffnet bei laufendem Motor)

Bei Kraftfahrzeugen, bei denen der Kraftstoffbehälter höher als der Motor angeordnet ist, fließt der Kraftstoff durch das vorhandene Gefälle (Fallbenzin) zum Motor. Liegt dagegen der Kraftstoffbehälter tiefer oder es wird ein bestimmer Druck benötigt, so ist zur Kraftstoffförderung eine Pumpe erforderlich.

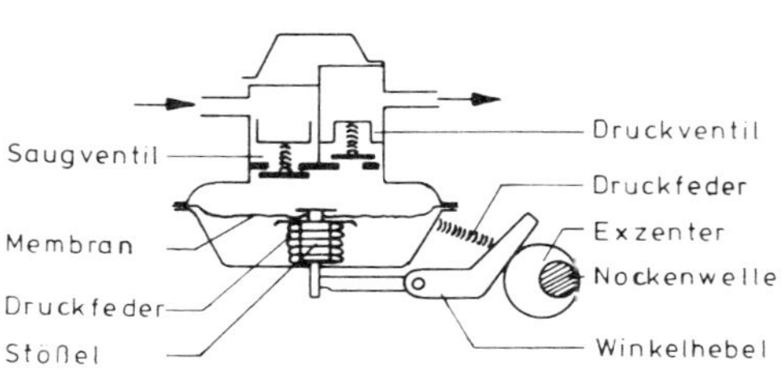

65 Prinzipieller Aufbau einer Kraftstoff-Membranpumpe

Die Kraftstoffpumpe wird meist mechanisch über einen speziellen Nocken der Nockenwelle oder elektromotorisch bzw. elektromagnetisch (bei Zweitaktmotoren auch pneumatisch) angetrieben. Jede Pumpe besitzt ein Saug- und Druckventil. Nach dem Saughub erfolgt die Kraftstofförderung durch Entspannen der Membranfeder.
Die Stromlaufpläne elektrisch angetriebener Kraftstoffpumpen sind aus Bild 66 ersichtlich.

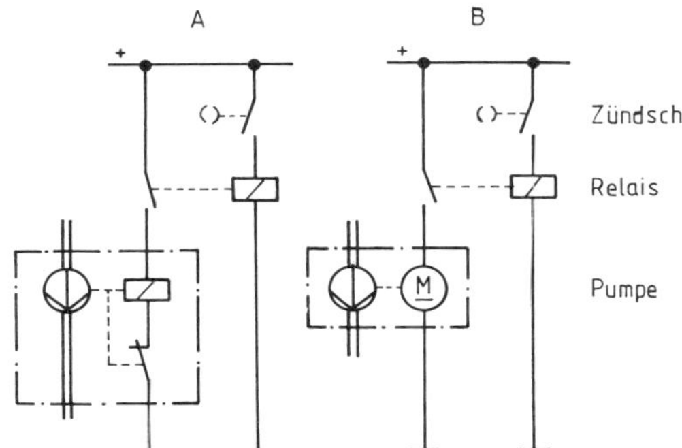

66 Steuerung einer Elektro-Kraftstoffpumpe mit:
A elektromagnetischem Antrieb
B elektromotorischem Antrieb

Die Einschaltung der Kraftstoffpumpe erfolgt durch den Zündschalter, der den Stromkreis der Relaisspule schließt. Der Relaiskontakt schließt den Stromkreis der Pumpe. Bei einer elektromagnetisch angetriebenen Pumpe zieht der Anker des Elektromagneten an, wodurch die Membran der Pumpe bewegt und das Einlaßventil geöffnet wird. Anschließend öffnet der Pumpenkontakt und unterbricht den Stromkreis des Elektromagneten. Nun wird die Membran durch die Rückholfelder in ihre Ausgangsstellung gedrückt und gleichzeitig das Auslaßventil geöffnet. Dieser Arbeitsablauf wiederholt sich während der Einschaltdauer des Zündschalters ständig.
Das Schema einer bei Zweitaktmotoren verwendeten pneumatisch angetriebenen Membranpumpe zeigt Abb. 67.

Durch die Aufwärtsbewegung des Kolbens entsteht im Kurbelgehäuse ein Unterdruck; die Membrane beult sich gegen die Kraft der Druckfeder aus und das Saugventil öffnet. Bewegt sich der Kolben nach unten, entsteht im Kurbelgehäuse ein Überdruck, der – unterstützt durch die Druckfeder – die Membran in die andere Richtung ausbeult, wodurch das Druckventil öffnet und das Saugventil schließt. Zur Druckregulierung dient ein Überdruckventil, das den überschüssigen Kraftstoff von der Druckseite zur Saugseite fließen läßt.

Ansauganlage

Die Ansauganlage dient zur Reinigung der Ansaugluft und zur Dämpfung der Ansauggeräusche. Hierzu befindet sich in der Ansaugleitung ein Trockenluftfilter mit auswechselbarer Papierpatrone.
Bei Viertaktmotoren ist das Kurbelgehäuse über Kanäle mit der Ansauganlage verbunden, damit keine Druckerhöhung im Kurbelgehäuse stattfindet. Die ins Kurbelgehäuse gelangten Verbrennungsgase werden mit der Frischluft in die Zylinder gesaugt. Öldunst und Kondenswasser werden meist über einen Entlüftungsschlauch ins Freie geführt. Ein Ölabscheider in der Entlüftungsleitung verhindert, daß Ölpartikel ins Freie gelangen können. Ein in die Entlüftungsleitung eingebautes Entlüftungsventil (Rückschlag-

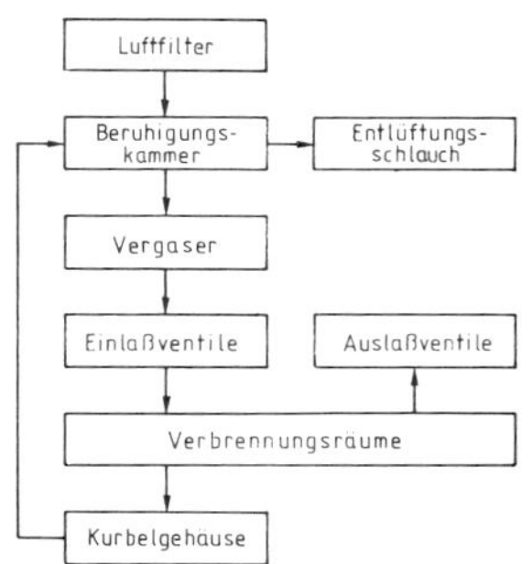

68 Blockschema einer Kurbelgehäuse-Entlüftung

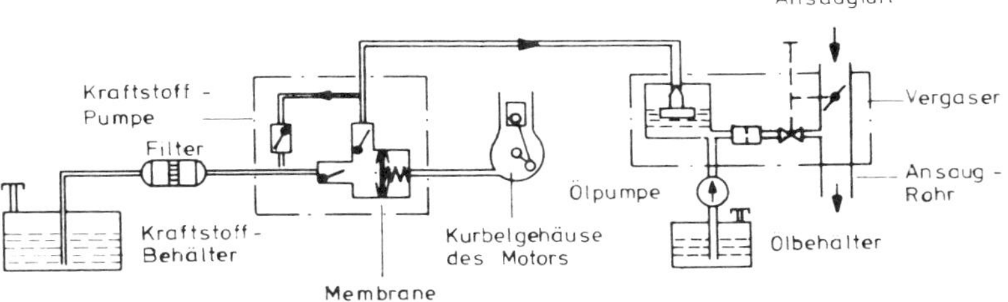

67 Prinzip einer Kraftstoffanlage mit pneumatisch betätigter Membranpumpe

klappe) öffnet bei einem bestimmten Druck im Kurbelgehäuse. Das durch den Ölabscheider zurückgewonnene Öl wird dem Ölkreislauf wieder zugeführt.

Vergaseranlage

Die Vergaseranlage hat die Aufgabe, das für jeden Betriebszustand des Motors erforderliche brennfähige Kraftstoff-Luftgemisch in ausreichender Menge zu erzeugen. Beim Ansaugtakt des Motors werden gleichzeitig Kraftstoff und Luft im Mengenverhältnis 1 : 15 angesaugt.

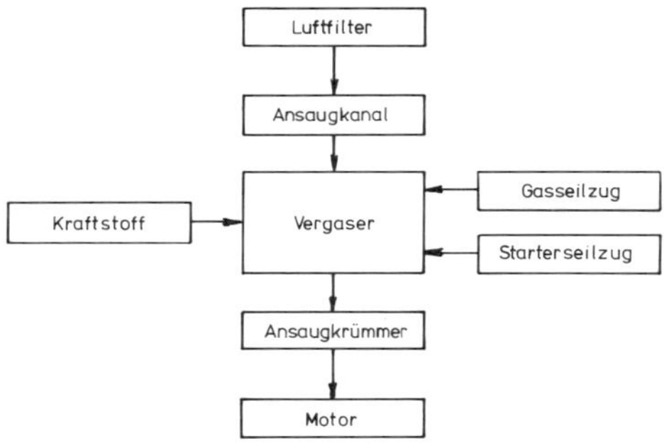

69 Blockschaltbild einer Vergaseranlage

Dem Vergaser ist zur Reinigung der Ansaugluft ein Luftfilter vorgeschaltet. Die Dosierung der Ansaugmenge wird manuell über den Gasseilzug vorgenommen. Mit Hilfe des Starterseilzuges kann der im Vergaser integrierte Startvergaser eingeschaltet werden. Er bewirkt eine Anreicherung des Kraftstoff-Luftgemisches beim Kaltstart und während der Warmlaufphase.

Entsprechend der Führung des Gasstromes ist zwischen einem Fall-, Steig- und Flachstromvergaser zu unterscheiden.

Der meist verwendete Fallstromvergaser ist über dem Verbrennungsraum des Motors angeordnet. Dadurch fallen die Kraftstoffteilchen in den Ansaugkanal und unterstützen somit die Wirkung des Luftstroms.

Ein Steigstromvergaser liegt tiefer als der Verbrennungsraum. Demgemäß werden die Kraftstoffteilchen erst ab einer bestimmten Motordrehzahl bzw. erst ab einem bestimmten Unterdruck im Ansaugsystem vom Luftstrom mitgerissen.

Beim Flachstromvergaser ist die Strömungsrichtung horizontal, was sich günstig auf die Bauhöhe auswirkt.

In jedem Vergaser erfährt der angesaugte Luftstrom im Lufttrichter eine Beschleunigung, da der Luftdurchsatz an jeder Stelle gleich groß ist. Dadurch entsteht im Lufttrichter ein der Motordrehzahl entsprechender Unterdruck, wodurch Kraftstoff angesaugt wird.

Um bei allen Motordrehzahlen das richtige Mischungsverhältnis zu erzielen, besitzt jeder Vergaser einen Kraftstoffvorratsbehälter, in dem der Kraftstoffhöhenstand durch Regelung der Kraftstoffzuflußmenge konstant gehalten

71 Kraftstoff-Höhenstandsregelung eines Vergasers:
A ohne Gelenk
B mit Gelenk

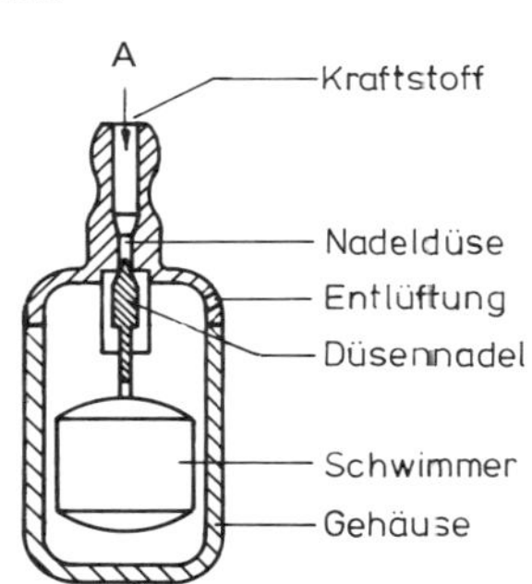

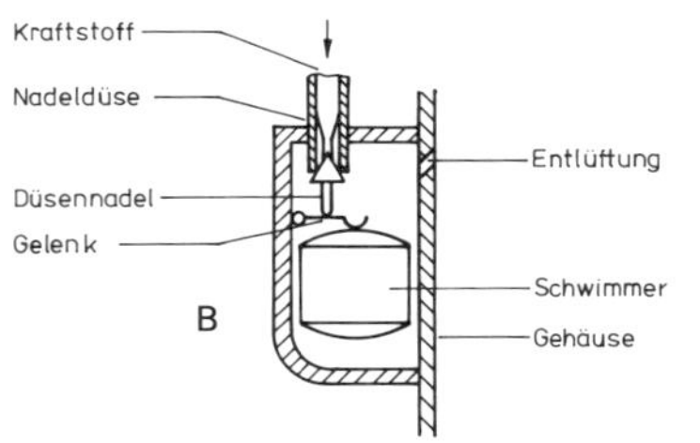

70 Vergaserbauarten: A Fallstromvergaser B Steigstromvergaser C Flachstromvergaser

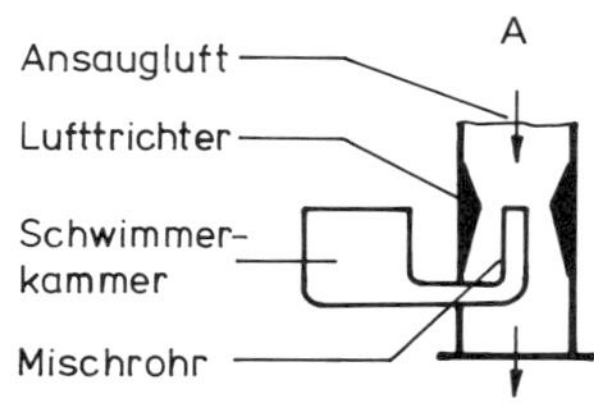

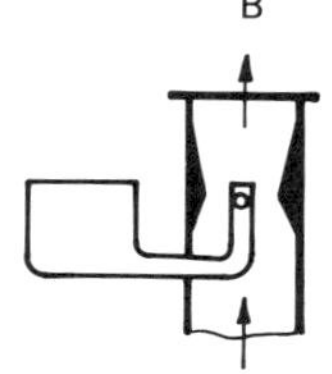

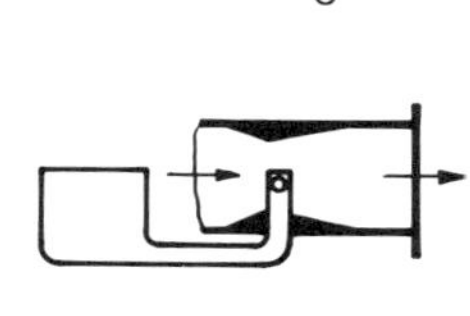

wird. Als Regelorgan dient ein Nadelventil, das von einem Schwimmer (ein aus Messing oder Kunststoff bestehender Hohlkörper) betätigt wird.
Der Öffnungsquerschnitt des Nadelventils ist von der Kraftstoffhöhe im Schwimmergehäuse abhängig. Bei erreichtem oder überschrittenem Sollwert ist das Nadelventil geschlossen und somit die Kraftstoffzufuhr unterbrochen. Zum Druckausgleich zwischen Schwimmergehäuse und der Atmosphäre (Druckanstieg im Schwimmergehäuse bei steigendem Schwimmer und umgekehrt) ist eine Entlüftung des Schwimmergehäuses vorgesehen.

Schiebervergaser

Die gewünschte Fahrgeschwindigkeit, d. h. die jeweils erforderliche Zylinderfüllung wird durch Ändern des Vergaserdurchlaß-Querschnitts und der Düsennadelstellung erzielt. Dazu wird ein mit der Düsennadel starr verbundener Gasschieber über einen Gasseilzug gehoben bzw. gesenkt.

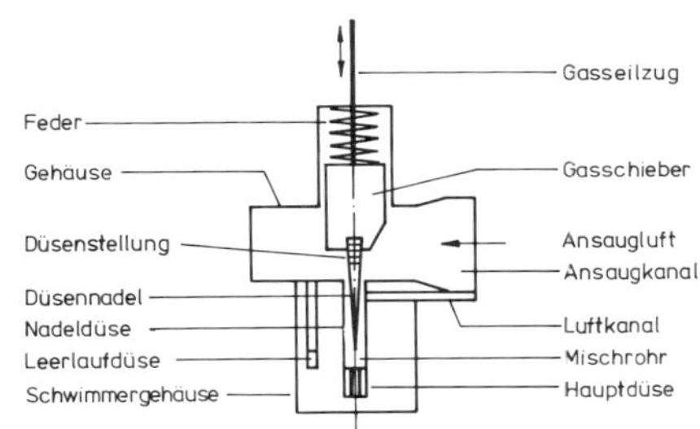

72 *Prinzip eines Schiebervergasers*

Zur Feineinstellung kann die Düsennadel in verschiedene Höhenpositionen (Düsenstellung) befestigt werden.
Gemäß Abb. 73 gelangt der Kraftstoff aus dem Schwimmergehäuse zur Hauptdüse über die Nadeldüse (Abb. 74) in den Ansaugkanal. Ferner strömt ein kleiner Teil der Ansaugluft zur Nadeldüse, wodurch eine Zerstäubung des aus dem Ringquerschnitt der Nadeldüse austretenden Kraftstoffs stattfindet. Weitere Zerstäubung erfolgt beim Eintritt in den Ansaugkrümmer.
Bei geschlossenem Gasschieber, d. h. im Leerlauf, wird die erforderliche Kraftstoffmenge über die Leerlaufdüse aus dem Schwimmergehäuse angesaugt. Zur Einstellung der Leerlaufgemischmenge bzw. der Leerlaufdrehzahl dienen – entsprechend der Vergaserkonzeption – die Gasschieber-Anschlagschraube (Abb. 74) und die Leerlaufgemisch-Regulierschraube bzw. eine im Leerlaufluftkanal befindliche Luftregulierschraube (Abb. 73).

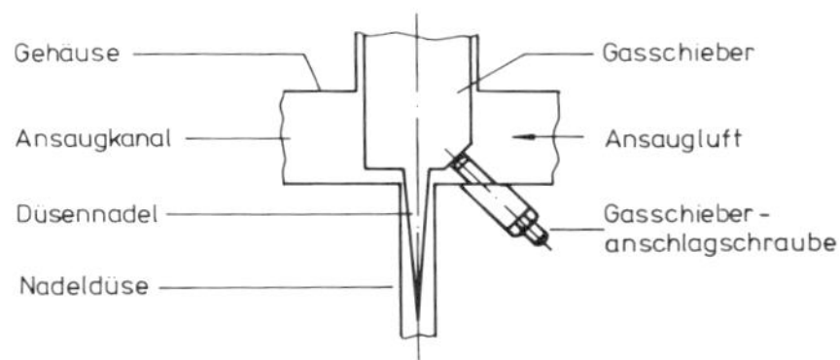

74 *Gasschieberanschlag*

Eine Beschleunigerpumpe sorgt für zusätzlichen Kraftstoff beim Gasgeben. Hierzu finden sowohl Membran- als auch Kolbenpumpen Anwendung.

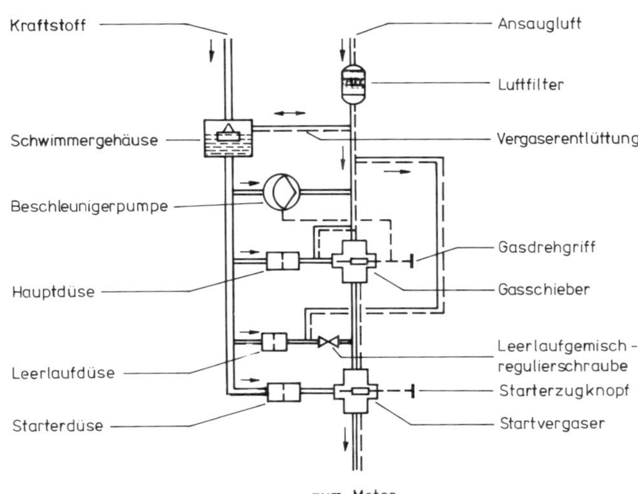

73 *Kreislaufschema eines Schiebervergasers*

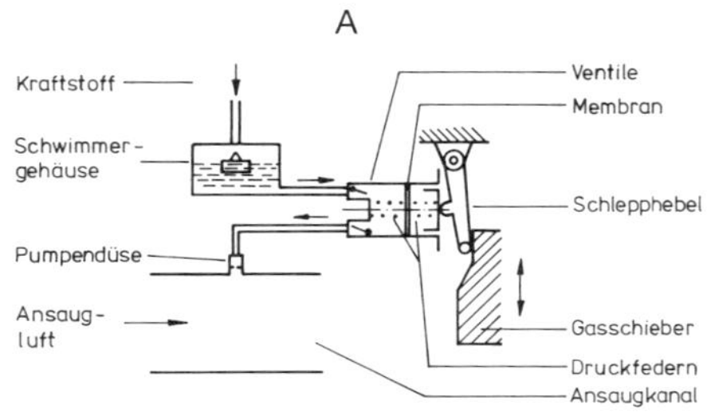

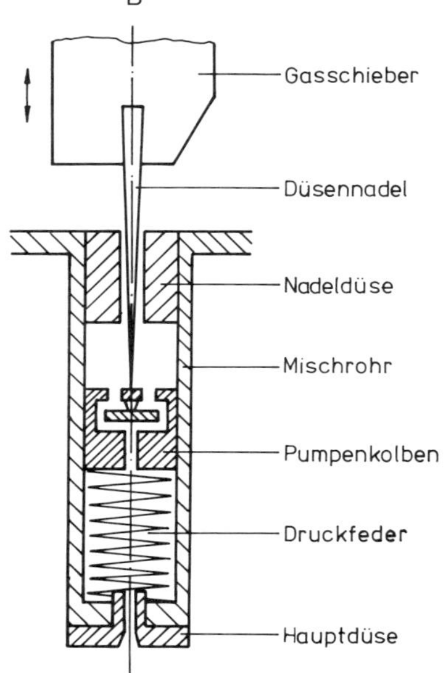

75 Beschleunigerpumpen:
A Membranpumpe
B Kolbenpumpe

Die Membran der Membranpumpe wird bei abwärtsgehendem Gasschieber durch die linke Druckfeder in Richtung Schlepphebel gedrückt. Dadurch entsteht im linken Pumpenraum ein Unterdruck, wodurch über das Einlaßventil Kraftstoff aus dem Schwimmergehäuse angesaugt wird. Nun bewirkt der sich beim Gasgeben nach oben bewegende Gasschieber über den Schlepphebel ein Ausbauchen der Membran nach links und somit eine Druckerhöhung im linken Pumpenraum. Dadurch schließt das Einlaßventil, das Auslaßventil öffnet, und über die Pumpendüse wird Kraftstoff in den Ansaugkanal gespritzt.
Die Einspritzung von zusätzlichem Kraftstoff beim Gasgeben erfolgt bei der Kolbenpumpe durch die Freigabe des Pumpenkolbens während der Aufwärtsbewegung der mit dem Gasschieber starr verbundenen Düsennadel. Bei diesem Vorgang wird der Pumpenkolben durch die Druckfeder nach oben gedrückt, der Kraftstoffzulauf durch ein Ventilplättchen geschlossen, und der über dem Kolben befindliche Kraftstoff über die Nadeldüse in den Ansaugkanal gespritzt. Durch Gasrücknahme wird der Pumpenkolben wieder nach unten gedrückt. Gleichzeitig öffnet das Ventilplättchen und gibt den Kraftstoffzulauf zum Raum über den Pumpenkolben wieder frei.
Zur Gemischanreicherung beim Kaltstart und während der Warmlaufphase des Motors dient der Startvergaser (Abb. 73). Das ist ein im Vergaser eingebauter Schiebervergaser kleiner Dimension. Sein Schieber wird gegen den Druck einer Feder mittels Seilzug angehoben. Dadurch saugt der Motor bei geschlossenem Gasschieber über die Starterdüse und das Startersteigrohr zusätzlich Kraftstoff aus dem Schwimmergehäuse an.
Schiebervergaser ohne Startvergaser sind mit einem sogenannten Tupfer ausgestattet, der bei tiefen Temperaturen zu betätigen ist. Dabei wird der Schwimmer unter den Kraftstoffspiegel gedrückt, wodurch mehr Kraftstoff zufließt, als für den Normalbetrieb benötigt wird. Tritt Kraftstoff aus der Schwimmergehäusebelüftung aus, darf nicht mehr weiter getupft werden.

Gleichdruckvergaser

Kennzeichnend für den Gleichdruckvergaser ist die mit dem Gasseilzug verbundene Drosselklappe und eine mit dem Schieberkolben starr verbundene Membran.

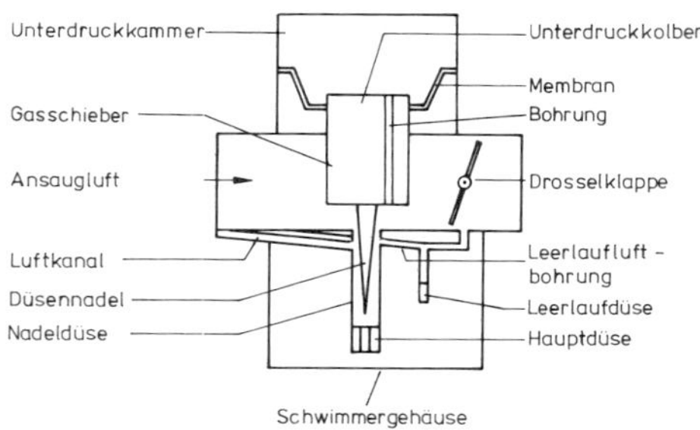

76 Prinzip eines Gleichdruckvergasers

Der Kraftstoff gelangt aus dem Schwimmergehäuse über Haupt- und Nadeldüse, wo eine Vorzerstäubung durch die über den Luftkanal zugeführte Luft erfolgt, in den Ansaugkanal.

Hier vermischt sich das Kraftstoff-Luftgemisch mit der Ansaugluft, wodurch eine weitere Zerstäubung des Kraftstoffes stattfindet.
Zur Einstellung der Zylinderfüllung dient die Drosselklappe. Bei laufenden Motor bewirkt jede Bewegung in Öffnungsrichtung infolge der verstärkten Luftströmung im Vergaserdurchlaß eine Erhöhung des Unterdrucks am Austritt der Nadeldüse, wodurch Kraftstoff aus dem Schwimmergehäuse über das Düsensystem angesaugt wird. Bei niedrigen Drehzahlen verengt sich der Querschnitt im Bereich des Nadeldüsenaustritts, wodurch sich die Luftgeschwindigkeit und der Unterdruck erhöht. Da der Ansaugkanal mit der Unterdruckkammer über eine Bohrung im Gasschieber verbunden ist, herrscht zwischen diesen Räumen Druckgleichheit. Demgemäß ergibt eine Erhöhung des Unterdrucks im Ansaugkanal ein Anheben des Gasschiebers. Eine Drosselklappenbewegung in Schließrichtung hat die entgegengesetzte Wirkung. Die Dosierung der Kraftstoffmenge bei Vollast erfolgt durch die Hauptdüse und im Teillastbereich durch die Düsennadel.
Im Leerlauf wird Kraftstoff über die Leerlaufdüse angesaugt und mit der Luft aus der Leerlaufluftbohrung vermischt. Das Leerlauf-Kraftstoff-Luftgemisch gelangt nach der Drosselklappe in den Ansaugkanal.
Zur Einstellung der Leerlaufansaugmenge dient die Leerlaufgemisch-Regulierschraube und zur Einstellung der Leerlauf-Kraftstoffmenge die Drosselklappe-Anschlagschraube. Ein zusätzlich über Bohrungen gebildetes Kraftstoff-Luftgemisch dient der Verbesserung des Überganges zwischen Leerlauf- und Hauptdüsensystem.
Beim Kaltstart und während der Warmlaufphase benötigt der Motor mehr Kraftstoff als bei Betriebstemperatur. Zu dessen Realisierung besitzt dieser Vergaser eine aus einem Drehschieber bestehende Startvorrichtung.
Der vom Fahrer mittels Starterzugknopf einstellbare Drehschieber erhält den Kraftstoff über das Startertauchrohr aus dem Schwimmergehäuse. Die Kraftstoffansaugung während des Starts erfolgt durch den Unterdruck hinter der fast geschlossenen Drosselklappe. Im Drehschiebergehäuse findet die Vermischung des Kraftstoffs mit der durch eine Bohrung strömenden Starterluft statt. Dieses sehr fette Gemisch trifft nun im Lufttrichter mit der Ansaugluft zusammen, wo sich das Startgemisch bildet. Nach dem Start gelangt ein Teil der Ansaugluft durch eine kalibrierte Bohrung in das Startertauchrohr, wodurch das Startgemisch zur Erzielung eines ruhigen Motorlaufs auf einen bestimmten Wert abgemagert wird.
Das Startsystem ist rechtzeitig, d. h. nach der Warmlaufphase, außer Funktion zu setzen, um ein Abwaschen des Ölfilms von den Zylinderwänden und somit unnötigen Motorverschleiß zu verhindern.

Doppelvergaser

Der Doppelvergaser ist z. B. bei den Vierventil-Motoren von Yamaha eingesetzt. Er besteht aus einem Schieber- und Gleichdruckvergaser. Der Schiebervergaser versorgt das linke Einlaßventil. Bei Halbgas wird über ein Gestänge die Drosselklappe des mit dem rechten Einlaßventil verbundenen Gleichdruckvergasers geöffnet. Beide Vergaser sind in einem Gehäuse untergebracht und saugen den Kraftstoff aus dem gemeinsamen Schwimmergehäuse an.

Elektronikvergaser

Der Elektronikvergaser ist ein neues Gemischbildungssystem der Bosch und Pierburg System OHG. Das System besteht im wesentlichen aus einem Fallstrom-Registervergaser mit Vordrosselsteller, Drosselklappenansteller, Sensoren und einem elektronischen Steuergerät.
Der Vordrosselsteller wird elektromotorisch betätigt und dient zur Steuerung des Mischungsverhältnisses bei Kaltstart, Warmlauf, Beschleunigung und im Teillastbereich.

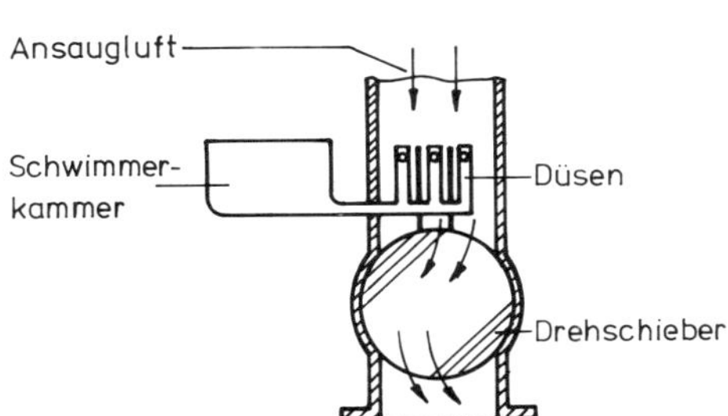

77 Prinzip eines Drehschiebers

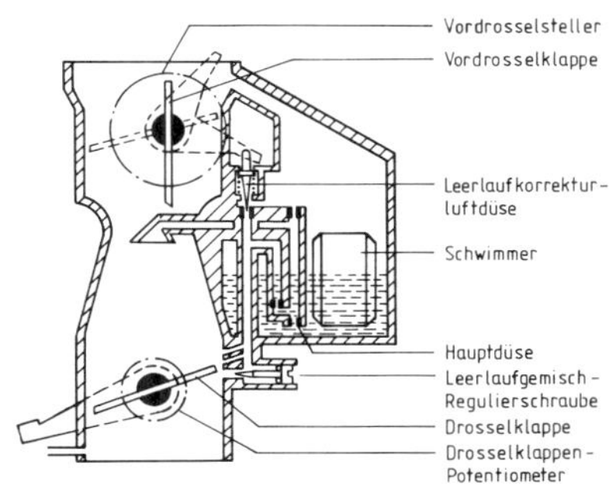

78 Vergasergehäuse im Schnitt

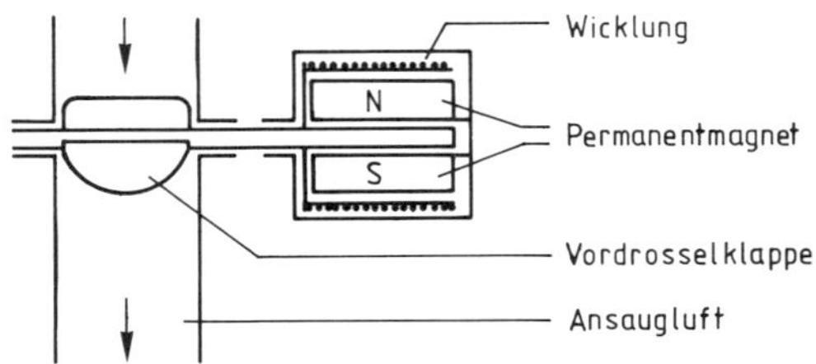

79 Prinzip des Vordrosselstellers

Der Drosselklappenansteller ist ein elektropneumatisch betätigtes Gerät zur Füllungssteuerung. Die Steuerung erfolgt über zwei Elektromagnetventile, von denen das eine mit der Atmosphäre, das andere mit dem Saugrohrunterdruck verbunden ist. Ein im Steller integriertes Potentiometer dient zur Meldung der Drosselklappenstellung. Im Stößel des Stellers befindet sich der Leerlaufschalter. Er meldet, ob eine Betätigung des auf die Drosselklappe wirkenden Gaszuges vorliegt.

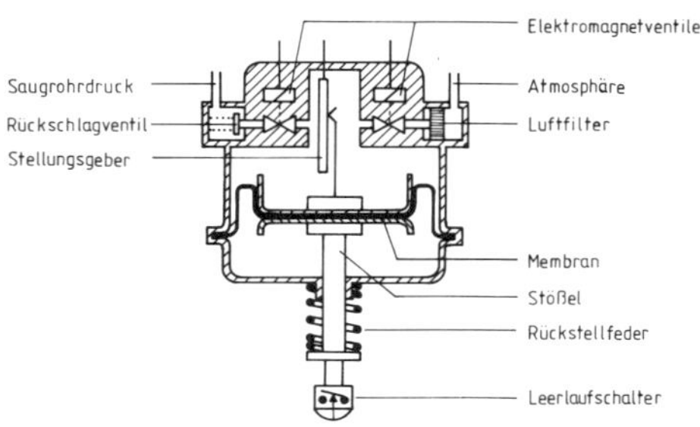

80 Prinzip des Drosselklappenanstellers

Das elektronische Steuergerät verarbeitet folgende Meßwerte: Drosselklappenstellung, Leerlaufstellung des Drosselklappenanstellers, Kühlmitteltemperatur, Motordrehzahl. Es liefert die erforderlichen Ausgangsgrößen für die Betätigung der Vordrosselklappe und Drosselklappe.
Beim Abstellen des Motors wird die Drosselklappe bis zur Schubabschaltung geschlossen. Dadurch wird die Kraftstofförderung unterbrochen und ein Nachdieseln verhindert. Nach erreichtem Motorstillstand wird die Drosselklappe wieder in die Startposition gebracht.

Benzineinspritzung

Bei Ottomotoren mit Benzineinspritzung wird der Kraftstoff über mechanisch oder elektromagnetisch betätigte Einspritzventile als feiner Nebel – je nach Bauart des Motors – in die Ansaugrohre oder unmittelbar in die Zylinder eingespritzt. Gegen Ende der Verdichtung erfolgt die Zündung des Kraftstoff-Luftgemisches durch den Zündfunken der Zündkerze.
Die wesentlichen Komponenten und deren Zusammenwirken sind aus Abb. 82 zu ersehen.
Zur Kraftstofförderung und Erzeugung des Einspritzdrucks dient eine elektromotorisch angetriebene Rollenzellenpumpe.
Die Rollenzellenpumpe und der Elektromotor befinden sich in einem gemeinsamen Gehäuse und werden vom Kraftstoff umspült. Die Rollen der Rollenzellenpumpe werden während der Rotation durch die Zentrifugalkraft an das exzentrisch ausgebildete Pumpengehäuse gepreßt. Die Pumpenwirkung kommt dadurch zustande, daß am Kraftstoffeintritt ein sich vergrößerndes und am Kraftstoffaustritt ein sich verkleinerndes Volumen entsteht.
Bei einem Druckmaximum wird die Druck- und Saugseite durch Öffnen eines in der Pumpe integriertes Überdruckventil verbunden. Ein Rückschlagventil verhindert bei Motorstillstand einen Kraftstoffrücklauf in den Kraftstoffbehälter.

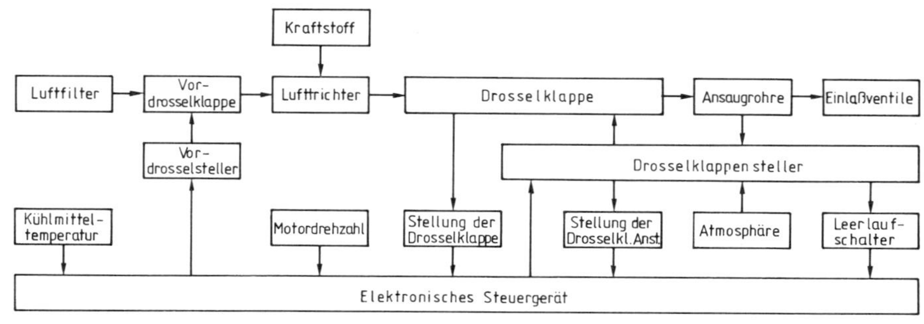

81 Blockschaltbild des elektronischen Vergasers

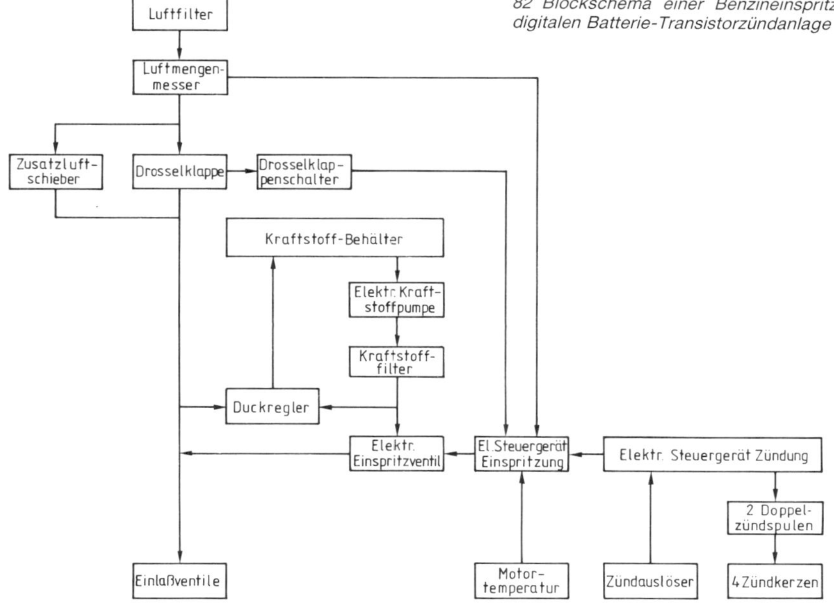

82 *Blockschema einer Benzineinspritzanlage mit der digitalen Batterie-Transistorzündanlage D-BTZ*

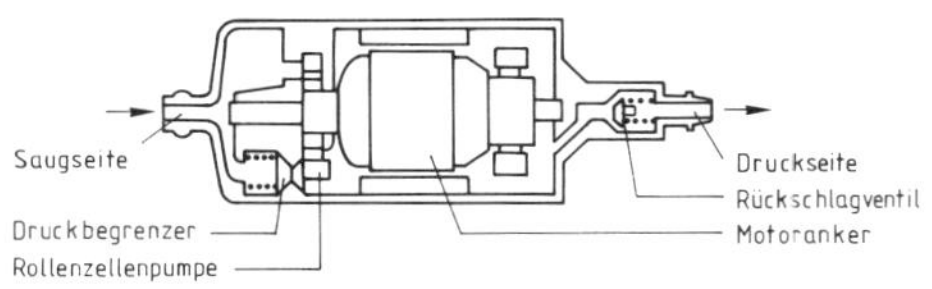

83 *Prinzipieller Aufbau einer elektromotorisch angetriebenen Kraftstoffpumpe*

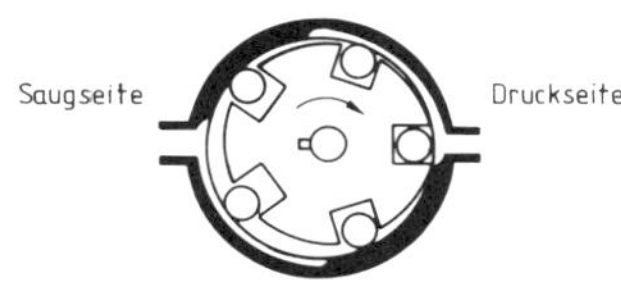

84 *Wirkungsweise der Rollenzellenpumpe*

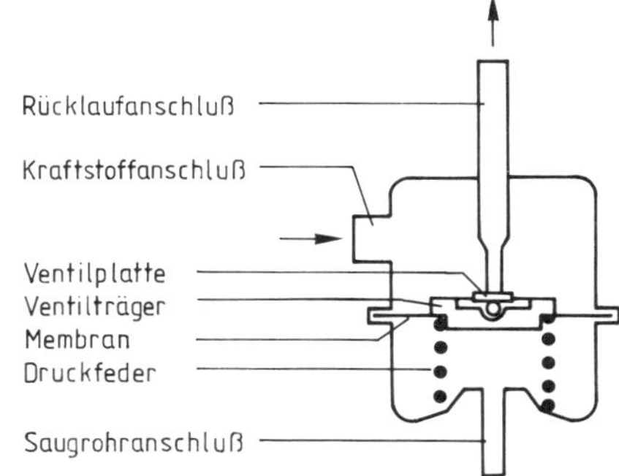

85 *Prinzip eines Druckreglers*

Der Kraftstoffdruck wird durch den Druckregler auf etwa 2,5 bzw. 3,0 bar konstant gehalten, indem er bei Überschreiten des Sollwertes den Kraftstoffrücklauf zum Kraftstoffbehalter öffnet. Gemäß Abb. 85 besteht zwischen der Federkammer (Unterdruck im Sammelsaugrohr) und der Kraftstoffkammer (Druckseite der Kraftstoffpumpe) eine Druckdifferenz. Überschreitet der Druck im Kraftstoffsystem den eingestellten Wert, dann öffnet das membranbetätigte Ventil die Rücklaufleitung zum Kraftstoffbehälter. Das Schließen des Ventils bewirkt die Druckfeder.

Der Druck im Kraftstoffsystem ist bei jedem Saugrohrdruck, also bei jeder Drosselklappenstellung, konstant.

Die Ansaugluftmenge wird durch die Drosselklappenstellung gesteuert. Zur Erzielung des richtigen Kraftstoff-Luftgemisches (1 : 14) wird die Stellung des Luftmengenmessers mit einem Potentiometer erfaßt und dem Steuergerät zugeführt.

Bei einem Luftmengenmesser für elektronisch gesteuerte Benzineinspritzanlagen wird die Drehbewegung einer Stauklappe auf den Schleifer eines Potentiometers übertragen.

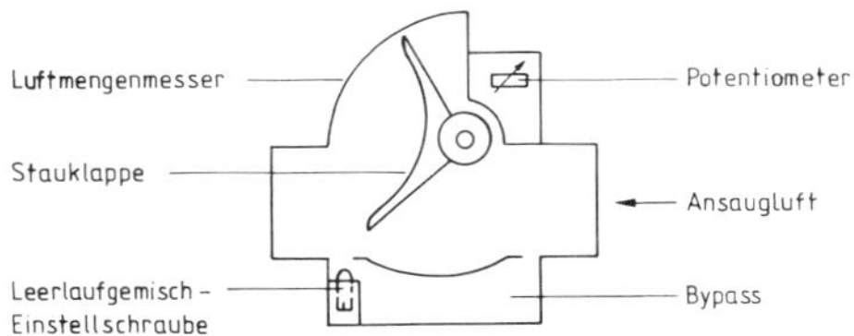

86 Prinzipielle Darstellung eines Luftmengenmessers für elektronisch gesteuerte Benzineinspritzanlagen

Zur Einstellung des Leerlaufgemisches dient eine Einstellschraube im Bypass des Luftmengenmessers. Um bei allen Betriebszuständen das optimale Kraftstoff-Luftgemisch zu erhalten, werden dem Steuergerät noch die Motortemperatur sowie die Leerlauf- und Volllaststellung der Drosselklappe mittels Drosselklappenschalter eingegeben.
Der Drosselklappenschalter wird durch die Drosselklappenwelle betätigt. Erreicht die Drosselklappe eine der Endstellungen (Leerlauf oder Vollast), wird je ein Kontakt geschlossen.

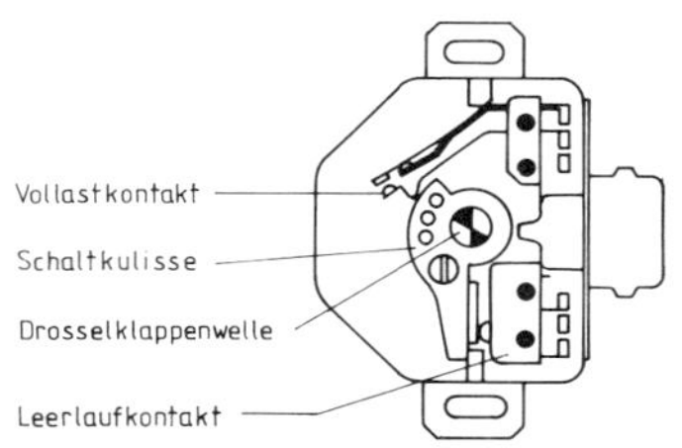

87 Aufbau des Drosselklappenschalters

Der Zusatzluftschieber (im kalten Zustand offen) dient zur Erhöhung der Ansaugluftmenge während des Kaltstarts und der Warmlaufphase. Er besteht aus einer Bimetallfeder, einer elektrischen Heizung und einer Lochblende. Die Lochblende wird durch die Bimetallfeder betätigt und ist im kalten Zustand offen.

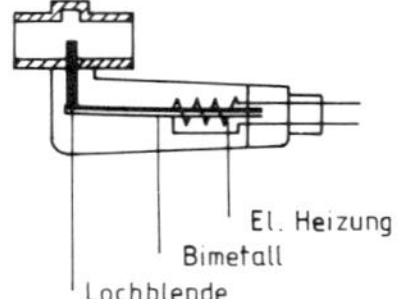

88 Aufbau eines Zusatzluftschiebers

Die Einspritzventile werden elektromagnetisch betätigt.
Im Ruhezustand wird die Düsennadel durch die Schraubenfeder auf ihren Dichtsitz am Ventilauslaß gedrückt. Bei stromdurchflossener Magnetwicklung wird die Düsennadel um etwa 0,1 mm angehoben. Dadurch wird ein Ringspalt frei, aus dem der unter Druck stehende Kraftstoff austritt. Zur Zerstäubung befindet sich am Ende der Düsennadel ein Spritzzapfen.

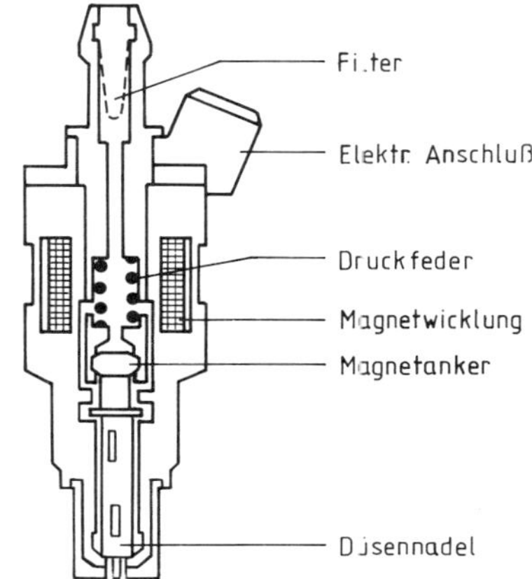

89 Prinzip eines elektromagnetisch betätigten Einspritzventils

Jedes Einspritzventil ist in Gummiformteilen gelagert und wird in eine spezielle Halterung eingebaut.

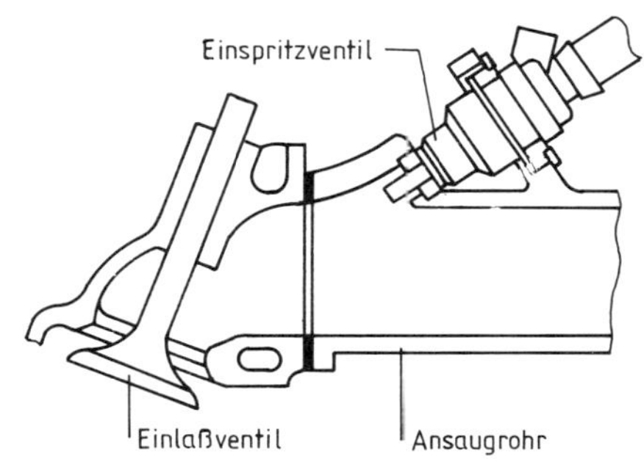

90 Einbauanordnung eines Einspritzventils

Beim Benzineinspritzsystem für Motorräder (Abb. 91) wird der Kraftstoff von einer im Tank befindlichen Kraftstoffpumpe angesaugt und über ein Kraftstoffilter den Einspritzventilen zugeführt. Bei eingeschalteter Zündung ist der

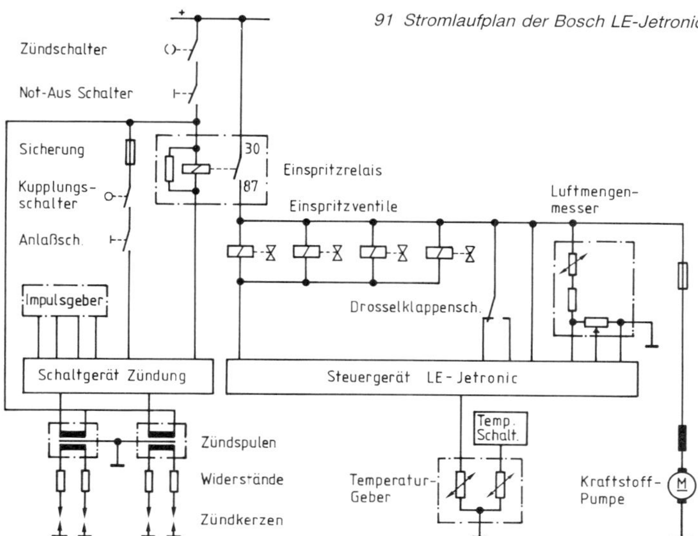

91 Stromlaufplan der Bosch LE-Jetronic

Kontakt 30 und 87 des Einspritzrelais geschlossen und somit die LE-Jetronic einschließlich Kraftstoffpumpe in Betrieb.
Die Einspritzventile sind parallel geschaltet und spritzen je Kurbelwellenumdrehung gleichzeitig Kraftstoff in die Einlaßkanäle des Motors.
Die Kraftstoffmenge wird über die Öffnungszeit (1,5 bis 9 ms) der Einspritzventile gesteuert, die vom elektronischen Steuergerät für Einspritzung ermittelt wird.
Hauptsteuergrößen zur Bildung der Grundeinspritzzeit sind die vom Motor angesaugte Luftmenge und die Motordrehzahl. Das Einspritzsystem ist mit einer Kaltstartsteuerung und Warmlaufanreicherung ausgerüstet. Sie bewirken, abhängig von der Motortemperatur, eine Verlängerung der Öffnungszeit der Einspritzventile. Im Schiebebetrieb erfolgt keine Kraftstoff-Einspritzung.
Eine Startverriegelung schaltet nach dem Start den Anlasser ab und verhindert ein Starten bei laufendem Motor. Ferner erfolgt bei Erreichen eines Drehzahlmaximums die Unterbrechung der Benzineinspritzung.
Die digitale Batterie-Transistorzündanlage D-BTZ wird durch einen Hall-Zündauslöser gesteuert. An das elektronische Steuergerät für Zündung sind zwei Doppelzündspulen angeschlossen, in denen die Zündspannung für die vier Zündkerzen des Vierzylindermotors erzeugt wird. Die Hochspannungsverteilung ist antriebslos, d. h. sie erfolgt ohne Zündverteiler.

Turbolader

Ein Turbolader besteht im wesentlichen aus einer Turbine und einem Lader (Gebläse, Verdichter), die starr miteinander verbunden sind. Er dient zur Erzielung einer maximalen Zylinderfüllung bzw. Erhöhung der Motorleistung bei gleicher Drehzahl und gleichem Hubraum. Mit steigendem Luftdurchsatz nehmen die Kraftstoffmenge, der Verbrennungsdruck, das Drehmoment und die Motorleistung zu.
Zur Erhöhung der Zylinderfüllung bzw. zur Verminderung der thermischen Belastung und Klopfneigung (Selbstzündung) wird bei Hochleistungsmotoren die Ladeluft gekühlt. Hierzu dient ein Ladeluftkühler, meist ein Gebläse, das dem Lader nachgeschaltet ist. Dadurch wird eine Temperaturreduzierung von etwa 40 bis 70 °C bzw. eine Leistungssteigerung von etwa 12 bis 21 Prozent (10 °C $\approx$ 3 %) erreicht.
Zur Schmierung der Lager und Kühlung des Turboladers ist dieser über einen Ölzulauf- und Ölrücklaufstutzen mit dem Motorschmierkreislauf verbunden. Der Öldurchsatz beträgt 1 bis 3 Liter/Minute, der Temperaturanstieg 10 bis 20 °C.
Höher belastete Turbolader werden zusätzlich mit Wasser gekühlt.
Turbolader werden unter anderem vom Motor über Getriebe, Keilriemen oder Zahnriemen, meist jedoch durch die Abgase des Verbrennungsmotors angetrieben.

Abgasturbolader

Antriebskraft des Abgasturboladers ist die Druckenergie der Abgase. Die Drehzahl bewegt sich zwischen 50 000 1/min und 100 000 1/min.
Zur Konstanthaltung des Ladedrucks (0,4 bis 0,8 bar) dient das Ladedruckventil, auch Abblase- oder Bypassventil genannt. Der Ladedruck (Druck vor den Einlaßventilen) wird über

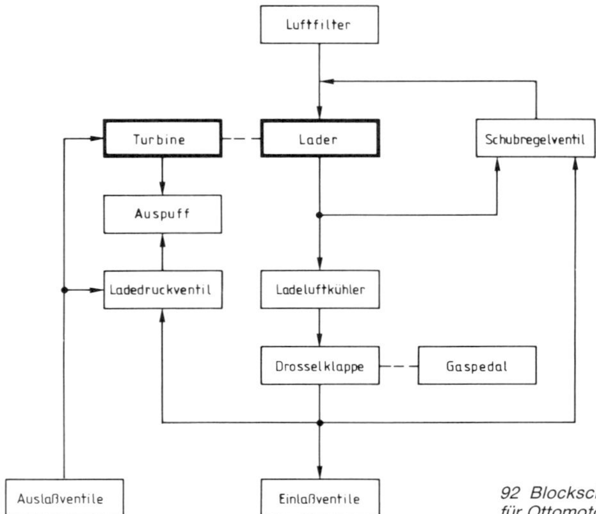

92 Blockschema eines Abgas-Turboladers für Ottomotoren

eine Steuerleitung dem Ladedruckventil zugeführt und wirkt auf die Membrane gegen die Kraft der Druckfeder. Bei einem bestimmten Druck öffnet das Ladedruckventil, wodurch ein Teil des Abgases über die Bypassleitung direkt, d. h. nicht über die Turbine, abfließt.

Zur Regelung der Laderdrehzahl dient das Schubregelventil. Es öffnet bei einem bestimmten Steuerdruck, z. B. im Schiebebetrieb, wodurch ein Teil der angesaugten Frischluft von der Druck- zur Saugseite des Laders fließt. Dadurch wird die Laderdrehzahl auf hohem

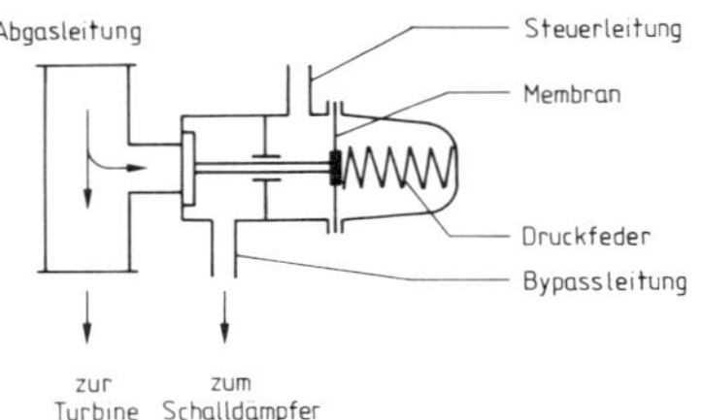

93 Prinzip eines Ladedruckventils

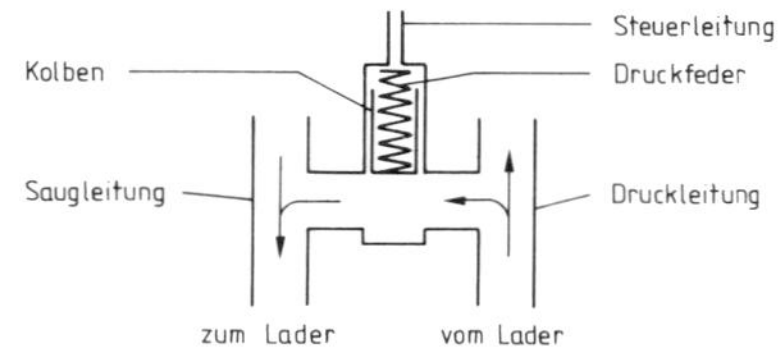

94 Prinzip eines Schubregelventils

Niveau gehalten und die Motordrehzahl bei Bedarf schneller erhöht.

Zur Reduzierung der thermischen Belastung, Leistungssteigerung und Absenkung der Klopfgrenze spritzt man bei Hochleistungsmotoren zur Kühlung der Brennräume Wasser in den Ansaugkanal oder in die Kraftstoffleitung.

Das Wasser wird einem separaten Wasserbehälter entnommen und die Wassermenge durch Bohrungen dosiert. Erfolgt die Wasser-Einspritzung in die Druckseite eines Turboladers, ist zur Überwindung des Ladedrucks eine Wasserpumpe erforderlich.

Abb. 95 zeigt das Kreislaufschema eines Abgas-Turboladers in Verbindung mit einem Druckvergaser. Der Turbolader saugt im unteren Drehzahlbereich (bis etwa 4000 1/min) über ein Membranventil aus einer Vorkammer Luft an. Der Ladedruck schließt das Membranventil und der Lader drückt die Ladeluft über einen Luftsammler direkt in die Ansaugrohre. Der Ladedruck wird durch ein Bypass-Ventil, das bei Überdruck einen Teil des Abgases in die Abgasanlage leitet (Drehzahlreduzierung des Turboladers), konstant gehalten.

Der Druck im Luftsammler wird durch ein Überdruckventil, das bei Überdruck Luft in die Vorkammer entweichen läßt, konstant gehalten. Sensoren erfassen den Ladedruck, die Motordrehzahl und das Motorklopfen. Die Meßsignale werden im Zündungssteuergerät zur Erzielung eines optimalen Zündzeitpunktes verarbeitet.

Abb. 96 zeigt das Schema einer Einspritzanlage mit Aufladung und elektronischer Zündung. Eine elektromotorisch angetriebene Kraftstoffpumpe saugt über ein Kraftstoffilter Kraftstoff

aus dem Kraftstoffbehälter an und fördert ihn mit einem Druck von 2,8 bar zu den elektromagnetisch betätigten Einspritzventilen. Der Druckregler hält den Kraftstoffdruck, abhängig vom Saugrohrunterdruck, konstant.
Die Ansaugluftmenge wird von einem Luftmengenmesser in ein elektrisches Meßsignal umgeformt, das wie die Stellung der Drosselklappe, der Ladedruck, die Motortemperatur und der Höhenausgleich dem elektronischen Steuergerät zur Auswertung zugeführt wird.
In Abhängigkeit der Drehzahl und des Ladedrucks wird der Zündzeitpunkt so verlegt, daß Motorklopfen nicht eintreten kann. Der Ladedruck beträgt 0,8 bar und wird durch ein Bypass-Ventil, das bei Überdruck einen Teil des Abgases in die Abgasanlage leitet (Drehzahlreduzierung des Turboladers), konstant gehalten. Sollte der Überdruck 0,9 bar erreichen, wird die Zündung automatisch abgeschaltet.

Comprex-Druckwellenlader

Beim Comprex-Druckwellenlader wirken die unter Druck stehenden Abgase direkt auf die Ansaugluft, wobei keine Vermischung stattfin-

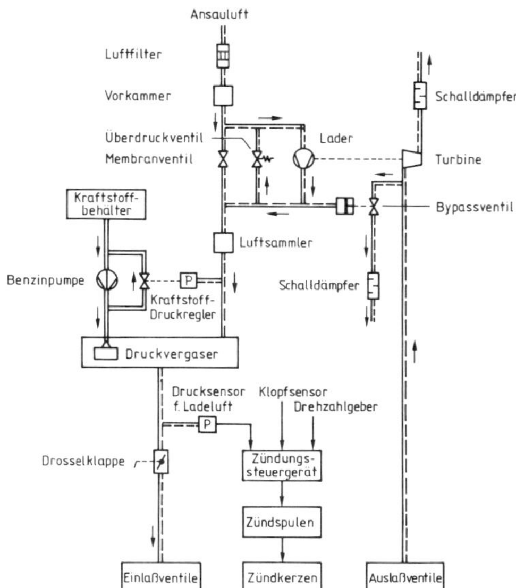

95 Kreislaufschema eines Abgas-Turboladers mit Druckvergaser und elektronischer Zündanlage

96 Kreislaufschema eines Abgas-Turboladers mit Benzineinspritzung und elektronischer Zündanlage det. Er besteht im wesentlichen aus einem Zellenrad, das von der Kurbelwelle des Motors mit hoher Drehzahl angetrieben wird. Das Zellenrad ist im Prinzip eine Trommel, durch die axial mehrere trapezförmige Kammern führen. Es ist nach allen Seiten berührungslos in ein Gehäuse eingepaßt und drehbar gelagert. Eine Seite ist über getrennte Rohre mit den Außlaßventilen und der Abgasanlage, die gegenüberliegende Seite über getrennte Rohre mit der Ansauganlage und den Einlaßventilen verbunden. Frischgasein- und -austritt bzw. Abgasein- und -austritt befinden sich an einer Seite, jedoch am Umfang versetzt. Während des Motorlaufs wird die in den Kammern befindliche Frischluft durch das unter Druck stehende heiße Abgas komprimiert und gelangt so über die Einlaßventile mit 0,8 bar Überdruck in die Motorzylinder. Dabei gelangt kein Abgas über die Einlaßventile in den Verbrennungsraum, da diese Verbindung durch Weiterdrehen des Zellenrades zuvor unterbrochen und die Verbindung zur Abgasanlage geöffnet wird. Der Comprex-Lader erreicht bereits im unteren Drehzahlbereich hohe Ladedrücke.

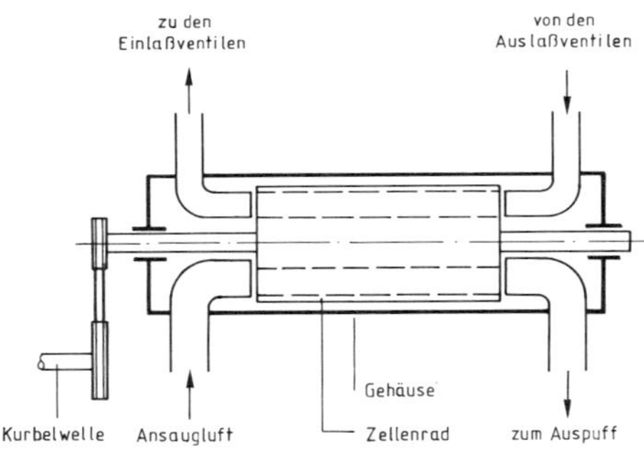

97 Prinzip des Comprex-Druckwellenladers

Schmieranlage

Die Schmieranlage versorgt die Motorgleitstellen mit Schmieröl, wodurch eine Verringerung der Reibung um etwa 99 % erzielt wird. Ferner bewirkt das Schmieröl die Abdichtung des Spaltes zwischen den Kolbenringen und Zylinderwänden, trägt zur Motorkühlung bei und nimmt Metallabrieb, Staub der Ansaugluft und Verbrennungsrückstände auf. Es gibt folgende Schmiersysteme:

- Druckumlaufschmierung (bei Viertaktmotoren)
- Trockensumpfschmierung (bei Viertakthochleistungsmotoren)
- Mischungsschmierung (bei Zweitaktmotoren)
- Tauchschmierung (bei Viertaktmotoren kleiner Leistung)
- Getrenntschmierung (bei Zweitaktmotoren)

Bei Viertaktmotoren findet meist die Zahnradölpumpe Anwendung.
Sie besteht aus zwei ineinandergreifenden Zahnrädern, von denen eines von der Nocken- oder Kurbelwelle angetrieben wird. Das Schmieröl wird von den freien Zahnlücken erfaßt und über die nahezu dicht anliegende Gehäusewand in die Leitungen des Schmiersystems gedrückt. Der Förderdruck nimmt mit steigender Drehzahl zu und mit steigender Temperatur ab. Er kann im Leerlauf bei Betriebstemperatur (80 bis 120 °C) bis auf etwa 0,5 bar absinken und ab 2000 bis 2500 1/min auf 1,5 bis 2,0 bar ansteigen.
Neben der Zahnradölpumpe findet auch die Drehkolbenölpumpe und Kolbenölpumpe Anwendung.

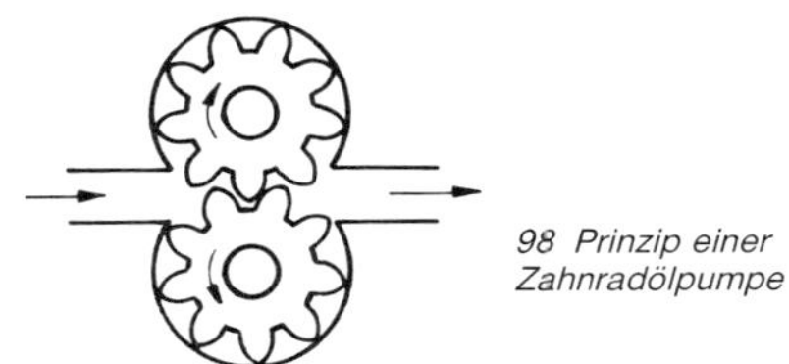

98 Prinzip einer Zahnradölpumpe

Eine Drehkolbenölpumpe besteht im wesentlichen aus einem exzentrisch gelagerten Außenläufer mit fünf Zähnen und einem meist von der Nockenwelle angetriebenen Innenläufer mit vier Zähnen. Die Zähne des Außen- und Innenläufers kämmen miteinander. Der Förderdruck entsteht während des Antriebs durch die Bildung eines laufend wechselnden Freiraums zwischen beiden Läufern.
Der Kolben einer Kolbenölpumpe steuert den Ölzu- und -abfluß über federbelastete Kugelventile oder Ventilscheiben und wird meist über einen Exzenter angetrieben.

Druckumlaufschmierung

Der Förderdruck wird durch die vom Verbrennungsmotor angetriebene Ölpumpe erzeugt. Sie saugt das Schmieröl von der tiefsten Stelle der Kurbelgehäusewanne (Ölwanne) über ein Sieb (Ansaugfilter) an und drückt es durch Bohrungen bzw. Leitungen zu den einzelnen Schmierstellen. Von hier tropft das Öl in die Ölwanne, kühlt dort ab und nimmt erneut am Kreislauf teil. Das Überdruckventil hält den Öldruck in bestimmten Grenzen, indem es bei Überschreiten des Maximums den direkten Rücklauf zur Ölwanne solange freigibt, bis der Sollwert wieder erreicht ist.
Der Ölfilter dient zur Reinigung des Schmieröls. Ist der Ölstrom durch starke Verschmutzung des Ölfilters gedrosselt, öffnet das Überstromventil, wodurch die Ölversorgung der Schmierstellen mit ungefiltertem Öl aufrecht erhalten wird.

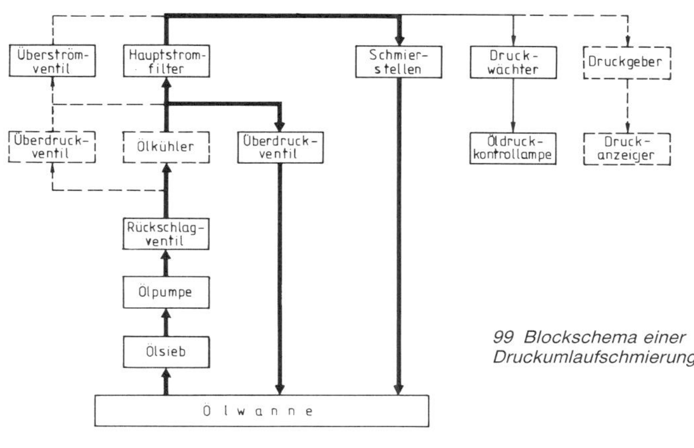

99 *Blockschema einer Druckumlaufschmierung*

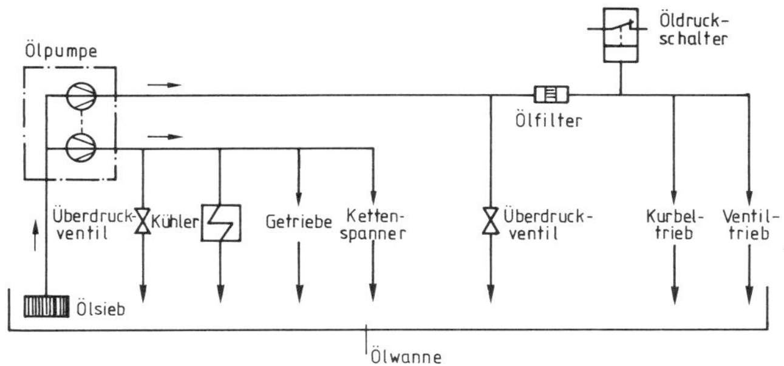

100 Schema eines Ölkreislaufes mit Ölkühler

Ist ein bestimmter Verschmutzungsgrad des Ölkühlers erreicht, öffnet das ihm parallel geschaltete Überdruckventil. Die Ölkühlung wird entweder durch Luft oder Flüssigkeit erreicht. Luftgekühlte Ölkühler werden von Luft umströmt, flüssigkeitsgekühlte Ölkühler sind an den Motorkühlkreislauf angeschlossen.
Ein Öldruckschalter schaltet bei Erreichen eines Druckminimums die Öldruckkontrollampe ein.
Die Schmieranlage gemäß Abb. 100 besteht im wesentlichen aus Doppelläufer-Ölpumpe, Überdruckventil, Ölfilter und Ölkühler. Die Doppelläufer-Ölpumpe saugt das Öl über ein Ölsieb aus der Ölwanne an und versorgt die Schmierstellen über zwei Ölkreisläufe. Erreicht der Öldruck in einem der Ölkreisläufe das Maximum, öffnet das entsprechende Überdruckventil, wodurch ein Teilstrom direkt in die Ölwanne solange zurückfließt, bis der Öldruck wieder im Sollbereich liegt. Der Ölkühler wird während des Motorlaufs ständig von einem Ölteilstrom durchflossen.
Bei der Schmieranlage gemäß Abb. 101 (s. folgende Seite) saugt eine Speisepumpe Schmieröl aus der Ölwanne an und versorgt die Kurbelwelle, den Ventiltrieb sowie das Lichtmaschinengehäuse mit Schmieröl. Ein Umgehungsventil öffnet, wenn der Wegwerf-Ölfilter verstopft ist. Die Rückführpumpe sitzt auf der Welle der Speisepumpe, saugt Schmieröl aus dem Kurbelgehäuse an und versorgt das Getriebe mit Schmieröl. Von den Schmierstellen fließt das Schmieröl in die Ölwanne zurück.

Trockensumpfschmierung

Das Schmieröl wird hier von der Saugpumpe aus der Ölwanne des Kurbelgehäuses angesaugt und über Ölfilter und Thermostatventil in den Ölbehälter gefördert. Eine Druckpumpe saugt das Schmieröl aus dem Ölbehälter an und drückt es zu den Schmierstellen des Verbrennungsmotors. Überschreitet der Öldruck einen bestimmten Wert, öffnet das Überdruckventil den direkten Ölrücklauf zum Ölbehälter, und es erfolgt die gewünschte Druckreduzierung.
Bei einem Druckminimum schaltet der Druckwächter die Öldruckkontrollampe ein. Bis die Betriebstemperatur erreicht ist, leitet das Thermostatventil den Ölstrom direkt in den Ölbehälter.

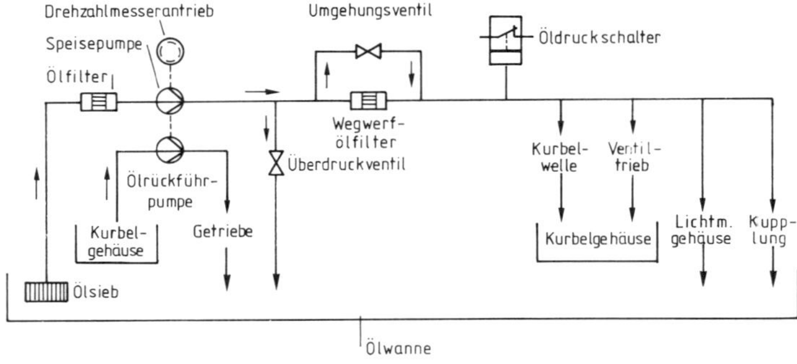

101 *Schema eines Ölkreislaufes ohne Ölkühler*

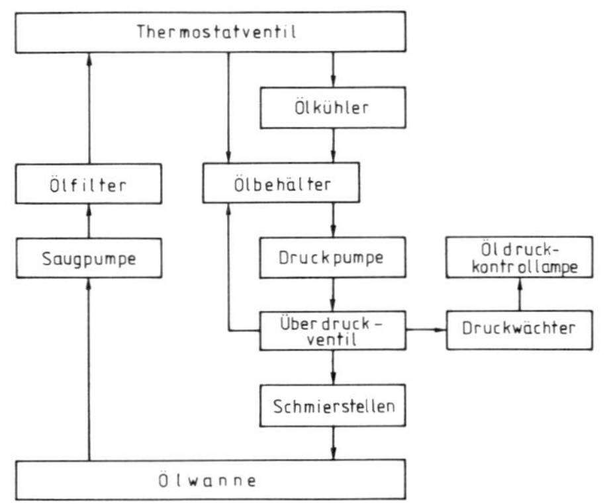

102 *Blockschema einer Trockensumpfschmierung*

Mischungsschmierung

Bei der Mischungsschmierung wird dem Kraftstoff Schmieröl in einem bestimmten Verhältnis beigegeben, das im Motor verbrennt. Die Vermischung des Kraftstoffs mit Schmieröl geschieht entweder durch eine Frischölautomatik (Abb. 104), vor dem Einfüllen in den Kraftstoffbehälter, im Kraftstoffbehälter (Öl bestimmter Sorte ist lediglich in den Kraftstoffbehälter zu geben) oder in einem Mischbehälter (Abb. 103). Der Mischbehälter ist zum Teil mit Schmieröl gefüllt und befindet sich am Kraftstoffeinfüllstutzen. Das Kraftstoff-Ölgemisch entsteht beim Tanken, indem der Kraftstoff Schmieröl aus dem Mitbehälter mitnimmt.

Bei der Mischungsschmierung nach dem Prinzip der Frischölautomatik werden Kraftstoff und Schmieröl durch je eine vom Motor angetriebene Pumpe aus getrennten Vorratsbehältern gefördert und noch vor der Hauptdüse des Vergasers zusammengeführt (Öl-Kraftstoff-Verhältnis etwa 1 : 25 bis 1 : 40). Damit in jedem

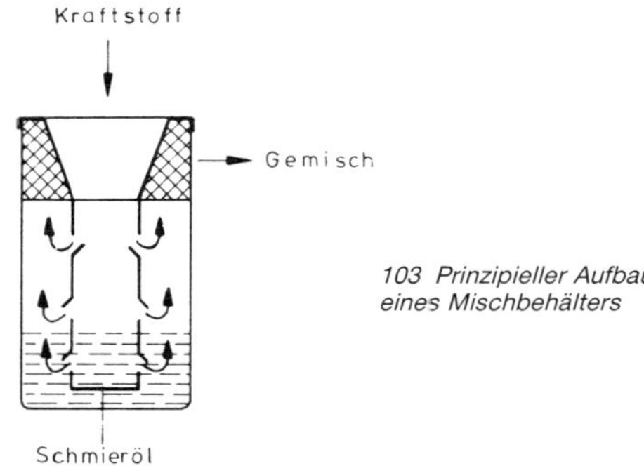

103 *Prinzipieller Aufbau eines Mischbehälters*

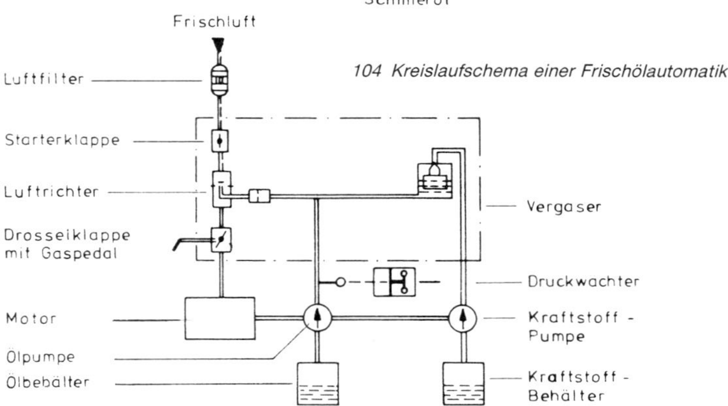

104 *Kreislaufschema einer Frischölautomatik*

Betriebszustand das richtige Mischungsverhältnis sichergestellt ist, wird die Förderleistung der Ölpumpe drehzahlabhängig gesteuert. Das Kraftstoff-Ölgemisch wird im Lufttrichter mit der vom Motor angesaugten Frischluft vermischt.

Tauchschmierung

Bei der Tauchschmierung taucht eine Verlängerung des Pleuels in ein darunter befindliches Ölbad. Während der Drehbewegung wird Öl durch Hochschleudern zu den Schmierstellen gespritzt.

Getrenntschmierung

Bei Zweitaktmotoren mit Getrenntschmierung werden die Schmierstellen mit Schmieröl aus einem Ölbehälter über Leitungen bzw. Kanäle versorgt. Zur Ölförderung dient eine Kolbenpumpe mit rotierendem Zylinder, die über eine Zahnradübersetzung von der Kurbelwelle angetrieben wird. Die Fördermenge je Kolbenhub kann durch Einstellen der Hubhöhe des Pumpenkolbens bestimmt werden. Ferner gibt es Zweitakter, bei denen das Schmieröl kontinuierlich über Spritzdüsen in die Ansaugwege gespritzt wird, wo es mit dem Kraftstoff-Luftgemisch vernebelt und so zu den Schmierstellen gelangt.

Kühlanlage

Die hohen Verbrennungstemperaturen (bis 2500 °C) erfordern eine Kühlung derjenigen Teile, die diesen Temperaturen ausgesetzt sind, etwa Zylinder, Zylinderkopf, Ventile und Kolben. Thermisch wird der Motor am höchsten belastet, wenn auf Steigungen im falschen Gang gefahren wird. Zur Kühlung der Innenflächen der Verbrennungsräume tragen das einströmende Frischgas und in noch stärkerem Maße das Schmieröl bei. Zum Abführen der von innen nach außen abgeleiteten Wärme dient die Luft- bzw. Flüssigkeitskühlung.

Luftkühlung

Fahrtwind-Luftkühlung

Bei der Fahrtwind-Luftkühlung bestreicht der Fahrtwind Zylinder und Zylinderkopf, die zur besseren Wärmeabgabe mit Kühlrippen versehen sind. Zur Erzielung eines optimalen Kühleffekts wird die Kühlluft bei einigen Konstruktionen durch Luftleitbleche an besonders heiß werdende Motorteile herangeführt.

Gebläse-Luftkühlung

Bei Motoren mit Gebläse-Luftkühlung sind die Kühlrippen zwecks Kühlluftführung ummantelt. Das Kühlluftgebläse ist meist mit der Schwungscheibe des Motors starr verbunden.

Der Motor wird hier weder im Stadtverkehr noch bei Staus oder längeren Steigungen thermisch überlastet.

Flüssigkeitskühlung

Bei flüssigkeitsgekühlten Motoren befinden sich im Zylinderblock und Zylinderkopf Kühlkanäle, die über Schlauchleitungen mit den Komponenten der Kühlanlage verbunden sind. Die im Motor aufgenommene Wärme wird über den Kühler an die Außenluft abgegeben. Als Kühlmedium dient Flüssigkeit, eine Mischung aus etwa 2/3 Wasser und 1/3 Glykol. Die Kühlflüssigkeit kann 120 °C erreichen.

105 Kühler

Der Kühler besteht aus einem Gehäuse, das im Inneren mit Röhren und Rippen bestückt ist. Er wird vom Fahrtwind durchströmt und bei einigen Motortypen zusätzlich durch ein elektromotorisch angetriebenes Kühlergebläse gekühlt.

Bei Kühlanlagen mit Temperaturregelung befindet sich im Kühlkreislauf ein Thermostat. Der Thermostat ist ein Ventil, das sich bei einer Kühlmitteltemperatur von etwa 70 °C bzw. 80 °C beginnt zu öffnen und bei etwa 85 °C ganz geöffnet ist. Er trennt den Kühler so lange vom übrigen Kühlsystem, bis die Betriebstemperatur erreicht ist. In diesem Zustand wälzt die Kühl-

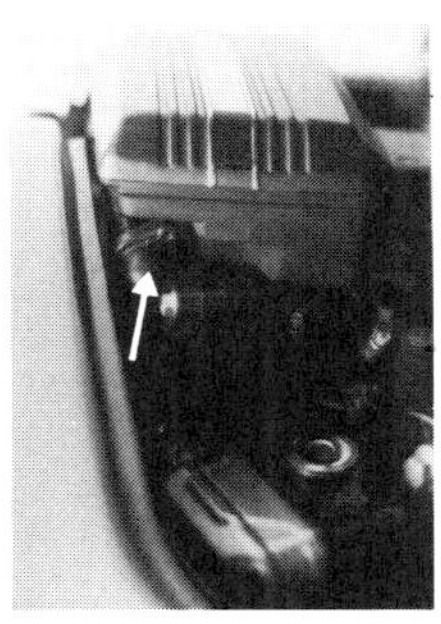

106 Thermostat

mittelpumpe lediglich den geringen Flüssigkeitsinhalt des Motors um. Dies hat einen raschen Temperaturanstieg zur Folge.

Thermosyphon-Flüssigkeitskühlung
Der Kühlmittelumlauf setzt bei der Thermosyphon-Flüssigkeitskühlung selbsttätig ein, wenn zwischen Zylinder und Kühler eine Temperaturdifferenz entsteht, da das Wasser im Motor durch Erhitzung steigt (Wasser wird leichter) und im Kühler durch Abkühlung sinkt (Wasser wird schwerer).

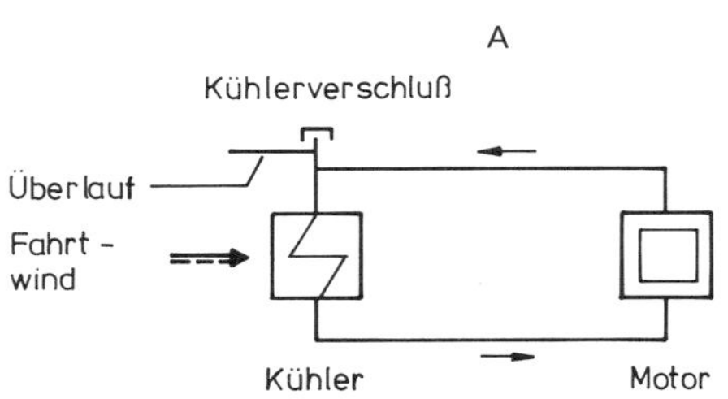

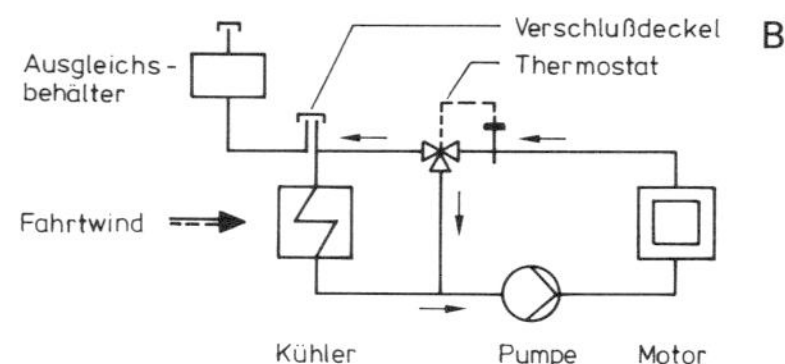

107 Kühlkreislauf einer Flüssigkeitskühlung:
A ohne Thermostat
B mit Thermostat

Flüssigkeitskühlung mit Kühlmittelpumpe
Aufbau und Wirkungsweise einer Flüssigkeitskühlung mit Kühlmittelpumpe sind aus Abb. 108 ersichtlich.
Die Kühlmittelpumpe (Wasserpumpe) wird vom Verbrennungsmotor angetrieben. Der Ausgleichsbehälter dient zum Ausgleich des Flüssigkeitsvolumens, das bei Erwärmung zu und während der Abkühlung abnimmt. Deshalb ist im Ausgleichsbehälter bei kaltem Motor der Flüssigkeitsspiegel niedriger als bei Betriebstemperatur.
Im Verschlußdeckel des Kühlers oder Ausgleichsbehälters ist zum Schutze der Kühlanlage ein Über- und Unterdruckventil integriert.
Die Temperatur im Kühlkreislauf wird an der heißesten Stelle gemessen.
Eine Flüssigkeitskühlung ist der Motorkonzeption entsprechend ausgeführt. So wird z. B. bei einem Kühlsystem gemäß Abb. 109 von der Kühlmittelpumpe über den Bypass und Kühler eine Kühlflüssigkeitsmenge solange angesaugt und zum Motor zurückgefördert, wie die Betriebstemperatur noch nicht erreicht ist.

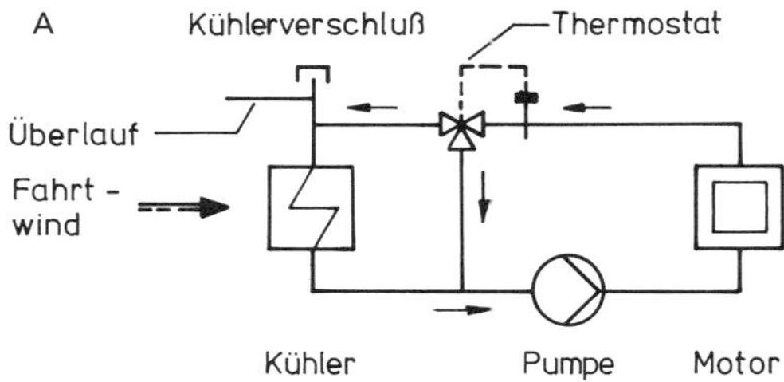

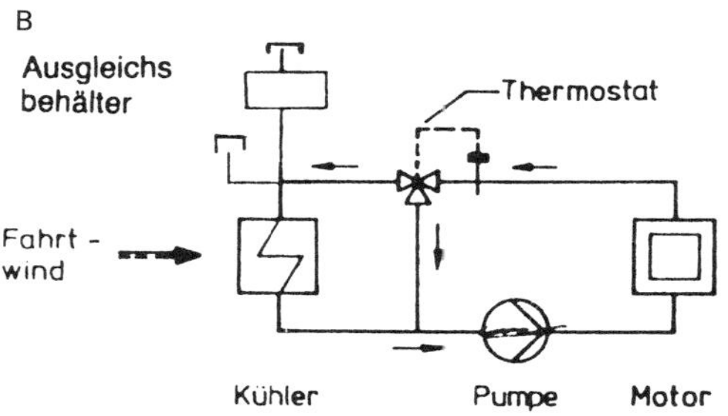

108 Kühlkreislauf einer Flüssigkeitskühlung
mit Kühlmittelpumpe:
A ohne Ausgleichsbehälter
B mit Ausgleichsbehälter

Bei Erreichen der Betriebstemperatur öffnet der Thermostat den direkten Weg zum Kühler, wodurch die volle Kühlmittelmenge umläuft.
Ferner gibt es Kühlanlagen, bei denen zwei Kühler hintereinander geschaltet sind. Am oberen Kühler befinden sich zwei Kühlergebläse, die durch Thermoschalter gesteuert werden.
Im Kühlsystem der BMW K 100 befinden sich zwischen Motorkühlsystem und Ausgleichsbehälter zwei Ventile in einem Gehäuse. Ein Ventil öffnet bei 1,1 bar Überdruck (hohe Temperatur, Kühlflüssigkeit fließt vom Motorkühlsystem zum Ausgleichsbehälter), das andere öffnet bei 0,1 bar Unterdruck (Abkühlphase, Kühlflüssigkeit fließt vom Ausgleichsbehälter zum Motorkühlsystem). Ein Temperaturfühler steuert einen Thermoschalter, der bei 103 °C den Gebläsemotor und bei 111 °C eine Warnlampe einschaltet.

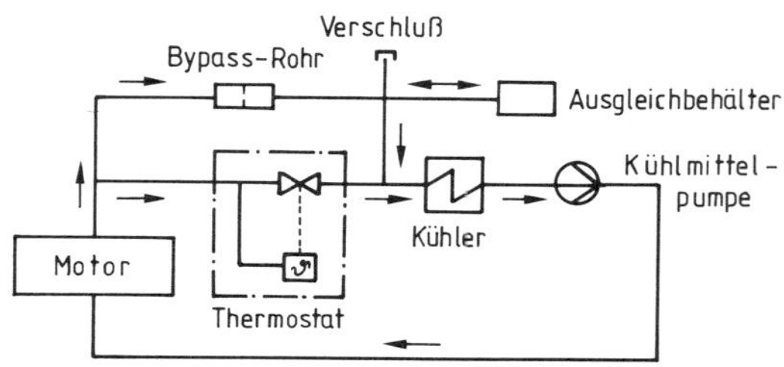

109 Kreislaufschema des Motorkühlsystems
eines Zweitaktmotors

Kühlergebläse

Bei Motoren, bei denen die Motorkühlung nicht für alle Betriebszustände ausreicht, ist ein Zusatzlüfter vorgesehen, der bei Erreichen bestimmter Temperaturgrenzwerte durch einen Temperaturschalter automatisch ein- bzw. aus-

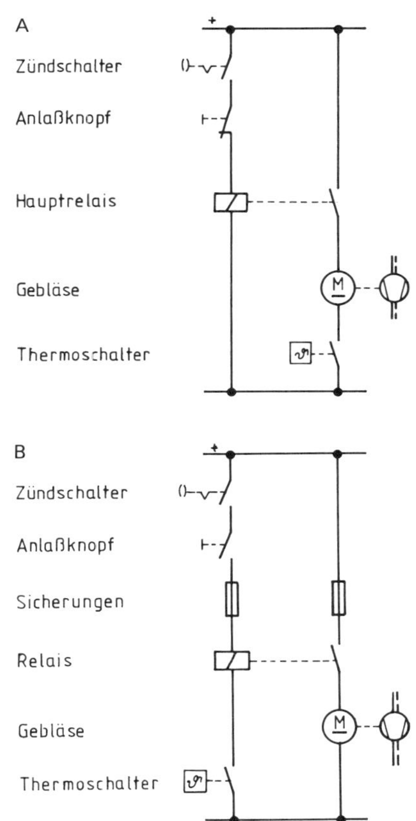

110 Stromlaufplan eines Kühlergebläses:
A Thermoschalter im Hauptstromkreis
B Thermoschalter im Steuerstromkreis

geschaltet wird. Die üblichen Schaltungen sind aus Abb. 110 ersichtlich. Der Gebläsemotor wird bei eingeschaltetem Zündschalter durch den Thermoschalter ein- bzw. ausgeschaltet, wenn, z. B. bei Motorrädern mit elektrischem Anlasser, der Anlaßknopf nicht betätigt wird.

Abgasanlage

Zur Führung der mit hohem Druck ausströmenden Auspuffgase und zur Dämpfung der dabei entstehenden Schallwellen besitzt ein Zweiradfahrzeug der Zylinderzahl bzw. technischen Konzeption entsprechend bis zu vier Abgasanlagen.

Eine Abgasanlage besteht im Wesentlichen aus Auspuffkrümmer, Auspuffrohr, Auspufftopf mit Schalldämpfer und einem Endrohr mit konischem Ansatz.

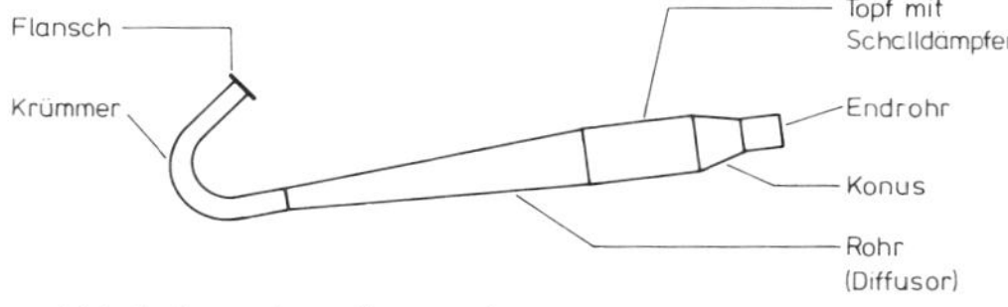

111 Aufbau einer Abgasanlage

Zur Schalldämpfung dienen Reflexions- bzw. Absorbtionsdämpfer. Der Reflexionsdämpfer besteht aus Röhren und Kammern, der Absorbtionsdämpfer ist mit Metall-, Asbest- oder Glaswolle gefüllt.

Ferner wird durch die Rohrerweiterung eine Saugwirkung und somit eine beschleunigte Zylinderentleerung erzielt. Durch die anschließende Rohrverengung wird ein Druckrückstoß erzeugt, der – besonders bei Zweitaktmotoren – in das Auspuffrohr eingeströmte Frischgas in den Zylinder zurückdrückt. Da diese Vorgänge den Gaswechsel im Zylinder und somit Motorleistung und Kraftstoffverbrauch beeinflussen, sollte keine Änderung der Abgasanlage vorgenommen werden.

2.2 Starteranlage

Beim Starten (Durchdrehen des Motors) müssen die Reibungswiderstände der Kolben, Pleuel- und Kurbelwellenlager und die Widerstände der Verdichtung (Kompressionsdrücke) überwunden werden. Ein Motorrad-Anlasser hat meist einen Schub-Schraubtrieb-Anlasser, der aus folgenden Hauptteilen besteht:

- Gleichstrom-Elektromotor (Reihenflußmotor)
- Ritzel mit Einspurvorrichtung
- Überholkupplung (Rollenfreilauf)

Beim Anlaßvorgang wird das Ritzel des Anlassers mit dem Zahnkranz der Schwungscheibe gekoppelt, die starr mit der Kurbelwelle des Motors verbunden ist.

Während des Startbefehls zieht der Magnetschalter (Halte- und Einzugswicklung sind stromdurchflossen) den Einrückhebel gegen die Kraft der Rückstellfeder an und das Ritzel wird in Richtung Zahnkranz geschoben. Während der Axialverschiebung dreht sich das Ritzel durch das Steilgewinde, nicht durch den Anker des Anlassers, da dieser noch stillsteht. Am Ende der Axialverschiebung wird der Anlasser durch den Magnetschalter eingeschaltet und die Einzugswicklung kurzgeschlossen. Sobald die Motordrehzahl einen bestimmten Wert übersteigt, wird die Verbindung zwischen Ritzel und Ankerwelle selbsttätig durch den Rollenfreilauf aufgehoben, um eine Zerstörung des Ritzels und Starterankers (Zahnradübersetzung von 9 : 1 bis 15 : 1) zu verhindern. Das Ritzel bleibt solange im Eingriff, bis der Magnetschalter und damit der Motor des Anlassers durch Öffnen des Anlaßschalters stromlos wird. Der Trieb des Anlassers wird durch die Rückstellfeder in seine Ruhelage gebracht.

A

112 Anlasser:
A ohne Magnetschalter
B mit Magnetschalter

B

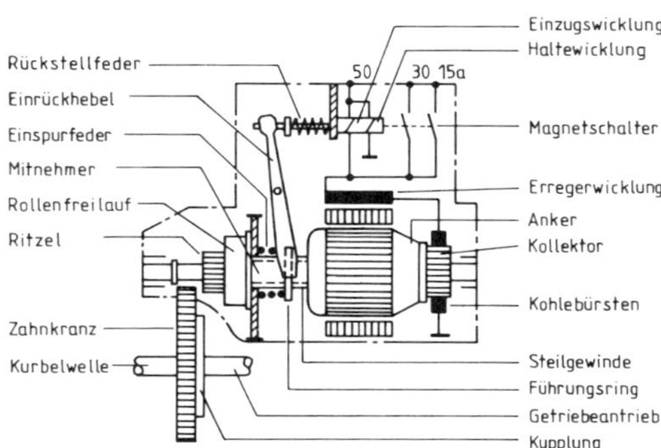

113 Schematische Darstellung eines Anlassers

Anlassersteuerung

Gemäß Abb. 114 leuchtet die Leerlaufkontrolllampe bei eingeschaltetem Zündschalter, Notausschalter und getrennter Kupplung (Kupplungsschalter geschlossen). In diesem Betriebszustand wird durch Betätigen des Anlaßschalters das Anlaßrelais erregt, über dessen Kontakt der Stromkreis der Einzugs- und Hauptwicklung des Anlassers geschlossen und folglich das Anlasserritzel gegen den Zahnkranz der Schwungscheibe des Motors geschoben. Nach Einspuren des Ritzels in den Zahnkranz bzw. nach Zusammendrücken der Schraubenfeder im Trieb des Anlassers bei nicht sofortigem Einspuren wird der Magnetschalter geschlossen. Dadurch wird die Einzugswicklung überbrückt, und der volle Anlaßstrom fließt über die Haupt- und Ankerwicklung. Nun dreht sich der Anker des Anlassers, während die Haltewicklung das Ritzel noch eingespurt hält. Ist der Motor angesprungen, bleibt das Ritzel noch solange im Eingriff, bis eine Abschaltung des Anlassers durch Öffnen des Anlaßschalters erfolgt. Gleichzeitig wird der Trieb des Anlassers durch die Rückzugsfeder in seine Ruhelage gebracht.

Ausgeführte Schaltungen: Gemäß Abb. 115 A kann der Anlasser bei eingeschaltetem Zündschalter nur eingeschaltet werden, wenn der Notausschalter nicht betätigt und nicht eingekuppelt ist. Während des Motorstarts ist bei der K100 das Entlastungsrelais nicht stromdurchflossen, da an beiden Seiten Pluspotential anliegt. Demnach ist der Kontakt offen und die daran angeschlossenen Verbraucher abgeschaltet (Abb. 115 B).

Bei der Kawasaki (Abb. 116) gelingt ein Start nur, wenn der Zündschalter eingeschaltet, der Zündnotschalter nicht betätigt und der Seitenständer eingeklappt ist. Sind diese Verriegelungskriterien erfüllt, fließt beim Betätigen des Starterknopfes Strom durch das Startrelais, dessen Kontakt den Startermotor einschaltet.

Gemäß Abb. 117 kann bei eingeschalteter Zündung der Motor nur gestartet werden, wenn ausgekuppelt ist (Kupplungsschalter geschlossen), kein Gang eingelegt ist (Schalter für Gangposition geschlossen) oder beide Verriegelungskriterien erfüllt sind.

2.3 Zündanlage

Die Zündanlage hat die Aufgabe, das Kraftstoff-Luftgemisch eines Ottomotors am Ende eines Verdichtungshubs zu zünden. Hierzu ist eine ununterbrochene Folge von Zündfunken ausreichender Energie erforderlich, die genau bei einer bestimmten Kolbenstellung auftreten müssen.

Es ist zwischen einer Batteriezündanlage (siehe Seite 61) und einer Magnetzünderanlage (siehe Seite 64) zu unterscheiden.

114 Steuerung eines Anlassers

116 Stromlaufplan der Starteranlage einer Kawasaki

115 Stromlaufplan der Starteranlage der BMW:
A R100
B K100

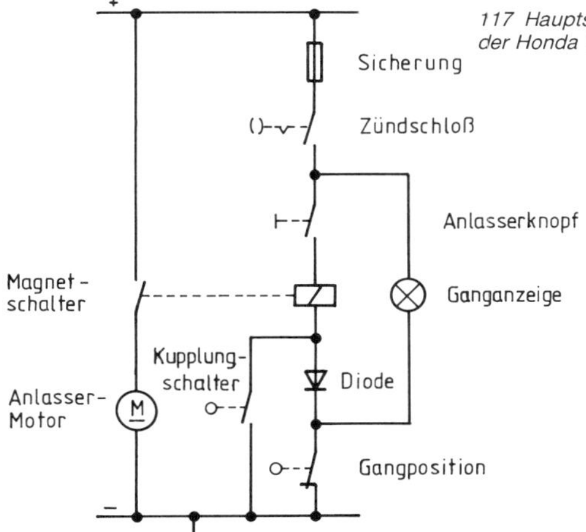

117 Hauptstrom und Steuerung des Anlassers der Honda VF 750

Bei sämtlichen Zündanlagen wird das Kraftstoff-Luftgemisch durch die Zündkerze entflammt. Eine Zündkerze besteht im wesentlichen aus zwei Elektroden, die als Funkenstrecke im Verbrennungsraum des Motors dienen, dem Kerzenisolator und dem Kerzengehäuse. Der Zündstrom fließt zur Mittelelektrode und über die Funkenstrecke zu der am Kerzengehäuse angeschweißten Masseelektrode.
Die Zündkerze ist dem Verbrennungsdruck (15 bis 30 bar beim Zweitaktmotor, 30 bis 50 bar beim Viertaktmotor) ausgesetzt. Der in den Verbrennungsraum ragende Teil der Zündkerze

kann rotglühend werden (Verbrennungstemperatur beim Zweitaktmotor 2000 bis 2800 °C, beim Viertaktmotor 2000 bis 3000 °C). Ursache für den Verschleiß der Elektroden sind Erosion

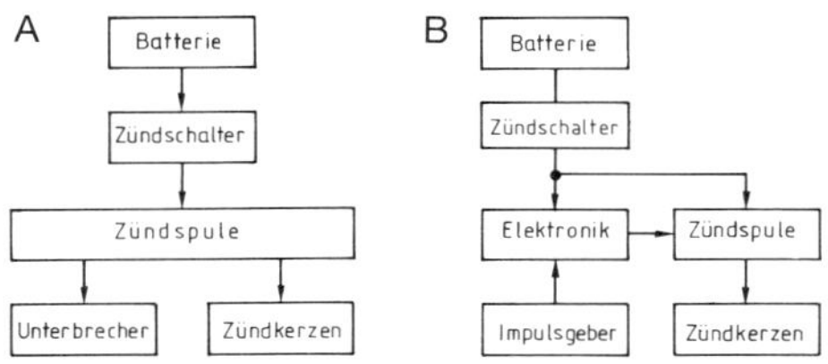

118 Blockschema einer Batteriezündanlage mit:
A Unterbrecher
B Impulsgeber

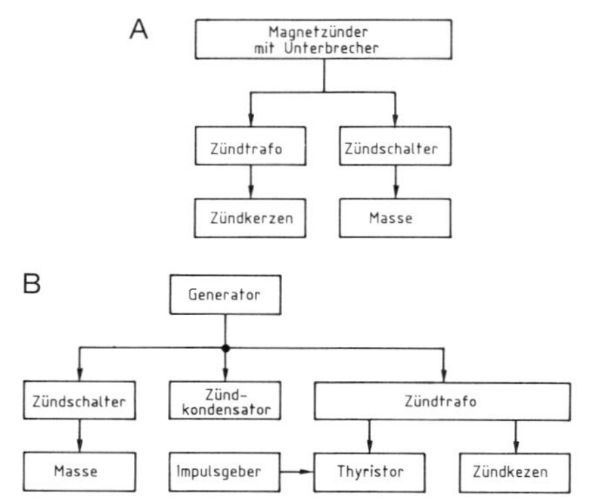

119 Blockschema einer Magnetzünderanlage mit:
A Unterbrecher
B Impulsgeber

(Abbrand durch den Zündfunken) bzw. Korrosion (chemisch-thermische Angriffe). Der Elektrodenabstand (0,7 bis 1,1 mm) ist motorspezifisch und ein Maß für die Länge der Funkenstrecke. Der Zündspannungsbedarf nimmt mit steigendem Elektrodenabstand zu (gemäß Abb. 120 B bei 0,7 mm ca. 9000 V und bei 1,1 mm ca. 15 000 V).

Da die Wärmebelastung der Zündkerze, d. h. die der Zündkerze vom Motor zugeführten Wärme von Motor zu Motor verschieden ist, muß die Kerze den Betriebsbedingungen angepaßt sein. Aufgrund dessen werden Kerzen mit verschiedener Wärmebelastbarkeit gefertigt und dem sogenannten Wärmewert entsprechend gekennzeichnet. Der Wärmewert gibt die Zeit in Sekunden an, die bei einer bestimmten Temperatur bis zur ersten Glühzündung vergeht.

Die Wärmeaufnahme ist von der Größe der Isolatorfußoberfläche bestimmt. Eine hohe Wärmewert-Kennzahl (z. B. 7 . . . 10) bedeutet »heiße Kerze« mit hoher Wärmeaufnahme, lan-

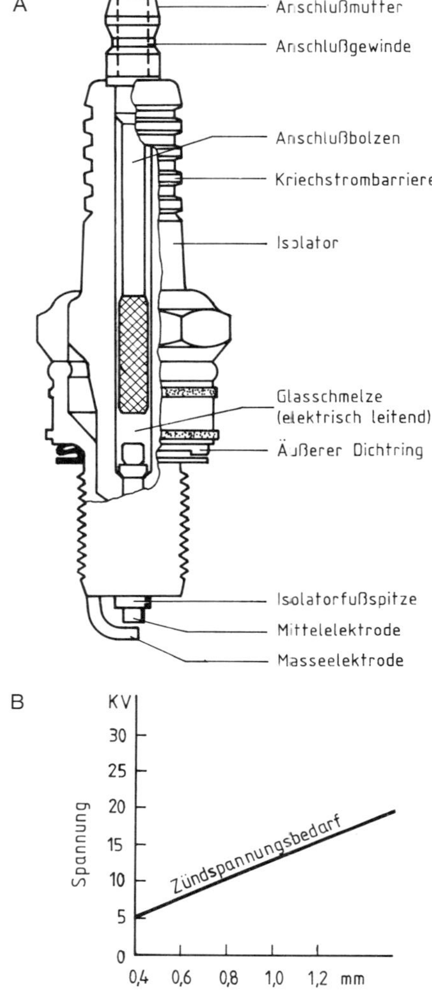

120 A Aufbau einer Zündkerze
B Elektrodenstand und Zündspannungsbedarf

gem Isolatorfuß und geringer Wärmeableitung. Sie erreichen die Selbstreinigungstemperatur (ca. 530 °C) bereits nach kurzer Zeit und eignen sich daher besonders für den Kurzstreckenbetrieb.

Eine niedrige Wärmewert-Kennzahl (z. B. 2 . . . 4) bedeutet »kalte Kerze« mit geringer Wärmeaufnahme, kurzem Isolatorfuß und sehr guter Wärmeableitung. Zündkerzen mit einem zu geringen Wärmewert verrußen und neigen zu Glühzündungen durch Verbrennungsrückstände.

Zündkerzen mit Platinelektroden sind sehr korrosionsbeständig, haben einen hohen

Schmelzpunkt und einen größeren Arbeitsbereich. Durch den konstruktiven Aufbau wird das Eindringen von Verbrennungsrückständen verhindert und die Freibrenntemperatur schneller erreicht. Der Anstieg des Zündspannungsbedarfs während der Lebensdauer ist geringer und der Kaltstart sicherer.

2.3.1 Batteriezündanlage

Die Wirkungsweise einer Batteriezündanlage ist aus Abb. 121 ersichtlich. Nach Einschalten der Zündung und bei geschlossenem Unterbrecherkontakt fließt Strom von der Batterie durch die Primärwicklung (Klemmen 15 und 1) der

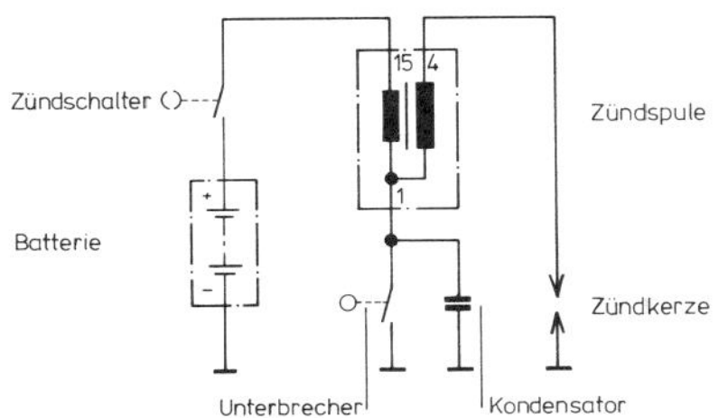

121 Stromlaufplan einer kontaktgesteuerten Batteriezündung

Zündspule. Beim Öffnen des Unterbrechers wird der Primärstromkreis unterbrochen, wodurch in der Primärwicklung durch Selbstinduktion eine Spannung von einigen 100 V und in der Sekundärwicklung (Klemmen 1 und 4) eine Spannung bis zu 20 000 V und darüber erzeugt wird. Ist die Überschlagsspannung an der Zündkerze erreicht, springt der Zündfunke über.

Gemäß Abb. 122 A fließt bei eingeschaltetem Zündschalter und geschlossenem Unterbrecher Strom von Plus nach Minus. Dadurch ergibt sich an R_1 eine Spannung, durch die der Transistor durchgeschaltet wird. Nun fließt über die Emitter-Kollektorstrecke des Transistors und durch die Primärwicklung der Zündspule Strom. Im Zündzeitpunkt öffnet der Unterbrecher und unterbricht den Steuer- und Primärstromkreis. Als Folge entsteht in der Sekundärwicklung der Zündspule die Zündspannung, die an der Zündkerze den Zündfunken verursacht. – Gemäß Abb. 122 B wird die Transistorzündanlage kontaktlos durch einen Impulsgeber gesteuert. Die Impulse werden in einer Zündbox so verarbeitet, daß in der Sekundärwicklung der Doppelzündspule im Zündzeitpunkt die Zündspannung entsteht.

Eine durch einen permanentmagnetischen Impulsgeber gesteuerte elektronische Zündanlage ist in Abb. 123 dargestellt.

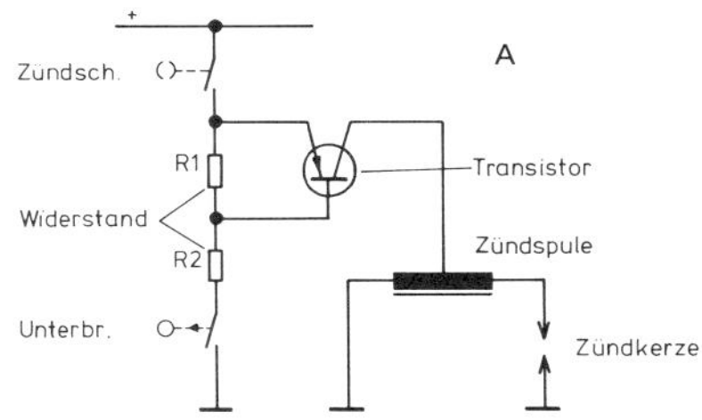

122 Stromlaufplan einer elektronischen Batteriezündanlage:
A kontaktgesteuert
B impulsgesteuert

Hier ist bei eingeschalteter Zündung der Transistor T1 leitend, d. h. es fließt Strom von Plus über die Basis-Emitterstrecke nach Minus, und somit auch durch den zur Strombegrenzung dienenden Vorwiderstand, und durch die Primärwicklung der Zündspule (Klemme 15 und 1). Der Transistor T2 wird bei jedem Impuls des Impulsgebers durchlässig. Der Steuerimpuls entsteht beim Vorbeistreichen eines auf einer

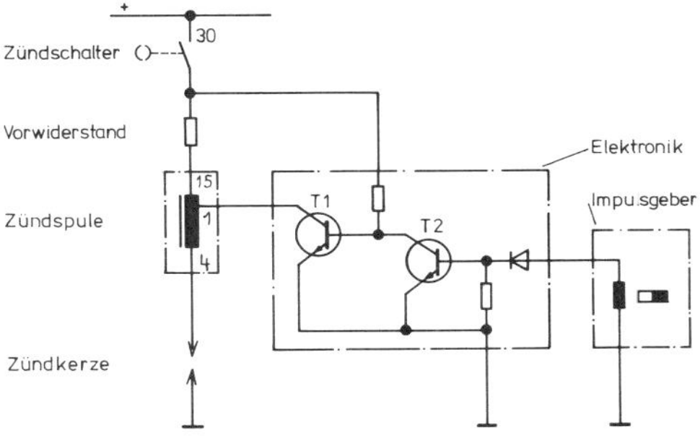

123 Stromlaufplan einer elektronischen Batteriezündanlage mit permanentmagnetischen Impulsgeber

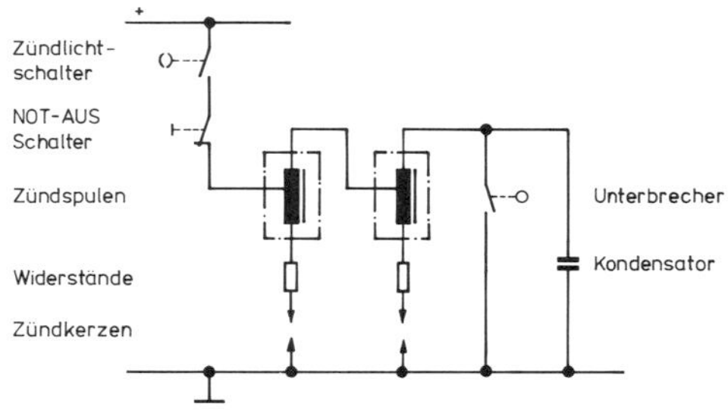

124 Stromlaufplan einer kontaktgesteuerten Batteriezündung mit zwei Zündspulen

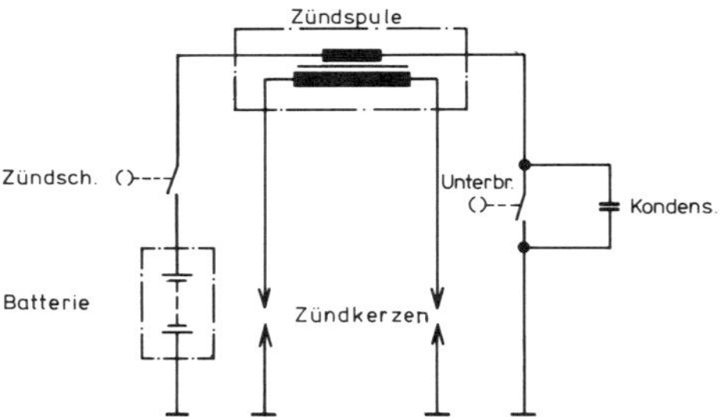

125 Stromlaufplan einer kontaktgesteuerten Batteriezündung mit Doppelzündspule

Steuerhülse (vom Verbrennungsmotor angetrieben) befestigten Permanentmagnet, wodurch T1 gesperrt wird und folglich der Stromfluß durch die Primärwicklung unterbrochen. Durch das nun zusammenbrechende Magnetfeld entsteht in der Sekundärwicklung durch Selbstinduktion die zur Zündung des Kraftstoff-Luftgemisches erforderliche Hochspannung, die über das Zündkabel zur Zündkerze gelangt.
Zweizylinder-Viertaktmotoren sind mit zwei hintereinander geschalteten Zündspulen oder einer Doppelzündspule ausgerüstet (Abb. 124 und 125).
Die Hochspannung gelangt gleichzeitig an beide Zündkerzen. Da sich jedoch zu jedem Zündzeitpunkt nur in einem Zylinder ein brennfähiges Kraftstoff-Luftgemisch befindet und der Zündfunke des anderen Zylinders während des Auspufftakts erfolgt, stört die gleichzeitige Zündfunkengabe nicht. Der den Unterbrecher betätigende Nocken läuft mit der Kurbelwellendrehzahl um. Dreizylindermotoren besitzen je Zylinder eine Zündspule und einen Unterbrecher.
Vierzylindermotoren besitzen entweder je Zylinder eine Zündspule und einen Unterbrecher oder für je zwei Zylinder eine Zündspule und einen Unterbrecher (Abb. 126).
Abb. 127 zeigt die Komponenten einer elektronischen Zündanlage für einen Zwei- bzw.

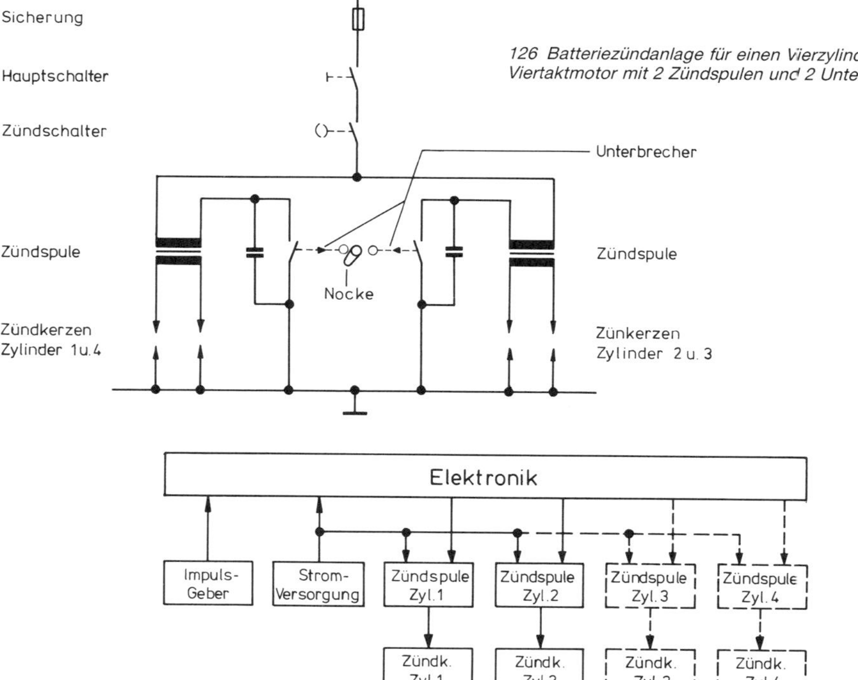

126 Batteriezündanlage für einen Vierzylinder-Viertaktmotor mit 2 Zündspulen und 2 Unterbrecher

127 Blockschema einer elektronischen Batteriezündanlage mit Impulsgeber für Mehrzylindermotoren

Mehrzylindermotor. Die Zündauslösung erfolgt durch einen Impulsgeber kontaktlos.

Batteriezündanlage der BMW K100

Die BMW K100 ist mit einer Transistor-Spulenzündung (TSZH) und einer elektronischen Benzineinspritzung (LE-Jetronic) ausgerüstet.
Das Schaltgerät für Zündung ist für die Zündauslösung und Steuerung der elektromagnetisch betätigten Einspritzventile zuständig und unterbricht den Primärstrom der Zündspulen bei eingeschalteter Zündung und stehendem Motor.
Die Zündanlage wird durch den Zündschalter eingeschaltet und weist zwei Doppelfunken-Zündspulen auf. Die Hallgeber, dessen Rotoren sich auf dem vorderen Ende der Kurbelwelle befinden, liefern drehzahlproportionale Impulse. Der Unterdruckschalter gibt über den Lastzustand des Motors Aufschluß. Diese Information ist für die Zündverstellkennlinie ausschlaggebend (Grundeinstellung 6° KW vor OT, Vollastkennlinie bis 12° KW vor OT).
Luftmengenmesser, Drosselklappenschalter und Temperaturgeber dienen zur Erzielung des richtigen Kraftstoff-Luftgemisches.
Bei einer Drehzahl von 8770 1/min wird die Benzineinspritzung unterbrochen. Eine Startverriegelung schaltet den Anlasser nach erfolgreichem Start ab. Ferner wird die Kraftstoffpumpe bei eingeschalteter Zündung und stehendem Motor abgeschaltet.
Das Entlastungsrelais schaltet während des Anlassens alle eingeschalteten Stromverbraucher ab, die zu diesem Zeitpunkt nicht benötigt werden. Dadurch ist eine ausreichende Stromversorgung der Zündanlage gewährleistet.

Batteriezündanlage der BMW R100

Die Zündanlage des BMW Zweizylindermotors R100 arbeitet vollelektronisch. Jedem Zylinder ist eine Zündspule zugeordnet. Zur Steuerung dient ein elektronisches Steuergerät, das von einem Hallgeber die zündauslösenden Impulse erhält.

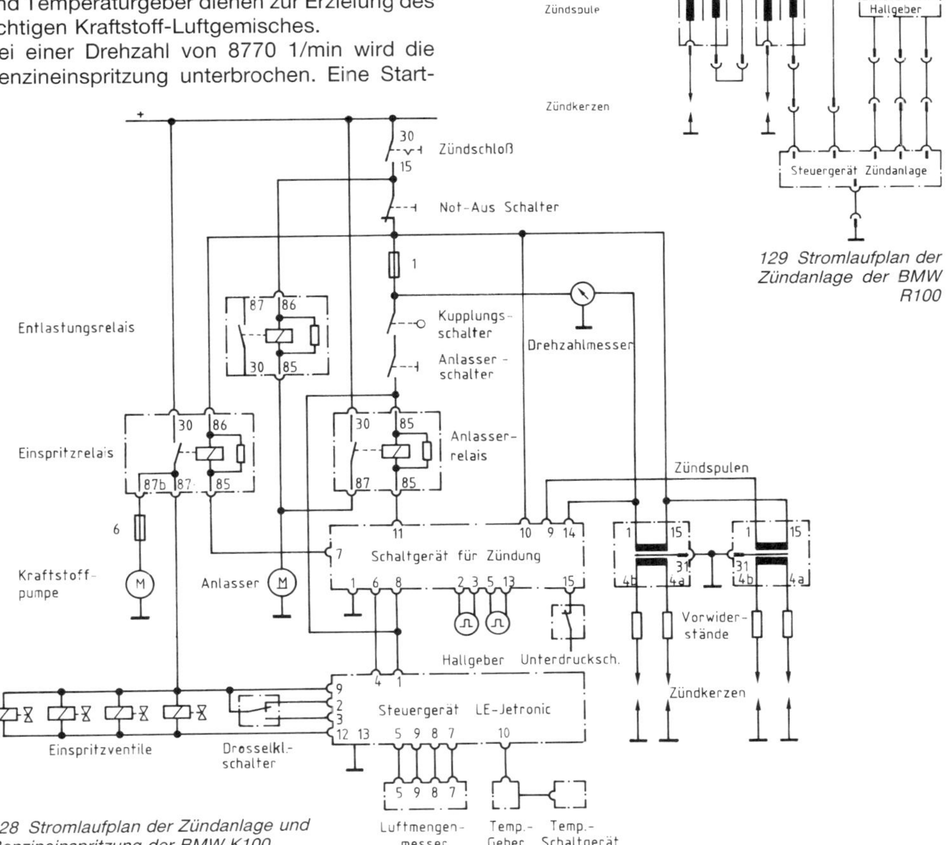

129 Stromlaufplan der Zündanlage der BMW R100

128 Stromlaufplan der Zündanlage und Benzineinspritzung der BMW K100

Batteriezündanlage der Kawasaki Z1000 KII

Bei der Kawasaki Z1000 KII sind je zwei Zündkerzen mit der Sekundärwicklung einer Zündspule verbunden. Die Stromversorgung der Primärwicklungen der Zündspulen erfolgt über das Zündschloß und den Zündnotschalter. Zur Zündauslösung dienen zwei an der Zündbox angeschlossene Impulsgeber. Der Seitenständer-Freigabeschalter legt die Primärwicklungen bei nicht eingezogenen Seitenständer an Masse. In diesem Zustand ist kein Motorstart möglich, da keine Zündfunken entstehen können. Wird der Seitenständer bei laufenden Motor ausgefahren, tritt automatisch Motorstillstand ein.

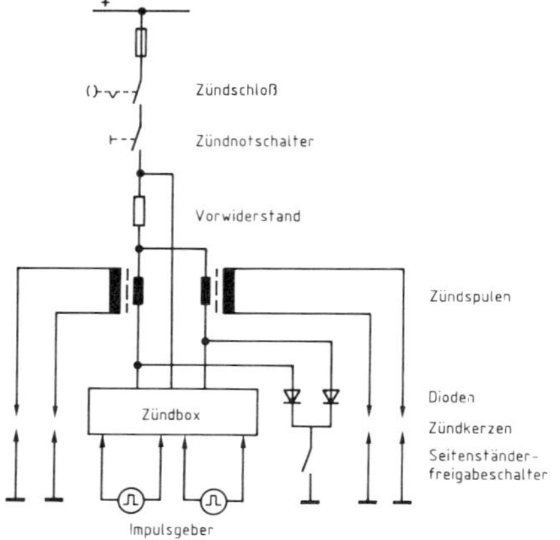

130 Stromlaufplan der Zündanlage der Kawasaki Z1000 KII

Batteriezündanlage der Honda VF 750 S

Die Honda VF 750 S hat eine aus zwei Teilsystemen bestehende impulsgesteuerte Zündanlage.

131 Stromlaufplan der Zündanlage der Honda 750 S

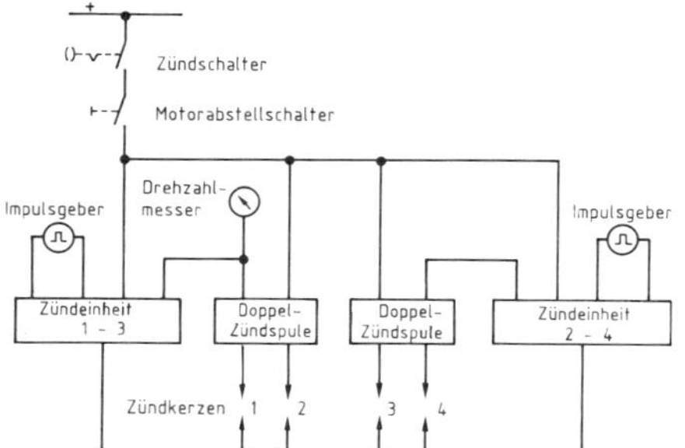

2.3.2 Magnetzündanlage

Im Gegensatz zur Batteriezündung wird hier die Zündenergie nicht dem Bordnetz entnommen, sondern der mechanischen Antriebsleistung des Motors, und zwar von der Kurbel- oder Steuerwelle. Eine Magnetzündung kann durch einen über Nocken betätigten Unterbrecher (Abb. 132) oder elektronisch gesteuert werden.

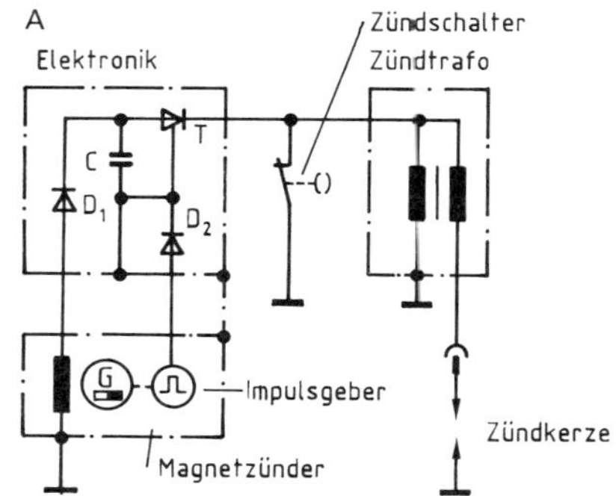

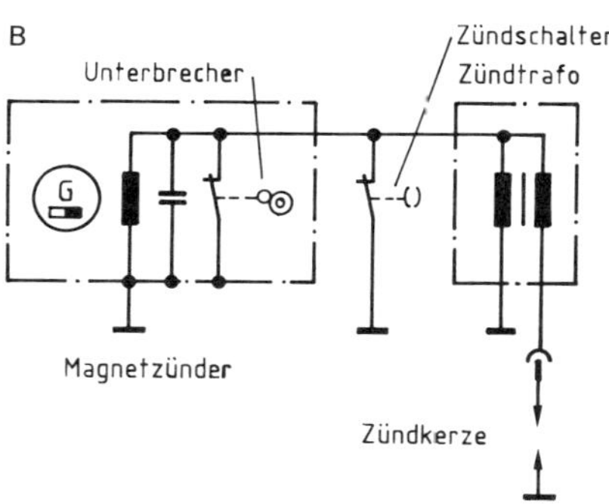

132 Schaltung eines Magnetzünders mit
A Elektroniksteuerung
B Kontaktsteuerung

Bei eingeschalteter Zündung ist in jedem Fall der Kontakt des Zündschalters offen. Im Anker des Magnetzünders wird im Betrieb eine Spannung erzeugt, die durch die Primärwicklung des außen angeordneten Zündtrafos einen Stromfluß verursacht.

Schließt der Unterbrecher, wird die Primärwicklung kurzgeschlossen, das Magnetfeld bricht zusammen, und in der Sekundärwicklung wird die zur Zündung erforderliche Zündspannung induziert.

Das Stillsetzen des Motors erfolgt durch Ausschalten der Zündung, wobei der Kontakt des Zündschalters schließt und den Unterbrecher durch Kurzschließen außer Funktion setzt.

Die elektronische Steuerung des Magnetzünders weist anstelle des mechanischen Unterbrechers einen Thyristor (elektronischer Schalter) auf, der von einem Impulsgeber gesteuert wird.
Im Zündzeitpunkt, d. h. in der richtigen Läufer- und somit Kurbelwellenstellung, wird im Impulsgeber ein Spannungsimpuls induziert. Dieser bewirkt die Durchschaltung des Thyristors und die Speicherenergie des Kondensators wird über den Zündtrafo der Zündkerze zugeführt.
Das Stillsetzen des Motors erfolgt durch Ausschalten der Zündung, wobei der Kontakt des Zündschalters schließt und den Sekundärkreis der Zündanlage kurzschließt.
Die Schaltung eines Magnetzünders mit Primär- und Sekundärwicklung zeigt Abb. 134. Zur Verteilung des Zündfunkens dient ein Schleifringverteiler.
Bei eingeschalteter Zündung ist der parallel zum Unterbrecher geschaltete Kontakt des Zündschalters offen. Der zweihöckerige Nocken unterbricht bei laufendem Motor den Stromkreis der Primärwicklung zweimal je Umdrehung. Somit wird in der Sekundärwicklung zweimal eine Zündspannung erzeugt, die über den Verteiler den Zündkerzen zugeführt wird. Der Magnetzünder muß beim Viertaktmotor mit der Steuerwellendrehzahl (zwei Kurbelwellenumdrehungen = eine Steuerwellenumdrehung) und beim Zweitaktmotor mit der Kurbelwellendrehzahl angetrieben werden. Da der Vierzylinder-Viertaktmotor vier Zündfunken für zwei Kurbelwellenumdrehungen benötigt, muß der drehbare Teil des Magnetzünders durch ein Getriebe im Verhältnis 2 : 1 untersetzt werden. Die Anpassung des Zündzeitpunktes wird durch Verstellen des Nockens oder des Antriebs von Hand bzw. durch einen Fliehkraftversteller vorgenommen.

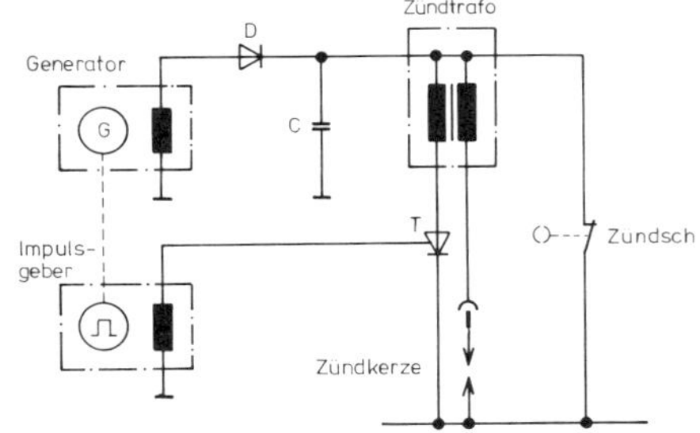

133 Schaltung einer Kondensator-Hochspannungszündung (Thyristorzündung) mit magnetischem Impulsgeber

2.4 Magnetzündergenerator

Der Magnetzündergenerator gemäß Abb. 135 (s. folgende Seite) ist gekennzeichnet durch einen getrennten Zünd-, Lade- und Lichtanker.
Der in der Primärwicklung induzierte Strom wird im Zündmoment durch den Unterbrecher unterbrochen, was in der Sekundärwicklung die Zündspannung hervorruft.
Der Stromkreis des Lichtteils ist spannungsregulierend. Diese Regelwirkung kommt dadurch zustande, daß mit steigender Drehzahl die Frequenz des induzierten Wechselstromes und somit der induktive Widerstand in den Ankerwicklungen zunimmt. Dadurch ist sichergestellt, daß sich bei höheren Drehzahlen die Speisespannung für die Lampen nur geringfügig ändert, also die Lampen durch Überlastung nicht durchbrennen und bereits bei niedriger Fahrgeschwindigkeit eine gute Beleuchtung vorhanden ist.

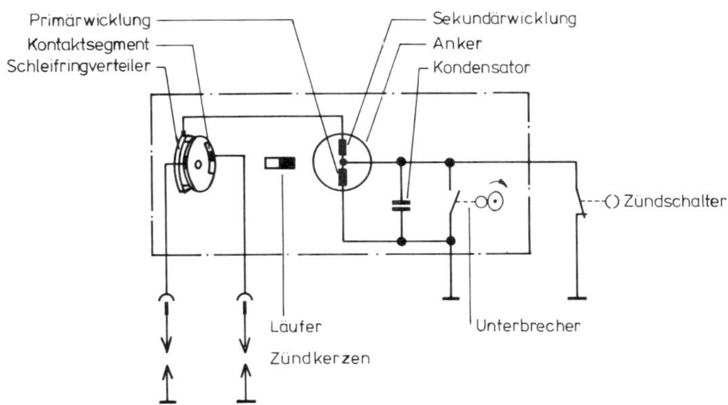

134 Schaltung eines unterbrechergesteuerten Magnetzünders mit Schleifringverteiler

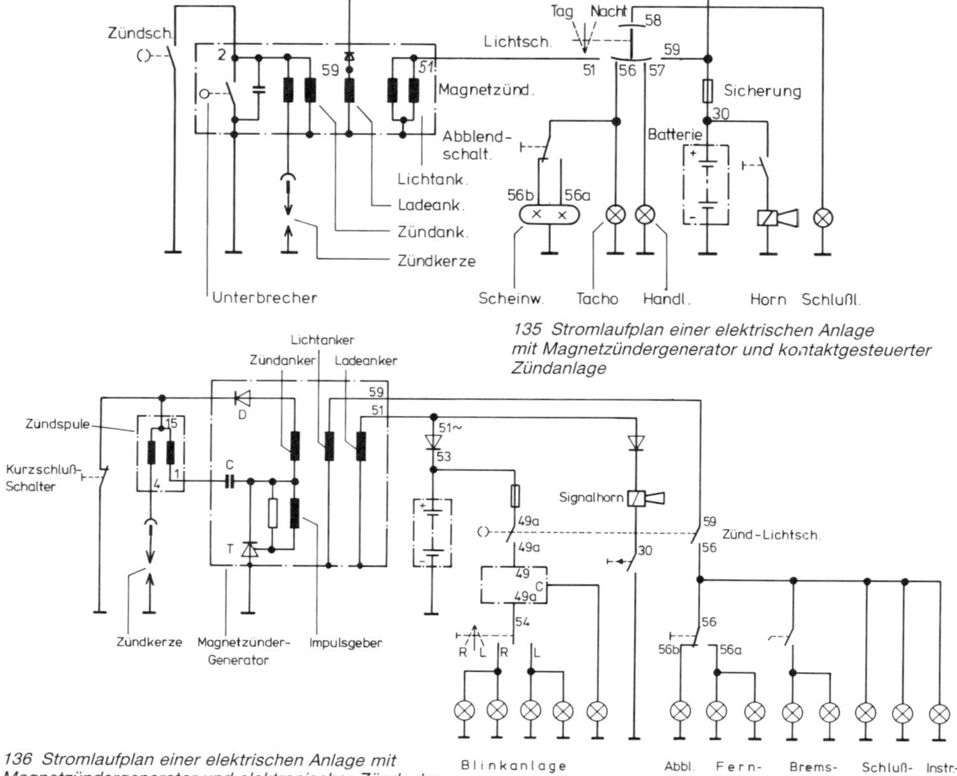

135 Stromlaufplan einer elektrischen Anlage mit Magnetzündergenerator und kontaktgesteuerter Zündanlage

136 Stromlaufplan einer elektrischen Anlage mit Magnetzündergenerator und elektronischer Zündanlage

Da die elektrische Leistung und Spannung bei permanentmagnetischen Maschinen (konstante Erregung) weitgehend lastabhängig ist, soll die gesamte Nennleistung der Verbraucher des Lichtteils eines Magnetzündergenerators gleich der Nennleistung des Generators sein.
Der zwischen Zündanker und Lichtanker angeordnete Ladeanker liefert den Ladestrom zur Dauerladung der Fahrzeugbatterie.
Die Batterie übernimmt die Stromversorgung für Signalhorn, Handlampe, Fahrzeugbeleuchtung bei Stillstand und – sofern vorhanden – für Bremslicht und Blinkanlage.
Abb. 136 zeigt den Stromlaufplan einer elektrischen Anlage mit Magnetzündergenerator und elektronisch gesteuerter Zündanlage.
Der Magnetzündergenerator besitzt zur Stromversorgung der Zündanlage einen Zündanker, zur Batterieladung und Stromversorgung der Blink- und Signalanlage einen Ladeanker und zur Stromversorgung der Beleuchtungsanlage einen Lichtanker. Der Kondensator C wird durch die positive Halbwelle der im Zündanker während des Motorlaufs induzierten Wechselspannung solange aufgeladen wie der Thyristor T gesperrt ist. Die negative Halbwelle wird ständig durch die Diode D gesperrt. Im Zündzeitpunkt wird im Impulsgeber ein Spannungsimpuls induziert, der die kurzzeitige Durchschaltung von T bewirkt. Dadurch gelangt die in C gespeicherte Zündenergie über die Zündspule zur Zündkerze.
Bei laufendem Motor und eingeschaltetem Zünd-Lichtschalter kann die Blink- und Beleuchtungsanlage ein- bzw. ausgeschaltet werden. Ferner sind das Schlußlicht und die Instrumentenbeleuchtung ständig eingeschaltet, das Bremslicht erscheint beim Bremsen und das Signalhorn ertönt bei Signalgabe.
Die Stillsetzung des Motors erfolgt durch Kurzschließen der Sekundärwicklung der Zündspule mittels Kurzschlußtaste.

2.5 Lichtbatteriezündanlage

Ein Lichtbatteriezünder besteht aus einer Gleichstromlichtmaschine und einer Batteriezündanlage (Abb. 137).
Auf der Kurbelwelle befindet sich der Anker und der durch den Fliehkraftversteller verstellbare Nocken. Alle weiteren Bauteile, so der Polring

mit den Polschuhen und der Erregerwicklung sind auf der Unterseite, Reglerschalter, Schleifkohlen, Zündspule, Unterbrecher mit Kondensator und die Anschlußklemmen auf der Oberseite des tellerförmigen Gehäuses angeordnet. Der Lichtteil ist eine spannungsgeregelte Gleichstrom-Nebenschlußmaschine. Sie dient zur Speisung der Stromverbraucher und der Batterie. Der Zündteil ist eine übliche Batteriezündanlage.

Die Vorteile gegenüber dem Magnetzündergenerator sind höhere Leistung und konstante Spannung. Somit können in gewissen Grenzen weitere Verbraucher zugeschaltet werden. Die volle Zündspannung ist bereits bei sehr niedrigen Drehzahlen vorhanden.

2.6 Start-Zünd-Generator

Ein Start-Zünd-Generator ist eine kombinierte Maschine aus Starter und Generator. Der als Innen- oder Außenläufer ausgebildete Anker ist auf der Motor-Kurbelwelle aufgesetzt. Die Erregung wird von mehrpoligen Haupt- und Nebenschlußwicklungen erzeugt.

Beim Startvorgang ist die Haupt- und Nebenschlußwicklung, beim Generatorbetrieb nur die Nebenschlußwicklung vom Strom durchflossen. Der Startvorgang wird bei eingeschaltetem Zündschalter durch Betätigen der Anlaßtaste ausgelöst. Während des Anlassens liegt der Start-Zünd-Generator über dem Anlaßschütz an der Batteriespannung. Die Steuerung des Unterbrechers erfolgt durch einen Nocken und Fliehkraftversteller auf der Ankerachse. Ein Regler hält die Bordspannung im Toleranzbereich indem er die Erregung bei Erreichen von U_{max} unterbricht und bei U_{min} wieder einschaltet.

2.7 Bordnetz

Den Strom für die elektrischen Verbraucher während des Motorstillstandes und für den

137 Schaltung eines Lichtbatteriezünders mit Stromverbraucher

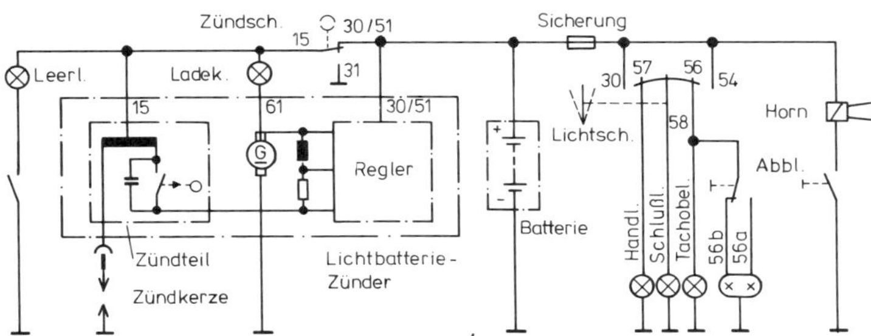

138 Schaltung eines Start-Zünd-Generators

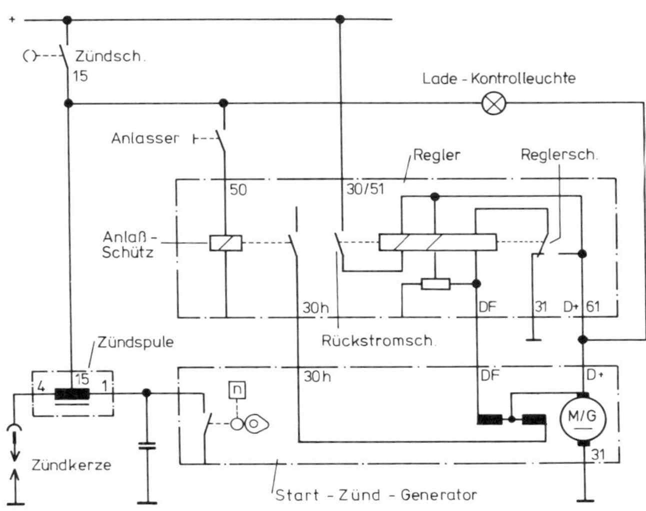

Anlaßvorgang liefert die Batterie. Nach Erreichen einer bestimmten Motordrehzahl wird die Stromversorgung von der Lichtmaschine ganz oder teilweise übernommen.
Bei niedriger Drehzahl gibt die Lichtmaschine nur eine geringe Leistung ab, so daß sich die Batterie an der Stromversorgung beteiligen muß. Bei ständigem Kurzstreckenverkehr und hohem Stromverbrauch sinkt der Ladezustand der Batterie ab, was besonders bei tiefen Temperaturen zu Startschwierigkeiten führen kann.
Generator und Batterie sind parallel geschaltet. Ist ein Stromkreis geschlossen, fließt Strom vom Pluspol der Stromquellen zum Verbraucher und über das Fahrgestell bzw. den Motorblock zum Minuspol zurück.

2.7.1 Batterie

Die Batterie speichert elektrische Energie durch chemische Stoffumwandlungen und gibt sie bei Bedarf wieder ab. Die im Kraftfahrzeug eingesetzte Batterie dient als Energiequelle für den Anlasser und zur Speisung der Verbraucher, wenn die Lichtmaschine keinen Strom zur Verfügung stellt. Ferner wirkt die Batterie als Puffer, d. h. sie liefert bei Spitzenbelastungen zusätzlich zur Lichtmaschine Strom, wenn diese den Strombedarf nicht voll decken kann. Eine lineare Abhängigkeit der Klemmenspannung vom Ladezustand besteht nicht. Die Spannung einer Zelle der unbelasteten Batterie beträgt nahezu unabhängig vom Ladezustand etwa 2 Volt.
Die Säuredichte steigt mit zunehmender Ladung und ist somit ein Maß zur Beurteilung des Ladezustandes.

139 Batterie

140 Lichtmaschine/ Generator

Säuredichte und Gefrierpunkt

Batterie	geladen	halb-geladen	un-geladen
Säuredichte kg / l Gefrierpunkt °C	1,28 – 64	1,20 – 27	1,12 – 10

Das Speichervermögen (Kapazität) einer Batterie ist das Produkt aus Entladestrom und Entladezeit und wird im Ampèrestunden (Ah) angegeben. Die Kapazität nimmt mit sinkender Batterietemperatur stark ab. Ferner sinkt die Kapazität der Batterie in Abhängigkeit des Belastungsstromes. Bei einer 12 V-Anlage beträgt die Entladestromstärke bei gleicher Verbraucherleistung gemäß der Leistungsformel I = P : U nur die Hälfte einer 6 V-Anlage. Die Dauer der Stromabgabe in Stunden errechnet sich folgendermaßen: Batteriekapazität in Ah (bei voller Batterie und 20 °C) geteilt durch den Entladestrom in Ampère.
Eine ausgebaute Batterie entlädt sich durch innere Umsetzungen und durch Kriechströme im Laufe der Stillstandszeit um etwa 0,5 % bis 1 % der Nennkapazität pro Tag.
Eine vollgeladene Batterie sollte somit nicht länger als vier Wochen ohne Nachladung stehenbleiben.

2.7.2 Lichtmaschine

Die Lichtmaschine dient zur Deckung des Energiebedarfs der elektrischen Verbraucher

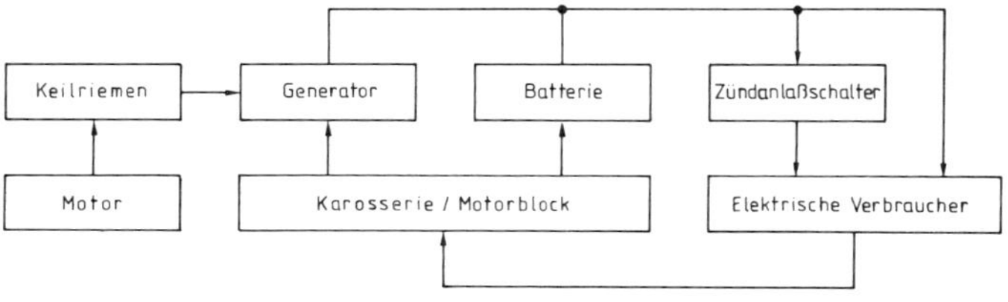

141 Blockschaltbild des Bordnetzes

und zur Aufladung der Batterie. Für die Spannungsgleichhaltung über den gesamten Drehzahlbereich bei allen Betriebs- und Belastungszuständen sorgt ein Regler.
Die Wirkungsweise des Reglers beruht auf einem periodischen Kurzschließen eines im Erregerkreis der Lichtmaschine liegenden Widerstandes oder auf Kurzschließen der Erregerwicklung selbst. Ist die Regelfrequenz (häufiges Ein- und Ausschalten des Reglerkontaktes) hoch, so schwankt die von der Maschine abgegebene Spannung nur geringfügig um den Sollwert. Das Verhältnis von Schließ- zu Öffnungszeit des Reglerkontakts ist maßgebend für die Größe des Erregerstrommittelwertes.
Je nachdem, ob durch den Regler die Spannung, der Strom oder beide beeinflußt werden, erhält man eine Spannungs-, Strom- oder gemischte Regelung.
Gemäß Abb. 142 ist ein Ende der Erregerwicklung der Lichtmaschine über den Kontakt des Reglers an Masse gelegt. Wird der Maximalwert der Spannung erreicht, spricht der Regler an und dessen Kontakt öffnet. Der Erregerstrom fließt nun über den parallel zum Reglerkontakt geschalteten Widerstand. Das hat eine Abnahme des Erregerstromes und somit der Lichtmaschinenspannung zur Folge. Erreicht die Spannung ein bestimmtes Minimum, dann fällt der Anker des Reglers wieder ab, der Reglerkontakt schließt, der Erregerstrom und somit die Spannung steigen wieder bis auf den Maximalwert an. Dieser Arbeitszyklus wiederholt sich bei niedriger Drehzahl der Lichtmaschine bereits 50 bis 200 mal je Sekunde. Bei hoher Drehzahl bleibt der Regelwiderstand dauernd eingeschaltet, und der Erregerstrom sinkt auf einen konstanten Wert.
Beim Zweikontaktregler öffnet bei Erreichen von U_{max} der erste Kontakt, wodurch die Erregerwicklung in Reihe zum Regelwiderstand geschaltet wird, während der zweite Kontakt erst bei höheren Drehzahlen, also bei $> U_{max}$, die Erregerwicklung kurzschließt.
Daraufhin sinkt die Lichtmaschinenspannung, wodurch der Reglerkontakt für hohe Drehzahlen öffnet und der Erregerstrom wieder solange durch den Regelwiderstand fließt, bis U_{min} bzw. erneut $> U_{max}$ erreicht wurde.

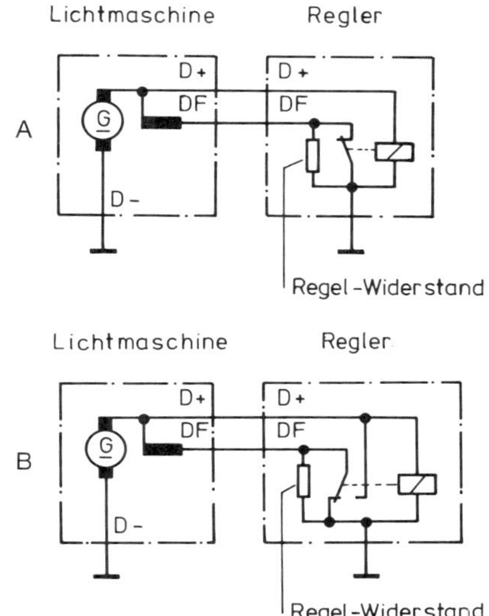

142 Gleichstromlichtmaschine mit:
A Einkontaktregler
B Zweikontaktregler

Zum Schutze einer Gleichstromlichtmaschine gegen Überlastung dienen Spannungsregler mit zusätzlichem Stromregler (Abb. 143). Dieser schaltet bei Erreichen des Maximalstromes durch Öffnen seines Kontaktes einen Widerstand in den Erregerkreis der Gleichstromlichtmaschine, wodurch die von der Lichtmaschine abgegebene Spannung steil abfällt.
Ferner verhindert der Rückstromschalter ein Entladen der Batterie über die Lichtmaschine, solange die Spannung der Batterie größer als die der Lichtmaschine ist.

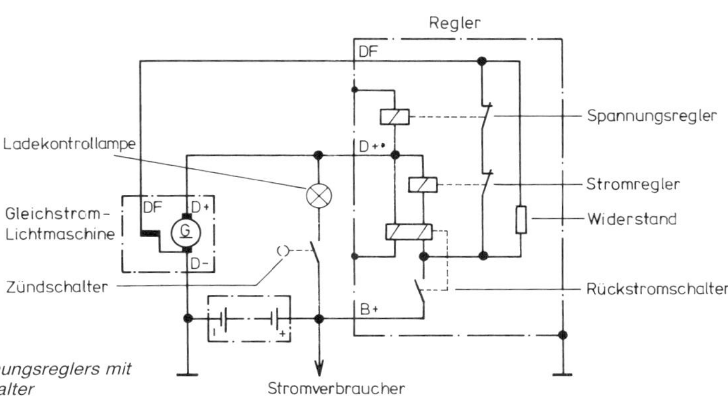

143 Stromlaufplan eines Spannungsreglers mit Stromregler und Rückstromschalter

Die Schaltungen der Drehstrom-Generatoren sind aus Abb. 144 zu ersehen.

Abb. 144 A zeigt die Schaltung eines Drehstrom-Generators in Verbindung mit einem Zweikontaktregler. Bei eingeschaltetem Zünd-Lichtschalter und geschlossenem Notausschalter fließt bei noch stehendem Motor Strom vom Pluspol der Batterie über Ladekontrolllampe, Reglerkontakt, Erregerwicklung (Klemmen DF und D) des Generators und Masse zum Minuspol der Batterie. Damit die dadurch stattfindende Vorerregung des Generators nicht zu schwach ist, sind zur Ladekontrollanzeige Glühlampen mit genügender Leistung (z. B. 12 V 3,0 W) einzusetzen. Bei laufendem Generator erlischt die Ladekontrollampe, und der Regler arbeitet in der bereits beschriebenen Weise. Anstelle des Kontaktreglers befindet sich meist ein elektronischer Regler.

Bei einem Generator gemäß Abb. 144 B dient zur Konstanthaltung der Generatorspannung kein Regler, sondern ein der Erregerwicklung parallel geschalteter Widerstand.

Abb. 144 C zeigt einen Drehstromgenerator mit modernen Transistorregler mit IC (integrierten Schaltkreis), in welchem alle Steuer- und Regelfunktionen vereinigt sind. Sämtliche Bauteile befinden sich in einem hermetisch gekapselten Gehäuse und sind einzeln nicht auswechselbar. Dieser Generator besitzt keine Schleifringe oder Schleifkohlen. Der Rotor ist mit Dauermagneten bestückt, als Außenläufer ausgebildet und auf dem Kurbelwellenende angeordnet. Der Stator hat drei in Stern verkettete Spulen und befindet sich im Innern des Generators.

2.8 Instrumentierung

Die Instrumentierung informiert über die wesentlichen Betriebszustände. Der Instrumentierungsumfang wird vom Fahrzeugtyp, dessen Ausstattung und eventueller Nachrüstungen bestimmt. Zur Erfassung der Meßwerte sind Sensoren, auch Geber bzw. Meßfühler genannt, eingesetzt. Sie formen physikalische Größen, wie z. B. Temperatur, Druck, Höhenstand, Drehzahl, in ein analoges oder binäres Signal um. Ein analoges Signal ist dem Meßwert proportional. Binäre Signale werden von Schaltern geliefert.

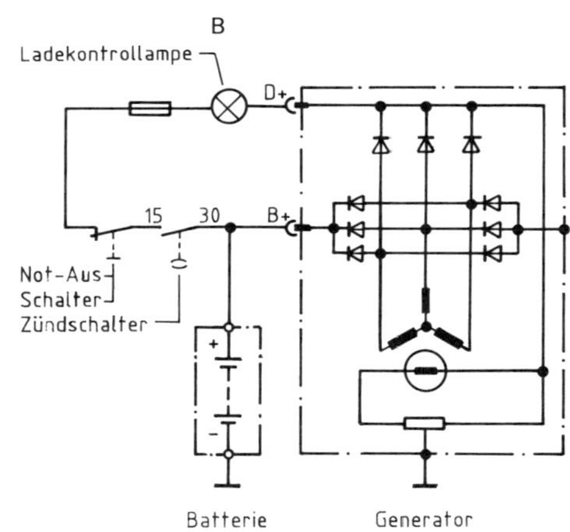

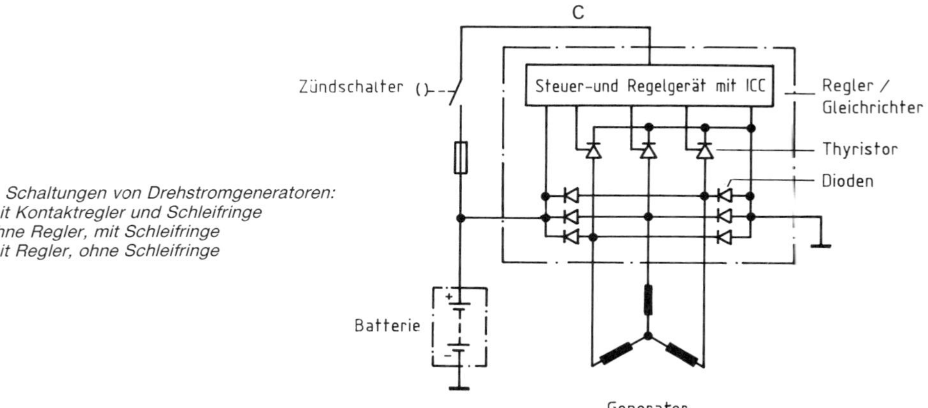

144 Schaltungen von Drehstromgeneratoren:
A mit Kontaktregler und Schleifringe
B ohne Regler, mit Schleifringe
C mit Regler, ohne Schleifringe

2.8.1 Sensoren

Widerstandsferngeber

Ein Widerstandsferngeber ist ein veränderlicher Widerstand. Die Widerstandsänderung kann mechanisch oder abhängig von der Temperatur bzw. Lichtintensität erfolgen.

Impulsgeber

Impulsgeber dienen zur Drehzahlerfassung bzw. zur elektronischen Zündauslösung. Es ist zwischen dem Induktions- bzw. Hallgeber zu unterscheiden.

Induktionsgeber

Der Induktionsgeber besteht aus einem Dauermagnet, einer Induktionswicklung und einem Impulsgeberrad. Bei Induktionsgebern, die im Zündverteiler eingebaut sind, bilden Dauermagnete und die Induktionswicklung den Stator, und das auf der Zündverteilerwelle sitzende Impulsgeberrad den Rotor.

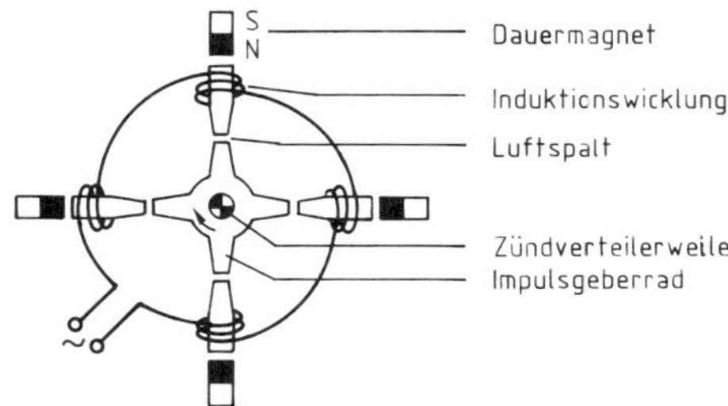

145 Prinzip eines in einem Zündverteiler eingebauten Induktionsgeber

Der Kern der Induktionswicklung und das Impulsrad weisen zackenförmige Fortsätze auf (Stator- und Rotorzacken). Während der Rotordrehung ändert sich der magnetische Fluß periodisch, wodurch in der Induktionswicklung eine Wechselspannung induziert wird.
Ferner werden Induktionsgeber zur Erfassung der Drehzahl und Kurbelwellenstellung eingesetzt. Zur Drehzahlerfassung wird der Impulsgeber in kleinem Abstand von der Zahnscheibe oder einem Zahnrad angeordnet, die mit Kurbelwellendrehzahl umlaufen.

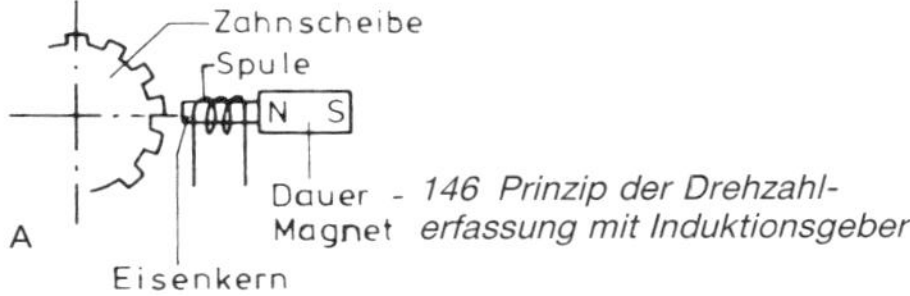

146 Prinzip der Drehzahlerfassung mit Induktionsgeber

Der Drehzahlgeber besteht aus einem Dauermagnet, einem zylindrischen Eisenkern und einer Induktionsspule. Der Dauermagnet bewirkt ein nach außen gerichtetes magnetisches Feld, dessen Stärke sich ändert, wenn ein Zahn am Geberkopf vorbeizieht. Dadurch wird in der Spule eine Wechselspannung mit drehzahlproportionaler Frequenz induziert.
Zur Erfassung der Kurbelwellenstellung wird ein auf der Schwungscheibe angebrachter Stift berührungslos von einem induktiven Bezugsmarkengeber, der wie der Induktionsgeber arbeitet, abgetastet.
Gemäß Abb. 147 bewegt sich ein Polrad an der Induktionsspule vorbei. Werden derartige Geber zur Steuerung einer elektronischen Zündanlage verwendet und der Antrieb erfolgt mit Nockenwellendrehzahl, weist der Geber soviele Polpaare auf (1 Polpaar = 1 Dauermagnet mit einem Süd- und einem Nordpol), wie der Motor Zylinder hat.

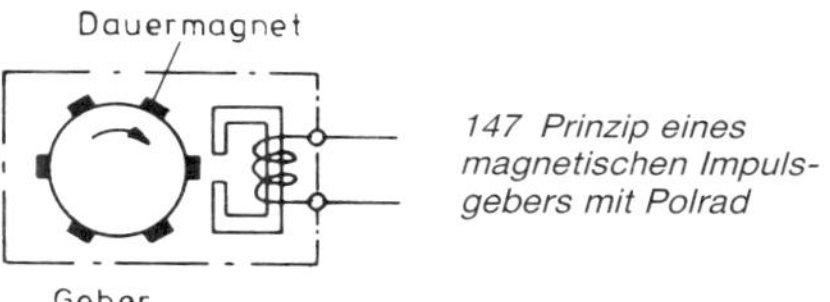

147 Prinzip eines magnetischen Impulsgebers mit Polrad

Hallgeber

Die Wirkungsweise des Hallgebers beruht auf folgendem Effekt: Wird ein stromdurchflossenes Plättchen von den Kraftlinien eines Magnetfeldes durchsetzt, entsteht auf einer Seite ein Elektronenüberschuß und auf der gegenüberliegenden ein Elektronenmangel, d. h. es entsteht zwischen beiden Seiten die sogenannte Hallspannung. Die Hallspannung ist um so größer, je größer der durch das Plättchen fließende Strom und je stärker das magnetische Kraftfeld ist.

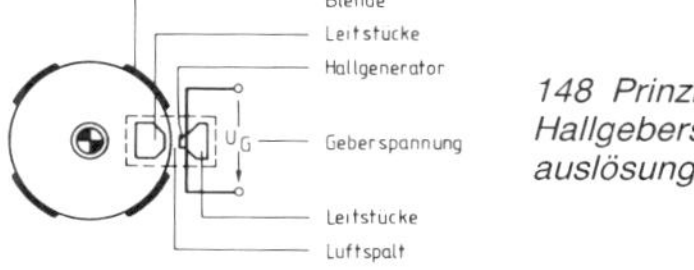

148 Prinzip eines Hallgebers zur Zündauslösung

Der prinzipielle Aufbau eines Hallgebers zur Zündauslösung ist aus Abb. 148 ersichtlich.
Bei drehender Zündverteilerwelle bewegen sich die Blenden des Rotors berührungslos durch den Luftspalt magnetischer Leitstücke. Befindet sich keine Blende im Luftspalt, wird die Hallschicht vom Magnetfeld voll durchdrungen. Dadurch entsteht an der Hallschicht die Hallspannung, die dem elektronischen Steuergerät zugeführt wird und die Zündauslösung verursacht. Bewegt sich eine der Blenden in dem Luftspalt, nimmt die auf die Hallschicht wir-

kende magnetische Flußdichte bis auf einen kleinen Rest ab, wodurch die Hallspannung auf ein Minimum sinkt.

Temperaturfühler

Ein Temperaturfühler kann u. a. aus einem Heißleiter (Halbleiterelement) oder Widerstandsthermometer bestehen. Ein Heißleiter vermindert seinen elektrischen Widerstand sehr stark bei steigender Temperatur. Ein Widerstandsthermometer erhöht seinen elektrischen Widerstand bei steigender Temperatur.

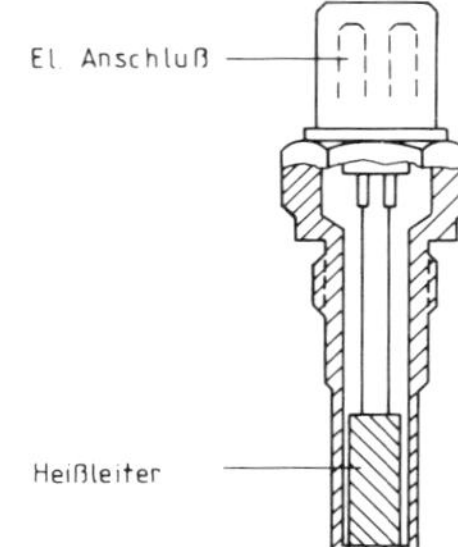

149 Prinzipieller Aufbau eines Heißleiter-Temperaturfühlers

Thermobimetallschalter

Das zu überwachende Medium (Kühlflüssigkeit, Luft, Schmieröl) wirkt direkt auf einen Bimetallstreifen, der sich bei Erwärmung krümmt und bei Erreichen eines bestimmten Wertes einen elektrischen Kontakt öffnet bzw. schließt.

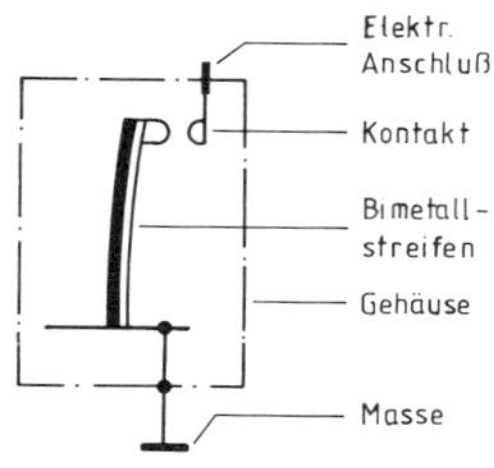

150 Prinzip eines Thermobimetallschalters mit Schließer

Druckgeber

Im Druckgeber befindet sich eine Membrane, die mit einem elektrischen Widerstand verbunden ist. Wird der Druckgeber mit Druck beaufschlagt, erfolgt eine Auslenkung der Membrane und somit eine dem Meßwert entsprechende Änderung des elektrischen Widerstandes.

Druckschalter

Druckschalter bestehen aus einer elastischen Membrane mit Nippel und elektrischem Kontakt. Die Membrane wölbt sich durch die Einwirkung des Drucks und betätigt bei Erreichen des Grenzwertes über den Nippel den elektrischen Kontakt.

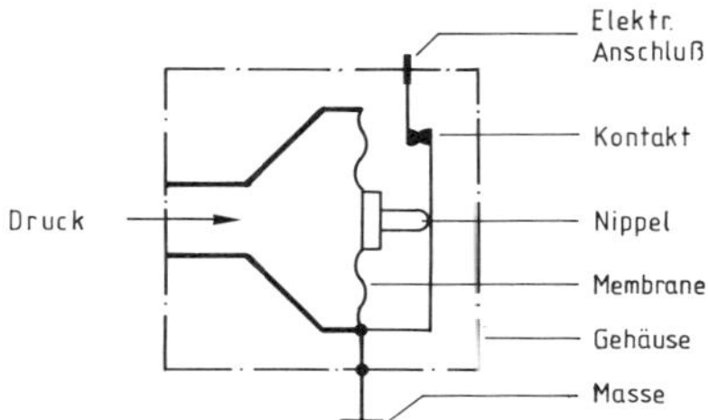

151 Prinzip eines Druckschalters mit Öffner

Höhenstandsgeber

Zur Erfassung der Höhenstände dienen vorwiegend veränderliche Widerstände. Außerdem finden u. a. auch kapazitive Sonden Anwendung, deren Meßwert sich linear mit der Eintauchtiefe ändert.

Endschalter

Endschalter sind wegabhängige Befehlsschalter, die so angeordnet werden, daß sie gewisse Stellungen erfassen können. Sie werden mechanisch betätigt und lösen durch Kontaktgabe die gewünschte Schalthandlung aus.

Lambda-Sonde

Die Lambda-Sonde liefert ein vom Luft-Kraftstoff-Verhältnis abhängiges Signal. Sie besteht im Wesentlichen aus zwei Elektroden und mißt den Sauerstoffgehalt des Abgases. Ist der Sauerstoffgehalt auf beiden Seiten der Elektroden unterschiedlich, entsteht hier eine elektrische Spannung.

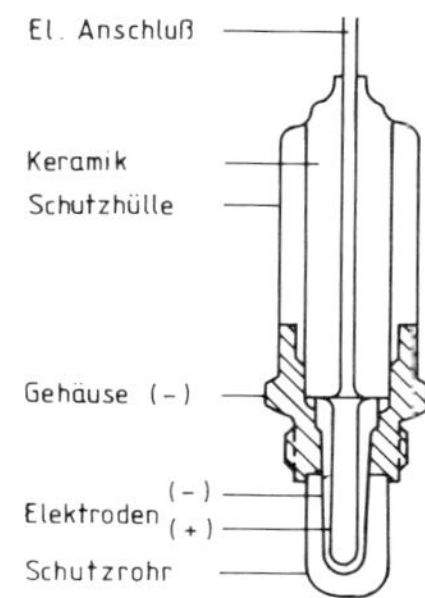

152 Aufbau der Lambda-Sonde

2.8.2 Messungen

Eine Messung besteht im wesentlichen aus einem Sensor, Anzeiger und Leitungen. Zur Erhöhung der Meßgenauigkeit erfolgt die Stromversorgung bei bestimmten Meßverfahren über ein Konstantspannungsgerät. Gemäß

Abb. 153 A fließt bei eingeschaltetem Zündanlaßschalter ein dem Widerstandswert entsprechender Strom durch den Anzeiger. Zur Überwachung von Systemen bzw. zur Steuerung elektronischer Komponenten dienen Wächter, die bei Erreichen eines bestimmten Wertes einen Kontakt betätigen (Abb. 153 B).

Niveaumessung

Zur Messung eines Höhenstandes (z. B. Kraftstoff, Schmieröl) wird meist das Potentiometerverfahren eingesetzt. Bei diesem Meßprinzip wird der Schleifer des Potentiometers von einem Schwimmer dem jeweiligen Flüssigkeitsstand entsprechend verstellt. Die sich so ergebende Änderung des Widerstandes ist ein Abbild der in einem Behälter vorhandenen Flüssigkeitsmenge. Der Widerstandsgeber ist mit einem Thermobimetall-Meßwerk, eine auf einen Bimetallstreifen gewickelte Heizwicklung, in Reihe geschaltet. Wird die Heizwicklung vom Strom durchflossen, krümmt sich der mit dem Zeiger mechanisch verbundene Bimetallstreifen. Die Größe der Krümmung ist von der Stromstärke, d. h. vom Höhenstand bzw. Widerstand abhängig.

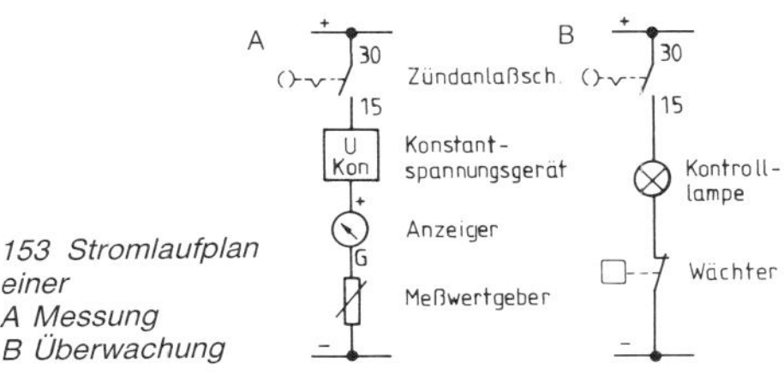

153 Stromlaufplan einer
A Messung
B Überwachung

Bei einem weiteren Meßverfahren befindet sich ein Widerstandsdraht in der zu überwachenden Flüssigkeit. Der Widerstandsdraht wird nach Einschalten der Zündung ständig vom Strom durchflossen. Dadurch erwärmt sich der Widerstandsdraht, und der Widerstand erreicht einen Wert, der dem Flüssigkeitsniveau entspricht. Die Auswertung des Meßsignals wird elektronisch vorgenommen.

Ferner finden auch kapazitive Geber Anwendung, die in das Meßmedium eingeführt sind. Der Meßwert ändert sich linear mit der Eintauchtiefe und wird von der Elektronik so verarbeitet, daß ein Anzeiger und eine Warnlampe angeschlossen werden kann.

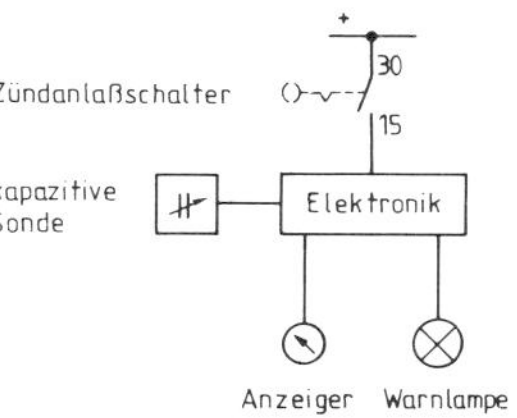

154 Stromlaufplan einer Höhenstandsmessung mit kapazitivem Geber

Geschwindigkeitsmessung

Zur Messung der Fahrgeschwindigkeit finden Tachometer Anwendung. Diese Anzeiger dürfen ab 20 km/h nur einen positiven Fehler haben, d. h. sie dürfen nie einen Geschwindigkeitswert anzeigen, der unter der tatsächlich gefahrenen Geschwindigkeit liegt. Der Fehler, d. h. die Mehranzeige darf ab 50 km/h bis 7 % des Skalenendwertes betragen.

Am häufigsten sind Geschwindigkeitsmesser eingesetzt, die nach dem magnet-elektrischen Meßverfahren arbeiten (Abb. 155). Hier wird ein von einer Aluminiumtrommel umgebener Dauermagnet über eine biegsame Antriebswelle direkt mit der Drehzahl eines Vorderrades in Drehung versetzt. Dadurch bilden sich in der Aluminiumtrommel Wirbelströme, wodurch die mit dem Zeiger verbundene Aluminiumtrommel gegen die Kraft einer Rückstellfeder mitgenommen wird.

Die Geschwindigkeit läßt sich nach der Formel

$$v\,[\text{km/h}] = \frac{l\,[\text{km}] \cdot 3600\,[\text{s}]}{t\,[\text{s}]}$$ errechnen.

Demgemäß läßt sich die Meßgenauigkeit des Tachometers feststellen, indem bei konstanter Geschwindigkeit mit Hilfe einer Stoppuhr die Zeit erfaßt wird, die das Fahrzeug für eine bestimmte Strecke benötigt. Hierzu bieten sich die Tafeln mit den Kilometerangaben auf der Autobahn an, die in einem Abstand von 500 m aufgestellt sind.

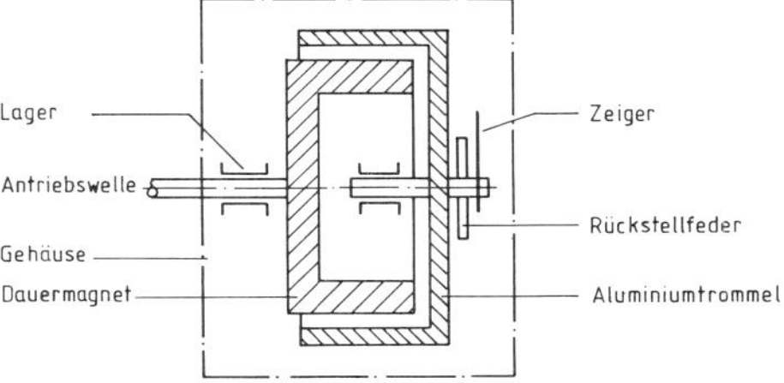

155 Schnitt durch einen magnet-elektrischen Geschwindigkeitsmesser

Legt man eine Meßstrecke von einem Kilometer zugrunde, so ergibt sich die Geschwindigkeit in km/h, indem man 3600 durch die gestoppte Zeit dividiert. Eine Tachometereichung erfordert mehrere Messungen bei verschiedenen Geschwindigkeiten.

Die Zählung und Anzeige der gefahrenen Kilometer erfolgt durch mechanische Rollenzähler.

Der Kilometerzähler ist aus 6 Rollen aufgebaut, von denen jede die Ziffer 0 bis 9 trägt.
Der zulässige Meßfehler beträgt ± 4 % vom Sollwert.
Geschwindigkeitsmesser und Kilometerzähler werden von gemeinsamer Welle angetrieben.

Drehzahlmessung
Die Kenntnis der Motordrehzahl (Kurbelwellenumdrehungen pro Minute) ermöglicht eine wirtschaftliche und motorschonende Fahrweise und gibt Aufschluß über den Zustand des Motors und seiner Hilfssysteme.
Überbeanspruchungen des Motors durch Über- bzw. Unterdrehzahlen sind leichter vermeidbar und der Motorverschleiß kann, vor allem bei kaltem Motor, durch mäßige Drehzahlen auf ein Minimum reduziert werden. Die Erfassung der Drehzahl erfolgt entweder durch einen Impulsgeber oder durch Verwerten der Zündimpulse.
Ein Impulsgeber liefert drehzahlproportionale Wechselspannungsimpulse. Die Impulse werden im Drehzahlmesser verstärkt, umgeformt und zur Anzeige einem Drehspulmeßwerk zugeführt.
Der Anschluß eines Drehzahlmessers an die Zündimpulse ist aus Abb. 156 ersichtlich.

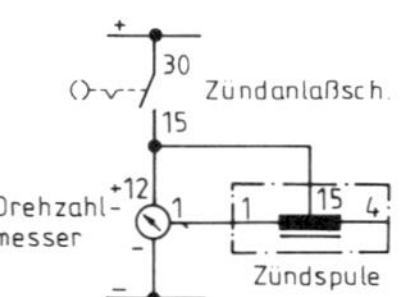

156 Stromlaufplan eines elektronischen Drehzahlmessers

Die Zündimpulse werden an der Klemme 1 der Zündspule entnommen, im elektronischen Drehzahlmesser umgeformt und angezeigt.
Will man von der Motordrehzahl auf die Fahrgeschwindigkeit schließen, ist ein fahrzeugspezifisches Diagramm oder eine entsprechende Tabelle erforderlich.

Spannungsmessung und Zeituhr
Durch die Spannungsmessung kann die Batterieladung und -entladung überwacht werden, da die Netzspannung bei ladender Lichtmaschine stets höher ist als die Batteriespannung. Ferner gibt sie beim Anlaßvorgang Aufschluß über den Batteriezustand, währenddessen die Spannung nicht unter 5 V bzw. 10 V bei einer 6-V- bzw. 12-V-Batterie absinken sollte. Das Anzeigegerät besitzt ein Drehspulmeßwerk mit einer gleichmäßig geteilten Skala. Zur Erhöhung der Meßgenauigkeit werden Spannungsmesser mit einem Meßbereich von + 5 bis + 8 V bzw. + 10 bis + 16 V eingesetzt. Die Zeituhr ist unterbrechungslos, d. h. ohne Schaltelemente mit dem Bordnetz verbunden. Die Einschaltung der Instrumentenbeleuchtung erfolgt durch den Lichtschalter bzw. Lichtrelais, das über den Abblendschalter gesteuert wird.

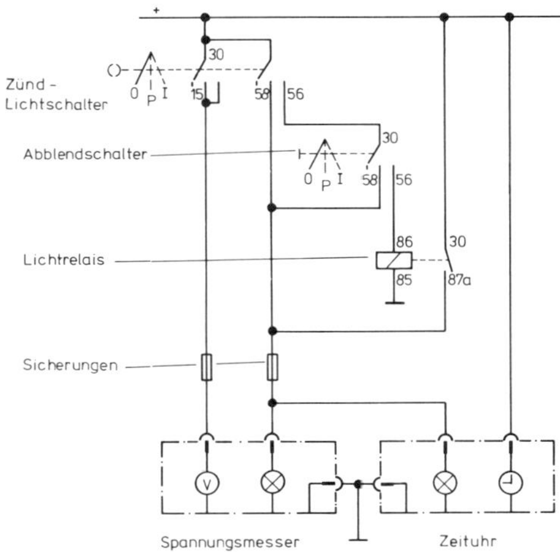

157 Anschluß eines Spannungsmessers und einer Zeituhr

2.8.3 Meldungen

Ladekontrolle
Die Überwachung der Batterieladung erfolgt gemäß Abb. 158.
Ein Anschluß der Ladekontrolleuchte liegt über dem Zünd-Anlaßschalter am Pluspol der Batterie, der andere direkt am Pluspol des Generators (Anschluß D +). Bei geschlossenem Zünd-Anlaßschalter und Motorstillstand leuchtet die Ladekontrollampe. Es fließt Strom vom Pluspol der Batterie durch die Lampe und über den Generator zur Masse, da der Generator noch keine Spannung induziert. Bei laufendem Motor liefert der Generator Strom an das Verbrauchernetz und die Ladekontrollampe erlischt, da in diesem Betriebszustand an den Anschlußklemmen der Lampe keine wesentliche Spannungsdifferenz vorhanden ist. Erscheint sie bei laufendem Motor, erfolgt keine Batterieladung (Lichtmaschine defekt), oder es besteht eine Leitungsunterbrechung.

Öldruck- und Leerlaufkontrolle
Zur Öldrucküberwachung dient ein Öldruckschalter und eine Öldruckkontrollampe. Der Kontakt des Öldruckschalters schließt, wenn bei eingeschalteter Zündung der Öldruck unter dem Sollwert liegt.

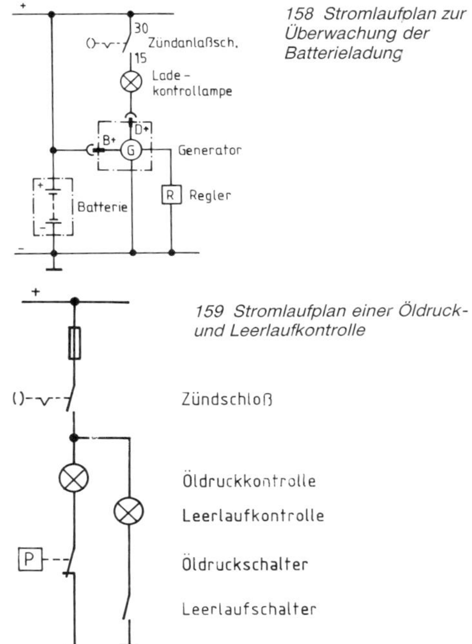

158 Stromlaufplan zur Überwachung der Batterieladung

159 Stromlaufplan einer Öldruck- und Leerlaufkontrolle

Der Leerlaufschalter ist während des Leerlaufs geschlossen und steuert die Leerlaufkontroll-lampe.

Bremsflüssigkeit
Zur Überwachung der Bremsflüssigkeit ist der Bremsflüssigkeitsbehälter mit einem Niveau-

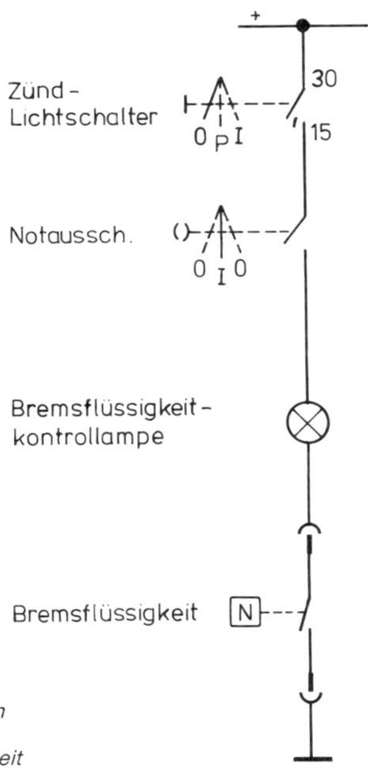

160 Stromlaufplan zur Überwachung der Bremsflüssigkeit

wächter ausgerüstet. Der Kontakt des Niveauwächters schließt bei Erreichen eines minimalen Höhenstandes und bringt bei eingeschaltetem Zünd- und Notausschalter die Kontrollampe zum Leuchten.

Kraftstoffniveau
Erreicht der Tankinhalt ein bestimmtes Minimum, schließt der Kontakt des Niveauwächters, wodurch bei eingeschaltetem Zündschalter die Kraftstoff-Kontrollampe eingeschaltet wird.

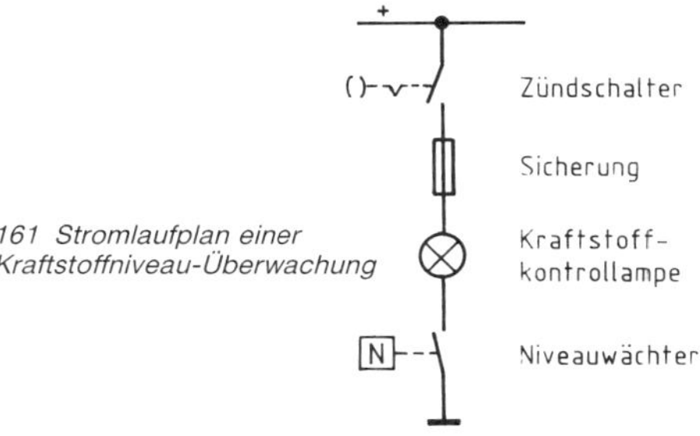

161 Stromlaufplan einer Kraftstoffniveau-Überwachung

2.9 Fahrzeugbeleuchtung

Die Beleuchtungsanlage besteht im wesentlichen aus Scheinwerfer, Standlicht und der Schluß- oder Nummernschildbeleuchtung. Ein Fahrscheinwerfer beinhaltet meist eine Biluxlampe, die das Fern- und Abblendlicht liefert, und eine Standlichtlampe. Anstelle der Biluxlampe kann sich im Scheinwerfer auch eine Zweifaden-Halogenlampe befinden.
Abb. 162 (s. folgende Seite) zeigt den Stromlaufplan einer direktgesteuerten Fahrzeugbeleuchtung. In Stellung »Scheinwerfer« des Zündschalters ist der Stromkreis bis zum Abblendschalter durchgeschaltet.
Mit dem Abblendschalter kann wahlweise das Fern- oder das Abblendlicht eingeschaltet (Abblendschalter in Mittelstellung) bzw. das Fern-oder Abblendlicht ausgeschaltet werden. Befindet sich der Zündschalter in Stellung »Standlicht«, sind nur das Standlicht und die Nummernschildbeleuchtung in Betrieb. Das Fern- bzw. Abblendlicht kann nicht eingeschaltet werden.
Eine relaisgesteuerte Fahrzeugbeleuchtung ist aus Abb. 163 ersichtlich. Hier ist in Stellung »P« des Zündlichtschalters (Parken) das Standlicht, Schlußlicht und die Skalenbeleuchtung ein. In Stellung »I« ist über die Klemme 56 das Pluspotential zu den Klemmen 30 des Abblend- und Fernlichtschalters durchgeschaltet. Wird nun der Abblendschalter in Stellung »I« gebracht, zieht das Lichtrelais an und dessen Kontakte schließen. In diesem Schaltzustand leuchten dieselben Lampen wie in Stellung »P« des Zünd-Lichtschalters bzw. Abblendschalters,

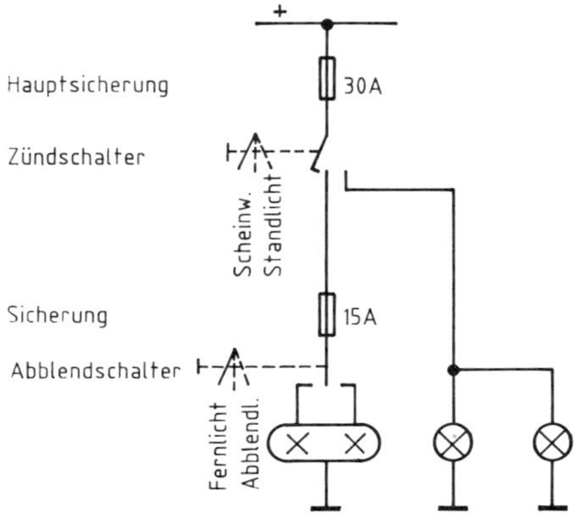

162 Stromlaufplan einer direktgesteuerten Fahrzeugbeleuchtung

jedoch zusätzlich noch das Abblendlicht. Mittels Fernlichtschalters kann das Fernlicht ständig oder durch Betätigung in Richtung Lichthupe impulsweise eingeschaltet werden.
Bei einer Kawasaki sind Brems- und Rücklicht kombiniert. Die zwei Bremslichtlampen leuchten, wenn bei eingeschaltetem Zündschloß der Vorderrad-, Hinterrad- oder beide Bremslichtschalter betätigt sind.
Das Rücklicht kann bei eingeschaltetem Zündschloß durch den Lichtschalter eingeschaltet werden.

2.10 Blinkanlage

Befindet sich der Zünd-Lichtschalter in Betriebsstellung, wird der Blinkgeber mit Strom versorgt, und die Blinkanlage kann durch den Blinkschalter in Funktion gesetzt werden. Abhängig von der Schalterstellung des Blinkschalters fließt Strom im Blinkrhythmus über die Klemme 49 a des Blinkgebers zu den linken oder rechten Blinkleuchten. Eine Richtungsanzeige wird durch die Blinkerkontrollampe gemeldet.

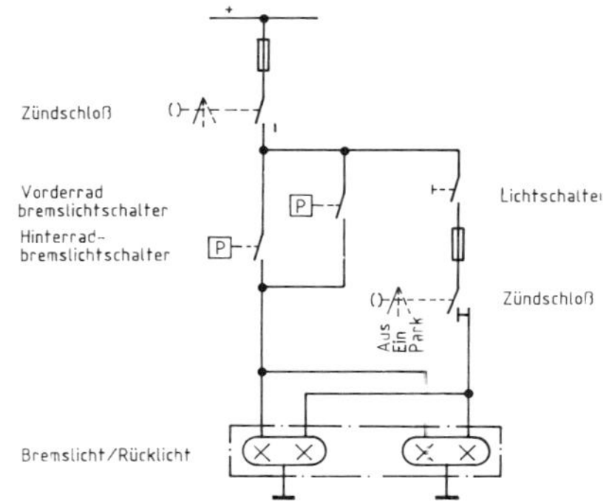

164 Stromlaufplan des Brems- und Rücklichts einer Kawasaki

2.11 Signalanlage

Gemäß Abb. 166 erfolgt ein Signalton, solange der Fanfarenschalter betätigt wird. Vorraussetzung ist jedoch eine intakte Anlage und der ein-

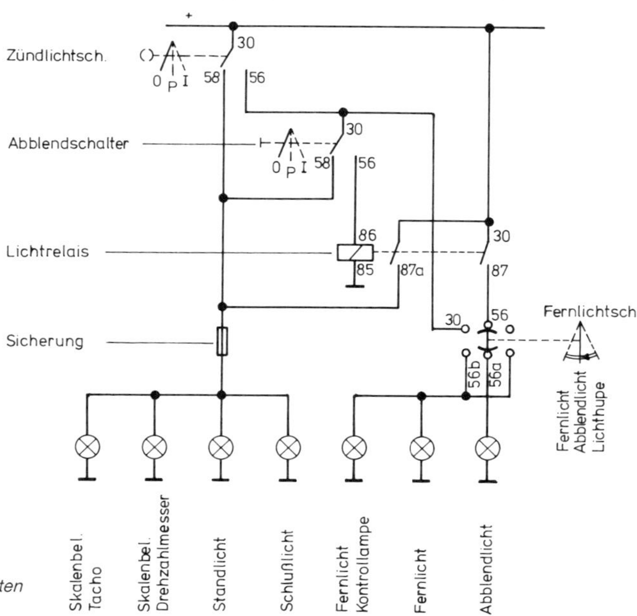

163 Stromlaufplan einer relaisgesteuerten Fahrzeugbeleuchtung

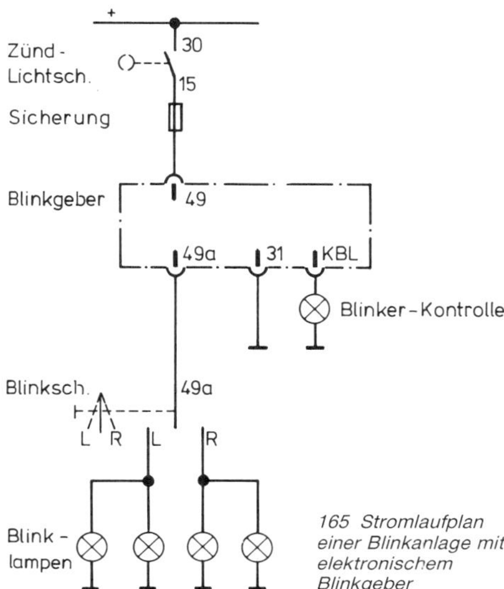

165 Stromlaufplan einer Blinkanlage mit elektronischem Blinkgeber

geschaltete Zünd-Lichtschalter. Die Fanfare besteht im wesentlichen aus Wicklung, Anker, Unterbrecher, Membran und Gehäuse. Bei geschlossenem Stromkreis wird die Wicklung vom Strom durchflossen, es entsteht ein elektro-magnetisches Feld, das sich über die Membrane schließt. Dadurch wird die Membran vom Elektromagneten angezogen, der elektrische Kontakt geöffnet und somit der Stromkreis unterbrochen. Als Folge verschwindet das magnetische Feld, die Membran und der Kontakt nehmen wieder ihre Ausgangs-, d.h. Ruhestellung ein. Eine erneute Erregung des Elektromagneten bewirkt die Wiederholung dieser Vorgänge.

2.12 Kraftübertragung

Primärantrieb

Die Kraftübertragung von der Kurbelwelle des Motors zur Getriebehauptwelle erfolgt bei Längsläufern über eine Kupplung und Stirnräder oder über eine Rollen- bzw. Zahnkette. Bei Querläufern ist die Kurbelwelle des Motors über die Kupplung entweder direkt oder über Stirnräder bzw. eine Zahnkette mit der Hauptwelle des Getriebes verbunden.

Kupplung

Die Kupplung dient zur Kraftübertragung zwischen der Kurbelwelle bzw. dem Schwungrad des Motors und der Antriebswelle des Schaltgetriebes sowie ferner zur Unterbrechung des Kraftflusses und zum weichen Ausgleichen der unterschiedlichen Drehzahlen von Motor und Getriebe beim Schalten. Die am häufigsten verwendeten Bauarten bei Motorrädern sind die Lamellenkupplung, auch Mehrscheibenkupplung genannt, sowie die Ein- oder Zweischeiben-Trockenkupplung.

Betätigt wird eine Kupplung durch den Kupplungshandhebel über einen Bowdenzug, in Sonderfällen über eine Hydraulik.

Trockenkupplungen sind grundsätzlich in das Schwungrad eingebaut. Beim Ziehen des Kupplungshandhebels wird der Ausrückhebel betätigt, dadurch wird die auf die Druckscheibe(n) ausgeübte Kraft der Druckfeder(n) aufgehoben und somit ausgekuppelt. Im eingekuppelten Zustand wird die Druckscheibe durch die Druckfeder(n) auf die mit Reibebelägen versehene(n) Kupplungsscheibe(n) gedrückt. Diese ist bzw. sind durch eine axiale Verzahnung mit der Getriebewelle verschiebbar verbunden. Eine kraftschlüssige Koppelung zwischen Motor und Getriebe wird erreicht.

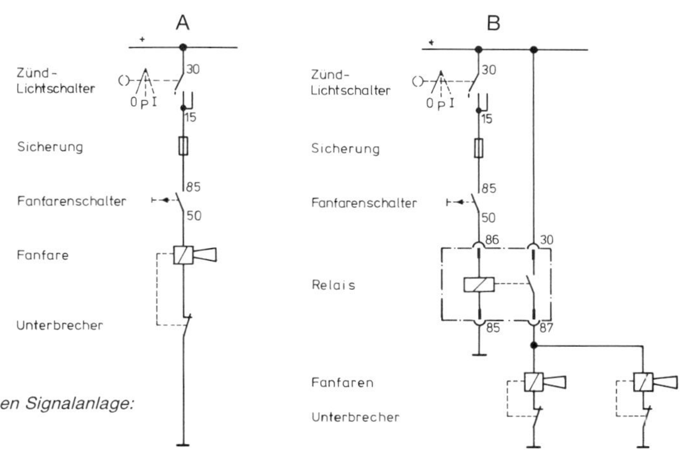

166 Stromlaufplan einer akustischen Signalanlage:
A Direktsteuerung
B Relaissteuerung

Bei der Lamellenkupplung dienen zur Kraftübertragung mehrere Kupplungsscheiben mit beidseitigem Reibbelag sowie Zwischenscheiben aus Stahl. Sie ist meist als Ölbadkupplung ausgebildet und befindet sich auf der Getriebeantriebswelle, das heißt im primärseitigen Getriebegehäuse des Motors. Die Verbindung zur Kurbelwelle ist entweder über Zahnräder oder einer Zahnkette hergestellt.

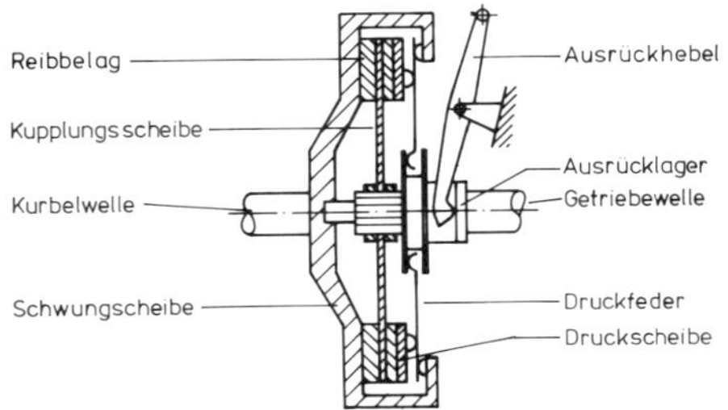

167 Bauprinzip einer Einscheiben-Trockenkupplung

Die wesentlichen Bestandteile einer Lamellenkupplung sind:

- Kupplungsnabe, die am äußeren Umfang Nuten zur Aufnahme der Kupplungsscheiben und mehrere Spannbolzen zur Aufnahme der Federhülsen mit Druckfedern besitzt. Die Kupplungsnabe ist mit der Getriebeantriebswelle verschraubt.
- Kupplungskorb, der zur Aufnahme der Lamellen (Fahnen) der Reibscheiben mit Nuten versehen und mit dem großen Zahnrad verschraubt ist.
- Kupplungsscheiben, dies sind Reibscheiben mit beidseitigem Kupplungsbelag, die am äußeren Umfang die zur Koppelung mit dem Kupplungskorb erforderlichen Lamellen aufweisen bzw. Zwischenscheiben aus Stahl, die zur Koppelung mit der Kupplungsnabe am inneren Umfang genutet sind.
- Federhülsen mit Kupplungsfedern, die sich auf dem Spannbolzen befinden. Die Federhülsen dienen zur Aufnahme der Kupplungsfedern und besitzen zur Mitnahme der Kupplungsdruckplatte einen Ansatz.
- Kupplungsdruckplatte, auf die im eingeschalteten Zustand die Kräfte der Kupplungsfedern und während des Auskuppelns die Betätigungskraft wirken.
- Druckstange und Schnecke, die zur Übertragung der Betätigungskräfte auf die Druckplatte dienen.

Gemäß der Komponentenbeschreibung wird die Motorkraft im eingekuppelten Zustand über die Zahnräder auf den Kupplungskorb über die Reibscheiben, Zwischenscheiben und Kupplungsnabe auf die Getriebeantriebswelle übertragen. Beim Betätigen des Kupplungshebels wird der Anpreßdruck der Druckplatte auf die Kupplungsscheiben aufgehoben, indem die Druckplatte in axialer Richtung gegen die Kraft der Druckfedern bewegt wird. Zur Übertragung der Betätigungskraft dienen Seilzug, Ausrückhebel, Kupplungsschnecke, Kupplungsstange (die meist durch die Getriebeantriebswelle führt) und Ausrückstempel.

Schaltgetriebe

Da ein Verbrennungsmotor sein Leistungsmaximum bei einer bestimmten Motordrehzahl erreicht und das Motordrehmoment nur in geringem Maße drehzahlabhängig ist, ist eine Anpassung an die unterschiedlichen Fahrwiderstände nur durch Drehmomentumwandlung mittels Schalt- oder Wechselgetriebe möglich. Die Drehmomentumwandlung beruht darauf, daß ein angetriebenes Rad mit beispielsweise

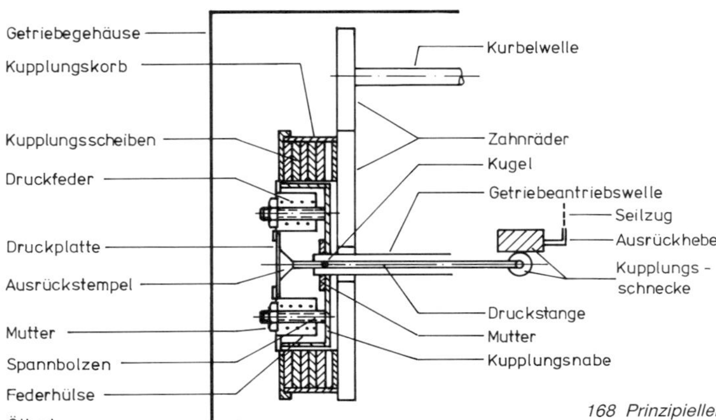

168 Prinzipieller Aufbau einer Lamellenkupplung (Mehrscheibenkupplung)

dem doppelten Durchmesser des treibenden Rades mit halber Geschwindigkeit läuft und das doppelte Drehmoment abgibt. Dementsprechend wirkt auf das Antriebsrad im ersten Gang (größte Getriebeuntersetzung), das größte Drehmoment bei kleinster Getriebeabtriebsdrehzahl. Im höchsten Gang liegen die Verhältnisse umgekehrt.

Zur Realisierung dieser Aufgabe finden Schaltgetriebe Anwendung, deren Antriebswelle über eine Kupplung und Zahnräder bzw. Kette mit der Kurbelwelle verbunden ist und deren Abtriebswelle über Ritzel und Kette oder über eine Kardanwelle auf den Radantrieb wirkt. Ein Schaltgetriebe besteht im Wesentlichen aus Gehäuse, Wellen und Zahnrädern (Stirnrädern), die ständig kämmen oder in Eingriff gebracht werden oder – wie bei einem Kettengetriebe – Kettenradpaaren, die ständig durch die Kette im Eingriff sind, sowie dem Schaltmechanismus.

Die zur Kraftübertragung und Herstellung der Getriebeüber- bzw. Untersetzungen dienenden Zahnrad- bzw. Kettenradpaare werden durch einen Schaltmechanismus über Schaltgabeln, Schaltklauen bzw. Stifte oder Ziehkeile kraftschlüssig verbunden.

Bei Getrieben mit Schaltgabel greift jeweils ein gabelförmig ausgebildetes Bauteil über das auf einer Welle axial verschiebbares Schaltglied. Die Koppelung der Radsätze erfolgt dabei durch seitlich am Zahnrad oder an Schaltscheiben befindlichen rechteckigen Klauen oder zylindrischen Stifte, die während des Schaltvorganges in gegenüberliegende Aussparungen der zu verbindenden Räder eingreifen.

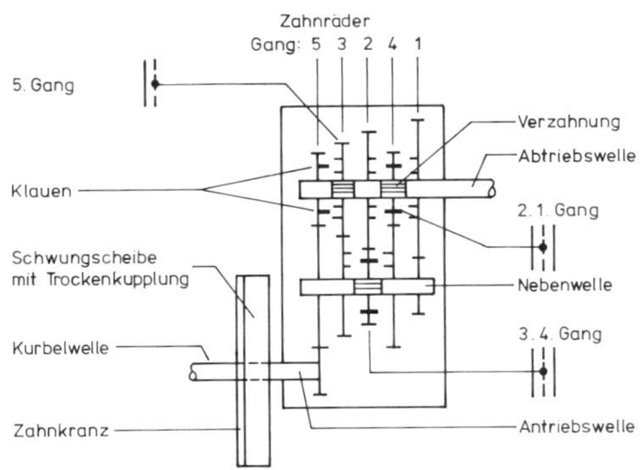

169 Prinzipielle Darstellung eines Schaltgetriebes mit Schaltklauen

Zur Herstellung der verschiedenen Zahnradüber- bzw. Untersetzungen sind gemäß Abb. 169 auf der Nebenwelle ein Zahnrad und auf der Abtriebswelle zwei Zahnräder axial durch eine Längsverzahnung kraftschlüssig verschiebbar.

Bei Schaltgetrieben mit Ziehkeilschaltung (Abb. 170) befinden sich sämtliche Zahnräder in ständigem Eingriff. Hier wird das Drehmoment der Antriebswelle über die mit ihr starr verbundenen Zahnräder auf die Abtriebswelle übertragen, indem die auf der Abtriebswelle lose laufenden Zahnräder durch Ziehkeile kraftschlüssig mit der Abtriebswelle gekoppelt werden. Die Ziehkeile werden in profilierten, axial verlaufenden und am Umfang verteilten Langlöcher der hohlen Abtriebswelle geführt und gleichzeitig bis zum gewünschten Zahnrad verschoben.

Die Betätigung des Schaltmechanismus erfolgt bei Motorrädern größerer Leistung durch Hochziehen bzw. Niederdrücken des Fußschalthebels. Der Fußschalthebel wird nach jedem Schaltvorgang durch eine Feder in die Ruhestellung zurückbewegt.

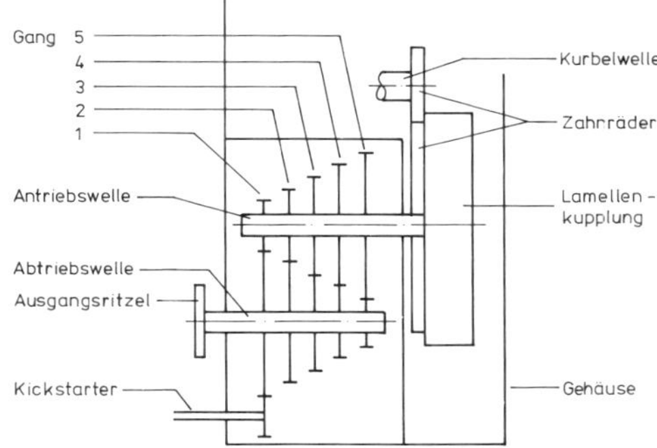

170 Prinzipielle Darstellung eines Schaltgetriebes mit Ziehkeilen

Außer den bisher beschriebenen Schaltgetrieben finden zur stufenlosen Drehmomentumwandlung Keilriemengetriebe Anwendung, bei denen sich das jeweils richtige Übersetzungsverhältnis automatisch in Abhängigkeit der Motordrehzahl einstellt (Abb. 171).

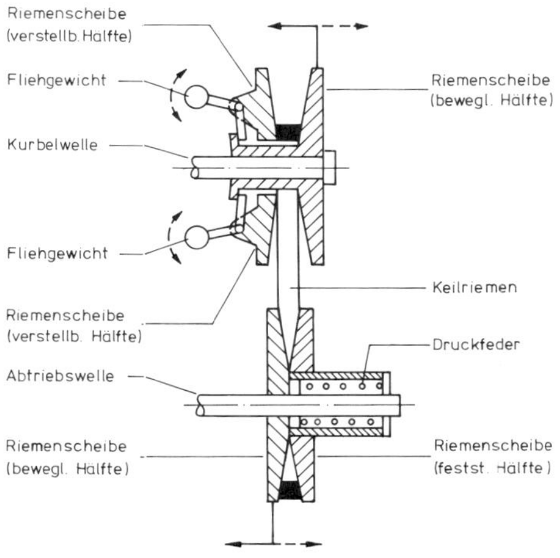

171 Prinzipielle Darstellung eines Keilriemengetriebes

Die Verstellung wird durch Fliehgewichte bewirkt, die bei Drehzahlzunahme nach außen wandern und somit die bewegliche Hälfte nach innen drücken. Folglich wandert der Keilriemen auf der Riemenscheibe (die auf der Kurbelwelle sitzt) nach oben, wodurch der Keilriemen auf einen größeren Durchmesser abläuft. Gleichzeitig drückt der Keilriemen die bewegliche Hälfte der auf der Abtriebswelle befindlichen Riemenscheibe gegen die Kraft der Druckfeder nach außen, da der Keilriemen nach innen gezogen wird. Dadurch läuft hier der Keilriemen auf einen kleineren Riemenscheibendurchmesser ab. Das Ergebnis ist ein größeres Übersetzungsverhältnis und somit eine erhöhte Abtriebsdrehzahl. Nimmt dagegen die Motordrehzahl ab, verringern sich das Übersetzungsverhältnis und die Fahrgeschwindigkeit. Bei diesem Vorgang wird die bewegliche Hälfte der auf der Abtriebswelle befindlichen Riemenscheibe durch die Druckfeder nach innen bewegt.

Sekundärantrieb

Der Sekundärantrieb umfaßt alle Teile der Kraftübertragung zwischen Schaltgetriebe und Antriebsrad. Zur Kraftübertragung dient eine Rollenkette, Zahnkette oder Kardanwelle. Eine Rollenkette besteht aus Nietbolzen, Hülsen, Laschen und Rollen. Sämtliche Glieder sind miteinander gelenkig verbunden. Dadurch eignet sie sich in Verbindung mit Kettenrädern zur Übertragung von Kräften, Längs- und Drehbewegungen.

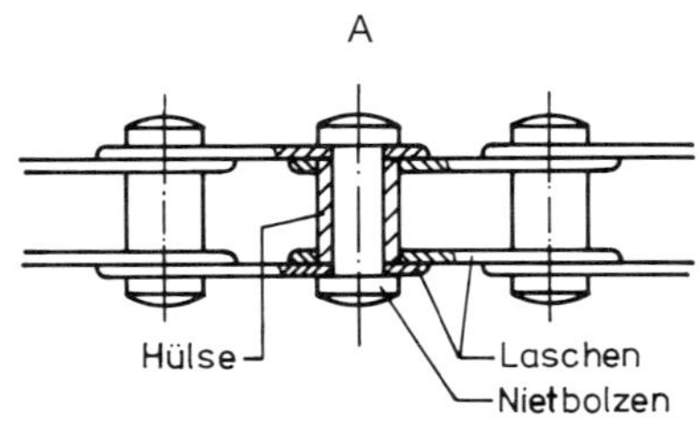

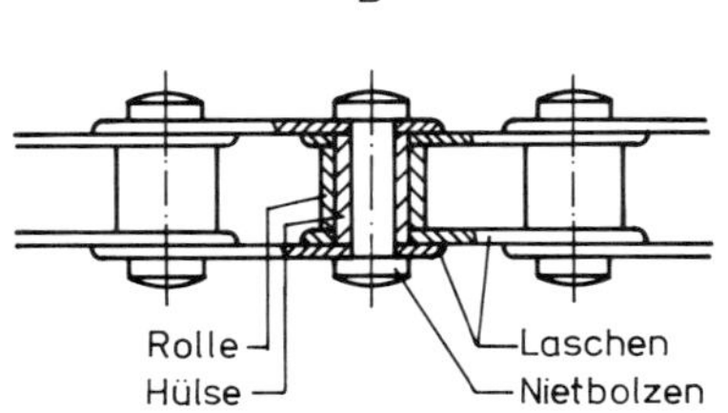

172 Kettenkonstruktion:
A Hülsen-Kette
B Rollen-Kette

Kettenenden schnellaufender Ketten sind zu vernieten (Endloskette), ansonsten durch ein Kettenschloß zu verbinden.

Ein Kettenschloß besteht aus Nietbolzen, die am Ende zur Aufnahme einer Feder Rillen aufweisen und mit einer Lasche vernietet sind, einer weiteren Lasche sowie einer über die Niet-

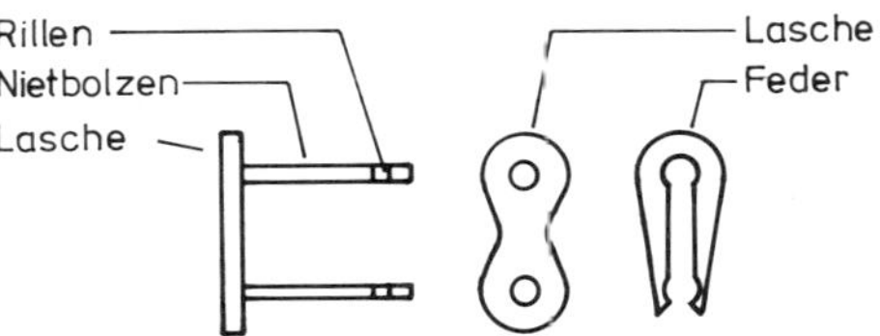

173 Bauteile eines Kettenschlosses

bolzen greifenden Feder. Beim Zusammenbau ist darauf zu achten, daß die Feder entgegen der Kettenlaufrichtung eingesetzt wird. Zur Gewährleistung einer einwandfreien Kraftübertragung und eines geringen Verschleißes soll der Kettendurchhang zwischen den Kettenrädern etwa 10 mm betragen und darf 20 mm nicht überschreiten.

Das Spiel zwischen Nietbolzen, Rolle, Hülse und Lasche wird durch Verschleiß größer. Ist das Spiel zu groß, steigt die Kette auf die Zähne des Ritzels und Kettenrades. Die Folge ist ein starker Verschleiß der Zähne; es entstehen die sogenannten Haifischzähne. Ritzel oder Kettenräder, die verschlissen sind, sind umgehend auszutauschen, da sie auch in kurzer Zeit eine neue Kette zerstören. Die Kette ist zur Verminderung der Reibung ausreichend mit Öl zu versorgen. Hierzu finden Kettenöler Anwendung, die das Öl aus einem Ölvorratsbehälter der Kette dosiert zuführen.

Der Aufbau eines Zahnriemens ist aus Abb. 174 ersichtlich.

Zahnriemen zeichnen sich durch einen ruhigen Lauf aus, sind unempfindlicher gegen Schmutz und Nässe, erfordern weniger Wartung und

174 Aufbau eines Zahnriemens

haben eine längere Lebensdauer als eine Rollenkette. Das Nachspannen des Zahnriemens ist nach etwa 20 000 km notwendig.

Der Kardanantrieb bietet sich an bei Motoren mit in Fahrtrichtung liegender Kurbelwelle (Abb. 175 A), findet aber auch bei Motoren mit Kurbelwellen Anwendung, die quer zur Fahrbahn liegen (Abb. 175 B). Liegen Kurbel- und Getriebewelle quer zur Fahrbahn, ist eine

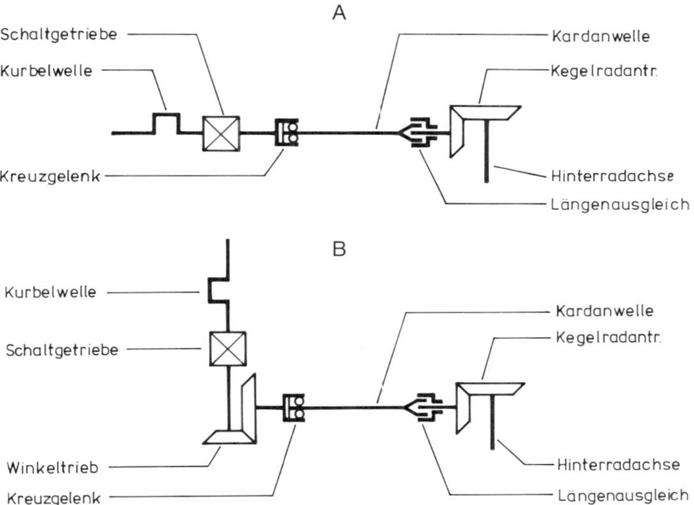

175 Prinzip eines Kardanantriebs:
A bei Kurbelwellenlage in Fahrtrichtung
B bei Kurbelwellenlage quer zur Fahrtrichtung

zweimalige Umlenkung des Kraftflusses durch zwei Kegelradpaare notwendig.
Da die Kardanwelle den Bewegungen des Hinterrads folgen muß, besitzt sie kurz hinter dem Schaltgetriebe ein (wartungsfreies) Kreuz-, Gummi- oder Gleichlaufgelenk. Zum Ausgleich der dabei entstehenden Längenänderung dient der Längenausgleich, eine Hohlfaust mit Außenverzahnung, die mit der Innenverzahnung eines Zylinders, der starr mit der hinteren Kegelradwelle verbunden ist, kämmt.
Zur präzisen Führung des Kardanantriebs finden Kugellager, Wälzlager, Nadellager und Kegelrollenlager Anwendung. Sämtliche Bauteile sind in einem Gehäuse untergebracht. Die Kegelräder sind spiralverzahnt und laufen in Öl.

2.13 Fahrwerk

Unter dem nicht genau definierten Begriff Fahrwerk fallen im wesentlichen Rahmen, Federung, Räder und Bremsen.

Rahmen

Der Rahmen ist das »Gerippe« eines Motorrads. Er wird meist aus Stahlrohren oder Preßstahlteilen zusammengeschweißt und dient zur Aufnahme des Triebwerks, der Räder und zum direkten oder indirekten Anbau aller weiteren Motorradkomponenten.

Federung

Von einer Fahrzeugfederung erwartet man zur Erzielung einer guten Straßenlage und Bodenhaftung eine optimale Federwirkung. Zur

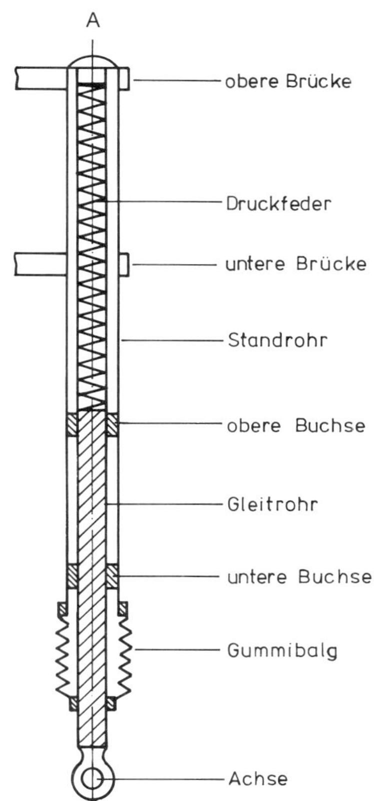

176 Prinzipieller Aufbau einer Teleskopgabel oder Tauchgabel (s. auch Seite 82)
A für leichte Maschinen

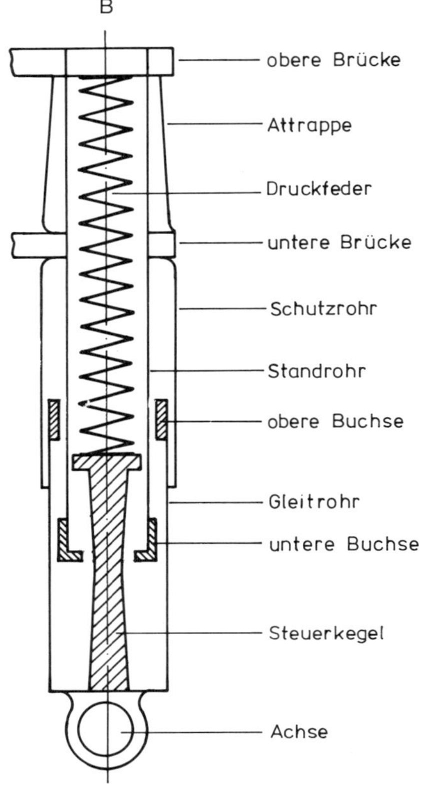

176 Prinzipieller Aufbau einer Teleskopgabel oder Tauchgabel (s. auch Seite 81) B für schwere Maschinen

Realisierung dieser Aufgabe dienen außer der Luftbereifung mechanische Federn und hydraulische Dämpfungselemente, die einzeln oder kombiniert zum Einsatz kommen.

Die Vorderradaufhängung erfolgt vorwiegend über Teleskopgabeln (Federwege 150 bis 200 mm) bzw. Schwinghebelgabeln, die der Hinterräder über waagrecht liegende Schwinggabeln und Stoßdämpfer.

Der sich beim Bremsen ergebende Federweg wird durch das Eintauchen bzw. durch den Abstand der Führungsbuchsen begrenzt. Gemäß Abb. 176 A ist die untere Führungsbuchse mit dem Gleitrohr, die obere mit dem Standrohr, gemäß Abb. 176 B die untere Führungsbuchse mit dem Standrohr, die obere mit dem Gleitrohr fest verbunden. Zur Dämpfung ist die Ausführung nach Abb. 176 B mit Öl gefüllt und mit einem Doppelsteuerkegel ausgerüstet, der zentrisch im Gleitrohr angeordnet ist. Eine Hubbewegung des Steuerkegels bewirkt somit eine Veränderung des Ringspalts zwischen Standrohrende und Steuerkegel. Demzufolge nimmt der Flüssigkeitswiderstand bzw. die Dämpferwirkung bei einer Querschnittsreduzierung des Ringspalts zu und umgekehrt.

Ferner werden zur Radaufhängung Schwingen eingesetzt, das sind Hebel, die an einem Ende starr mit der Radachse und am anderen Ende drehbar gelagert sind, d. h. der Schwingendrehpunkt befindet sich hier außerhalb der Radachse.

Die Schwingarme einer Vorderradschwinge (Abb. 177) stützen sich über die Federung und Vorderradgabel am Rahmen ab. Die Stoßbelastungen des Rades werden über Radachse, Außen- und Innenschwinghebel, Gelenkstück, Kolbenstange und Dämpferkolben auf die Federn übertragen. Während der Einfederung bewegt sich der im Dämpferöl befindliche Dämpferkolben nach oben, wobei sich das Scheibenventil öffnet und eine Bohrung im Dämpferkolben mit relativ großem Querschnitt freigibt. Dadurch wird die Dämpferwirkung auf ein gewünschtes Maß begrenzt. Mit Beginn der Ausfederung schließt durch den sich abwärtsbewegenden Dämpferkolben das Scheibenventil. Somit ist zum Volumenausgleich lediglich die kleine Hochdruckbohrung im Dämpferkolben wirksam, wodurch die notwendige Abwärtsverzögerung erreicht ist.

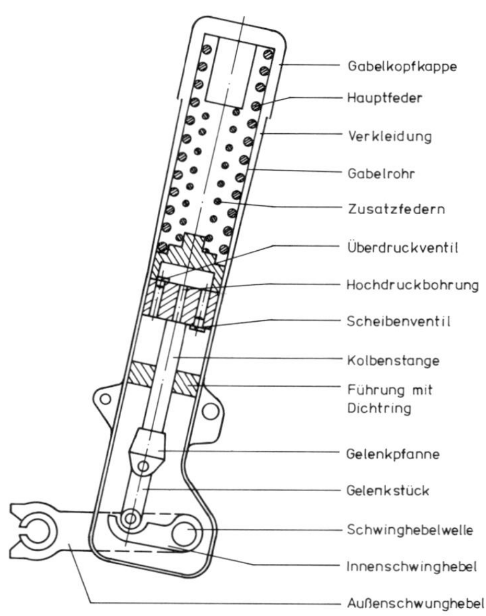

177 Prinzipieller Aufbau einer Schwinghebelgabel

Außerdem sind zur Federung und Dämpfung der Schwingungen Ein- und Zweirohrstoßdämpfer gebräuchlich, die in Verbindung mit Schraubenfedern auch als Federbeine bezeichnet werden.

Beim Einrohrstoßdämpfer wirkt die Belastung

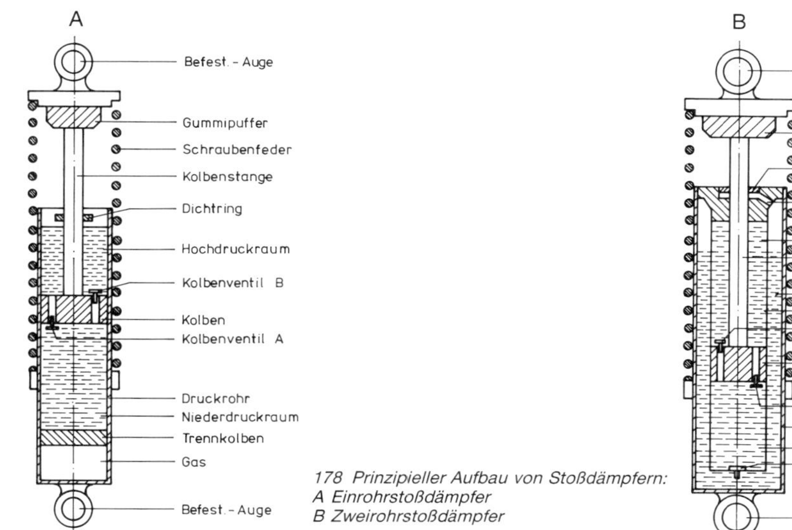

178 Prinzipieller Aufbau von Stoßdämpfern:
A Einrohrstoßdämpfer
B Zweirohrstoßdämpfer

von oben (statische Vorlast) und die von unten einwirkenden Radachsbewegungen auf die Schraubenfeder. Die dabei entstehenden Schwingungen der Schraubenfeder werden durch den sich im Dämpferöl bewegenden Kolben gedämpft, indem beim Einfedern über das geöffnete Kolbenventil B (Kolbenventil A geschlossen) Dämpferöl vom Niederdruckraum in den Hochdruckraum fließt, und beim Ausfedern in entgegengesetzter Richtung (Kolbenventil B geschlossen und A geöffnet). Zum Ausgleich des Eintauchvolumens der Kolbenstange beim Einfedern dient ein Gaspolster, das durch einen Trennkolben bzw. eine Trennmembran vom Niederdruckraum getrennt ist.
Der Zweirohrstoßdämpfer besteht im wesentlichen aus dem Druck- und Mantelrohr, dem Kolben mit Ventilen, der Kolbenstange und dem Bodenventil. Während der Einfederung ist das nicht ganz dicht schließende Bodenventil und Kolbenventil A geschlossen, das Kolbenventil B geöffnet. Demgemäß fließt Dämpferöl aus dem Niederdruckraum über das Kolbenventil B in den Hochdruckraum, entlang der Kolbenstange in den Rücklauf zum Ringraum und gleichzeitig über das nicht dicht geschlossene Bodenventil in den Ringraum.
Beim Ausfedern fließt das Dämpferöl über das geöffnete Kolbenventil A (Kolbenventil B geschlossen) aus dem Hochdruckraum, und über das Bodenventil aus dem Ringraum in den Niederdruckraum.
Bei luftunterstützten Teleskopgabeln bzw. Stoßdämpfern kann die Federcharakteristik variiert werden. Die Luft wird über ein Luftventil in das Federelement gepumpt. Das progressiv wirkende Luftposter nimmt die starken Stöße auf.
Bei einer luftunterstützten Teleskopgabel steigt die Federhärte mit der Ölmenge, da in diesem Fall das Luftvolumen entsprechend abnimmt. Zur Erzielung einer optimalen Federwirkung sind Ölmenge und Luftdruck werksseitig festgelegt und einzuhalten.
Ein hoher Fahrkomfort wird durch den Einsatz eines Nivomat-Federbeins erreicht. Es weist Öl- und Gasdruckkammern auf und hält das Motorrad auch bei größerer Zuladung auf gleichem Niveau.

Räder

Ein Rad besteht aus Nabe, Speichen oder Scheibe, Felge und dem Reifen. Die Nabe dient zur Aufnahme der Radachse und des Radlagers und besitzt beidseitig einen mit Löchern versehenen Flansch zur Aufnahme der Speichen. Durch die Speichen (Stahldrähte, die an den Enden gerade oder gekröpft sind) ist die Nabe mit der Felge verbunden. Anstelle von Speichenrädern finden auch Scheibenräder aus Stahlblech, Leichtmetallblech oder Leichtmetallguß Verwendung, die zur Gewichtsreduzierung und Verminderung der Seitenwindempfindlichkeit mit Aussparungen versehen sind. Bei neuzeitlichen Leichtmetallgußrädern sind Nabe, Speiche und Felge ein Bauteil.

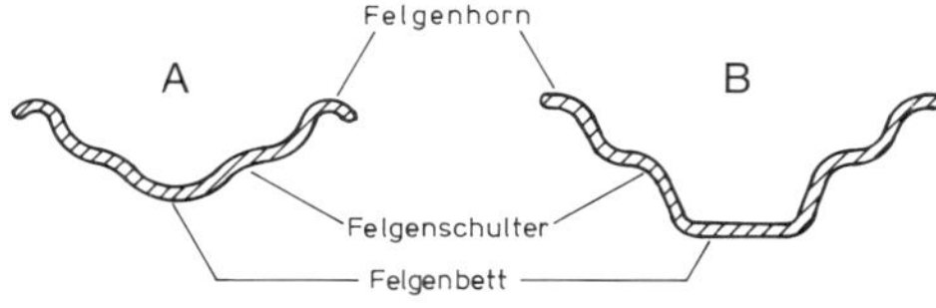

179 Felgenquerschnitte
A Normale Tiefbettfelge B Tiefbettfelge mit Sicherungshump

Die Felge dient zur Aufnahme des Reifens und besteht aus Felgenbett, Felgenschulter und Felgenhorn.
Der Reifen stellt die elastische Verbindung zwischen Fahrzeug und Fahrbahn her. Es ist zwischen einem Reifen mit Schlauch und schlauchlosen Reifen zu unterscheiden. Letztgenannte besitzen eine luftdichte Decke. Durch den Innenluftdruck wird die Reifenschulter luftdicht gegen die Felge gedrückt. Bei einem Reifen mit Schlauch befindet sich zum Schutze des Schlauches zwischen Felge und Schlauch ein Felgenband aus Gummi oder ein auf die Felge geklebtes Textilband.
Läuft ein Reifen oder eine Felge bzw. das Rad nicht exakt in der Radebene, stellt sich (vor allem bei einer Geschwindigkeit zwischen 40 und 80 km/h) ein Radflattern ein: das Rad schwingt periodisch mit der Raddrehzahl. Bewegt sich ferner ein Rad während der Drehung nach oben und unten, spricht man von

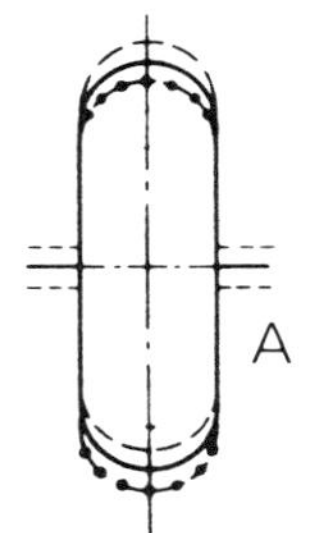

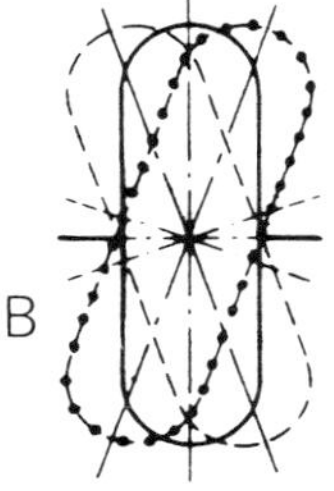

180 Radunwucht:
A statisch
B dynamisch

statischer Unwucht, wackelt es dagegen von außen nach innen und umgekehrt, liegt eine dynamische Unwucht vor.
Die Beseitigung einer Unwucht, das heißt die Herstellung gleicher Gewichtsverteilung, erfolgt durch Anbringen von Bleigewichten an die von einer Auswuchtmaschine ermittelten Stelle der Speichen bzw. Felge. Da der Reifenverschleiß bedeutend vom Radumlauf abhängt, empfiehlt sich das Auswuchten aller Räder. Eine Überprüfung ist vor allem bei ungleicher Reifenabnutzung notwendig.

Bremsanlage

Beim Bremsvorgang wird Bewegungsenergie durch Reibung in Wärme umgesetzt. Hierzu finden Scheiben- und Trommelbremsen Anwendung, die über einen Hand- oder Fußhebel mechanisch oder hydraulisch betätigt werden. Eine Hydraulik ist ein geschlossenes Flüssigkeitssystem, in dem an jeder Stelle der gleiche Innendruck herrscht. Da Flüssigkeiten nicht komprimierbar sind, wirkt sich in einem Hydrauliksystem jede Druckänderung allseitig aus. Demgemäß bewirkt eine Verschiebung des Kolbens A um z. B. 10 mm eine Verschiebung der Kolben B und C um je 5 mm, wobei der Druck $P = P_1 = P_2$ ist.

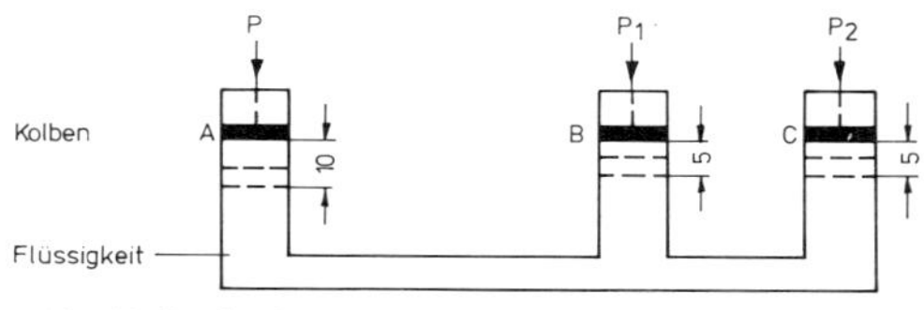

181 Hydraulisches Prinzip

Hauptbremszylinder

Bei Betätigen des Bremshebels wird der Kolben des Hauptbremszylinders gegen die Kraft der Druckfeder verschoben. Der dadurch ansteigende Systemdruck wirkt über Druckleitungen gleichzeitig auf alle an den Hauptbremszylinder angeschlossenen Bremsen. Um zu verhindern, daß sich der ansteigende Systemdruck auch in den Bremsflüssigkeitsbehälter fortpflanzt, wird die kleine, zum Volumenausgleich dienende Bohrung durch den Kolben verschlossen. Dagegen bleibt die große Bohrung auch während des gesamten Bremsvorganges offen, damit ständig Bremsflüssigkeit nachfließen kann. Läßt die Betätigungskraft nach, bewegt sich der Kolben durch Entspannen der Druckfeder und des noch erhöhten Systemdrucks zurück und nimmt am Ende einer Bremsung wieder seine Ruhestellung ein. Zum Ausgleich der während eines Bremsvorganges entstehenden Volumenschwankungen besitzt der Verschluß des Bremsflüssigkeitsbehälters eine Membran.

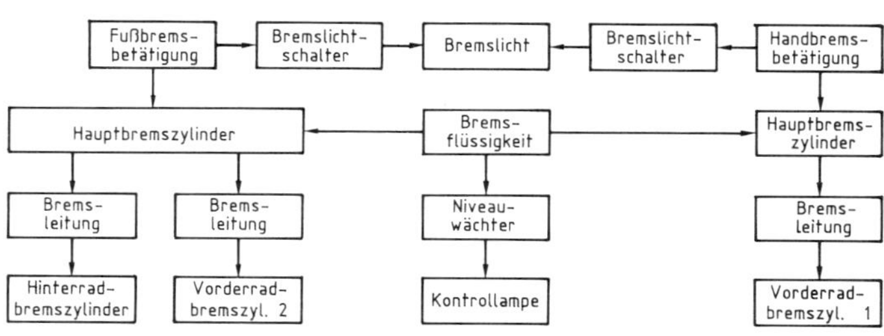

182 Blockschema einer hydraulischen Bremsanlage

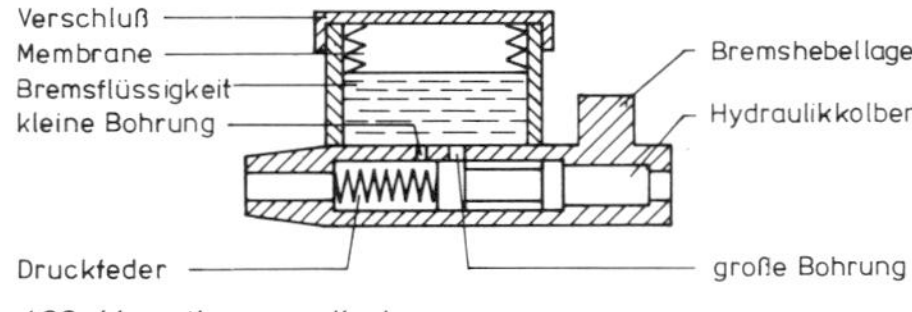

183 Hauptbremszylinder

Der Hauptbremszylinder ist durch die Druckleitung mit einer Scheiben- oder Trommelbremse verbunden.

Scheibenbremse

Bei der Scheibenbremse läuft eine Bremsscheibe zwischen Bremsklötze, die während einer Bremsung an die Bremsscheibe gepreßt werden.

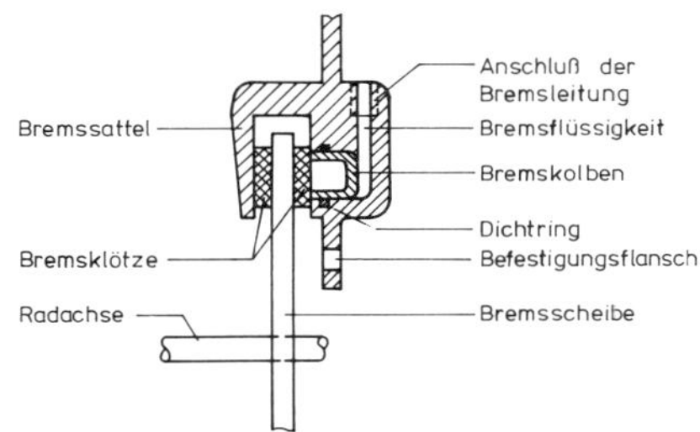

184 Scheibenbremse mit einem Bremskolben

Motorrad-Scheibenbremsen sind meist als Schwimmsattelbremsen ausgebildet. Diese besitzen einen Bremskolben, der während der Bremsung auf einen der Bremsklötze wirkt. Der zweite Bremsklotz wird durch seitliche Anlenkung des Bremssattels gegen die bremsscheibe gezogen.

Bei Scheibenbremsen mit zwei Bremskolben ist der Bremssattel fest, da beide Bremsklötze über die Bremskolben gleichzeitig durch die Hydraulik mit dem Systemdruck beaufschlagt und gegen die Bremsscheibe gepreßt werden.

Trommelbremse

Der Aufbau einer Trommelbremse ist aus Abb. 185 ersichtlich.

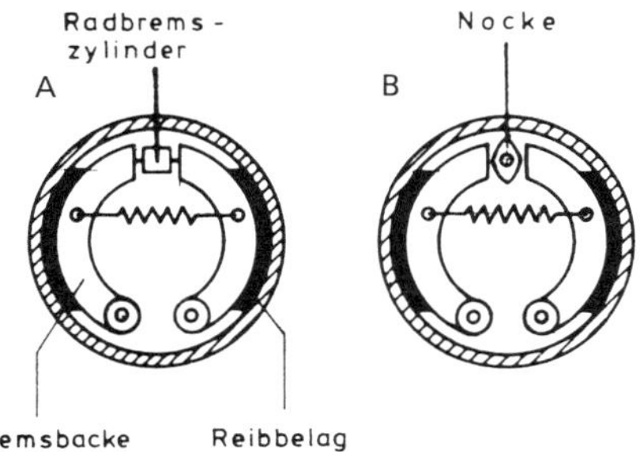

185 Trommelbremse:
A Hydraulisch B durch Nocken betätigt

Die mit einem Reibbelag versehenen Bremsbacken werden hydraulisch mittels Radbremszylinder oder mechanisch von einem Nocken gegen die Bremstrommel gedrückt.

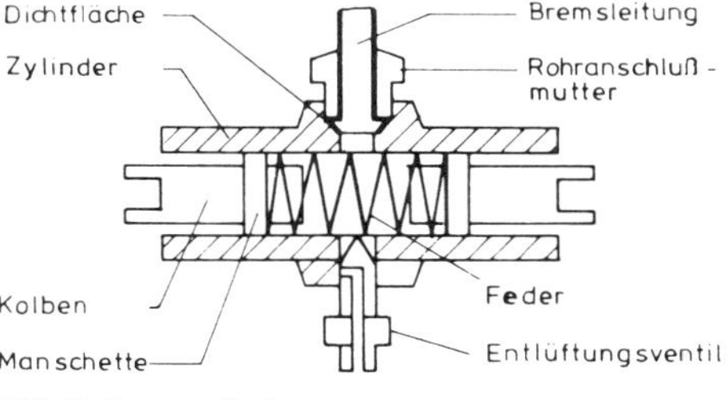

186 Radbremszylinder

Bremssysteme

Bei Motorrädern ist das Vorderrad meist mit einer hydraulisch betätigten Einscheibenbremse (Abb. 187 A) und das Hinterrad mit einer mechanisch betätigten Innenbacken-Trommelbremse ausgerüstet. Ferner gibt es Fahrzeuge, bei denen das Vorder- und Hinterrad eine hydraulisch betätigte Bremse aufweisen (Abb. 187 B).

Hier besteht die Bremsanlage meist aus zwei getrennten Bremssystemen (Abb. 187 C), damit

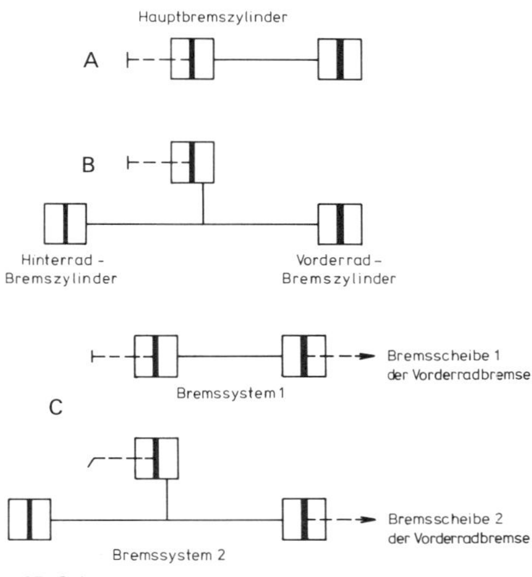

187 Schemata hydraulischer Bremsanlagen:
A Vorderradbremse
B Vorder- und Hinterradbremse
C Vorderradbremse mit zwei Bremsscheiben und Hinterradbremse;
Bremssystem 1 handbetätigt,
Bremssystem 2 fußbetätigt

bei Ausfall des einen das andere noch voll funktionstüchtig bleibt. Zur Realisierung dieses Konzepts besitzt das Vorderrad zwei Bremsscheiben.

Ein Bremslichtschalter an der Fuß- bzw. Handbremsbetätigung dient zur Einschaltung des Bremslichts. Das Niveau im Bremsflüssigkeitsbehälter wird von einem Niveauwächter, dessen Kontakt bei einem Minimum schließt und die Kontrollampe einschaltet, überwacht.
Die Bremsflüssigkeit muß alle ein bis zwei Jahre ausgetauscht werden, da sie hygroskopisch ist, d. h. sie nimmt ständig Feuchtigkeit aus der Luft auf (2 bis 3 % pro Jahr), wodurch der Siedepunkt (ca. 230 bis 290 °C) pro Jahr um 60 bis 80 °C sinkt.
Das Absinken der Siedetemperatur kann bei extremer Belastung, z. B. bei Paßfahrten oder häufigem Abbremsen aus hoher Geschwindigkeit, zur Dampfblasenbildung im Bremssystem und somit zum Versagen der Bremse führen.

Antiblockiersystem

Das Anti-Blockier-System (ABS) gewährleistet eine optimale Bremswirkung, indem der Druck auf die Bremskolben, unabhängig von der Betätigungskraft, dem Fahrbahnzustand, der Raddrehzahl und der Geschwindigkeit, angepaßt wird.

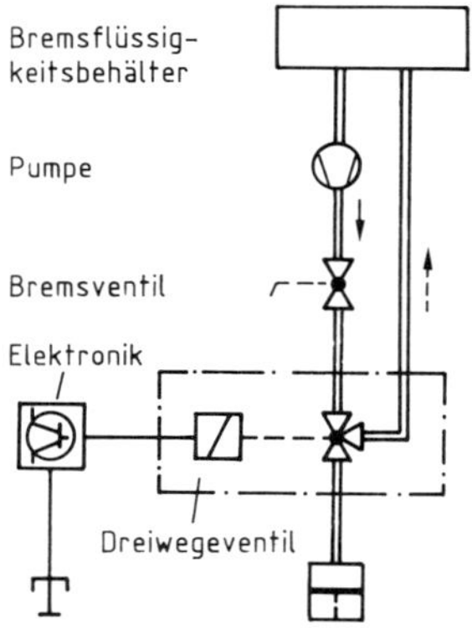

188 Kreislaufschema einer hydraulischen Bremsanlage mit Antiblockiersystem

An jedem Rad wird die Umfangsgeschwindigkeit bzw. der Schlupf mit einem induktiven Drehzahlgeber erfaßt. Der Drehzahlgeber liefert elektrische Impulse, die im elektronischen Steuergerät zur Steuerung des Dreiwegeventils verarbeitet werden.
Der beim Bremsvorgang auf die Bremszylinder wirkende Druck wird von einer Hochdruckpumpe erzeugt. Der Bremsdruck wirkt bei geöffnetem Bremsventil auf den Kolben des Radbremszylinders, solange die Blockiergrenze nicht erreicht ist. Kurz vor Erreichen der Blockiergrenze trennt das Dreiwegeventil die Verbindung zum Radbremszylinder. Nimmt nun die Bremswirkung z. B. infolge einer erhöhten Reibung zwischen Reifen und Fahrbahn zu, dann öffnet das Dreiwegeventil die Verbindung zum Bremsflüssigkeitsbehälter. Dies hat einen Druckabbau im Radbremszylinder und somit eine Reduzierung der Bremskraft zur Folge. Entspricht die Radumfangsgeschwindigkeit in etwa wieder der Fahrzeuggeschwindigkeit, wird die Rücklaufleitung wieder geschlossen. Die Umschaltung des Dreiwegeventils erfolgt während einer Bremsung bis zu 10 mal je Sekunde. Ein Defekt des Anti-Blockier-Systems hat keinen Ausfall der hydraulischen Bremsanlage zu Folge.

Stop Control System

Das Stop Control System (SCS) ist ein Antiblockiersystem von Lucas/Girling. Je ein SCS ist zwischen Hauptbremszylinder und Bremse eingefügt.
Die Antriebswelle des SCS wird von der Radnabe über einen Zahnriemen mit der zweieinhalbfachen Raddrehzahl angetrieben. Das Schwungrad ist über eine Fliehkraftkupplung und einer Kugelrampenmechanik mit der Antriebswelle verbunden. Überschreitet das Rad einen Verzögerungswert, der dem beginnenden Blockieren entspricht, überläuft das Schwungrad die Kugelrampenmechanik; das Schnellablaßventil wird durch den Hebel geöffnet und Bremsflüssigkeit fließt in den Bremsflüssigkeitsbehälter.
Nun wandert der Expansionskolben nach oben, die Bremsbeläge lösen sich und das Sperrventil unterbricht die Verbindung zwischen Hauptbremszylinder und Bremse. Der Bremsdruckabfall bewirkt eine Beschleunigung des Rades und der SCS-Antriebswelle. Sobald sie die Drehzahl des Schwungrades erreicht hat, läuft die Kugelrampenmechanik in seine Ausgangslage zurück, und das Schnellablaßventil schließt. Der Pumpenkolben drückt Bremsflüssigkeit gegen den Expansionskolben, wodurch der Bremsdruck solange wieder aufgebaut wird, bis ein neuer Regelvorgang beginnt.

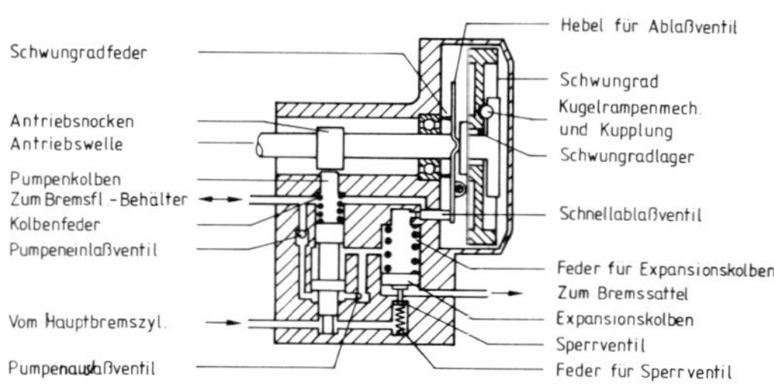

189 Prinzip des SCS Antiblockiersystems

3. Störfälle

Wollen Sie einem Defekt an Ihrem Motorrad auf die Spur kommen bzw. die Fehlerbehebung selbst vornehmen oder der Werkstatt einen gezielten Arbeitsauftrag erteilen, gehen Sie mit Hilfe dieses Buches am zweckmäßigsten folgendermaßen vor:

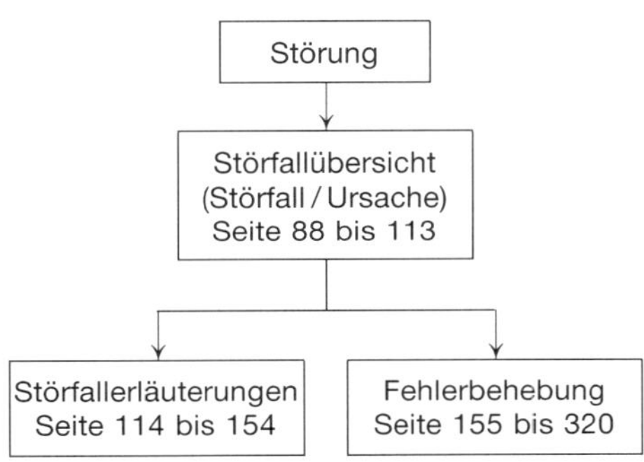

Die **Störfall-Übersicht** beinhaltet die Störfälle sowie sämtliche in Frage kommenden Störfallursachen für Motoren mit Vergaser bzw. Benzineinspritzung.

Die für einen Störfall in Frage kommende **Ursache ist mit einem fetten Punkt gekennzeichnet.** Kann eine von mehreren Komponenten die Ursache sein, ist dies durch eine **Ziffernfolge** bzw. mit **je einem Punkt** dargestellt.

Ferner ist aus der Störfallübersicht durch einen fetten Punkt zu ersehen, ob die Störfallursache auf alle Motorradtypen zutrifft (Spalte »Allgemein«) oder ob es sich um eine typspezifische Anlage bzw. Komponente handelt (Spalte »Typspezifisch«). Auf weitere Unterscheidungsmerkmale, z. B. »Vergaser« oder »Einspritzer«, ist in entsprechenden Spalten verwiesen.
Besteht über bestimmte Störfälle Unklarheit, kann man hierüber im Abschnitt **Erläuterungen** näheres erfahren. Um zu erkennen, auf welchen Typ sich eine Erläuterung bezieht, ist der Erläuterung außer der **Positionsnummer** ein typspezifischer **Kennbuchstabe** zugeordnet.
Das Studium der Erläuterung ist jedoch keine Voraussetzung für die Fehlerbehebung.

Eine Fehlersuche sollte mit der Komponente begonnen werden, auf die durch die Ziffer 1 verwiesen ist. Ist diese Komponente in Ordnung, dann ist die mit einer 2 versehenen zu überprüfen und so fort.
Die Festlegung dieser Reihenfolge wurde aufgrund der Störfallhäufigkeit getroffen.
Ein Punkt in der Zeile **Werkstatt** bedeutet, daß es sich hier um einen schwierigen Fall handelt, für den man besser die Werkstatt in Anspruch nimmt.
Nach erfolgreicher Fehlersuche kann mit der Reparatur begonnen oder ein gezielter Arbeitsauftrag an die Werkstatt erteilt werden. Das hilft Ihnen mit Sicherheit Geld sparen.
Reparaturen und Wartungsarbeiten, die auch ein Nichtfachmann ausführen kann, sind folgerichtig und leicht verständlich beschrieben und reichhaltig illustriert (siehe »4. Motorrad-Praxis«).

Motorstart

						Kraftstofftank leer	Schwimmernadelventil	Luftmengenmesser	Zündanlage feucht	Unterbrecher
Fehlerbehebung					Werkstatt			●		
					Seite			187		298
Störfallerläuterung					Position	43	60		83	81
					Seite	129	133		140	139
Allgemein	Vergaser	Einspritzer	Typspezifisch	Störfall \ Ursache						
●				Anlasserdrehzahl normal, Motorstart erfolglos		1			2	
	●						●			
		●						●		
			●							3
	●			Motorstart schwierig			●			
			●							●
	●			Motorleerlauf unrund			●			
			●	Motor-/Zündaussetzer						●
	●			Beschleunigung schlecht			●			
●				Motorstillstand während der Fahrt		1				
			●							2

3.1 Störfallübersicht

Störfall ↓ / Ursache →	Kratzende Geräusche beim Anlassen	Kickstarter greift nicht	Kickstarter hängt	Anlasserdrehzahl klein, Motorstart erfolglos	Ritzel spurt nicht aus		Ritzel spurt nicht ein	Motor spurt ein und dreht Motor nur ruckartig	Anlasser dreht sich, Motor dreht sich nicht	Anlasser knackt nur beim Starten	Anlasser dreht sich nicht		Störfallerläuterung Seite	Störfallerläuterung Position	Fehlerbehebung Seite	Fehlerbehebung Werkstatt
Allgemein	●			●		●	●	●	●	●		●				
Typspezifisch		●	●		●						●					
Batterieklemmen locker				1								1			319	
Batterieladung zu niedrig				2								2	149	153	318 251 255	
Batterie defekt				3								4			318 251	
Stromunterbrechung												3	130	68	252	
Kabelanschlüsse oxydiert				4								5				
Magnetschalter					1						6		130	69	196	●
Anlasser				●								●	130 130	70	194 195	●
Kohlen des Anlassers				●								●			194 195	●
Ritzelgetriebe des Anlassers				●				●				●				●
Starteranschlüsse												●				
Zündschalter defekt												●			207	
Zündnotschalter defekt												●				
Anlasserschalter defekt												●				
Leerlaufschalter defekt											●					
Leerlaufdiode defekt											●					●
Anlasserritzel						2	●	●		●			131	71	195	●
Schwungradzahnkranz							●	●					131 131	73		●
Ritzellagerung							●						131	72	195	●
Anlassersteilgewinde						●	●								195	●
Rückzugsfeder						●									195	●
Motoröl dickflüssig				●									119	25	274	
Kraftstoff-Luftgemisch				●									131	74		
Übergangswiderstand zu groß				●									153	166	252	
Masseverbindung schlecht				●											252	
Freilaufkupplung des Anlassers rutscht									●						195	●
Rückzugsfeder falsch eingestellt/gebrochen			●													●
Klinke verschlissen		●														
Kurzschluß												●	153	168		
Anlasserzahnrad schleift am Gehäuse	●														195	●
Anlasserrelais defekt												●				

Motorstart

Anlasserdrehzahl normal, Motorstart erfolglos

Typspezifisch	Vergaser	Allgemein	Störfall / Ursache	Störfallerläuterung Seite	Störfallerläuterung Position	Fehlerbehebung Seite	Fehlerbehebung Werkstatt
		●	Kraftstofftank leer	125	43		
		2	Kabelanschlüsse der Zündanlage/Zündkabel			252	
●			Vorwiderstand	137	86	200	
●			Zündkondensator	136	82		
		5	Zündkerzen	132	75	197 295	
		6	Zündkerzen naß			295	
		7	Zündkerzenstecker	133	77		
		●	Zündkabel	134	79		
		●	Zündspule	137	85	198	
		3	Zündanlage feucht	136	83		
●			Unterbrecher	135	81	298	
		●	Zündzeitpunkt	135	80	296 297	●
		1	Kein Zündfunke			197 294	
●			Transistor-Zündgerät			205 207 294	
●			Impulsgeber defekt			200 202	
	●		Vergaser defekt	129	64	182	●
	●		Startvergaser			182	●
	●		Schwimmernadelventil	129	60	182 179	
		8	Luftfilter verstopft	127	52	285	
	●		Luftklappe offen			286 287	
	●		Chokestellung falsch			286 287	
		●	Nebenluft	127	53		
		●	Drosselklappenstellung			281	
		4	Kraftstoff-Luftgemisch				●
		●	Kraftstoffleitungen	125	45	281	
		●	Kraftstoffilter verstopft	126	48	280	
		●	Tankbelüftung verstopft	125	46		
●			Motorabstellschalter aus/defekt				
		●	Zündnotschalter				
		●	Ventilspiel zu klein			270	●
		●	Motor defekt				●
		●	Zündschalter			207	
●			Zündanker				●
●			Kurzschlußschalter klemmt				
●			Zündtrafo				●
●			Diode				●

Motorstart

Motorstart schwierig – Typspezifisch	Motorstart schwierig – Vergaser	Motorstart schwierig – Allgemein	Heißer Motor springt nicht an – Typspezifisch	Heißer Motor springt nicht an – Einspritzer	Heißer Motor springt nicht an – Allgemein	Kalter Motor springt nicht an – Typspezifisch	Kalter Motor springt nicht an – Einspritzer	Kalter Motor springt nicht an – Vergaser	Kalter Motor springt nicht an – Allgemein	Anlasserdrehzahl normal, Motorstart erfolglos – Typspezifisch	Anlasserdrehzahl normal, Motorstart erfolglos – Einspritzer	Anlasserdrehzahl normal, Motorstart erfolglos – Vergaser	Anlasserdrehzahl normal, Motorstart erfolglos – Allgemein	Störfall / Ursache	Störfallerläuterung Seite	Störfallerläuterung Position	Fehlerbehebung Seite	Fehlerbehebung Werkstatt
				●							●			Einspritzventile			191	
		●			●				●		13		●	Kraftstoffpumpe				
		●			●				●		●		●	Kraftstoffilter verstopft	126	48	292	
											9			Luftmengenmesser			187	●
				1			5				10			Stauklappe schwergängig			187	●
				2			6				11			Zusatzluftschieber			188	
											●			Drosselklappenschalter			185	
											12			Druckregler			190	
							●				●			Temperaturgeber				
											●			Einspritzrelais			254	
											●			Steuergerät	154	169	192	●
											●			Sicherung	152	164		
											14			Stromkreis Kraftstoffpumpe			252	
										●				Anlaßrelais			254	
	5							●						Startvergaser			182	●
	●							●						Vergaser defekt	129	64	182	●
	●							●				●		Schwimmernadelventil	129	60	182 179	
	●											●		Schwimmer			182 179	
	6													Vergasereinstellung	128	56	281 281 286	●
		●							2					Kraftstoffluftgemisch zu mager	128	57		●
									3				●	Bedienung falsch				
	●												●	Chokestellung falsch			286	
		●			●									Kraftstoffluftgemisch zu fett	128	58		●
					●								●	Dampfblasen im Kraftstoffsystem	125	44		
		●												Kraftstoff verschmutzt				
									1					Batterieladung zu niedrig	149	153	318 251 255	●
●			●							●				Unterbrecher	135	81	298	
		3							4				●	Zündanlage feucht	136	83		
			●			●				●				Transistor Zündanlage			205 207 294	●
		4											●	Zündanlage verschmutzt	137	84		
		1												Zündkerzen	132	75	197 295	
		●												Elektrodenabstand der Zündkerzen falsch			295	
		2												Zündkerzenstecker	133	77		
		●												Zündzeitpunkt	135	80	296 297	●
													●	Stromunterbrechung in der Zündanlage			252	

Motorstart

Motor stirbt nach Start ab – Einspritzer	Motor stirbt nach Start ab – Vergaser	Motor stirbt nach Start ab – Allgemein	Motorstart schwierig – Vergaser	Motorstart schwierig – Allgemein	Störfall / Ursache	Störfallerläuterung Seite	Störfallerläuterung Position	Fehlerbehebung Seite	Fehlerbehebung Werkstatt
				●	Zündspule	137	85	198	
				●	Zündkabel	134	79		
				8	Luftfilter verstopft	127	52	285 290	
		●		●	Nebenluft	127	53		
				●	Ventilspiel	114	2	270	●
				●	Ventilsteuerung	114	1		●
				●	Kompression zu gering	117	16	271	●
				●	Kompression zu hoch	117	16.1	271	●
				●	Kolbenringe kleben				●
				●	Ablagerungen an den Ventilen				
				●	Auslaßventile verbrannt				●
				●	Zylinderkopfdichtung	115	9		●
				●	Motorverschleiß	117	14		●
		1			Kraftstofftank leer	125	43		
				●	Luft in der Kraftstoffanlage				
		3		●	Dampfblasen im Kraftstoffsystem	125	44		
		●		●	Kraftstoffleitungen	125	45	281	
				●	Deckeldichtung der Kraftstoffpumpe defekt				
		●		●	Tankbelüftung verstopft	125	46		
		●		●	Kraftstoffilter verstopft	126	48	280	
		2			Kraftstoffversorgung			281	
	6		●		Vergasereinstellung	128	56	281 284 286	●
	●				Vergaser defekt	129	64	182	●
	4				Schwimmernadelventil	129	60	182 179	
	5		●		Startvergaser			182	●
	●				Hauptdüse	129	62		
	●				Starterzug			181	
4					Stauklappe schwergängig				●
5					Luftmengenmesser			187	●
●					Systemdruckregler			190 191	
●					Meßwertgeber				
●					Stromunterbrechung	152	163	252	
●					Stromkreis der Kraftstoffpumpe			252	
		●		7	Zündkerzen naß			295	
		●			Zündanlage defekt	137	89	294	
				●	Impulsgeber			200 202	●

Motorlauf

Allgemein	Vergaser	Einspritzer	Typspezifisch	Störfall / Ursache	Anlaßschalter	Startvergaser	Vergasereinstellung	Vergaser vereist	Unterdruckschlauch zum Zündverteiler	Leerlaufeinstellung	Zusatzluftschieber	Leerlaufdüse verstopft	Drosselklappe	Kraftstoff-Luftgemisch zu fett	Zündzeitpunkt	Ansaugsystem undicht	Luftmengenmesser	Einspritzventile	Luftfilter verstopft	Stauklappe schwergängig	Druckventil	Schwimmernadelventil	Schwimmer undicht	Wasser in Schwimmerkammer	Düsen verstopft	Vergaser defekt	Vergaser nicht synchronisiert	Schmutz im Kraftstoffsystem	Kraftstoffpumpe	Zündanlage fehlerhaft	Motorschaden	Kraftstoffleitungen	Zündkerzen	Nebenluft	Kupplungsscheiben kleben
				Fehlerbehebung – Werkstatt		●	●			●				●	●		●			●						●	●				●				●
				Fehlerbehebung – Seite		182	281 284 286			291	188		281 184		202 204 296		187	191	285 290	187		182 179				182	288		176	294		281	197 295		
				Störfallerläuterung – Position			56	63		59				58	80				52			60				64			51			45	75	53	
				Störfallerläuterung – Seite			128	129		129				128	135				127			129				129			126			125	132	127	
			●	Anlasser läuft nach Start weiter	●																														
	●			Motor bleibt im Leerlauf nach Kaltstart stehen		1	2	●																											
		●								●	1																								
			●						●																										
●				Motor bleibt im Leerlauf im kalten und warmen Zustand stehen										1	●																			●	
	●					●	●					2	●																						
		●											●																						
			●	Kalter Motor stirbt beim Einlegen des 1. Ganges ab																															●
	●			Betriebswarmer Motor bleibt im Leerlauf stehen								●																							
	●			Leerlaufdrehzahl zu hoch		●	1						2																						
		●											2			●	1	●																	
●				Leerlaufdrehzahl zu niedrig												●			1																
	●						2																												
		●									●									2	●														
●				Motorleerlauf unrund						●				●	●	●														●	●	●	●	●	
	●					●	1					●										2	●	●	3	●	4	5	●						
		●								1	●							3	2	2								●	●						
●				Motorlauf unrund, Auspuff verrußt																										●	●		1		
	●					●																	●												

Motorlauf

Ursache	Fehlerbehebung: Werkstatt	Fehlerbehebung: Seite	Störfallerläuterung: Position	Störfallerläuterung: Seite	Motorlauf in der Warmlaufphase unrund – Allgemein	Motorlauf in der Warmlaufphase unrund – Einspritzer	Motorlauf unrund bzw. zeitweise unrund – Allgemein	Motorlauf unrund bzw. zeitweise unrund – Vergaser	Motorlauf unrund bzw. zeitweise unrund – Einspritzer	Motorlauf unrund bzw. zeitweise unrund – Typspezifisch	Motoraussetzer, Zündaussetzer – Allgemein	Motoraussetzer, Zündaussetzer – Einspritzer	Motoraussetzer, Zündaussetzer – Typspezifisch	Fehlzündungen – Allgemein	Fehlzündungen – Vergaser	Motordrehzahl bei Gasrücknahme zu hoch – Allgemein	Motor nimmt kein Gas an – Allgemein	Motor stirbt beim Gasgeben ab – Vergaser	Zündungsklopfen – Allgemein	Zündungsklopfen – Vergaser	Zündungsklopfen – Typspezifisch	Vergaser patscht – Vergaser
Einspritzventile		191				●			●			3										
Stauklappe schwergängig	●	187				●																
Zusatzluftschieber		188				1																
Leerlaufeinstellung	●	291				2																
Vergasereinstellung	●	281 284 286	56	128				●												●		
Startvergaser	●	286 182						●														
Schwimmernadelventil		182 179	60	129				4														
Düsen verstopft								3														
Wasser in Schwimmerkammer			61	129				●														
Kraftstoffversorgung		281					2				●	●		●								
Zündzeitpunkt	●	202 204 296	80	135			●							●					1	●		
Zündkerzen		197 295	75	132			1				2			●								
Zündkabel			79	134			●				1											
Zündspule		198	85	137			●															
Zylinderkopfdichtung	●		9	115			●															
Ventilspiel	●	270	2	114			●	●			●											
Druckregler		190 191							●			●										
Meßwertgeber												●										
Zündgerät (Zündbox) defekt	●	205 207								●			4								●	
Impulsgeber defekt	●	200 202								●			●								●	
Vergaser defekt	●	182	64	129											●							
Zündanlage fehlerhaft		294									●			●								
Drosselklappe		183 184 281														●						
Gaszug bzw. Gasgestänge klemmt			65	130												●						
Gaszug defekt/falsch verlegt		287 262 180														●						
Gaszug unterbrochen		287 262 180															●					
Hauptdüse			62	129														●				
Verbrennungsrückstände			13	116															●			
Kraftstoffluftgemisch zu mager	●		57	128							●								2			
Benzinqualität			22	118															3			
Wärmewert der Zündkerzen falsch		295	78	133							●			●					●			
Zündkerzenstecker			77	133							3											
Entstörwiderstand			87	137							●											
Unterbrecher		298	81	135							●											
Nebenluft			53	127	●						●											
Einlaßventil undicht	●																					●
Kompression zu gering	●	271					●				●											

Motorlauf

Störfall → / Ursache ↓	Fehlerbehebung: Werkstatt	Fehlerbehebung: Seite	Störfallerläuterung: Position	Störfallerläuterung: Seite	Beschleunigung schlecht (Allgemein)	Beschleunigung schlecht (Vergaser)	Beschleunigung schlecht (Einspritzer)	Beschleunigung stotternd (Allgemein)	Beschleunigung stotternd (Vergaser)	Beschleunigung stotternd (Einspritzer)	Drehzahlabfall bei Belastung (Vergaser)	Drehzahlabfall bei Belastung (Einspritzer)	Motorlauf bei höheren Geschwindigkeiten ungleichmäßig (Allgemein)	Motorlauf bei höheren Geschwindigkeiten ungleichmäßig (Vergaser)	Motorleistung bei höherer Drehzahl zu klein (Typspezifisch)	Motorleistung im unteren Drehzahlbereich zu klein (Typspezifisch)	Motorleistung zu klein (Allgemein)	Motorleistung zu klein (Vergaser)	Motorleistung zu klein (Einspritzer)	Motorleistung zu klein (Typspezifisch)
Vergasereinstellung	●	281 284 286	56	128		●			●									●		
Drosselklappe		281 184				3	4		●	●								4	4	
Beschleunigungssystem						4			2											
Schwimmernadelventil		182 179	60	129		●			●									5		
Schwimmer		182 179																●		
Wasser in Schwimmerkammer			61	129														●		
Kraftstoffkanäle im Vergaser verstopft	●					●			3									●		
Leerlaufeinstellung	●	291					●													
Druckregler		190 191					3												●	
Einspritzventile		191					●												7	
Stauklappe schwergängig	●	187					5												5	
Luftmengenmesser	●	187					6												6	
Undichtigkeit hinter Luftmengenmesser							●													
Kraftstoffleitungen			45	125			●										●			
Kraftstoffpumpe		176	51	126			7				●	●	1				2			
Kraftstoffpumpensieb		280											●							
Kraftstoffilter verstopft			48	126	●		●						●				●			
Steuerdruckventil							●													
Zündzeitpunkt	●	296 297	80	135	2			●									1			
Zündkerzen		197 295	75	132	1			1												
Ventilfedern gebrochen	●				●															
Bremse schleift		235 314			●															
Kolben in Bremszange klemmt					●															
Hauptdüse			62	129										●						
Fliehkraftregler	●						●								●					●
Unterdruckversteller	●															●				●
Luftfilter verstopft		285 290	52	127													3			
Benzinhahn verschmutzt		280 175															●			
Tankbelüftung verstopft			46	125													●			
Schmutz im Kraftstoffsystem																	●			
Nebenluft			53	127	●			●									●			
Vergasermembran geschrumpft	●	179				●												●		
Turbolader blockiert	●		17	110																●
Ladedruckventil klemmt			55	127																●
Kupplung schleift		209			●												●			

Motorlauf

Störfall / Ursache	Motorleistung zu klein: Allgemein	Motorleistung zu klein: Einspritzer	Motorleistung zu klein: Typspezifisch	Motor läuft stotternd, Leistung zu gering: Allgemein	Motor läuft stotternd, Leistung zu gering: Vergaser	Motor läuft stotternd, Leistung zu gering: Typspezifisch	Störfallerläuterung Seite	Störfallerläuterung Position	Fehlerbehebung Seite	Fehlerbehebung Werkstatt
Luft im Kraftstoffsystem	●									
Dampfblasen im Kraftstoffsystem				●			125	44		
Kraftstoffilter verstopft	●			●			126	48		
Kraftstoffpumpensieb				●						
Kraftstoff-Luftgemisch zu mager	●						128	57		●
Kraftstoffdruck zu gering		●							175 176	
Zündzeitpunkt	2						135	80	296 297	●
Unterbrecher						●	135	81	298	
Zündkerzen	1			1			132	75	295	
Zündkerzen verrußt	3						133	76	295	
Zündanlage feucht				2			136	83	294 295	
Zündanlage verschmutzt	4						137	84		
Abgasanlage undicht	●									
Motorkühlung zu gering	●						124	42	277 278	
Ventilsteuerung	5						114	1		●
Ventilspiel	●						114	2	270	●
Ventilführung defekt	●									●
Motorventile	6			3						●
Nockenwelle	●									●
Kurbeltrieb	●			●						●
Kolbenverschleiß	●									●
Zylinderverschleiß	●									●
Verbrennungsrückstände	●						116	13		
Bremse in Eingriff	●								235 314	
Kompression zu gering	●						117	16	271	●
Zylinderkopf defekt	●						117	15		●
Zylinderkopfdichtung	●			●			115	9		●
Höhenlage	●						127	54		
Wackelkontakt				4			137	88		
Luftfilter verstopft				5			127	52	285 290	
Wärmewert der Zündkerzen falsch				●			133	78	295	
Vergaser vereist					●		129	63		
Nebenluft	●						127	53		
Drehschieber falsch eingebaut			●				130	66		
Querschnitt des Abgasrohres zu klein	●						138	91		

Motorlauf

Störfall / Ursache	Motorstillstand im Leerlauf bei Betriebstemperatur	Motor blockiert	Öldunst im Abgas	Zeitweises Knallen in der Abgasanlage	Auspuffknallen im Schiebebetrieb	Auspuffknallen bei Gasrücknahme	Motor patscht bei Vollgas, Leistung schwächer		Motorleistung nimmt ab, Fahrlicht wird dunkler	Höchstgeschwindigkeit wird nicht erreicht			Störfallerläuterung Seite	Störfallerläuterung Position	Fehlerbehebung Seite	Fehlerbehebung Werkstatt
Allgemein	●	●	●	●	●	●		●	●			●				
Vergaser							●				●					
Einspritzer										●						
Zündkerzen								●				1	132	75	295	
Wärmewert der Zündkerzen falsch												●	133	78	295	
Zündzeitpunkt				●								2	135	80	296 297	●
Zündanlage verschmutzt												4	137	84		
Zündkabel													134	79		
Zündkerzenstecker													133	77		
Entstörwiderstände																
Zündspule												●	137	85	198	
Luftfilter verstopft												3	127	52	285 290	
Kraftstoffilter verstopft												●	136	48		
Kraftstoffpumpe	●											●	126	51		
Kraftstoffleitungen												●	125	45	281	
Drosselklappeneinstellung										5	5				281 183	●
Leerlaufgemisch zu mager					1											●
Kraftstoff-Luftgemisch zu mager										●	●		128	57		●
Kraftstoffmangel								●								
Schwimmernadelventil							●						129	60	182 179	
Stecker am Generator locker									●							
Ventilspiel												●	114	2	270	●
Ventilführung defekt			●													●
Einlaßventil defekt							●						114	2.1		●
Auslaßventil defekt				●	●								114	2.2		●
Ansaug- oder Abgasanlage undicht					●											
Nockenwelle		●														●
Bruch eines Motorteils		4											118	18		●
Schmierölmenge zu klein		1											120	27		
Kühlflüssigkeitsmenge zu gering		2													277 278	
Unzureichende Schmierfähigkeit des Öls		●											120	29	274	
Motorüberhitzung		●											116	10	277 278 168	
Kolbenfresser		3											115	6		●
Nebenluft					●							●	127	53		
Krümmerdichtung undicht						●										
Innenrohr der Abgasanlage gerissen						●										
Vergasermembran geschrumpft											●					●

Motorlauf

Störfall → / Ursache ↓	Abgase braun	Abgase weiß	Kühlflüssigkeitsverlust		Kühlflüssigkeit heiß, Kühlergebläse läuft nicht		Motor erreicht Betriebstemperatur nicht bzw. nur langsam	Motortemperatur zu tief	Motortemperatur zu hoch			Störfallerläuterung Seite	Störfallerläuterung Position	Fehlerbehebung Seite	Fehlerbehebung Werkstatt
	Typspezifisch	Allgemein	Flüssigkeitskühlung	Allgemein	Typspezifisch	Flüssigkeitskühlung	Flüssigkeitskühlung	Allgemein	Typspezifisch	Flüssigkeitskühlung	Allgemein				
Kühlflüssigkeitsmenge zu gering										1		123	39	277 278	
Thermostat defekt							●			2		122	37	168	
Temperaturwächter defekt					●	1			●	3		122	38	169	
Elektrisches Kühlergebläse					●	●			●	●				169 172 173	●
Gefrierschutz der Kühlflüssigkeit zu knapp										●		123	40		
Fahrtechnik											5	116	11		
Schmierölmenge zu klein											7				
Schmierölmenge zu groß		●													
Löcher im Verschluß des Ausgleichsbehälters verstopft									●	●		124	41.1		
Zündzeitpunkt											6	135	80	296 297	●
Fliehkraftregler									●						●
Wärmewert der Zündkerzen falsch											●	133	78	295	
Kraftstoff-Luftgemisch zu mager											●	128	57		●
Lüfterrad defekt									●	●					
Kühlflüssigkeitspumpe										●		124	42.1	170	
Kühler verstopft										●		124	41	171	●
Kühlsystem undicht			●							●		122	36	278	
Kühlsystem verkalkt/verschmutzt										4					●
Luft im Kühlsystem										●					
Zylinderkopfdichtung		2		●							●	115	9		●
Verbrennungsrückstände											●	116	13		
Ventilsteuerung											●	114	1		●
Temperaturfühler defekt								1			●				
Temperaturmessung falsch								●			●				
Sicherung					●	●						152	164	252	
Relais defekt					●	●								254	
Stromunterbrechung					●	2						152	163	252	
Motor sehr kalt		1													
Übergangswiderstand zu groß								2				147	149	252	
Nebenluft	●										●	127	53		
Kraftstoffleitung oder Hauptdüse verstopft	●														
Motorverschleiß (Ventilführung, Zylinder, Kolben)		●													●
Luftfilter verschmutzt											●				

Motorlauf

Öldruck zu hoch	Öldruck zu niedrig		Kein Öldruck	Ölverbrauch zu gering	Ölverbrauch zu hoch	Abgase bläulich	Abgase schwärzlich			Störfall / Ursache	Störfallerläuterung Seite	Störfallerläuterung Position	Fehlerbehebung Seite	Werkstatt
●		●	●	●	●	●			●	Allgemein				
								●		Turbolader				
	●						●			Typspezifisch				
									1	Kraftstoff-Luftgemisch zu fett	128	58		●
									2	Ablagerungen an den Ventilen				
					1				3	Ventile verschlissen				●
					●	1				Ventilführung verschlissen				●
				●	●				●	Kolben verschlissen	114	5		●
					●	●			●	Kolbenringe kleben/ verschlissen/gebrochen				●
									●	Kolbenringe falsch montiert				●
				●	●	2			●	Zylinderlaufflächen verschlissen				●
								●		Ölleck zum Lader				
						3			●	Schmierölmenge zu groß	120	28		
					●	●			●	Entlüfter des Ölsystems verstopft	119	26		
					●					Scharfe Fahrweise	121	34		
					●					Defekte Dichtungen	121	31		
					2					Schmieröltemperatur zu hoch			166 167 276	
					●					Öldruckschalter undicht			249	
		3								Ölpumpe verschlissen			166	
		●	1							Ölpumpe defekt			166	
			3							Antrieb der Ölpumpe defekt				●
		2	2							Schmierölmenge zu klein	120	27		
		●	●		●					Leck im Schmiersystem				
	●									Ölauffangsieb verstopft				
		●								Ölfilter verstopft				
●										Ölkanäle verstopft				●
							●			Startvorrichtung			286	●
		1								Überdruckventil offen/klemmt			275	
●										Schmierölsorte falsch			274	
				●						Ölverdünnung durch Kraftstoff	121	32		
					●					Tachostand unter 5000 km				
●										Überdruckventil geschlossen/ klemmt			275	
					●					Ölmeßstab undicht	121	35		
									●	Luftfilter verstopft			285 290	
							●			Schwimmernadelventil			182 179	
	●									Kurbellagerspiel zu groß				●

Motorlauf

Abgasgeräusche erhöht	Kraftstoffverbrauch zu hoch				Störfall / Ursache	Störfallerläuterung Seite	Störfallerläuterung Position	Fehlerbehebung Seite	Fehlerbehebung Werkstatt
●				●	Allgemein				
			●		Vergaser				
		●			Einspritzer				
	●				Typspezifisch				
				1	Fahrweise	116	12		
				4	Luftfilter verstopft	127	52	285 290	
	●				Unterbrecher	135	81	298	
				3	Zündzeitpunkt	135	80	202 204 296	●
				2	Zündkerzen	132	75	197 295	
				●	Zündkerzenstecker	133	77		
				●	Zündkabel	134	79		
	●			●	Entstörwiderstand				
			5		Vergasereinstellung	128	56	281 284 286	●
	●		●		Startvergaser			286 182	●
			6		Schwimmernadelventil	129	60	182 179	
			●		Beschleunigungseinrichtung				
			●		Schwimmer undicht			179 182	
			●		Schwimmerkammerbelüftung				
		5	7		Drosselklappe			183 184 281	
		●			Startventil				●
		6			Zusatzluftschieber			188	
		7			Druckregler			190 191	
		●			Einspritzventile			191	
		●			Temperaturfühler				
		●	●		Leerlaufdrehzahl zu hoch				●
				●	Kraftstoffanlage undicht	126	49	281	
				●	Benzinqualität	118	22		
				●	Kupplung			301 302 209	●
				●	Kupplungsspiel				
				●	Motorverschleiß	117	14		●
				●	Ventile verschlissen				●
				●	Ablagerungen an den Ventilen				
				●	Kolbenringe kleben/ verschlissen/gebrochen				●
●					Abgasanlage undicht	138	90		
●					Luftfiltereinsatz fehlt				
●					Abgasanlage falsch				
●					Befestigung der Abgasanlage locker				
				●	Kraftstoffausnützung	126	50		
				●	Kraftstoffbehälter zu voll	125	47		

Motorlauf

Motor dieselt nach	Motor klopft	Starke Vibrationen		Motor läßt sich nicht abstellen	Motor fängt bei Regen zu stottern an	Motorstillstand während der Fahrt				Störfall / Ursache	Störfallerläuterung		Fehlerbehebung	
											Seite	Position	Seite	Werkstatt
●	●		●	●	●				●	Allgemein				
								●		Vergaser				
							●			Einspritzer				
		●				●				Typspezifisch				
									2	Kraftstoffpumpe	126	51		
						●				Unterbrecher	135	81	298	
									1	Zündkabel	134	79		
						5				Transistor-Zündanlage			205 207	●
									3	Luftfilter verstopft	127	52	285 290	
								4		Schwimmernadelventil	129	60	182 179	
									●	Kraftstoffilter verstopft	126	48		
									●	Kraftstofftank leer	125	43		
									●	Tankbelüftung verstopft	125	46		
									●	Kraftstoffleitungen	125	45	281	
								●		Schwimmer undicht			179 182	
						●				Zahnriemen gerissen	118	21		●
●										Verbrennungsrückstände				●
									●	Motorschaden				●
									●	Kühlflüssigkeitspumpe blockiert			170	
									●	Entstörwiderstand				
						●				Vorwiderstand				
						●				Zündkondensator	136	82		
									●	Schmierölmenge zu gering				
						●				Kühlflüssigkeitsmenge zu gering			277 278	
									●	Motorüberhitzung	116	10.1	277 278 168	
									●	Bruch eines Motorteils	118	18		●
									●	Kraftstoff-Luftgemisch zu fett	128	58		●
●				●					●	Kraftstoff-Luftgemisch zu mager	128	57		●
							●			Steuergerät	154	169	192 193	●
							4			Einspritzanlage				●
									●	Schmierfähigkeit des Öls zu gering			274	
●				2						Wärmewert der Zündkerzen falsch	133	78	295	
				1						Zündschalter defekt			207	
			●							Kurbelwelle	115	7		●
		●								Vergasersynchronisation			288	●
			●							Zu große Fertigungstoleranzen				●
					●					Zündkerzenstecker	133	77		
			●							Kompressionsdrücke ≠			271	●
									●	Regler defekt			256 259	●
	●									Kraftstoff-Luftgemisch	130	67		●

Fahrverhalten

Rhythmisches Klicken	Klingelnde Geräusche	Zwitschernde Geräusche	Mahlende Geräusche	Klopfende Geräusche		Klappernde Geräusche	Singende Geräusche	Rasselnde Geräusche		Zischende Geräusche	Pfeifende Geräusche		Störfall / Ursache	Störfallerläuterung Seite	Störfallerläuterung Position	Fehlerbehebung Seite	Fehlerbehebung Werkstatt
●	●	●	●		●	●	●		●	●		●	Allgemein				
				●				●			●		Typspezifisch				
											●		Zahnriemen verhärtet	118	20		●
				●							●		Kühlflüssigkeitspumpe			170	
												●	Generator blockiert			258	
												1	Abgasanlage undicht				
												2	Reibung zu groß	139	103		
												3	Bremsbeläge verschlissen			230 234	
										●		●	Zylinderkopfdichtung	115	9		●
								3					Zahnriemenspannung zu gering	118	19		●
●					1				1				Ventilsteuerung	114	1		●
									●				Kettenradzähne der Nockenwelle verschlissen				●
									2				Ventilspiel zu groß			270	●
								●	●				Kipphebel verschlissen				●
					●								Kipphebel locker				●
								●	●				Schlepphebel defekt				●
							●		●				Zahnräder	140	107		●
							1						Radlager			306	●
						1							Lose Verbindungen				
					2	●							Pleuellager/Kurbelwellenlager	115	8		●
						3							Ventil klemmt	114	3		●
						2							Ventilfeder gebrochen				●
						●							Nockenwelle beschädigt/verschlissen				●
					●								Luft im Kraftstoffsystem				
					●								Fremdkörper in einem Zylinder				●
					●	●							Kolbenverschleiß				●
					●								Verbrennungsrückstände	116	13		
			●										Getriebelager				●
		●				●							Kupplung	139	96		●
		1											Kupplungsspiel zu klein	140	108	209 301 302	
	1	●											Motordrehzahl zu niedrig				
	2												Benzinqualität	118	22		
	3												Zündzeitpunkt	135	80	202 204 296	●
			●										Getriebeschaden	138	94		●
			●									●	Generator	150	157	258	●
									●				Primärkette schleift	138	93		●
									●				Steuerkettenspanner defekt				●
●													Kolbenbolzenspiel zu groß	114	4		●

Fahrverhalten

Lastwechsel unruhig		Motorklopfen beim Beschleunigen bzw. bei hoher Drehzahl	Auspuffknallen im Schiebebetrieb	Ratternde Geräusche	Quietschende Geräusche im Leerlauf	Pfeifende Geräusche, wenn ausgekuppelt	Dröhnende Geräusche	Erhöhte Geräusche in der Kraftübertragung		Getriebegeräusche beim Schalten	Erhöhte Motorgeräusche	Störfall / Ursache	Störfallerläuterung Seite	Störfallerläuterung Position	Fehlerbehebung Seite	Fehlerbehebung Werkstatt
	●	●	●	●	●	●	●		●	●		Allgemein				
											●	Einspritzer				
●								●				Typspezifisch				
											●	Einspritzventile			191	
											●	Drosselklappenschalter			185 186	
										●		Kupplung	139	96	209	●
								●				Antriebsritzel verschlissen				●
								●				Tellerrad verschlissen				●
								●				Tellerradwelle und Abtriebsflansch verschlissen				●
●												Tellerrad-Abtriebswelle bzw. Radnabe verschlissen				●
								●				Flankenspiel zwischen Ritzel und Tellerrad zu groß				●
								2				Ölstand im Endantrieb zu niedrig			300	
			2				●					Abgasanlage undicht	138	90		
						1						Reibung zu groß	139	103		
						2						Zahnräder	140	107		●
					●							Ausrücklager	139	102		●
				●								Tachowelle			245	
			3									Ansaugsystem undicht				
			1									Leerlaufgemisch zu mager				●
		1										Frühzündung				●
		2										Wärmewert der Zündkerzen falsch	133	78	295	
								●				Zahnflankenspiel zu groß				●
									●			Lager defekt				●
									1			Zu wenig Öl in der Schwinge				
									●			Kupplungsnabe verschlissen				●
●												Kreuzgelenk verschlissen				●
●												Torsionsdämpfer verschlissen				●
●												Zahnräder im Endantrieb verschlissen				●
	●											Verzahnung an der Kupplung verschlissen				●
									●			Kupplungskorb locker/schlägt				●
											●	Lagerspiel der Steuerketten-Führungsräder				●

Fahrverhalten

Ursache \ Störfall	Kupplungsbelagverschleiß hoch (Trockenkupplung)	Brandgeruch (Trockenkupplung)	Motordrehzahl hoch, Kraftübertragung gering (Trockenkupplung)	Motordrehzahl hoch, Kraftübertragung gering (Allgemein)	Geräusche im ausgekuppelten Zustand (Trockenkupplung)	Kupplungshebel vibriert, wenn ausgekuppelt (Allgemein)	Kupplung rupft (Trockenkupplung)	Kupplung schleift (Trockenkupplung)	Kupplung schleift (Kupplungshydraulik)	Kupplung schleift (Allgemein)	Kupplung trennt ungenügend (Trockenkupplung)	Kupplung trennt ungenügend (Kupplungshydraulik)	Kupplung trennt ungenügend (Allgemein)	Kupplung trennt nicht (Kupplungshydraulik)	Kupplung trennt nicht (Allgemein)	Kupplungsbetätigung schwammig (Kupplungshydraulik)	Kupplungsbetätigung schwergängig (Trockenkupplung)	Kupplungsbetätigung schwergängig (Kupplungshydraulik)	Kupplungsbetätigung schwergängig (Allgemein)	Störfallerläuterung Seite	Störfallerläuterung Position	Fehlerbehebung Seite	Fehlerbehebung Werkstatt
Kupplungsspiel zu groß	1												●						●	140	109	209 301 302	
Kupplungsspiel zu klein				●						1			●						●	140	108	209 301 302	
Seilführung							●												●				
Seilzug beschädigt																			●			208	
Seilzug ohne Fett																			●			322	
Verzahnung ohne Fett																	●						
Hydrauliksystem verstopft																●		●				211	●
Hydrauliksystem undicht												●		●		3							
Hydraulikkolben klemmt									●			3		3		●		●				209	●
Luft im Hydrauliksystem												1		1		1						211	
Flüssigkeitsstand zu tief												2		2		2						303	
Stahlscheiben verzogen													●		●								●
Kupplungsbeläge verschlissen		1	●	●						3	●									139	97		●
Kupplungsbelag falsch	●						●	●															●
Kupplungsbeläge verhärtet			●																	139	98		●
Kupplungszug falsch verlegt										●													
Kupplungsbeläge heiß		2																				209 301 302	
Kupplung falsch eingestellt				●		1	1			2			1		●							209 301 302	
Ausrückmechanismus defekt/verschmutzt							3						3		●			●				208	●
Ausrücklager verschlissen					1		2																●
Ausrückhebel verbogen																			●			208	
Kupplungsscheibe defekt					●		●	●		●	●												●
Spannung der Scheibenfeder zu schwach										●													●
Reibflächen am Schwungrad							●																●
Druckplatte/Druckfedern							●	●															●
Motorbefestigung locker							●																
Getriebeantriebswelle falsch distanziert							●																●
Fertigungstoleranzen des Schwungrades bzw. der Kupplungsscheibe zu groß						●																	●
Unwucht						2																	●
Falsche Fahrweise	2																			141	112		
Kupplungsbeläge verölt			●					●												139	100		

Fahrverhalten

Störfall → / Ursache ↓	Keine Einstellmöglichkeit der Kupplung	Gänge springen heraus	Motorstillstand beim Auskuppeln	Kupplung trennt nicht	Gangwechsel unmöglich	Gangwechsel schwierig	Gangwechsel schwierig	Schaltung im Schiebebetrieb schwergängig	Schaltung hakt	Schaltung schwergängig	Kratzende Getriebegeräusche beim Schalten	Störfallerläuterung Seite	Störfallerläuterung Position	Fehlerbehebung Seite	Fehlerbehebung Werkstatt
Allgemein	●	●	●	●	●		●	●	●	●	●				
Kupplungshydraulik						●									
Kupplungsbelag klebt				●			●				●				●
Ausrückhebel schwergängig											1			208	
Kupplungsseil											2			208	
Kupplungsseil gerissen					1									208	
Kupplung falsch eingestellt				1			1			1				209 301 302	
Kupplung schwergängig				●			●					141	111		
Kupplungsscheibe schlägt				●			●					140	105		●
Kupplungsspiel zu groß				2			2					140	109	209 301 302	
Reibung zwischen Ausrückplatte u. Ausrücklager zu groß			●									139	101		
Versagen der Kupplung					●		●					141	110		●
Kupplungsbeläge oxydiert				●								139	99		●
Mitnehmerscheibe				●	●		●					140	104		●
Schaltgabeln defekt/verschlissen					2		3			●	●				●
Schaltmechnismus fehlerhaft zusammengebaut							●			●					●
Zahnräder fehlerhaft zusammengebaut							●			●	●				●
Schaltgabeln klemmen, Spiel zu groß		1					●		●	●					●
Verzahnung auf der Antriebswelle											●				●
Kupplungsgestänge trocken										2					
Nabenprofil defekt											●	140	106		●
Schaltklauen verschlissen		●										138	95		●
Getriebewellen wandern							●	●							●
Getriebewellen falsch distanziert							●			●	●				●
Getriebelager defekt											●				●
Schaltklaue verbogen							●								●
Schaltwelle verbogen		●					●								●
Schaltwalzen beschädigt							●								●
Distanzscheiben im Getriebe verschlissen							●								●
Servozylinder der Kupplung klemmt						●								209	
Gangräder verschlissen		●													●
Schaltwalzenanschlag gerissen		●													●
Zahnradmitnehmerklauen verschlissen		2													●
Kupplungsdruckstange	●														●

Motorrad neigt zum Schlingern	Motorrad pendelt bei hoher Geschwindigkeit	Fahrzeugschwingungen zu stark		Motorrad schlingert bei niedriger Geschwindigkeit	Richtungsstabilität schlecht	Lenkverhalten schlecht	Fahrverhalten in Kurven schlecht	Kraftübertragung unruhig	Getriebegeräusche erhöht	Schaltpedal nimmt Ruhestellung nicht ein	Kupplung greift erst am Ende des Hebelwegs	Störfall / Ursache	Störfallerläuterung Seite	Störfallerläuterung Position	Fehlerbehebung Seite	Fehlerbehebung Werkstatt
●			●	●	●	●	●		●	●	●	Allgemein				
	●	●						●				Typspezifisch				
										●		Rückzugsfeder erlahmt/ gebrochen				
									●			Getriebewellen falsch distanziert				●
									2			Schaltgabeln schleifen				●
									1			Lager defekt				●
									●			Spiel der Getrieberäder zu groß				●
								1				Kettenräder verschlissen	141	115		
								2				Kette verschlissen	141	113	212	
								3				Kette falsch eingestellt	141	114	303	
							●					Stoßdämpfer	142	122	225	
						●						Lenker schadhaft				
						●						Radbefestigung locker				
						●						Lenkertyp falsch				
●				●		●						Lenkkopflager beschädigt			218 220	●
				●		1						Lenkkopflager locker/ ausgeschlagen			218 220	●
●					1							Lenkkopflager zu fest angezogen			218 307	
						2						Speichen locker/fehlen			306	●
						●						Radbefestigung locker				
						●						Radgröße falsch				
					3	3						Federbeine ausgeschlagen/ lose/beschädigt			226 227	●
					4	4						Schwinge ausgeschlagen/ lose/beschädigt			223 224	●
					●							Stoßdämpfereinstellung ungleich				●
					●							Rad falsch montiert				
					●							Vorderachse verbogen			215	●
					2							Vordergabel verbogen			217	●
					●							Lager der Hinterrad-schwinge verschlissen			223 224	
		●										Mitnehmerflansch defekt				
		●						●				Kreuzgelenk verschlissen				
	●											Verkleidung				
			●									Dämpfung der Telegabel schlecht			217	
			●									Dämpfung der Federbeine schlecht			226 227	
								●				Hinterrad-Endantrieb				●
											●	Kupplungsbeläge verschlissen	139	97		●

Fahrverhalten

Ursache \ Störfall	Fehlerbehebung: Werkstatt	Fehlerbehebung: Seite	Störfallerläuterung: Position	Störfallerläuterung: Seite	Fahrverhalten schlecht	Lenkung schwergängig	Lenkung klemmt	Kratzende Geräusche beim Lenken	Kratzende Geräusche in der Vorderradfederung	Telegabel schwergängig	Reifen schleifen am Fahrwerk oder an der Radabdeckung	Fahrbahnkontakt bei Nässe schlecht	Vorderrad vibriert	Reifen verliert Luft	Reifensingen	Reifenquietschen	Motorrad flattert/pendelt	Lenker vibriert bei niedriger Geschwindigkeit	Lenker bewegt sich bei niedriger Geschwindigkeit nach links und rechts	Schwingungen erhöht
Allgemein					●	●	●	●	●	●	●	●	●	●	●	●	●	●	●	
Typspezifisch																				●
Sitz lose					●															
Lenkkopflager beschädigt	●				●	●	●	●									●			
Lenkkopflager locker		218			●												●			
Lenkkopflager zu fest angezogen		218				1														
Telegabel	●	217			1															
Federbeine	●	226 227	123	142	2															
Reifenluftdruck zu gering			116	141		●										●				
Standrohre verdreht oder verspannt	●	217								●										
Reifen zu breit		228									●									
Schutzblech verbeult											●									
Reifenprofiltiefe zu klein		228										●					●			
Radunwucht des Vorderrades	●		127.1	143	●								●						●	
Stoßdämpfer	●	225	122	142									●							
Reifen defekt	●	228	120	142										●			●			
Reifenventil			117	142										●						
Reifenprofil ungünstig		228	118	142											●		●			
Reifenluftdruck falsch																	2	2	●	
Lenkungsdämpfer	●	219	124	142	●															
Radlager locker																	3			
Radachse locker																	4			
Spiel in den Radlagern	●		127	143														3	●	
Radlager verschlissen	●																	4	●	
Felge verformt	●		121	142													●			
Buchsen der Schwingen verschlissen	●	223 224															1			
Vorderrad hat Höhenschlag	●																	●		
Vorderrad hat Seitenschlag	●																	●		
Reifenmontage schlecht	●																	1	●	
Ungenügende Ölmenge in den Gabelholmen									●											
Gleitrohr bzw. Führungsbuchsen verschlissen	●								●											
Gabelbefestigung locker									●											
Tachogetriebe ohne Fett									●											
Räder laufen nicht genau hintereinander	●				●															
Lampenverkleidung																	●			
Torsionsdämpfer	●																			●
Kardanantrieb verschlissen	●																			●

Fahrverhalten

Störfall / Ursache	Federung zu hart	Federung zu weich	Hinterradschwinge verursacht Geräusche	Motorrad schwingt auf unebener Straße	Gabel schlägt auf Anschlag	Teleskopgabel klemmt	Hinterrad schlägt auf Anschlag	Motorrad zieht nach einer Seite	Motorrad vibriert bei höheren Geschwindigkeiten	Gabel vibriert beim Bremsen	Fußbremse ausgefallen		Bremse wird zu heiß		Rad blockiert beim Bremsen	Rückstellung der Bremsen zu langsam		Störfallerläuterung Seite	Störfallerläuterung Position	Fehlerbehebung Seite	Fehlerbehebung Werkstatt
Allgemein	●	●	●	●	●	●	●	●	●	●	●		●		●	●					
Bremshydraulik												●		●			●				
Reifenluftdruck falsch	1	●																			
Gabel verbogen	●					●		●												217	●
Falsches Öl in den Gabelholmen	●			●														143	126		
Ölkanäle verstopft	●																				
Stoßdämpfer defekt/ verschlissen	3		●	1			●													225	●
Stoßdämpfereinstellung	2	1																		225	
Gabelfedern erlahmt		2			●															215	●
Zu wenig Öl in den Gabelholmen		●		●	●																
Zu wenig Öl in den Stoßdämpfern		●	●																		
Federn der Hinterradschwinge erlahmt		●					●													223 224	●
Befestigung locker			●																		
Gabel falsch montiert						●															●
Reifenmontage schlecht								1													●
Räder spuren nicht								2													●
Schwinge verbogen								●													●
Radunwucht									●												●
Gabel verschlissen										●										217	●
Standrohre verschlissen										●										217	●
Lenkkopflager locker										1										218	
Bremshydraulik												●								310 311 237	
Bremsflüssigkeit zu heiß												●									
Bremsleitung gebrochen												1								311	●
Bremsseil gerissen											●										
Bremsgestänge gebrochen											●										
Einstellung der Trommelbremse													●					144	132	235	
Hauptbremszylinder														●				145	138	236	
Spiel zwischen Betätigung u. Hauptbremszylinder zu klein														●							
Ausgleichsbohrung im Hauptbremszylinder verstopft														●							
Bremsscheibe defekt															●						
Hinterradbremswelle korrodiert																●					
Rückholfeder der Bremsbacken defekt/erlahmt																●					
Radbremszylinder defekt/ korrodiert																	●				
Bremstrommel unrund															●						●

Störfall / Ursache	Bremshebel federt beim Betätigen	Bremshebelweg zu groß		Bremshebelkraft erhöht		Bremswirkung zu schwach		Bremswirkung schwankend	Bremse zieht einseitig	Bremse rattert	Rad blockiert	Schleifende Geräusche		Bremse quietscht	Bremsflüssigkeitsverlust	Bremsen lösen sich zu langsam		Störfallerläuterung Seite	Störfallerläuterung Position	Fehlerbehebung Seite	Fehlerbehebung Werkstatt
Allgemein		●		●		●		●	●	●	●	●		●		●					
Bremshydraulik	●		●		●		●						●		●		●				
Bremssystem undicht	●		●				●								●			146	140	311 310	
Luft im Bremssystem	1		1		1		1											145	139	237	
Bremsflüssigkeitsstand zu niedrig	●																			310 311	
Hauptbremszylinder			●															145	138	236	●
Bremstrommel schwergängig						●		2		3											
Bremsbeläge verschlissen				3		1				4		●		1				144	131	234 235	
Bremsklötze verschlissen		●		●					2	5		●						144	133	230	
Bremssattel			●															144	134	233	●
Bremsflüssigkeit zu heiß			●				●											146	142		
Dichtungen in der Bremszange undicht			2																	233	●
Dichtungen im Hauptbremszylinder undicht			●																	236	●
Manschetten undicht			3																		
Einstellung der Trommelbremse				●		3												144	132	235	
Bremsbeläge glasiert				1										2						234 230	
Bremsbeläge verölt				2		2														234 230	
Bremsbelag ungeeignet														●						234 230	
Kolben des Radbremszylinders klemmt					3								2				●				●
Kolben des Bremssattels klemmt					2								1				●				●
Bremsscheibe								1										145	135	232	
Spritzwasser						●												145	136		
Bremsscheibe läuft nicht parallel zum Bremssattel								●	●	1				●							●
Bremsgestänge verbogen/ ausgeschlagen/verrostet				●												●					
Hydrauliksystem verstopft					●															315	●
Rad falsch ausgerichtet									●	●											●
Vorderradbremse einseitig defekt									1												●
Bremszange falsch montiert										2											●
Bremse festgefroren											●			●							
Hydraulik													●					146	141		●
Bremssattel falsch eingestellt													3								●
Bremsreibung sehr stark														3				145	136		
Hohe Luftfeuchtigkeit														●							
Bremsbelag liegt nicht voll auf														●							
Rückzugsfeder der Bremsbacken																●					

Fahrwerk

Ursache \ Störfall	Fehlerbehebung		Störfallerläuterung		Rahmenbruch	Reifenlebensdauer zu gering	Auswaschungen des Reifenprofils	Reifen beschädigt	Lenker klemmt in Anschlagbereich, Kraftstofftank beschädigt	Füße rutschen von Fußstützen	Ölleck am Fahrwerk	Teleskopgabel setzt sich	Ölleck an der Teleskopgabel	Dämpferstangen der Federbeine krumm/gebrochen	Teile des Fahrwerks abgebrochen/eingerissen/locker	Schrauben locker	Fehler am Fahrwerk	Stehbolzen gebrochen
	Werkstatt	Seite	Position	Seite														
Allgemein					●	●	●	●	●	●	●	●	●	●	●	●	●	●
Reifenluftdruck zu gering			116	141		1												
Reifenmontage falsch	●	228				●												
Reifenbelastung zu hoch						●												
Radunwucht	●					2	1										●	
Radlagerspiel zu groß	●						●											
Stoßdämpfer		225	122	142		●												
Scharfe Fahrweise						3												
Speichen locker/fehlen	●	306						1										
Radbefestigung locker								●										
Radgröße falsch								●										
Einstellung falsch	●	307							1									
Lenker schadhaft		321							●									
Fußstützen abgenützt bzw. beschädigt										●								
Einbaulage des Motors	●		130	143	●													
Gepäckträger falsch montiert														●				
Vibrationen			128	143	●										●	●		
Hydrauliköl zu dickflüssig		307	125	142								●						
Fertigungstoleranzen zu groß	●												●					
Lenkkopflager zu fest oder zu locker		307															●	
Stoßdämpfer		225	122	142							●						●	
Stoßdämpfer mit falschem Drehmoment angezogen																	●	
Reifenluftdruck																	●	
Profiltiefe der Reifen kleiner als 3 mm		228	119	142													●	
Schwingungen	●		129	143														●
Korrosion	●				●													

Hilfsanlagen

Zündkerzenelektroden verbrannt	Zündkerzen verrußt	Motorlauf lauter	Batterie-Sulfatierung	Lebensdauer der Abgasanlage zu kurz	Batteriesäure tritt aus	Auspuffende verölt	Kühlflüssigkeit im Ausgleichsbehälter bei kaltem Motor über Max.-Markierung	Kühlmittelschläuche zusammengedrückt	Ölleck am Fahrwerk	Ölverschmutzung zu stark	Ölleckagen	Störfall / Ursache	Störfallerläuterung Seite	Störfallerläuterung Position	Fehlerbehebung Seite	Fehlerbehebung Werkstatt
●	●	●	●	●	●	●			●		●	Allgemein				
										●		Schmieranlage				
							●	●				Flüssigkeitskühlung				
											●	Gehäuseabdichtung	119	24		
											●	Wellendichtungen	119	23		●
										●		Ölfilter nicht gewechselt			274	
										●		Zylinderkopfdichtung	115	9		●
										●		Kolbenringe verschlissen				●
											●	Entlüftung verstopft				
											●	Ölstand zu hoch				
									1			Simmerring undicht				●
									2			Belüftung verstopft				
									●			Gabel undicht				●
									●			Federbein undicht				●
								●				Unterdruckventil	124	41.2		
							●					Löcher im Verschluß des Ausgleichsbehälters verstopft				
						●						Motorschmierung	121	33		
					●							Regler defekt	151	159	256	●
											●	Dichtung zwischen Zylinderkopf u. Ventildeckel undicht				
	●			●								Kurzstreckenbetrieb	138	92		
			●									Säuredichte falsch				●
			●									Ladestrom falsch				●
		●										Ölwechselintervall zu lang				
●	●											Wärmewert der Zündkerzen falsch	133	78	295	
	●											Kraftstoff-Luftgemisch zu fett				●
●												Kraftstoff-Luftgemisch zu mager				●
	●											Ventilführung verschlissen				●
	●											Kolben-/Zylinder verschlissen				●
	●											Luftfilter verschmutzt				
	●											Benzinqualität schlecht				
●												Zündkerzen locker				
●												Motorüberhitzung				

Störfall / Ursache	Stromverbraucher funktioniert nicht	Elektrische Anlage ausgefallen	Keine Batterieladung	Batterieladung zu schwach	Batterieladung zu stark	Sicherung durchgebrannt	Kein Signalton	Signalton schwach/unrein	Akustisches Dauersignal	Blinkanlage ausgefallen	Eine Blinklampe ausgefallen	Die zwei rechten oder linken Blinklampen ausgefallen	Blinkfrequenz erhöht	Rundfunkempfang anderer Verkehrsteilnehmer gestört	Fahrzeug nicht diebstahlsicher	Störfallerläuterung Seite	Störfallerläuterung Position	Fehlerbehebung Seite	Fehlerbehebung Werkstatt
Bordnetz	●	●	●		●	●													
Signalanlagen							●	●	●	●	●	●	●						
Sicherung	1						1			1						152	164		
Stromunterbrechung	2		3				2			2	●	1	3			152	163	252	
Bordspannung zu niedrig	4							2								149	154	318	
Batterie defekt	●	2		●	●											152	162	318 251	●
Batterie falsch angeschlossen	●	●														151	161		
Batterieanschlüsse schlecht		1																319	
Übergangswiderstand zu groß	3			1				1								153	166	252	
Stromverbraucher defekt	5																	252	●
Regler defekt			1	●	●											151	159	256	●
Generator defekt			2	●												150	156	257 258	●
Masseschluß/Kurzschluß	●					●	●		●	●						153	167	253	
Masseanschluß schlecht										●								252	
Verbindung zwischen Regler und Generator schlecht					●														
Signalhorn defekt							●	●	●									243	
Signaltaste defekt							3											252	
Wackelkontakt				●				3								152	165	252	
Blinkgeber defekt										3								241	
Blinkschalter defekt										4		●							
Blinklampe defekt											1		1						
Leistung der Blinklampe falsch													●						
Kontakt am Lampensockel schlecht													2					252	
Metallabschirmkappe fehlt														2					
Entstörwiderstand														1		137	87		
Funkentstörung														●		154	170		●
Zündkabel defekt														●					
Zündkerze(n) falsch														●				295	●
Diebstahlsicherung fehlt															●				
Diebstahlsicherung defekt															●				
Schleifkohlen			●	2												150	158	257	●
Wasser in der Fanfare							●	●											
Wasser im Blinkergehäuse										●									
Selbstentladung durch Verschmutzung				●															

Fahrzeugerkennung bei Dunkelheit schlecht	Fern- oder Abblendlicht flackert	Häufiger Lampendefekt	Bremslicht schwach	Bremslicht ausgefallen	Kennzeichenbeleuchtung zu schwach	Kennzeichenbeleuchtung ausgefallen	Schlußleuchte brennt zu schwach	Schlußleuchte brennt nicht	Standlicht ausgefallen	Fern- bzw. Abblendlicht ausgefallen	Fahrbahnausleuchtung schlecht bzw. zu weit	Beleuchtung schwach	Beleuchtung — Störfall / Ursache	Störfallerläuterung Seite	Störfallerläuterung Position	Fehlerbehebung Seite	Fehlerbehebung Werkstatt
●	●	●	●	●	●	●	●	●	●	●	●	●					
											1		Reflektor	146	143		
											2		Scheinwerferglas innen beschlagen				
											●		Scheinwerfer zu tief eingestellt			317	●
											●		Scheinwerfer zu hoch eingestellt			317	●
											●		Scheinwerfereinstellung schräg			317	●
										3			Scheinwerferlampe defekt			240	
						●		●		4			Lichtschalter defekt				
				1		1		1	1				Glühlampe defekt				
			1	3	1	2	1	2	2				Kontakt am Lampensockel schlecht				
			3		3		3						Leistung der Glühlampe zu gering				
			●		●		●						Reflektor korrodiert/matt				
			●		●		●						Abdeckscheibe falsch				
			●		●		●						Glühlampe geschwärzt	146	144		
				2									Bremslichtschalter defekt				
						●			●	1			Sicherung	152	164		
				4		3		3	3	2			Stromunterbrechung	152	163	252	
			2		2		2					●	Übergangswiderstand zu groß	153	166		
	●	2											Wackelkontakt	152	165		
		1											Erschütterungen	147	145		
		3											Bordspannung zu hoch	149	155		●
												1	Batterie entladen			251	
												2	Batterie defekt	152	162	251 318	●
●													Rückstrahler fehlt				
1													Rückstrahler verschmutzt				
●													Anordnung ungünstig				
				●		●		●					Gehäuse undicht	147	146		

Störfall / Ursache	Bremslicht ausgefallen	Kontrollampe ausgefallen	Instrumentenbeleuchtung ausgefallen	Tachoanzeige falsch	Zeitweiser Ausfall einer Messung bzw. Meldung	Meßwert falsch	Messung ausgefallen	Öldruckkontrollampe leuchtet während des Motorlaufs	Öldruckkontrollampe leuchtet bei eingeschalteter Zündung und Motorstillstand nicht	Ladekontrollampe flackert	Ladekontrollampe leuchtet oder glimmt während des Motorlaufs	Ladekontrollampe leuchtet bei eingeschalteter Zündung nicht	Störfallerläuterung Seite	Störfallerläuterung Position	Fehlerbehebung Seite	Fehlerbehebung Werkstatt
Instrumentierung	●	●	●	●	●	●	●	●	●	●	●	●				
Stromunterbrechung	2	2	2		●		3		3			●	152	163	252	
Spannungsdifferenz											●		151	160		●
Regler defekt											2		151	159	256	●
Generator defekt											●		150	156	257	●
Plusdiode des Generators hat Kurzschluß												●				●
Kohlen des Generators verschlissen											1	1			257 258	●
Wicklung des Generatorläufers defekt											●				257 258	●
Übergangswiderstand im Erregerkreis zu hoch											●					●
Gleichrichterdiode hat Masseschluß											●					●
Sicherung	4		1				1					●	152	164	252	
Batterieladung zu niedrig												●	149	153	318 251 255	
Batterie defekt									●			●	152	162	318 251	●
Masseschluß/Kurzschluß									●		●		153	167	253	
Masseverbindung schlecht												2			252	
Leitungsanschlüsse locker oder oxydiert											●	3			252	
Übergangswiderstand zu groß						1					●	●	147	149	252	
Wackelkontakt					●				●	●			148	150	252	
Keine Batterieladung												●	147	147	256 257 252	
Öltemperatur zu groß								2							166 167 276	
Schmierölmenge zu gering								1								
Öldruckschalter defekt								3	1						249	
Überdruckventil bleibt offen								4							275 274	
Ölpumpe								●							275	●
Öldruck zu niedrig								●					148	151	275 166	
Steckverbindung am Öldruckschalter									2						252	
Glühlampe defekt		1							●			●				
Anzeiger	3						4								248	
Meßwertgeber						2	2									
Meßfehler				●									147	148		
Zündschalter defekt												●			207	
Lichtschalter defekt			●													
Bremslichtschalter	1														238	
Lampenfassung		●														
Meßwelle gelöst/gebrochen							●									
Ölfilter verstopft								●							274 276	
Öldruck zu gering								●					121	30	275 166	

3.2 Störfallerläuterungen

Motor

P	A	VT	Erläuterung der Störfallursache
1		●	**Störfallursache: Ventilsteuerung** Eine Verstellung der Ventilsteuerung tritt ein, wenn der Zahnriemen einen oder mehrere Zähne des auf der Kurbelwelle sitzenden Zahnrads überspringt, d. h. wenn sich der Zahnriemen, z. B. durch Schmutz, kurzzeitig abhebt. In diesem Fall werden die Motorventile nicht mehr zum richtigen Zeitpunkt geöffnet bzw. geschlossen. Ein sich nach oben bewegender Kolben kann ein geöffnetes Ventil zerstören und auch den Kolbenboden durchschlagen.
2		●	**Störfallursache: Ventilspiel** Ist das Ventilspiel zu klein, schließen die Ventile nicht vollkommen. Während der Verdichtung entweichen Gase in den Ansaug- bzw. Abgaskanal; der Kompressionsdruck und die volle Motorleistung werden nicht erreicht. Außerdem ist der Wärmeübergang zwischen den heißen Ventilen und den kühleren Ventilsitzringen nicht mehr gewährleistet. Folglich verbrennen die Ventile und Ventilsitzringe, da sie ständig von heißen Gasen umgeben sind. Die Folge sind Glühzündungen, ein durchbrennen der Zylinderkopfdichtung, festsitzende Kolbenringe und Kolbenfresser. Ein zu großes Ventilspiel zeigt sich durch rasselnde Geräusche. Die Ventile öffnen später, wodurch die Zylinderfüllung geringer wird und die Motorleistung sinkt.
2.1		●	**Störfallursache: Einlaßventil defekt** Während der Verdichtung und Verbrennung gelangen durch ein undichtes Einlaßventil Kraftstoff-Luftgemisch und heiße Verbrennungsgase ins Einlaßsystem.
2.2		●	**Störfallursache: Auslaßventil defekt** Schließt der Ventilteller eines Auslaßventils nicht vollkommen, strömen während der Verdichtung bzw. Verbrennung Kraftstoff-Luftgemisch bzw. unverbranntes Benzin in den Auspuff und entzündet sich dort.
3		●	**Störfallursache: Ventil klemmt** Ölkohleablagerungen im Ventilschaft führen zum Klemmen der Ventile.
4	●		**Störfallursache Kolbenbolzenspiel zu groß** Tritt bei Motoren mit hoher Laufleistung, vor allem im Leerlauf, in Erscheinung. Der Motor kann aber noch einige 10 000 km durchhalten.
5	●		**Störfallursache: Kolben verschlissen** Auffallend niedriger Ölverbrauch läßt auf einen Kolbenschaden schließen beziehungsweise auf ein zu großes Kolbenspiel. In diesem Fall wird das Öl mit Kraftstoff verseucht. Bei fortgeschrittenem Kolbenverschleiß gelangen Verbrennungsgase als Flamme zwischen Zylinderwand und Kolbenringe in das Kurbelgehäuse. In diesem Zustand entweichen bei abgenommenem Ölnachfüllstutzen Ölschwaden.
P = Position; A = Allgemein; VT = Viertakter			

P	A	T	Erläuterung der Störfallursache
6		●	**Störfallursache: Kolbenfresser** Ein Kolbenfresser entsteht durch Motorüberhitzung oder ungenügender Motorschmierung. Letzteres kann eintreten, wenn der Öltankbelüftungsschlauch an heißen Teilen zusammenschmilzt. In diesem Fall ist die Schmierung unterbrochen, da sich der atmosphärische Luftdruck nicht mehr im Ölbehälter auswirken kann und somit Unterdruck entsteht. Auf eine exakte Verlegung ist zu achten.
7	●		**Störfallursache: Kurbelwelle** Die Folge einer schlecht ausgewuchteten Kurbelwelle sind starke Vibrationen und ein Kurbelwellenschaden. Preßpassungen verdrehen sich im Fahrbetrieb.
8		●	**Störfallursache: Pleuellager/Kurbelwellenlager** Die Klopfgeräusche treten verstärkt bei warmem Motor auf, da bei Betriebstemperatur das Öl dünnflüssiger ist, sowie bei hoher Drehzahl.
9		●	**Störfallursache: Zylinderkopfdichtung** Zylinderkopfdichtungen brennen bei Zündungsklopfen oder Kühlmittelverlust durch, da in jedem Fall der Motor zu heiß wird. Eine undichte Zylinderkopfdichtung dichtet die Verbrennungsräume nicht mehr vollkommen vom Kühlmittelkreislauf und läßt somit beim Ansaugtakt (Unterdruck im Verbrennungsraum) Kühlflüssigkeit in den Zylinder, und während der Verdichtung bzw. Verbrennung Gase in das Kühlsystem und Wasser in den Schmierkreislauf eindringen. Ferner kann sich im Endrohr der Abgasanlage nach kurzer Fahrstrecke Feuchtigkeit (heiße Abgase enthalten Wasser, das im relativ kühlen Endrohr kondensiert) bilden. Während des Motorlaufs können bei geöffnetem Kühlerverschluß Luftbläschen im Kühlmittel beobachtet werden. Auf dem Öl des gezogenen Ölmeßstabes zeigen sich Wassertropfen bzw. eine schmierige hellgraue Masse (Öl mit Wasser vermischt) auf dem abgenommenen Deckel des Ölnachfüllstutzens. Tritt bei dichter Kühlanlage Kühlflüssigkeitsverlust auf oder entweichen bei warmem Motor oder sommerlichen Außentemperaturen weiße Abgase, ist obige Diagnose bestätigt. Weiße Abgase bei tiefen Außentemperaturen sind normal, das es sich in diesem Fall um Wasserdampf handelt, ein Verbrennungsprodukt, das in kalter Luft kondensiert. Abhilfe: Zunächst sind die Zylinderkopfschrauben mit vorgeschriebenem Drehmoment nachzuziehen. Führte diese Maßnahme nicht zum Erfolg, muß die Zylinderkopfdichtung ausgetauscht werden. Neue Zylinderkopfschrauben verwenden. In jedem Fall ist anschließend ein Ölwechsel notwendig.

P = Position; A = Allgemein; T = Typspezifisch

P	A	T	Erläuterung der Störfallursache
10		●	**Störfallursache: Motorüberhitzung** Übersteigt die Temperatur der Kühlflüssigkeit den Sollwert, ist der Öl- und Kühlflüssigkeitsstand zu überprüfen und gegebenenfalls auf den Sollwert zu bringen. Ist bereits ein Blockieren des Motors eingetreten, kann bei genügend Schmieröl ein Startversuch unternommen werden. Zuvor bei eingelegtem vierten Gang und gelöster Bremse etwas vor- und rückwärtsschieben. Anschließend Startversuch wiederholen. Gelingt kein Start, ist das Motorrad abzutransportieren, ansonsten kann mit einer Geschwindigkeit von maximal 50 km/h in die nächste Werkstatt gefahren werden.
10.1		●	Bei einem Zweitakter kann der Kolbenboden durchbrennen. Der Kompressionsdruck sinkt schlagartig auf Null.
11		●	**Störfallursache: Fahrtechnik** Hat sich der Motor durch falsche Fahrtechnik (niedrige Drehzahl bei hoher Belastung z. B. bei Paßfahrten) überhitzt, ist anzuhalten und der Motor nach etwa 3 Minuten stillzusetzen. Bei einem durch Elektromotor betriebenem Kühlergebläse setzt man zweckmäßigerweise den Motor still, wobei das Gebläse so lange weiterläuft, bis das Kühlwasser wieder eine niedrigere Temperatur erreicht hat. Eine Weiterfahrt ist nur ratsam, wenn die Kühlmitteltemperatur bis auf den unteren Betriebswert abgesunken ist. Wenn nötig, ist die Motorbelastung zu drosseln.
12	●		**Störfallursache: Fahrweise** Wird nach einem Kaltstart nicht zügig gefahren, verlängert sich die Warmlaufphase, d. h. der Motor erreicht seine Betriebstemperatur relativ spät. Dadurch bilden sich Verbrennungsrückstände, die Motorleistung sinkt und der Kraftstoffverbrauch steigt. Ferner wird eine Kraftstoffersparnis erzielt, wenn vor einer rot zeigenden Ampel rechtzeitig Gas zurückgenommen und auf größere Beschleunigung verzichtet wird, also bei einer defensiven Fahrweise. Werden Gänge zwecks Abbremsung heruntergeschaltet, steigt die Motordrehzahl und somit der Kraftstoffverbrauch.
13	●		**Störfallursache: Verbrennungsrückstände** Zur Beseitigung von abgelagerten Verbrennungsrückständen im Motor, die beim Fahren unterhalb der Betriebstemperatur des Motors entstehen, also im Kurzstreckenverkehr, muß der Motor zur Erzielung des Reinigungseffektes längere Zeit mit höherer Betriebstemperatur gefahren werden. Diese wiederum kann nur durch eine hohe Leistungsabgabe, z. B. während einer Autobahnfahrt, erreicht werden. Dem Kraftstoff ein Reinigungsmittel (z. B. Autol Desolite) beigeben. Rückstände verkleinern den Verbrennungsraum, erhöhen den Kompressionsdruck und erschweren dadurch die Zündung. Nach einem Kurzstreckenbetrieb von 500 km können sich bereits soviel Verbrennungsrückstände gebildet haben, daß sie zu Glühzündung führen. Nach längerem Kurzstreckenbetrieb Motor nicht sofort längere Zeit voll belasten.

P = Position; A = Allgemein; T = Typspezifisch

P	A	T	Erläuterung der Störfallursache
			Ferner entstehen bei der Verbrennung Schlammkeime, die in die Ölwanne gelangen, sich dort ablagern und zu Ölschlamm führen können. Der anfangs weiche Ölschlamm wird im Laufe der Zeit (insbesondere durch hohe Temperaturen) steinhart. Zur Kontrolle ist mit einer Taschenlampe in den Ölnachfüllstutzen zu leuchten und der Ölzustand zu überprüfen. Sind die Motorteile mit einer schwarzen Schicht überzogen, sollte umgehend eine gründliche Reinigung der Ölwanne, Ölpumpe und Ölleitungen durchgeführt werden und ein Öl- und Ölfilterwechsel erfolgen. Ist der Ölschlamm bereits verkrustet, sind diese Maßnahmen erfolglos. Gegenmaßnahmen: Kurze Ölwechselintervalle, Langstreckenverkehr und die Verwendung von Öl mit schlammverhindernden Eigenschaften.
14		●	**Störfallursache: Motorverschleiß** Bei durchschnittlicher Fahrweise (keine rasanten Autobahnfahrten bei hohen Außentemperaturen, weil dadurch das Schmieröl sehr dünnflüsig) deutet ein erhöhter Ölverbrauch auf verschlissene Motorteile (Kolbenringe, Ventilführung) hin. Liegt der Ölverbrauch zu niedrig, kann eine Ölverdünnung durch Kondensate aus Wasser und Kraftstoff (beim Kurzstreckenverkehr in der kalten Jahreszeit) bzw. durch das Kühlmedium (Zylinderkopfdichtung defekt) vorliegen. Sind die Ventilschaftabdichtungen schadhaft, zeigt sich beim Start eines heißen, etwa 10 Minuten abgestellten Motors eine dunkle Abgaswolke. Bläuliche Abgase werden durch verbranntes Motoröl verursacht, das durch verschlissene Kolben, Kolbenringe oder über die Ventilführungen in den Verbrennungsraum gelangt. Schlägt sich Öldunst am Endrohr der Abgasanlage nieder, ist eine Ventilführung defekt.
15	●		**Störfallursache: Zylinderkopf defekt** Der Zylinderkopf kann gerissen sein oder sich verzogen haben.
16		●	**Störfallursache: Kompressionsdruck zu gering** Ein zu niedriger Kompressionsdruck entsteht durch ein zu großes Spiel zwischen Kolbenringe und Zylinder, indem ein Teil der unter hohem Druck stehenden Verbrennungsgase in das Kurbelwellengehäuse gelangt. Dieser Motorschaden zeigt sich durch austretende Blasen oder Ölschwaden aus dem geöffneten Ölnachfüllstutzen bei laufendem Motor, da im Kurbelwellengehäuse ein Druckanstieg erfolgt. Treten keine Blasen aus liegt ein Verschleiß der Ventile vor. Ein sprunghafter Meßwertanstieg bei jeder Umdrehung läßt auf ein verbranntes Ventil oder klemmende Ventilführung schließen. Zur Eingrenzung der Fehlerquelle sind etwa 5 Kubikzentimeter Motoröl in das Kerzenloch des Zylinders mit dem schlechten Meßergebnis zu geben, was eine Abdichtung an den Kolbenringen zur Folge hat, und anschließend ist die Messung zu wiederholen. Ist keine Besserung eingetreten, so weist das auf undichte Ventile hin. Ansonsten dürfte ein Defekt bzw. Verschleiß an den Kolben oder Kolbenringen, eventuell auch ein unrunder Zylinder, eine undichte Zylinderkopfdichtung oder zu knapp eingestellte Ventile die Ursache zu geringen Kompressionsdrucks sein. Weicht der Kompressionsdruck um 1 bar vom Sollwert ab, liegt er noch im Toleranzbereich.
16.1	●		**Störfallursache: Kompressionsdruck zu hoch** Ein zu hoher Kompressionsdruck entsteht durch starke Ölkohleablagerungen auf den Kolbenböden. In diesem Fall sind die Kolben zu entkohlen.

P = Position; A = Allgemein; T = Typspezifisch

P	A	T	VT	Erläuterung der Störfallursache
17		●		**Störfallursache: Turbolader blockiert** Ein Blockieren des Turboladers kann durch Fremdkörper in der Turbine oder im Lader bzw. durch Festfressen infolge zu hoher Abgastemperaturen und ungenügender Schmierung hervorgerufen werden. Der Motor soll nicht unmittelbar nach einem Kaltstart hoch belastet werden, da zu diesem Zeitpunkt noch keine ausreichende Schmierung des Turboladers besteht. Zur Vermeidung von Wärmestaus sollte der Motor nach einem Vollastbetrieb nicht sofort abgestellt werden.
18			●	**Störfallursache: Bruch eines Motorteils** Bei Überdrehzahl, d. h. bei Überschreiten der höchstzulässigen Drehzahl (z. B. $>$ 8500 1/min) arbeitet die Ventilsteuerung nicht mehr einwandfrei. Die Ventilfedern flattern, Ventilfedern, Ventile und Kipphebel können brechen und Stößelstangen verbiegen sich. Abgerissene Ventile fallen in den Verbrennungsraum auf den entsprechenden Kolben. Ein größerer Motorschaden ist die Folge. Ein Kurbelwellenbruch kann durch lokkere Lagerböcke verursacht werden.
19			●	**Störfallursache: Zahnriemenspannung zu gering** Der Zahnriemen wird durch den Zahnriemenspanner ständig gespannt. Ist jedoch die Zahnriemenlängung so groß, daß der Zahnriemen nicht mehr ausreichend gespannt gehalten werden kann, zeigt sich dies durch erhöhte Motorgeräusche.
20			●	**Störfallursache: Zahnriemen verhärtet** Verschwindet das pfeifende Geräusch nach etwa 5 Minuten eines Kaltstarts, kann die Ursache ein verhärteter Zahnriemen sein. Die Lebensdauer des Zahnriemens wird dadurch nicht verkürzt.
21			●	**Störfallursache: Zahnriemen gerissen** Der Zahnriemen treibt die Nockenwelle. Ein Bruch des Zahnriemens führt zum Motorstillstand.
22	●			**Störfallursache: Benzinqualität** Tritt das Klingeln im unteren Drehzahlbereich bei starkem Gasgeben auf, ist die Benzinqualität unzureichend. Enthält der Kraftstoff zuviel Alkohol (Methanol), wird die in der DIN-Norm festgelegte Oktanzahl nicht erreicht. Ferner entstehen dadurch Korrosionsschäden an Leichtmetallen, z. B. am Vergasergehäuse.

P = Position; A = Allgemein; T = Typspezifisch; VT = Viertakter

P	A	T	Erläuterung der Störfallursache
23	●		**Störfallursache: Wellendichtungen** Es kann ein undichter Dichtring auf der Nocken- oder Schaltwelle sein.
24		●	**Störfallursache: Gehäuseabdichtung** In Frage kommen: Kurbelwellendichtungen Kurbelgehäusedeckeldichtung, Ventildeckeldichtung, Zylinderkopfdichtung (falsch eingebaut) oder der Steuerkettenschacht. Außerdem kann die Ölwanne Risse bekommen, vor allem wenn die Ölablaßschraube in einem Aluminiumdeckel zu stark angezogen wurde. Das Überprüfen des Motorblocks auf Dichtheit erfolgt rein visuell. Sofern erforderlich, neue Dichtungen einsetzen bzw. Schrauben nachziehen.
25		●	**Störfallursache: Motoröl dickflüssig** Bei tiefen Temperaturen Motor mittels Kickstarter einige Male vor dem Elektrostart durchtreten. Dadurch werden die Lager von klebendem Öl befreit. Ein zu dickflüssiges Motoröl vermindert, vor allem bei kaltem Motor, die Schmierung und bremst den Motorlauf (Kurbelwelle taucht ins Motoröl). Motoröl wird vor allem durch Verbrennungsrückstände dickflüssig. Solange die Betriebstemperatur des Motors nicht erreicht ist, sollten 80 km/h nicht überschritten werden.
26		●	**Störfallursache: Entlüfter des Ölsystems verstopft** Der Entlüfter verhindert die Entstehung eines Überdrucks im Kurbelgehäuse durch eindringende Verbrennungsgase und stellt einen geringen Unterdruck sicher. Hierbei handelt es sich um ein Schnüffelventil oder einen Drehschieber, der mit Kurbelwellendrehzahl angetrieben wird. Durch den im Kurbelgehäuse herrschenden Unterdruck gelangt kein Motoröl nach außen.

P = Position; A = Allgemein; T = Typspezifisch

P	A	Erläuterung der Störfallursache
27	●	**Störfallursache: Schmierölmenge zu klein** Ein kurzzeitiges Aufleuchten der Öldruckkontrolleuchte während einer Kurvenfahrt weist auf zu wenig Öl im Motor hin. Bei ständigem Aufleuchten wärend der Fahrt ist umgehend anzuhalten, um einen möglichen Motorschaden zu vermeiden. Ist der Motorölstand bis unter die Min-Markierung des Ölmeßstabes abgesunken, muß vor der Weiterfahrt Öl nachgefüllt werden. Ein zu langes Aufleuchten beim Motorstart läßt auf zu dünnflüssiges Öl schließen.
28	●	**Störfallursache: Schmierölmenge zu groß** Ist zu viel Öl im Motor, gelangt über die Kurbelgehäuse-Entlüftung verstärkt Motoröl ins Luftfiltergehäuse. Dieser Öldunst wird mit Ansaugluft in den Vergaser und in die Verbrennungsräume gesaugt, was zu einer Verschmutzung des Vergasers und zur Erhöhung von Verbrennungsrückständen führt. Die Folge sind Vergaser- u. Zündstörungen. Ferner gelangt zu viel Schmieröl in den Verbrennungsraum, dessen Verbrennung eine Blaufärbung der Abgase zur Folge hat. Außerdem bildet sich Schaum, wodurch die Motorschmierung vermindert wird und zu Kipphebelbrüchen führen kann.
29	●	**Störfallursache: Unzureichende Schmierfähigkeit des Öls** Durch ungenügende Motorkühlung oder Schmierung tritt eine Motorüberhitzung ein, wodurch sich die Kolben dehnen und an den Zylinderwänden festfressen. Ursache kann außer einer defekten Schmieranlage oder Ölmangel auch eine ungenügende Schmierfähigkeit des Öls sein. Dies kann auch die Folge von häufigen Kaltstarts und Kurzstrekkenbetrieb sein, da hierdurch das Öl mit bis zu 3 % Kondenswasser und bis zu 8 % schwersiedenden Kraftstoffanteilen angereichert wird. Das Kondenswasser verdampft erst ab 80 °C und die Kraftstoffanteile erst ab 120 °C. Da Wasser das Schmieröl dickflüssiger und die Kraftstoffanteile es dünnflüssiger machen, ist nach dem Verdampfen des Wassers das Öl solange zu dünnflüssig und somit nicht voll schmierfähig, bis auch die Kraftstoffanteile verdampft sind. Die schwierigste Phase tritt also ein wenn das Wasser vollkommen verdampft ist, was nach einer Betriebszeit von etwa 30 Minuten der Fall ist. Die ölverdünnenden Kraftstoffanteile sind erst nach einer Betriebszeit von etwa 2 Stunden verdampft. Deshalb kann erst nach dieser Zeit mit Vollgas gefahren werden, ohne einen Motorschaden befürchten zu müssen.

P = Position; A = Allgemein

Schmieranlage

P	A	Erläuterung der Störfallursache
30	●	**Störfallursache: Öldruck zu gering** Die Fördermenge bzw. der Öldruck der Schmierölpumpe ist von der Motordrehzahl und Öltemperatur abhängig. Demgemäß hat eine untertourige Fahrweise einen geringeren Öldruck, eine Verringerung der Motorschmierung und einen erhöhten Motorverschleiß zur Folge. Der Öldruck beträgt im Leerlauf bei kaltem Motor etwa 4 bar und bei dünnflüssigem bzw. heißem Öl etwa 2 bar. Deshalb kann trotz einwandfreier Schmieranlage die Öldruckkontrollampe bei heißem Motoröl und kleiner Motordrehzahl kurz aufleuchten. Ursache für einen zu geringen Öldruck kann auch ein zu großes Pleuellagerspiel sein.
31	●	**Störfallursache: defekte Dichtungen** Dichtungen befinden sich an der Kurbelwelle, an der Ölwanne, an der Ölablaßschraube sowie am Ölfilter. Auf Ölspuren achten!
32	●	**Störfallursache: Ölverdünnung durch Kraftstoff** Eine Zunahme der Schmierölmenge, die sich durch einen zu geringen Ölverbrauch zeigt, kann durch Überfettung des Kraftstoff-Luftgemisches beim Kaltstart und während der Warmlaufphase eintreten. Zu geringer Ölverbrauch läßt auf einen Kolbenschaden schließen bzw. auf ein zu großes Kolbenspiel. In diesem Fall wird das Öl mit Kraftstoff verseucht.
33	●	**Störfallursache: Motorschmierung** Bei Ölspuren am Auspuffende bei Zweitaktern darf die Ölpumpe nicht magerer eingestellt werden damit kein Kolbenfresser entsteht.
34	●	**Störfallursache: Scharfe Fahrweise** Wurden die Einfahrvorschriften nicht eingehalten, d. h. die Einfahrgeschwindigkeiten wurden über einen längeren Zeitraum beträchtlich überschritten, führt dies zu erhöhtem Ölverbrauch. Bei Neufahrzeugen kann der Ölverbrauch während der Einfahrzeit erhöht sein. 1 l/1000 km ist noch normal. Wird kein Öl verbraucht, kann eine Ölverdünnung durch Kraftstoff oder Kühlflüssigkeit (undichte Zylinderkopfdichtung) stattfinden.
35	●	**Störfallursache: Ölmeßstab undicht** Durch die umlaufende Kurbelwelle wird ständig Motoröl nach allen Seiten des Kurbelgehäuses gespritzt. Dichtet der Ölmeßstab das Meßrohr durch falschen Einbau nicht ab, kann hieraus Öl spritzen.

P = Position; A = Allgemein

P	A	F	Erläuterung der Störfallursache
36		●	**Störfallursache: Kühlsystem undicht** Zur Vermeidung von Überdruck in der Kühlanlage ist der Kühlerverschlußdeckel nur bis zur ersten Raste zuzuschrauben, wodurch der Kühlmittelverlust etwas reduziert wird. Ferner ist in diesem Störfall mit niedriger Drehzahl zu fahren, damit die Kühlmittelpumpe einen möglichst geringen Förderdruck erzeugt. Liegt eine größere Leckage in der Kühlanlage vor, kann eine Weiterfahrt nur riskiert werden, wenn genügend Wasser mitgeführt wird. Zum Lokalisieren kleiner Undichtigkeiten empfiehlt sich eine Motorreinigung und Beigabe von etwa 1/4 eines Teelöffels Methylorange (erhältlich in jeder Apotheke) in die Kühlflüssigkeit. Anschließend ist der Motor warmlaufen zu lassen und die Leckstelle zu suchen. Die Leckage kann auch durch einen Haarriß im Ausgleichsbehälter verursacht worden sein. Undichtigkeiten eines Kühlers lassen sich vielfach durch Dichtmittel beseitigen. Sie sind der Kühlflüssigkeit beizugeben.
37		●	**Störfallursache: Thermostat defekt** Wenn die Kühlmitteltemperatur den Sollwert zu langsam oder nicht erreicht, arbeitet der Kühlwasserthermostat nicht einwandfrei. Vollzieht sich der Temperaturanstieg zögernd, schließt der Thermostat den Kreislauf zum Kühler nicht. Erreicht die Motor- bzw. Kühlmitteltemperatur einen zu hohen Wert, öffnet der Thermostat den Kühlkreis zum Kühler nicht bzw. nicht ganz, so daß ein Teil der Kühlflüssigkeit direkt, also ungekühlt zum Motor zurückfließt. In diesem Fall bleibt das Kühleroberteil kalt. Der Thermostat beginnt bei etwa 70 °C sich langsam zu öffnen und ist bei etwa 85 °C ganz geöffnet. Um bei einer Motorüberhitzung die Weiterfahrt zu ermöglichen, ist der Thermostat – nachdem der Motor etwas abgekühlt ist – auszubauen. Schließt das Thermostat nicht mehr dann durchströmt die Kühlflüssigkeit den Kühler auch bei niedriger Temperatur des Motors bzw. der Kühlflüssigkeit. Dadurch erreicht die Kühlflüssigkeit bei tiefen Außentemperaturen nur selten seinen Sollwert. Abhilfe bringt der Einbau eines neuen Thermostats.
38		●	**Störfallursache: Temperaturwächter defekt** Ein defekter Temperaturwächter schaltet das elektrische Kühlergebläse nicht mehr ein bzw. aus. Wird das Kühlergebläse bei Bedarf nicht mehr eingeschaltet, fällt die Kühlung des Kühlers durch das Kühlergebläse während der Fahrt und im Stand aus. Um jedoch ein unzulässiges Ansteigen der Kühlflüssigkeitstemperatur zu vermeiden, kann das Anschlußkabel des Temperaturwächters überbrückt werden. Durch dieses Provisorium erreicht der Motor seine Betriebstemperatur meist nicht mehr. Die Überbrückung ist nach Abstellen des Motors zu entfernen, da eine automatische Ausschaltung nicht mehr erfolgt. Abhilfe: Austauschen des Temperaturwächters.

P = Position; A = Allgemein; F = Flüssigkeitskühlung

P	A	F	Erläuterung der Störfallursache
39		●	**Störfallursache: Kühlflüssigkeitsmenge zu gering** Ist der Motor überhitzt, Motorrad vorschriftsmäßig am Fahrbahnrand abstellen und Kühlflüssigkeitsstand kontrollieren. Vor Weiterfahrt ist die Kühlanlage bei laufendem Motor mit Wasser aufzufüllen, die Leckstelle (Schläuche, Kühler, Wasserpumpe) zu ermitteln und baldmöglichst abzudichten. Ist die Kühlanlage wieder dicht, etwas Kühlflüssigkeit ablassen und Frostschutzmittel nachfüllen. Werden bei einem größeren Kühlflüssigkeitsverlust keine Gegenmaßnahmen getroffen, kommt es zum Verdampfen der noch vorhandenen Kühlflüssigkeit. In diesem Stadium wird eine zu geringe Motortemperatur angezeigt, da der Temperaturgeber nicht mehr von der Kühlflüssigkeit, sondern lediglich von Wasserdampf umgeben ist. Ein weiterer Kühlmittelverlust zieht eine so starke Motorüberhitzung nach sich, daß ein Motordefekt (Kolbenfresser) eintritt. *190 Hat der Kühler gekocht, Wasser nach einer Abkühlpause bei laufendem Motor nachfüllen. In der kalten Jahreszeit nicht vergessen, einen entsprechenden Teil Frostschutzmittel beizugeben.*
40		●	**Störfallursache: Gefrierschutz der Kühlflüssigkeit zu knapp** Der maximale Gefrierschutz einer Kühlflüssigkeit besteht bei einem Mischungsverhältnis von 50 % Wasser und 50 % Gefrierschutzmittel. Überwiegt das Frostschutzmittel, nimmt der Frostschutz ab. In unserer Klimazone reicht jedoch ein Mischungsverhältnis von 2 : 1. Bei ungenügendem Gefrierschutz wird die Kühlflüssigkeit ab einer bestimmten Temperatur zu einer breiigen Masse, die von der Kühlmittelpumpe nicht mehr umgewälzt werden kann, und die Motorüberhitzung tritt ein. Wird bei tiefen Außentemperaturen ohne Frostschutz gefahren, kann die Kühlflüssigkeit im Kühler auch durch den Fahrtwind einfrieren und eine Motorüberhitzung eintreten. In diesem Fall gelingt kein Motorstart, da die festgefrorene Kühlmittelpumpe blockiert. Die Kühlanlage muß in einem warmen Raum aufgetaut werden. Vor der Fahrt ist die Kühlanlage durch Einfüllen eines Frostschutzmittels winterfest zu machen und bei laufendem Motor auf Dichtheit zu überprüfen. Ferner ist nach einigen Betriebsstunden zu kontrollieren, ob Wasser in den Ölkreislauf eingedrungen ist. Zur Kontrolle ist der Ölmeßstab zu ziehen. Es dürfen keine Wassertropfen sichtbar sein.

P = Position; A = Allgemein; F = Flüssigkeitskühlung

P	A	F	Erläuterung der Störfallursache
41		●	**Störfallursache: Kühler verstopft** Die Wärmeabführung an die Außenluft kann durch Korrosionsprodukte, die sich in den Röhrchen des Kühlers festsetzen bzw. durch Kalkablagerungen reduziert sein. Den gleichen Effekt verursachen Verschmutzungen oder Insekten zwischen den Kühlrippen. Kalkablagerungen im Kühler können durch ein flüssiges Entkalkungsmittel beseitigt werden, das in das mit Kühlflüssigkeit gefüllte Kühlsystem einzufüllen ist. Die Wirkung tritt bei warmem Motor ein. Anschließend ist die Kühlflüssigkeit abzulassen und das Kühlsystem mit Wasser zu füllen und zu entleeren. Nach dieser Prozedur ist das Kühlsystem mit normaler Zusammensetzung aufzufüllen. Ein verkalkter bzw. verschmutzter Kühler führt zu einer Verschlechterung der Motorkühlung und somit zur Erhöhung der Motor- und Öltemperatur. Dadurch wird die Schmierfähigkeit reduziert und der Verschleiß erhöht. Ferner altert ab etwa 80 °C das Motoröl bedeutend schneller, d. h. die Schmierwirkung, Kühlwirkung und Schmutztragfähigkeit des Öls nehmen schneller ab. Notfalls Motor abstellen, bis zur Betriebstemperatur abkühlen lassen, anschließend Fahrt mit kleiner Geschwindigkeit fortsetzen und auf Temperaturanzeige achten.
41.1		●	**Störfallursache: Löcher im Verschluß des Ausgleichsbehälters verstopft** Heiße Kühlflüssigkeit dehnt sich aus und fließt in den Ausgleichsbehälter. Während der Abkühlphase erfolgt eine Volumenreduzierung im Kühlsystem. Dadurch entsteht im Kühler ein Unterdruck wodurch Kühlflüssigkeit aus dem Ausgleichsbehälter in den Kühler zurückfließt. Dies ist jedoch nicht möglich, wenn die Löcher im Deckel des Ausgleichsbehälters verstopft sind, da in diesem Fall der atmosphärische Luftdruck nicht wirksam sein kann. Aufgrund dessen ist der Kühler nicht voll gefüllt und die Motortemperatur wird zu hoch.
41.2		●	**Störfallursache: Unterdruckventil** Während der Abkühlphase des Kühlmittels entsteht im Kühlsystem Unterdruck. Bei einem Unterdruck von 0,06 bis 0,1 bar öffnet das im Verschluß der Kühlanlage eingebaute Unterdruckventil, wodurch die Verbindung zur Atmosphäre hergestellt wird und somit Druckgleichheit herrscht. Ist das Unterdruckventil defekt, d. h. es öffnet bei einem bestimmten Unterdruck nicht, drückt der atmosphärische Unterdruck die Kühlmittelschläuche, unter Umständen auch den Kühler, zusammen.
42		●	**Störfallursache: Motorkühlung zu gering** Eine zu geringe Motorkühlung hat eine verminderte Zylinderfüllung zur Folge.
42.1		●	**Störfallursache: Kühlflüssigkeitspumpe** Vermutlich sind die Lager der Kühlflüssigkeitspumpe ohne Schmierung oder ein Dichtring ist defekt. Meist ist ein Austausch der Kühlflüssigkeitspumpe erforderlich. Durch einen defekten Dichtring der Kühlmittelpumpe gelangt Wasser ins Getriebe.

P = Position; A = Allgemein; F = Flüssigkeitskühlung

P	A	Erläuterung der Störfallursache
43	●	**Störfallursache: Kraftstofftank leer** Geht der Kraftstoffvorrat zur Neige, bleibt der Motor stotternd stehen. Da die Kraftstoffanzeige nicht ganz genau ist und auch hier ein Fehler vorliegen kann, ist auf das Instrument kein absoluter Verlaß.
44	●	**Störfallursache: Dampfblasen im Kraftstoffsystem** Dampfblasen (Benzindämpfe) entstehen in den Benzinleitungen und in der Benzinpumpe bei starker Motorerhitzung z. B. bei scharfer Autobahnfahrt und verursachen eine reduzierte Kraftstofförderung, die für den Motorbetrieb nicht ausreicht. Ferner begünstigt ein verstopfter Benzinpumpenfilter die Dampfblasenbildung infolge des erhöhten Strömungswiderstandes. Dampfblasen können eine Kraftstofförderung teilweise oder ganz verhindern. Wird ein heißer Motor nur kurzzeitig abgestellt, z. B. auf einem Autobahnrastplatz, sollte der Motor zur Erzielung einer Temperaturreduzierung erst nach etwa 30 Sekunden Leerlaufbetrieb abgestellt werden. Es ist ein Startversuch bei Vollgas vorzunehmen. Gelingt der Start nicht, ist abzuwarten, bis sich der Motor etwas abgekühlt hat. Evtl. Kraftstoffleitungen und Kraftstoffpumpe mit kaltem Wasser oder feuchtem Lappen abkühlen. Ist das Kraftstoff-Luftgemisch zu mager, erfolgt weder Zündung noch Verbrennung. In diesem Fall ist am Auspuff Benzingeruch feststellbar.
45	●	**Störfallursache: Kraftstoffleitungen** Die Kraftstoffzuleitung kann verstopft, undicht, abgerutscht oder gerissen sein. Bei Benzingeruch besteht erhöhte Feuergefahr. Des weiteren kann die Kraftstoffleitung eingefroren sein, was passiert, wenn Wasser in den Kraftstoffbehälter gelangte.
46	●	**Störfallursache: Tankbelüftung verstopft** Während der Kraftstoffentnahme entsteht im Kraftstoffbehälter – wenn dessen Belüftung verstopft ist, z. B. durch Wasser – ein Unterdruck, da keine ausreichende Verbindung zur Außenluft mehr besteht. Der atmosphärische Luftdruck kann sich nicht mehr im Innern des Kraftstoffbehälters auswirken und Kraftstoff zur Kraftstoffpumpe drücken. Für eine einwandfreie Tankbelüftung ist zu sorgen.
47	●	**Störfallursache: Kraftstoffbehälter zu voll** Wird der Kraftstoffbehälter bei hoher Außentemperatur zu voll getankt, läuft Kraftstoff – infolge seiner Ausdehnung – aus der Entlüftungseinrichtung und geht somit verloren. Der Kraftstoff kommt aus der Tanksäule mit etwa 5 bis 10 °C. Das Volumen von Normalbenzin steigt um 0,11 %, das von Super um 0,14 % je °C. Die Erwärmung von Normalbenzin um 20 °C hat demnach eine Ausdehnung von etwa 2 % zur Folge. Bei einem 25 Liter-Tank sind das etwa 0,5 l.

P = Position; A = Allgemein

P	A	Erläuterung der Störfallursache
48	●	**Störfallursache: Kraftstoffilter verstopft** Schmutz kann beim Tanken oder über die Tankentlüftung ins Kraftstoffsystem gelangen und den Kraftstoffilter verstopfen. Hauptstromfilter mit Kurzschlußventil lassen sich bei betriebswarmem Motor durch Anfassen auf ihre Wirkung überprüfen. Entspricht die Temperatur etwa der der Ölwanne, durchströmt das Schmieröl den Filter. Ist er merklich kälter, wird das Schmieröl über das Kurzschlußventil (nicht generell vorhanden) direkt zu den Schmierstellen geführt. In diesem Fall sollten umgehend Ölwechsel und Filteraustausch vorgenommen werden.
49	●	**Störfallursache: Kraftstoffanlage undicht** Zu den undichten Stellen zählen: Kraftstoffhahn, Tankdeckel (Kraftstoff schwappt über) Kraftstoffilter, Kraftstoffleitungen. Ein defektes unterdruckgesteuertes Kraftstoff-Absperrventil (typspezifisch) läßt Kraftstoff bei geöffneten Einlaßventilen und offenem Schwimmernadelventil in den Verbrennungsraum laufen.
50	●	**Störfallursache: Kraftstoffausnützung** Die Verbrennungsdauer und somit das Erreichen der maximalen Energie ist umso kürzer, je stärker der Zündfunke, je günstiger das Kraftstoff-Luftgemisch und je höher die Verdichtung.
51	●	**Störfallursache: Kraftstoffpumpe** Bei elektromotorisch angetriebenen Kraftstoffpumpen kann der Motor oder das Kraftstoffpumpenrelais defekt sein bzw. eine zeitweise oder ständige Leitungsunterbrechung vorliegen. Ferner ist die Kraftstoffversorgung bei einem Masse- oder Kurzschluß im Stromkreis einer elektrischen Kraftstoffpumpe nicht mehr gewährleistet.
P = Position; A = Allgemein		

P	A	TL	Erläuterung der Störfallursache
52	●		**Störfallursache: Luftfilter verstopft** Staub befindet sich in der Ansaugluft, Ölpartikel in der Kurbelgehäuseentlüftung, die in das Luftfiltergehäuse führt. Staub und Ölpartikel setzen sich in den Poren des Filtereinsatzes fest und erhöhen den Luftwiderstand der Ansaugluft. Die Folge ist eine Überfettung des Kraftstoff-Luftgemisches, was zu Startschwierigkeiten, kleinerer Leerlaufdrehzahl, erhöhtem Kraftstoffverbrauch (bis 8 %) durch unvollständige Verbrennung (Verrußen der Verbrennungsräume, Abgase schwärzlich) und zum Absinken der Motorleistung führt. Ein nahezu oder ganz luftundurchlässiger Luftfilter bewirkt den Motorstillstand. Ein solcher Fall kann eintreten, wenn der Luftfilter stark verschmutzt ist und durch hohe Luftfeuchtigkeit naß wird bzw. der nasse Luftfilter gefriert, was passieren kann, wenn bei hoher Luftfeuchtigkeit in eine kältere Gegend gefahren wird, oder ein feuchter Luftfilter gefriert während des Motorstillstands. Notfalls kann der Luftfilter entfernt werden. Auch kann Wasser in das Luftfiltergehäuse eingedrungen sein.
53	●		**Störfallursache: Nebenluft** Ist das Ansaugsystem an einer oder mehreren Stellen undicht, z. B. wenn die Gummidichtung zwischen Vergaser und Ansaugstutzen gerissen ist, saugt der Motor Nebenluft an. Dies führt zu Störungen beim Start und Motorlauf, da das Kraftstoff-Luftgemisch zu mager ist. Beeinflußt eine Verstellung der Leerlaufluftschraube die Motordrehzahl nicht merklich, bekommt der Vergaser Nebenluft, beispielsweise durch eine defekte Dichtung oder lose Schrauben.
54	●		**Störfallursache: Höhenlage** Mit zunehmender Höhe wird die Luft dünner, folglich die von den Kolben angesaugte Sauerstoffmenge geringer. Da die Kraftstoffmenge unabhängig von der Höhenlage ist wird das Kraftstoffluftgemisch mit zunehmender Höhe fetter. Die maximale Motorleistung wird jedoch bei einem Mischungsverhältnis von 1 : 14 (1 Gramm Kraftstoff, 14 Gramm Luft) erreicht. Eine Höhenzunahme von 100 m hat eine Reduzierung der Motorleistung von etwa 1 Prozent zur Folge. Mit zunehmender Höhe sinkt die Temperatur (pro 1000 m 6 bis 7 °C), was jedoch keine bedeutende Leistungssteigerung bewirkt. Motorräder, die meist in höheren Lagen gefahren werden, sind mit kleineren Düsen zu versehen, oder die Düsennadel muß tiefer angeordnet werden.
55		●	**Störfallursache: Ladedruckventil klemmt** Zu Funktionsstörungen am Ladedruckventil kann heißes Abgas in Verbindung mit Schmutz führen.

P = Position; A = Allgemein; TL = Turbolader

P	A	Erläuterung der Störfallursache
56	●	**Störfallursache: Vergasereinstellung** Ist das Kraftstoffluftgemisch zu fett oder zu mager, verliert es seine Zündfähigkeit. Ein zu fettes Gemisch hat eine Leistungssteigerung, ein zu mageres einen Leistungsabfall zur Folge. Ist das Gemisch zu fett, steigt bei Kolonnenfahrt, im Stand oder längerem Leerlaufbetrieb die Motortemperatur durch verminderte Kühlung. Dadurch verdampft Benzin in der Schwimmerkammer. Dies führt zu einer Gemischanreicherung. Bei Vergasern ohne Höhenkorrektur erfolgt eine Gemischanreicherung bei Gebirgsfahrten durch einen niedrigeren Luftdruck und die geringere Luftdichte. Bei Betriebstemperatur ist zur vollkommenen Verbrennung ein Kraftstoff-Luftgemisch von 1 : 14,8 erforderlich. Zündfähig ist jedoch auch noch ein Gemisch zwischen 1 : 7 und 1 : 17. Ist das Gemisch zu mager, geht der Verbrennungsprozeß langsamer vor sich und die Innenkühlung des Motors ist durch weniger Kraftstoff vermindert. Während des Kaltstarts ist ein Kraftstoff-Luftgemisch von 1 : 3 erforderlich, da die Strömungsgeschwindigkeit der Ansaugluft aufgrund der niedrigen Startdrehzahl sehr gering ist. Demzufolge ist der Unterdruck im Ansaugkanal so niedrig, daß nur wenig Kraftstoff aus dem Hauptdüsensystem bzw. Leerlaufsystem angesaugt wird. Ferner schlägt sich ein Teil der Kraftstoffmenge an den kalten Ansaugrohren- und Zylinderwandungen nieder und vergast nicht. Springt ein kalter Motor aus Kraftstoffmangel schlecht an sollte eine Leerlaufdüse mit größerem Durchflußquerschnitt eingebaut werden.
57	●	**Störfallursache: Kraftstoffluftgemisch zu mager** Mageres Kraftstoff-Luftgemisch erfordert eine höhere Zündenergie. Das Gemisch verbrennt langsamer. Dies führt zu einer Erhöhung der Motortemperatur und der Stickoxyde im Abgas. Zündaussetzer beim Beschleunigen und im Leerlauf sowie eine verstärkte Klopfneigung sind typische Auswirkungen eines zu mageren Gemisches. Das Gemisch kann auch durch eine verstopfte Haupt- oder Leerlaufdüse oder durch ein defektes Schwimmernadelventil (Siehe Pos. 60) soweit abmagern oder überfettet werden, daß der Motor stark ruckelt bzw. abstirbt. Ein etwas überfettetes Kraftstoff-Luftgemisch erhöht die Innenkühlung und mindert die thermische Beanspruchung des Motors. Durch zu hohe Temperaturen brennt der Kolbenboden durch.
58	●	**Störfallursache: Kraftstoffluftgemisch zu fett** Dieser Zustand kann eintreten, wenn kurz nach Abstellen eines heißen Motors erneut gestartet wird. Da ein sehr fettes Gemisch eine höhere Zündspannung erfordert, ist es meist nicht zündfähig. Deshalb ist mit Vollgas zu starten (Gemisch wird magerer) jedoch nicht mit dem Drehgas pumpen, damit durch die Beschleunigerpumpe kein Kraftstoff eingespritzt wird. Nach dem Anlassen ist der Motor kurzzeitig mit erhöhter Leerlaufdrehzahl zu betreiben. Bei einem zu fetten Kraftstoffluftgemisch sind die Auspuffgase durch unvollkommene Verbrennung schwärzlich. Dies ist auch im Kurzstreckenverkehr der Fall, da der Motor seine Betriebstemperatur nicht erreicht (am schwarzen Endrohr ersichtlich). Wurde der Motor längere Zeit bei Betriebstemperatur betrieben, muß das Endrohr der Abgasanlage hellgrau sein. Durch ein zu fettes Gemisch bilden sich Verbrennungsrückstände an den Ventilen (Viertakter), Steuerschlitzen (Zweitakter) und im Verbrennungsraum. Ferner erhöht sich die Schadstoffemission.
P = Position; A = Allgemein		

P	A	Erläuterung der Störfallursache
59	●	**Störfallursache: Leerlaufeinstellung** Bei einem falsch eingestellten Leerlauf läuft der Motor im Drehzahlbereich über 2000 1/min einwandfrei. Darunter wird der Motorlauf unrund. Nähert sich das Gaspedal der Leerlaufstellung, tritt der Motorstillstand ein. Es ist die Einstellung des Drosselklappenanschlags und der Leerlaufregulierschraube zu berichtigen.
60	●	**Störfallursache: Schwimmernadelventil** Durch das Reiben der Schwimmernadel auf dem Schwimmer bildet sich eine Kerbe im Schwimmer. Diese Verschleißerscheinung kann zum Verklemmen der Schwimmernadel führen und somit zum Versagen der Kraftstoffmengenregelung (Benzin läuft bereits ohne Sog aus dem Mischrohr oder die Kraftstoffzuführung wird teilweise oder ganz unterbrochen). In diesem Fall sind die betroffenen Bauteile durch neue zu ersetzen. Das Kraftstoff-Luftgemisch ist zeitweise nicht zündfähig. Zündkerzen verrußen bei zu fettem Gemisch. Es kann auch Verschleiß oder eine Verschmutzung des Schwimmernadelventils vorliegen.
61	●	**Störfallursache: Wasser in Schwimmerkammer** Damit eventuell angesammeltes Wasser und Schmutz aus dem Vergaser abfließen können, sollte von Zeit zu Zeit bei geöffnetem Benzinhahn die unterste Schraube am Vergaser kurzzeitig geöffnet werden.
62	●	**Störfallursache: Hauptdüse** Ist die Hauptdüse verstopft, erhält der Motor zu wenig Kraftstoff und wird zu heiß. Hauptdüse bzw. den gesamten Vergaser reinigen.
63	●	**Störfallursache: Vergaser vereist** Zu einer Vergaservereisung kommt es bei hoher Luftfeuchtigkeit (Schneefall, Nebel) und Außentemperaturen zwischen 0 und + 5 °C wenn die Ansaugluft nicht warm ist. In diesem Fall sinkt die Vergasertemperatur unter den Gefrierpunkt, wodurch die in der Ansaugluft enthaltene Feuchtigkeit am Vergaser kondensiert und dort gefriert. Durch die sich bildende Eisschicht verkleinert sich der Vergaserdurchlaß. Folglich nimmt die Strömungsgeschwindigkeit der Ansaugluft zu und es wird zuviel Benzin angesaugt. Das so überfettete Benzin-Luft-Gemisch führt zu Leistungsabfall, erhöhtem Benzinverbrauch (Auspuffgase bläulichschwarz) und letztlich zum Motorstillstand. Die Vereisung ist durch die Motorwärme bei Motorstillstand nach etwa 5 bis 10 Minuten abgetaut, und die Fahrt kann fortgesetzt werden.
64	●	**Störfallursache: Vergaser defekt** Zu den Vergaserstörungen zählen häufig Schäden durch Korrosion an Vergasergehäusen. Ursache ist Billigbenzin, das zuviel Alkohol enthält.

P = Position; A = Allgemein

Vergaseranlage

P	A	Z	Erläuterung der Störfallursache
65	●		**Störfallursache: Gaszug bzw. Gasgestänge klemmt** Um Motorschäden durch hochdrehenden Motor zu vermeiden, ist zunächst die Zündung auszuschalten und anschließend auszukuppeln. Ist die Rückzugfeder des Gaszuges gebrochen, sollte eine provisorische Verbindung versucht werden, um weiterfahren zu können. Erscheint jedoch der Gaszug in Ordnung, kann unter erhöhter Vorsicht weitergefahren werden.
66		●	**Störfallursache: Drehschieber falsch eingebaut** Richtiger Einbau: Fängt der Kolben an, sich von UT nach OT zu bewegen, muß der Einlaßkanal vom Drehschieber geöffnet werden.
67	●		**Störfallursache: Kraftstoff-Luftgemisch** – Kraftstoffklopfen Die Klopffestigkeit wird durch Zusatz von Alkohol erhöht. Bei heißem Motor und magerem Gemisch nimmt die Verbrennung nicht den gewünschten Verlauf. Ein Rest entzündet sich selbst. Es entsteht ein schlagartiger Druckanstieg, der sich durch metallisches Klopfen bemerkbar macht. Lager des Kurbeltriebs, Kolbenringe, Ventile und die Zylinderkopfdichtung werden überbeansprucht und zerstört. – Zündungsklopfen Zündungsklopfen wird durch Frühzündung verursacht.
P = Position; A = Allgemein; Z = Zweitakter			

Starteranlage

P	A	Erläuterung der Störfallursache
68	●	**Störfallursache: Stromunterbrechung** Befindet sich der Zündanlaßschalter in Anlaßstellung und an Klemme 50 des Anlassers ist keine Spannung, kann ein Startversuch durch Kurzschließen der elektrischen Anschlüsse (Klemmen 30 und 50) vorgenommen werden. Die Stromunterbrechung dürfte zwischen Zündschloß und der Klemme 50 des Magnetschalters liegen.
69	●	**Störfallursache: Magnetschalter** Dreht sich der Anlasser eines heißen Motors bei einem Startversuch nicht, hängt vermutlich der Magnetschalter. In diesem Fall ist der Zündschlüssel in Anlaßstellung zu bringen und gleichzeitig mit einem Hammer mehrmals leicht auf den Magnetschalter des Anlassers zu klopfen.
70	●	**Störfallursache: Anlasser** Liegt ein Kurzschluß vor, leuchtet die Ladekontrollampe während des Startversuchs merklich schwächer oder sie erlischt ganz, da ein hoher Strom fließt und folglich die Bordspannung stark abfällt. Das Motorrad ist anzuschieben und der Anlasser auszutauschen.
P = Position; A = Allgemein		

P	A	Erläuterung der Störfallursache
71	●	**Störfallursache: Anlasserritzel** Das Anlasserritzel klemmt im Zahnkranz des Motors. Abhilfe bringt meist eine Veränderung der Zahnstellung des Zahnkranzes der Schwungscheibe und den Zähnen des Anlasserritzels. Es ist die Zündung auszuschalten, der 4. Gang einzulegen, das Motorrad einige Zentimeter vorwärts oder rückwärst zu schieben und erneut zu starten.
72	●	**Störfallursache: Ritzellagerung** Dreht der Anlasser beim Start schneller als normal, besteht keine Kopplung mit dem Zahnkranz der Schwungscheibe. Das Anlasserritzel haftet auf seinem Steilgewinde. Motorrad anschieben. Die Ritzellagerung kann verklebt sein. Abhilfe schafft eine Reinigung und leichtes Einölen.
73	●	**Störfallursache: Schwungradzahnkranz** Spurt ein Anlasser nicht ein, d. h. wenn keine Verbindung zwischen dem Zahnkranz der Schwungscheibe und dem Zahnrad (Ritzel) des Anlassers erfolgt, surrt der Anlasser während des Startversuches. In diesem Fall ist das Fahrzeug vor einem erneuten Startversuch im vierten Gang einige Zentimeter weit zu schieben. Gelingt dann der Start, ist aus dem Zahnkranz der Schwungscheibe ein Zahn ausgebrochen. Dreht der Anlasser nach dieser Maßnahme den Motor auch nicht durch, dann klemmt das Anlasserritzel.
74	●	**Störfallursache: Kraftstoff-Luft-Gemisch** Beim Startvorgang sind vom Anlasser die hohen Reibungswiderstände der Kolben, Lager der Kurbelwelle und Pleuel und die Kompressionsdrücke zu überwinden. Wird ein kalter Motor gestartet, kommt noch eine erhöhte Zusatzbelastung durch das im kalten Zustand noch zähflüssige Motoröl hinzu. Voraussetzung für das Gelingen eines Starts ist eine bestimmte Mindestdrehzahl, die bei ungünstigen Bedingungen nur mit einer guten, voll geladenen Batterie und einwandfreien elektrischen Verbindungen erzielt werden kann. Wird die Mindesdrehzahl nicht erreicht, kann sich kein zündfähiges Kraftstoff-Luftgemisch bilden. Springt der Motor im kalten Zustand bei tiefen Außentemperaturen und einwandfreier Stromversorgung (Anlasser dreht kräftig durch) nicht an, Feuerzeug-Benzin in den Luftfilter spritzen. Ansonsten Kerzen entfernen, in die Kerzenlöcher Feuerzeugbenzin spritzen, Kerzen wieder einsetzen und starten. Anstelle von Feuerzeugbenzin kann auch ein Starthilfe-Spray verwendet werden. Es ist in den Ansaugkanal einzuspritzen, hat einen niedrigen Flammpunkt und ist somit leicht zu entzünden.

P = Position; A = Allgemein

P	A	Erläuterung der Störfallursache
75	●	**Störfallursache: Zündkerzen**

Während des Betriebs nimmt die Materialstärke der Elektroden ab, wodurch sich der Elektrodenabstand vergrößert. Außerdem sinkt der Wärmewert der Zündkerzen, d. h. die Selbstreinigungstemperatur wird früher erreicht bzw. die Zündkerzen werden zu heiß.

Verbrauchte Zündkerzen benötigen eine höhere Zündspannung und verursachen Zündaussetzer in allen Drehzahlbereichen. Dies führt zu Startschwierigkeiten und Motorklopfen bei hoher Motorbelastung. Weil dadurch auch die Motorleistung sinkt und der Kraftstoffverbrauch steigt, sollte der von den Motorherstellern empfohlene Zündkerzenwechsel eingehalten werden. Ein Reinigen der Zündkerzen bzw. ein Nachstellen der Elektroden bringt meist nicht die erwartete Verbesserung des Motorlaufs und der Motorleistung.

Zu Zündaussetzern führt auch eine gelblich glänzende Glasur auf dem Isolator (Ursache ist eine falsche Vergasereinstellung) oder ein leitender Schmutzbelag auf dem Isolatorfuß.

Schmelzerscheinungen an den Elektroden entstehen durch Glühzündungen als Folge von Ablagerungen im Brennraum, die von Motoröl- oder Kraftstoffzusätzen abstammen können, falschen Zündzeitpunkt, oder durch überhitzte Ventile.

Kurzgeschlossene Elektroden durch Ablagerung einer Blei-Kohlenstoff-Verbindung verhindern die Entstehung eines Zündfunkens. Abhilfe ist durch Reinigen der Zündkerzen möglich.

Der Zündfunke springt bei niederem Druck leichter über als bei höherem. Aufgrund dessen besteht die Möglichkeit, daß bei einer nicht einwandfreien Zündkerze der Zündfunke im ausgebauten Zustand überspringt, im eingebauten, wenn sie dem Kompressionsdruck ausgesetzt ist, dagegen nicht mehr.

Eine Zündkerze kann auch undicht werden, wodurch der Kompressionsdruck und die Motorleistung sinken.

Aufschluß über den Zustand des Motors und seiner Hilfssysteme gibt das Zündkerzengesicht gemäß nachstehender Übersicht:

Braun bis grau	Motor in Ordnung
Schwarz	Kraftstoffluftgemisch zu fett, Elektrodenabstand zu groß, Luftfilter verstopft
Rußig	Zu viel Öl gelangt in den Verbrennungsraum (Beim Zweitakter Ölbeimischung zu hoch, beim Viertakter Ventilführungen der Einlaßventile bzw. Kolbenringe verschlissen)
Schmelzperlen auf den Elektroden	Wärmewert der Zündkerze bzw. Hauptdüse eines Vergasers falsch

Voraussetzung zur Vermeidung von Zündaussetzern ist der richtige Elektrodenabstand. Dieser soll bei Motoren mit Batteriezündung 0,7 bis 0,9 mm (Magermotoren 1,0 bis 1,2 mm) und Kleinmotoren mit Magnetzündung 0,5 mm betragen.

P = Position; A = Allgemein

P	A	Erläuterung der Störfallursache
		Eine Kontrolle der Zündkerzen sollte bei einem Viertakt-Motor erst nach einer Fahrstrecke von 7500 km, außerdem bei Zündstörungen oder Nachlassen der Motorleistung erfolgen, um eine Überbeanspruchung der Gewinde zu vermeiden bzw. die Dichtfähigkeit der Dichtringe zu erhalten. Überhitzte Zündkerzen sind durch neue zu ersetzen. Meßtechnisch werden Zündkerzen mit einem Zündkerzenprüfgerät getestet. Diese Einrichtung besteht im wesentlichen aus Druckraum mit Schauglas (zur Beobachtung der Zündkerze während der Prüfung). Manometer und Funkeninduktor. Die Prüfung wird bei verschiedenen Drücken durchgeführt. Da der Zündfunke bei niederem Druck leichter überspringt als bei höherem, ist die Zündkerze um so besser, je höher der Druck bei einsetzendem Funkenüberschlag ist.
76	●	**Störfallursache: Zündkerzen verrußt** Verrußen von Zündkerzen ist die Folge eines zu hohen Wärmewertes bzw. wenn vorwiegend im Kurzstreckenbetrieb gefahren wird. In beiden Fällen wird die Selbstreinigungstemperatur der Zündkerzen nicht erreicht. Die Folge sind Zündaussetzer, vor allem bei höheren Drehzahlen, die zu einem stotternden Motorlauf führen und ein Nachdieseln des Motors verursachen. Diese Störung beseitigt sich jedoch von selbst bei stärkerer Belastung, z. B. Autobahnfahrt, durch Selbstreinigung der Zündkerzen. Ursache von verrußten Zündkerzen können auch ein zu fettes Kraftstoff-Luftgemisch oder ein verschmutztes Luftfilter sein.
77	●	**Störfallursache: Zündkerzenstecker** Zunächst ist eine visuelle Kontrolle vorzunehmen. Er darf keinen Riß aufweisen, nicht verkohlt und kein Teil ausgebrochen sein. Nach positivem Befund ist eine Durchgangsprüfung durchzuführen. Verschmutzte Kerzenstecker verursachen Funkenüberschläge und führen somit zu Zündstörungen. Auf festen Sitz der Kerzenstecker achten.
P = Position; A = Allgemein		

P	A	Erläuterung der Störfallursache

78 ●

Störfallursache: Wärmewert der Zündkerzen falsch

Sind die Zündkerzen noch neu und nicht verrußt, so ist bei Startschwierigkeiten und Zündaussetzern der Wärmewert (siehe Bedienungsanleitung) zu überprüfen. Bei einem falschen Wärmewert bleiben die Zündkerzen zu kalt oder sie werden zu heiß. Ist der Wärmewert zu hoch, verschmutzt der Isolatorfuß und es entsteht ein Nebenschluß, ist er zu niedrig, besteht die Gefahr der Glühzündung (Nachdieseln des Motors).

Tabelle 6: Wärmewert der Zündkerzen

Wärmewert alt	Wärmewert neu	Temperatur der Mittelelektrode	Anmerkung
175	W7...	760 °C	Höchster Wärmewert (Heiße Kerze, geeignet für Kurzstreckenbetrieb)
225	W5...	680 °C	
240	W4...	580 °C	
260	W3...	530 °C	Tiefster Wärmewert (Kalte Kerze)

Damit eine Zündkerze nicht verrußt, sich also von Verbrennungsrückständen freibrennt, ist eine Temperatur von minimal 500 °C erforderlich.
Erreicht der Isolatorfuß eine Temperatur von 850 bis 900 °C, wird die Zündkerze zur Glühkerze, wodurch das Kraftstoff-Luftgemisch bereits vor Erreichen des Zündzeitpunktes entzündet wird.
Die Kerzentemperatur erreicht umso höhere Werte, je magerer das Gemisch ist bzw. mit zunehmender Frühzündung, da die Verbrennungstemperaturen länger wirksam sind.
Die Zündkerzentemperatur liegt bei einer Spulenzündung, vorausgesetzt bei gleichem Zündzeitpunkt, um 60 °C bis 80 °C höher als bei einer Kondensatorzündung.

79 ●

Störfallursache: Zündkabel

Die Zündkabel können locker auf den Zündkerzen stecken, oder ein Kabel ist an irgendeiner Stelle gebrochen. Ein gebrochenes Zündkabel kann durch eine Sichtprüfung nicht ermittelt werden, da die Bruchstelle hinter der Isolierung liegt. Ferner kann die Isolierung eines am Motor anliegenden Zündkabels durchgeschmort sein und somit Masseschluß haben, so daß der Zündstrom direkt und nicht über die Elektroden der Zündkerze nach Masse fließt. Sämtliche Anschlüsse an der Zündspule müssen einwandfrei sein. Bei positivem Befund durch die Sichtkontrolle ist die Zündanlage mit einer Prüflampe bzw. meßtechnisch zu überprüfen.
Zündkabel können in den Zündkerzensteckern verschmort sein, was einen schlechten Stomübergang zur Folge hat. Schlechte Bauteile sind durch neue zu ersetzen. Im Notfall ist das verschmorte Ende des Zündkabels abzuschneiden und das verbleibende einwandfreie Ende in den Zündkerzenstekker einzuschrauben.

P = Position; A = Allgemein

P	A	T	Erläuterung der Störfallursache
80	●		**Störfallursache: Zündzeitpunkt** Erfolgt die Zündung zu früh, läuft der Motor hart, es kann zum Zündungsklopfen kommen. Der Kompressionsdruck und als Folge die Temperatur des Kraftstoff-Luftgemisches nehmen bereits vor Erreichen des OT einen Wert an, bei dem noch nicht verbranntes Gemisch schlagartig verbrennt. Dies wiederum führt zum Ansteigen der Motortemperatur und somit zur Zerstörung der Kolben und Lager. Motorklingeln bzw. Motorklopfen ist während einer Beschleunigung, vor allem aber beim Anfahren, hörbar. Bei höheren Geschwindigkeiten und Motordrehzahlen ist das Motorklingeln nicht wahrnehmbar, da es von den Fahrgeräuschen überlagert wird. Bei einer Spätzündung geht die Verbrennung zu langsam vor sich. Dadurch wird die Kraftstoffenergie nur zum Teil ausgenützt und der Motor wird zu heiß. **Maßnahmen zur Beseitigung von Zündungsklingeln:** – Verlegung des Zündzeitpunktes in Richtung »spät« – Lage der Düsennadel (bei Vergasern) verändern – Verbrennungsrückstände im Verbrennungsraum und auf dem Kolben entfernen. Stimmen Keil und Keilnut im Zapfen der Kurbelwelle nicht überein, bewegt sich die Nabe des Schwungrades auf dem Keil, der Keil reißt ab und der Zündzeitpunkt verstellt sich, da sich das Polrad gegenüber der Kolbenstellung verdreht hat. Die Fliehgewichte der automatischen Zündzeitpunktverstellung müssen auf ihren Achsen leicht drehbar sein. Für gute Schmierung der Lagerung ist zu sorgen.
81		●	**Störfallursache: Unterbrecher** Der Unterbrecher muß sauber und frei von Öl und Fett sein, er darf sich nicht gelockert haben, der Kontaktabstand muß stimmen und es darf die Blattfeder nicht gebrochen sein. Es kann auch sein, daß der Unterbrecher zu stark verschlissen ist (Kraterbildung an den Kontakten, abgenütztes Isolierstück) oder Masseschluß hat. Der Kontaktabstand kann sich soweit verkleinern, daß keine einwandfreie Unterbrechung des Primärkreises der Zündanlage mehr erfolgen kann. Jeder Störfall kann zu Zündaussetzern führen, einen stotternden oder ruckartigen Motorlauf verursachen oder den Motorstillstand bewirken. Ist der Unterbrecher verschmutzt oder stimmt der Unterbrecherabstand nicht, führt dies bei einem heißen Motor zu Startschwierigkeiten, da die Zündenergie für das schwerer entflammbare Gemisch (Kraftstoff-Luftgemisch ist fetter) nicht mehr zur Zündung ausreicht. Sind die Unterbrecherkontake verbrannt, kann der Kondensator oder die Zündspule defekt sein. Ein grauer Belag weist auf einen zu schwachen Kontaktdruck bzw. auf einen zu kleinen Kontaktabstand hin. Außerdem können Zähne des Antriebsrades zur Unterbrecher-Nockenwelle ausgebrochen sein, oder die Nockenwellendichtung ist undicht, wodurch Öl an die Unterbrecherkontake gelangt.

P = Position; A = Allgemein; T = Typspezifisch

P	A	T	Erläuterung der Störfallursache
82		●	**Störfallursache: Zündkondensator** Hat ein Zündkondensator Kurzschluß oder Masseschluß, fließt der durch die Primärwicklung der Zündspule fließende Strom direkt und nicht wie es sein soll, über die Unterbrecherkontakte nach Minus. Das Öffnen des Unterbrechers kann somit den Primärstromkreis nicht mehr unterbrechen, wodurch auch keine Zündspannung in der Sekundärwicklung der Zündspule induziert wird. Notfalls kann ohne Zündkondensator bzw. nach Vergrößerung des Kontaktabstandes bis zur nächsten Werkstatt gefahren werden.
83	●		**Störfallursache: Zündanlage feucht** Während der Abkühlphase des Motors schlägt sich die Luftfeuchtigkeit auf sämtliche Teile als Schwitzwasser nieder. Da Schwitzwasser elektrisch leitend ist, wird die Zündenergie durch Nebenschluß zum Teil oder ganz zur Masse abgeleitet. Die Zündspannung erreicht die Elektroden der Zündkerze geschwächt oder gar nicht, so das kein Zündfunke entsteht und das Kraftstoff-Luftgemisch nicht entflammt wird. Bestätigt ist diese Störfalldiagnose, wenn am Auspuff Benzingeruch feststellbar ist, also unverbranntes Benzin aus den Verbrennungsräumen ausgestoßen wird. Abhilfe kann ein Startversuch in Vollgasstellung bringen, weil dadurch der Motor ein mageres und somit zündfähigeres Kraftstoff-Luftgemisch erhält und überschüssiger Kraftstoff aus den Zylindern gedrückt wird. Führt diese Maßnahme nicht zum Erfolg, gelingt ein Startversuch nur nach gründlicher Trocknung sämtlicher Komponenten der Zündanlage (Zündspule, Zündverteiler, Zündkabel, Zündkerzen, Unterbrecher). Alternativ kann Kontaktspray verwendet werden, das eine wasserverdrängende Wirkung hat. Kontaktspray ist auch zur Vorbeugung geeignet. *191 Bei extrem nassem Wetter bzw. sehr hoher Luftfeuchtigkeit können Störungen in der Zündanlage auftreten. Feuchtigkeit ist der Feind der Elektrik* Die Einstellmarkierungen befinden sich beim Viertakter auf Rotor und Stator des Generators bzw. auf einem Teil der Kurbelwelle. Beim Zweitakter muß der Kolben eine bestimmte Stellung zum OT haben (z. B. 2 mm). Messung: Meßuhr ins Kerzenloch schrauben. Wenn OT erreicht, Skala der Meßuhr auf Null stellen.
P = Position; A = Allgemein; T = Typspezifisch			

Zündanlage

P	A	Erläuterung der Störfallursache
84	●	**Störfallursache: Zündanlage verschmutzt** Auf sämtlichen Teilen im Motorraum bilden sich Schichten aus Öl, Staub und Streusalz. Derartige Schmutzschichten sind hygroskopisch, nehmen also Feuchtigkeit auf und sind somit elektrisch leitend. Durch sie geht ein Teil der Zündenergie, insbesondere durch Nebenschlüsse der Zündleitungen, verloren. Im Endeffekt führt dies, je nach Verschmutzungsgrad, zu Zündaussetzern oder zum Ausfall der Zündanlage. Abhilfe schafft eine gründliche Oberflächenreinigung aller Komponenten der Zündanlage.
85	●	**Störfallursache: Zündspule** Die Wicklungen der Zündspule können im Innern unterbrochen sein, sowie Windungs- oder Masseschluß haben. Bei einer Unterbrechung oder einem Masseschluß erfolgt keine Zündung. Bei einem Windungsschluß ist lediglich die Zündenergie kleiner. In jedem Fall ist die Zündspule auszutauschen.
86	●	**Störfallursache: Vorwiderstand** Der Vorwiderstand liegt zwischen dem Zündanlaßschalter und der Zündspule und dient als Überlastschutz. Ist der Vorwiderstand durchgebrannt, ist die Stromzuführung zur Zündspule unterbrochen und es erfolgen keine Zündungen mehr. Ein Überbrücken des Vorwiderstandes ermöglicht zwar den uneingeschränkten Motorbetrieb, birgt aber die Gefahr der Überlastung bzw. Zerstörung der Zündspule, da sie die volle Bordspannung erhält.
87	●	**Störfallursache: Entstörwiderstand** Ob der zur Funkentstörung dienende Entstörwiderstand im Zündkerzenstekker defekt ist, kann nur meßtechnisch festgestellt werden. Dieser Störfall ist jedoch äußerst selten.
88	●	**Störfallursache: Wackelkontakt** Bei einem Wackelkontakt in der Zündanlage läuft der Motor ruckartig, da die Zündung zeitweise aussetzt. Sitz der Zündkabelstecker überprüfen; sie müssen fest auf die Zündkerzen gesteckt sein.
89	●	**Störfallursache: Zündanlage defekt** Nach erfolglosem Start kann durch Riechen am Auspuff festgestellt werden, ob Benzingeruch vorhanden ist. Wenn ja, ist die Kraftstoffversorgung in Ordnung.

P = Position; A = Allgemein

Abgasanlage

P	A	Erläuterung der Störfallursache
90	●	**Störfallursache: Abgasanlage undicht** Eine undichte Stelle in der Abgasanlage hat erhöhte Auspuffgeräusche zur Folge. **Ursachen:** – Dichtung zwischen Zylinderkopf und Auspuffkrümmer defekt. – Innenrohr der Abgasanlage gerissen (typbedingt) – Auspuff bei Schrägfahrten aufgescheuert Ist der Auspuff abgerissen, ist darauf zu achten, daß kein Teil während der Fahrt verloren geht bzw. am Boden schleifen kann, um den nachfolgenden Verkehr nicht zu gefährden bzw. Folgeschäden am eigenen Fahrzeug zu verhindern. Da bei einer defekten Abgasanlage auch die Ventile gefährdet sind, sollte der Motor nicht überlastet werden.
91	●	**Störfallursache: Querschnitt des Abgasrohres zu klein** Ist ein Abgasrohr an einer Stelle eingedrückt oder verstopft, können die Abgase nicht ungehindert ins Freie entweichen. Dadurch bleibt ein Teil der Abgase in der Abgasanlage und im Zylinder zurück. Beim Ansaugtakt gelangt beim Ottomotor weniger Kraftstoff-Luftgemisch in die Verbrennungsräume der Zylinder.
92	●	**Störfallursache: Kurzstreckenbetrieb** Während der Verbrennung des Kraftstoffluftgemisches entsteht nahezu 1 Liter Wasser pro 1 Liter Kraftstoff. Hat der Motor seine Betriebstemperatur noch nicht erreicht, kondensiert ein Teil des Wasserdampfes in der Abgasanlage zu Wasser, das zusammen mit Kohlendioxyd zu verstärkter Oxydation von innen nach außen führt.
		P = Position; A = Allgemein

Kraftübertragung

P	A	Erläuterung der Störfallursache
93	●	**Störfallursache: Primärkette schleift** Primärkette schleift durch Längung am Gehäuse
94	●	**Störfallursache: Getriebeschaden** Getriebeöl wird durch eine defekte Kurbelwellendichtung vom Motor angesaugt, wodurch der Ölstand im Getriebe sinkt. Die Folge ist ein Getriebeschaden.
95	●	**Störfallursache: Schaltklauen verschlissen** Ein vorzeitiger Verschleiß der Schaltklauen (abgerundete Kanten) ist meist auf einen Härtefehler zurückzuführen.
		P = Position; A = Allgemein

P	A	TK	Erläuterung der Störfallursache
96	●		**Störfallursache: Kupplung** Lockert sich die Mutter auf der Getriebehauptwelle, schleift die Kupplung. Dadurch werden die Stahlscheiben heiß, die Beläge schleifen und klappern. Reibscheiben brechen, Druckfedern erlahmen. Treten zwitschernde Geräusche während des Motorlaufs im eingekuppelten Zustand auf, ist wahrscheinlich das Ausrücklager der Kupplung defekt, das gegen die Tellerfedern der sich drehenden Druckscheibe drückt. Treten während der Kupplungsbetätigung knarrende Geräusche auf, dürfte das Kupplungsdrucklager defekt sein.
97	●		**Störfallursache: Kupplungsbeläge verschlissen** Verminderte Kraftübertragung durch schleifende Kupplung. Sind die Kupplungsbeläge vollkommen verschlissen, schleift Stahl auf Stahl. Dadurch entstehen Reibungstemperaturen, die zum Ausglühen und somit zum Defekt der Kupplungsteile führen. Kupplungsbeläge, gegebenenfalls auch Kupplungsteile erneuern.
98	●		**Störfallursache: Kupplungsbeläge verhärtet** Ein Verhärten der Kupplungsbeläge wird durch Überhitzen als Folge von Überbelastung verursacht, z. B. durch häufiges Anfahren an Steigungen rasante Starts, fahren mit schleifender Kupplung. Die Reibung verhärteter Kupplungsbeläge ist zu gering.
99		●	**Störfallursache: Kupplungsbeläge oxydiert** Steht ein Fahrzeug bei feuchter Witterung einige Wochen unbenutzt im Freien, dann oxydiert die Kupplung eventuell so stark, daß sie durch die Kupplungsbetätigung nicht mehr getrennt werden kann.
100		●	**Störfallursache: Kupplungsbeläge verölt** Ist die Dichtung der Kurbel- oder Getriebewelle defekt, spritzt Öl auf die Kupplung. Die schadhafte Dichtung und die Kupplungsbeläge sind auszuwechseln.
101		●	**Störfallursache: Reibung zwischen Ausrückplatte und Ausrücklager zu groß** Kleben die Kupplungsbeläge, sollte die Kupplungsscheibe ausgewechselt werden.
102		●	**Störfallursache: Ausrücklager** Quietschende Geräusche beim Auskuppeln deuten auf ein verschlissenes Ausrücklager hin. Es können noch einige 10 000 km gefahren werden, bevor das Aurücklager ausgetauscht werden muß.
103		●	**Störfallursache: Reibung zu groß** Zwischen Ausrückplatte und Ausrücklager schwach ölen.

P = Position; A = Allgemein; TK = Trockenkupplung

P	A	TK	Erläuterung der Störfallursache
104		●	**Störfallursache: Mitnehmerscheibe** Ist die Mitnehmerscheibe auf der Getriebeantriebswelle nicht gangbar, trennt die Kupplung nicht einwandfrei. In diesem Fall tritt beim Betätigen der Kupplung erst im letzten Drittel ein Widerstand auf.
105		●	**Störfallursache: Kupplungsscheibe schlägt** Dadurch kann die Kupplungsscheibe, die sich zwischen den Reibflächen des Schwungrades und der Kupplungsdruckplatte befindet, im ausgekuppelten Zustand nicht mehr frei laufen.
106		●	**Störfallursache: Nabenprofil defekt** Durch eine schlechte Zentrierung zwischen dem Schwungrad und der Getriebeantriebswelle können Teile der Kupplung beschädigt werden. Ferner kann das Nabenprofil zum Profil der Kupplungswelle nicht genau passen.
107	●		**Störfallursache: Zahnräder** Entstehen beim Übergang von Zug- auf Schubbelastung heulende, singende oder rasselnde Geräusche, sind die Zahnräder des Schaltgetriebes nicht mehr in Ordnung. Derartige Geräusche können bei Gasrücknahme durch zu große Fertigungstoleranzen oder stärkerem Verschleiß der Zahnräder auftreten. In diesem Fall kommen die Zahnräder durch zu großes Zahnflankenspiel ins Vibrieren. Dagegen gibt es keine Abhilfe. Dickeres Öl oder Ölzusätze bringen keine Besserung und sind zu vermeiden. Die Getriebelebensdauer wird durch zu große Fertigungstoleranzen der Zahnräder nicht verkürzt.
108	●		**Störfallursache: Kupplungsspiel zu klein** Das Kupplungsspiel wird mit fortschreitendem Verschleiß der Kupplungsbeläge kleiner, da sich die Druckplatte in Richtung Mitnehmerscheibe bzw. Schwungscheibe hin verschiebt. Dadurch wird die Ausrückplatte näher an das Ausrücklager gedrückt und das Kupplungsspiel wird kleiner, was im eingekuppelten Zustand zum Schleifen der Kupplung führt, d. h. die Kraftübertragung zwischen Motor und Schaltgetriebe ist beeinträchtigt bzw. unterbrochen. Wird die Kupplung nicht nachgestellt, verschwindet das Kupplungsspiel und die Ausrückplatte schleift am Ausrücklager. Durch die Reibungswärme verbrennen die Kupplungsbeläge. Ferner können die Kupplungsfedern ausglühen und die Schwungscheibe kann sich verziehen. Bei selbstnachstellender Betätigungseinrichtung, meist über den Nehmerzylinder, sind die Verschleißteile zu erneuern.
109	●		**Störfallursache: Kupplungsspiel zu groß** Unter dem Kupplungsspiel ist der Abstand innerhalb der Kupplungsübertragung bei nicht betätigter Kupplung zu verstehen. Ist das Kupplungsspiel zu groß, wird die Kupplung nicht vollkommen getrennt. Das über den Kupplungsseilzug, Kupplungshebel und Ausrückhebel betätigte Ausrücklager kann die Druckplatte nicht genügend weit von der Mitnehmerscheibe (Kupplungsscheibe) abheben. Der Seilzug der Kupplung sollte ein Spiel von 2 bis 3 mm aufweisen, da sonst die Kupplung schleift. Ein zu großes Kupplungsspiel führt zu Schaltschwierigkeiten.

P = Position; A = Allgemein; TK = Trockenkupplung

P	A	LK	Erläuterung der Störfallursache
110	●		**Störfallursache: Versagen der Kupplung** Lassen sich die Gänge nicht mehr einlegen, oder es kracht im Getriebe beim Schalten, dann liegt ein Kupplungsschaden vor. Auch läßt sich in diesem Fall der Kupplungszug leichter betätigen. Das Motorrad ist fahruntüchtig. Es besteht jedoch die Möglichkeit, den Motor im zweiten Gang zu starten. Anzuhalten ist dann durch Ausschalten der Zündung und Abbremsen bei eingelegtem Gang.
111		●	**Störfallursache: Kupplung schwergängig** Bei einer schwergängigen Kupplung müssen Nabe und Welle gereinigt und eingefettet werden. Der Ausrückmechanismus kann auch durch Verschmutzung funktionsgestört sein. Die Kupplung klebt bei kaltem Motoröl.
112	●		**Störfallursache: Falsche Fahrweise** Die Kupplungsbeläge verschleißen besonders stark durch Fahren mit schleifender Kupplung, z. B. durch sehr langsames Kuppeln, häufiges Anfahren auf Steigungen; anstelle der Bremse wird die Kupplung gegen Zurückrollen im Stau oder an den Ampeln eingesetzt.
113	●		**Störfallursache: Kette verschlissen** Eine Kette kann auf Verschleiß geprüft werden, indem man versucht, ein Kettenglied über einem Kettenrad anzuheben. Gelingt dieser Test, ist die Kette verbraucht.
114	●		**Störfallursache: Kette falsch eingestellt** Der Kettendurchhang kann geprüft werden, indem man mit dem Daumen auf das Kettenstück zwischen den Kettenrädern drückt. Bei mehr als 1 bis 2 cm schwingt die Kette und muß nachgespannt werden, bei kleiner als 1 cm ächzt sie und muß gelockert werden.
115	●		**Störfallursache: Kettenräder verschlissen** Kettenräder sind bei Erreichen einer spitzen Zahnform auszuwechseln, da sie in diesem Zustand die Lebensdauer einer Kette beträchtlich verringern.

P = Position; A = Allgemein; LK = Lamellenkupplung

P	A	Erläuterung der Störfallursache
116	●	**Störfallursache: Reifenluftdruck zu gering** Ein zu niedriger Luftdruck in den Reifen bewirkt eine Erhöhung des Rollwiderstandes und somit des Kraftstoffverbrauchs. Bei erhöhter Gewichtsbelastung bzw. bei Autobahnfahrt sollte der Reifenluftdruck um 0,2 bar Überdruck erhöht werden. Ferner beeinflussen Stahlgürtelreifen mit Sommerprofil den Kraftstoffverbrauch günstig, grobstollige Winterreifen dagegen ungünstig.
117	●	**Störfallursache: Reifenventil defekt** Ein allmählicher Luftdruckverlust im Reifen läßt auf ein defektes oder undichtes Reifenventil schließen. Undicht wird ein Reifenventil, wenn zwischen der Ventilnadel und dem Ventilsitz, z. B. durch eine fehlende Schutzkappe Schmutz gelangt.
118	●	**Störfallursache: Reifenprofil ungünstig** Abrollgeräusche der Reifen nehmen mit der Profilgröße zu.
119	●	**Störfallursache: Profiltiefe der Reifen kleiner als 3 mm** Zur Erhaltung der Verkehrssicherheit sollte nicht schneller als 130 km/h gefahren werden.
120	●	**Störfallursache: Reifen defekt** Entweicht aus einem Reifen plötzlich Luft, kommt das Motorrad leicht ins Schleudern. Geht der Luftdruckverlust im Reifen langsam vor sich, weicht das Motorrad wie bei starkem Seitenwind zur Seite aus. In keinem Fall darf stark gebremst werden. Das Motorrad ist an den Straßenrand zu steuern und nach Stillstand abzusichern.
121	●	**Störfallursache: Felge verformt** Ob die Felge eines Rades einwandfrei läuft, läßt sich bei freilaufendem Rad prüfen, indem man das Rad dreht und einen weichen Gegenstand von Hand der Felge allmählich nähert. Ein »eierndes« Rad ist mit dem Speichen-Nippelschlüssel zu justieren. Lockere Speichen sind durch Abklopfen der Speichen mit einem metallischen Gegenstand, z. B. einem Schraubenschlüssel, am Klang feststellbar.
122	●	**Störfallursache: Stoßdämpfer** Sind stärkere Ölspuren am Stoßdämpfer sichtbar bzw. Schläge ans Fahrgestell wahrzunehmen, sollten die Stoßdämpfer auf einem Prüfstand getestet werden. Ist das Ergebnis negativ, muß baldmöglichst ein Austausch erfolgen, da die Verkehrssicherheit betroffen ist. Handelt es sich um ältere Stoßdämpfer, sollte nicht nur der defekte, sondern zur Erzielung eines optimalen Fahrverhaltens gleichzeitig beide ausgewechselt werden.

P = Position; A = Allgemein

P	A	Erläuterung der Störfallursache
123	●	**Störfallursache: Federbeine** Abhilfe: Anderen Dämpfertyp einbauen.
124	●	**Störfallursache: Lenkungsdämpfer** Abhilfe: Anderen Dämpfertyp einbauen.
125	●	**Störfallursache: Hydrauliköl zu dickflüssig** Verkraftet die Teleskopgabel mehrere kurz aufeinander folgende Bodenwellen nicht (sie setzt sich), sollte ein dünneres Hydrauliköl verwendet werden.
126	●	**Störfallursache: Falsches Öl in den Gabelholmen** Teleskopgabeln müssen während der kalten Jahreszeit mit dünnflüssigem, und in der warmen Jahreszeit mit dickflüssigem Öl gefüllt sein.
127	●	**Störfallursache: Spiel in den Radlagern** Vorderrad bei aufgestelltem Motorrad ruckartig in Achsrichtung hin- und herbewegen. Ein Spiel ist bei einwandfreiem Lager durch Einstellen zu beseitigen.
127.1	●	**Störfallursache: Radunwucht des Vorderrades** Die Radunwucht macht sich durch Vibrieren bzw. Hämmern des Vorderrades ab einer Geschwindigkeit von etwa 75 km/h bemerkbar. Ursache kann ein Höhenschlag bzw. eine ungleiche Massenverteilung des Rades (Felge, Reifen, Bremse) sein.
128	●	**Störfallursache: Vibrationen** Maßnahmen zur Eindämmung der Motor- und Fahrwerksschwingungen sind: – Kontrolle der Motoraufhängung – Exakte Einstellung des Motors (Ventile, Steuerkette, Vergaser, Zündung) – Überprüfung sämtlicher Verbindungen – Spannungsfreie Montage aller Fahrwerksteile – Kontrolle bzw. Austausch der verschlissenen Dämpfungselemente Eine Schraube kann sich trotz Sicherungsblech lockern, wenn sie nicht mit dem richtigen Drehmoment angezogen wurde. Sicherheitstechnisch wichtig sind alle Schrauben, durch die Bauteile mit dem Fahrzeugrahmen verbunden sind sowie Schrauben am Steuerkopf der Lenkung und die der Radbefestigung.
129	●	**Störfallursache: Schwingungen** Durch Schwingungen brechen die Stehbolzen der Auspuffbefestigung häufig an. Die Befestigungsmuttern sind regelmäßig zu überprüfen.
130	●	**Störfallursache: Einbaulage des Motors** Ist der Abstand zwischen Motor und Rahmen nicht einwandfrei ausdistanziert, kann es zu Spannungen und Rahmenbrüchen kommen.

P = Position; A = Allgemein

P	A	TB	Erläuterung der Störfallursache
131		●	**Störfallursache: Bremsbeläge verschlissen** Ein Verschleiß wirkt sich nur bei Radbremsen ohne automatische Nachstellung aus. Bei den meist verwendeten Trommelbremsen erfolgt der Rückzug der Bremsbacken durch eine Feder. Mit fortschreitender Abnützung der Bremsbeläge wird der Abstand zwischen der Bremstrommel und den Bremsbacken größer und der Kolben des Radbremszylinders hat beim Bremsen einen längeren Weg. Um das zu verhindern, sind Trommelbremsen regelmäßig nachzustellen. Treten beim Bremsvorgang schabende Geräusche auf, ist der Bremsbelag vollkommen verschlissen, d. h., es schleift Metall auf Metall. Der Belagverschleiß bei Trommelbremsen ist unterschiedlich, wenn beide Bremsbacken von einem Bremszylinder betätigt werden, was meist der Fall ist. Beschleunigt wird der Bremsbelagverschleiß durch Einwirken von Bremsflüssigkeit, die aus einem undichten Radbremszylinder läuft. Die Folge ist eine Beschädigung der Bremsfläche der Bremstrommel. Diese muß ausgetauscht oder ausgedreht werden. Im ersten Fall sind neue Bremsbacken und Bremsbeläge erforderlich. Im zweiten Fall sind Bremsbacken mit Übergröße einzubauen. In jedem Fall ist der defekte Radbremszylinder auszutauschen. Ursache einer quietschenden Trommelbremse kann Staub auf den Bremsbelägen sein.
132		●	**Störfallursache: Einstellung der Trommelbremse** Durch Verschleiß der Bremsbeläge bei Trommelbremsen vergrößert sich der Abstand zwischen Bremsbacken und Bremstrommel. Deshalb ist, abhängig vom Verschleiß, von Zeit zu Zeit eine Einstellung erforderlich. Zu fest eingestellte Trommelbremsen führen durch die entsprechende Reibungswärme zum Ausglühen, wobei Brandgeruch entsteht.
133		●	**Störfallursache: Bremsklötze verschlissen** Schleifende Geräusche während der Fahrt lassen auf schleifende Bremsbeläge schließen. Oftmals sind die Bremsbeläge soweit verschlissen, daß durch metallische Reibung die Stärke der Bremsscheiben bereits bedenklich geschwächt sind. Fehlersuche und Reparatur sind umgehend durchzuführen. *192 Bis auf die Trägerplatte abgefahrene Bremsbeläge. Eine so vernachlässigte Bremse kann Ursache schwerer Unfälle sein*
134		●	**Störfallursache: Bremssattel** Schwergängiger Bremskolben bzw. Bremssattel der Scheibenbremse. Die Schwimmsattelbremse löst sich nach einer Betätigung nur bei drehendem Rad vollkommen.

P = Position; A = Allgemein; TB = Trommelbremse

Bremsanlage

P	A	SB	Erläuterung der Störfallursache
135		●	**Störfallursache: Bremsscheibe** Weist die Scheibe einer Scheibenbremse größere Unebenheiten auf oder die Scheibe läuft nicht parallel zu den Bremsklötzen, werden die Kolben des Bremssattels nach jedem Bremsvorgang weiter als normal zurückgeschoben. In der Regel sind Bremsscheiben nach dem 3. Wechsel der Bremsklötze auszutauschen.
136	●		**Störfallursache: Bremsreibung sehr stark** Quietschgeräusche sind akustische Schwingungen, die beim Bremsen durch Reibung der rotierenden Bremsscheibe mit den Bremsbelägen entstehen. Sie können durch Rost auf den Bremsscheiben, verschlissene Bremsbeläge oder durch eine starke Bremsreibung hervorgerufen werden. Rost auf der Bremsscheibe kann durch einige Vollbremsungen beseitigt werden. Handelt es sich um Eigenschwingungen der Bremsscheibe, sind zunächst die Bremsklötze auszutauschen. Führt diese Maßnahme nicht zum Erfolg, sind neue Bremsscheiben einzubauen. Bei einwandfreien Bremsbelägen hilft die hitzebeständige Spezialpaste »Plastilube PL Brems«, mit der nach Reinigen der Scheibenbremse die Kolbenstirnseite und die übrigen Bauteile, außer den Bremsflächen, vor den Zusammenbau zu bestreichen sind.
137	●		**Störfallursache: Spritzwasser** Ursache einer reduzierten Bremsleistung im Winter kann salzhaltiges Spritzwasser auf den Bremsscheiben und Bremsklötzen sein. Die Salzschicht kann durch stärkere Bremsungen beseitigt werden.
P = Position; A = Allgemein; SB = Scheibenbremse			

Bremsanlage

P	A	BH	Erläuterung der Störfallursache
138		●	**Störfallursache: Hauptbremszylinder** Eine verstopfte Öffnung im Hauptbremszylinder verhindert das Nachfließen der Bremsflüssigkeit. Demgemäß steht nicht genügend Bremsflüssigkeit im Bremssystem zu Verfügung, wodurch sich der Betätigungsweg vergrößert.
139		●	**Störfallursache: Luft im Bremssystem** Bremsflüssigkeit nimmt im Laufe der Zeit Wasser auf, das bei höheren Temperaturen im Bereich der Bremsen verdampft. Da sich Dampf bzw. Luft komprimieren läßt, wirkt sich ein Druck auf das Bremspedal nicht unmittelbar auf die Bremskolben aus. Dadurch ist der Betätigungsweg länger und die Bremse wirkt federnd.
P = Position; A = Allgemein; BH = Bremshydraulik			

Bremsanlage

P	A	BH	Erläuterung der Störfallursache
140		●	**Störfallursache: Bremssystem undicht** Der Bremsflüssigkeitsbehälter kann durch Vibrationen Risse bekommen. Bei einigen Motorradtypen ist die Befestigung des Bremszylinders nicht spielfrei, um Vibrationen zu dämpfen, die zum Schäumen der Bremsflüssigkeit führen können. Undicht kann das Dreiwegeventil werden (typspezifisch). Es sind sämtliche Anschlüsse und Komponenten einschließlich des Dreiwegeventils am Flüssigkeitsverteiler der hydraulischen Bremsanlage auf Dichtheit zu überprüfen. Etwaige Mängel sind im Hinblick auf die Verkehrssicherheit umgehend zu beheben.
141		●	**Störfallursache: Hydraulik** Werden die Bremsen zu heiß, z. B. auf langer Bergstrecke, kommt es zur Dampfblasenbildung in der Bremsanlage und somit zum Versagen der Bremsen. Eine Weiterfahrt ist erst möglich, wenn sich die Bremsen abgekühlt haben. Bei einem Bruch der Bremsleitung ist das Motorrad nicht mehr verkehrstüchtig.
142		●	**Störfallursache: Bremsflüssigkeit zu heiß** Läßt die Bremswirkung infolge heißgefahrener Bremsen nach, ist eine Pause zur Abkühlung einzulegen. Bei Gefällstrecken ist die sogenannte Motorbremse (Fahren mit niedrigem Gang) verstärkt einzusetzen. Bremsflüssigkeit ist hygroskopisch, nimmt pro Jahr 2 bis 3 % Wasser auf, und der Siedepunkt liegt zwischen 230 und 290 °C. Da die jährliche Wasseraufnahme eine Reduzierung des Siedepunktes um 60 bis 80 °C bewirkt, erhöht sich die Gefahr der Dampfblasenbildung und somit die Ausfallwahrscheinlichkeit der Bremsanlage. Aus diesem Grund ist die Bremsflüssigkeit alle ein bis zwei Jahre auszuwechseln.

P = Position; A = Allgemein; BH = Bremshydraulik

Beleuchtungsanlage

P	A	Erläuterung der Störfallursache
143	●	**Störfallursache: Reflektor** Glaskolben von Biluxlampen werden schwarz, auf Halogenlampen entsteht ein Glitzereffekt. Beim Auswechseln ist der Glaskolben nicht mit bloßen Händen anzufassen, um Schweißrückstände, die verdunsten und sich auf den Reflektor niederschlagen, zu vermeiden. Reflektoren dürfen nicht gereinigt werden. Jede Reinigungsart bewirkt eine Zerstörung.
144	●	**Störfallursache: Glühlampe geschwärzt** Glühlampen mit angeschwärztem Glaskolben sind verbraucht und somit auszutauschen.

P = Position; A = Allgemein

Beleuchtungsanlage

P	A	Erläuterung der Störfallursache
145	●	**Störfallursache: Erschütterungen** Vermutlich ist die Halterung der Glühlampe lose. Es kann auch ein Riß im Schutzblech vorliegen.
146	●	**Störfallursache: Gehäuse undicht** Durch Vibrationen kann das Gehäuse Risse bekommen, wodurch ein Kurzschluß durch eindringendes Wasser ausgelöst wird.
P = Position; A = Allgemein		

Instrumentierung

P	A	Erläuterung der Störfallursache
147	●	**Störfallursache: Keine Batterieladung** Leuchtet die Ladekontrollampe bei eingeschalteter Zündung nicht, erfolgt keine Batterieladung während der Fahrt. Das gleiche trifft zu, wenn die Ladekontrollampe währende der Fahrt aufleuchtet. In beiden Fällen wird der gesamte Strombedarf aus der Batterie entnommen. Wie weit man ohne Batterieladung fahren kann, ist abhängig vom Ladezustand der Batterie und den eingeschalteten Stromverbrauchern. Mit eingeschaltetem Scheinwerfer sollte nur soweit wie unbedingt nötig gefahren werden, da bei einer 45 W Scheinwerferlampe und 12 V Batterie 3,75 A fließen. Demnach ist eine vollgeladene Batterie von 14 A/h nach einer Fahrzeit von etwa 2,5 Stunden leer, da auch die Zündanlage Strom verbraucht. So weit darf es jedoch nicht kommen, da der Scheinwerfer mit zunehmender Batterieentladung dunkler wird und die Zündenergie nicht mehr ausreicht.
148	●	**Störfallursache: Meßfehler** Die Tachowelle erfaßt die Radumdrehungen. Durch den normalen Reifenverschleiß entsteht indessen ein Meßfehler von etwa 2,5 %. Bei schneller Fahrt ergibt sich durch die Erhöhung des Reifenabrollumfanges ein Meßfehler bis zu 6 %. Auch eine Herstellungstoleranz der Reifen kann einen Meßfehler von 2,5 % verursachen. Der Meßfehler des Tachomeßwerks kann 4 % des Meßbereichsendwertes erreichen. Ein Tachometer darf bis 50 km/h nicht nachgehen und bis 7 % des Meßbereichendwerts vorgehen. Ein Meßergebnis kann im übrigen durch einen falschen Reifenluftdruck und durch einen bei Bergfahrt entstehenden Schlupf der Reifen verfälscht werden.
149	●	**Störfallursache: Übergangswiderstand zu groß** Ein zu hoher Übergangswiderstand an einem Widerstandsgeber hat einen kleineren Meßstrom und demnach eine zu kleine Meßwertanzeige zur Folge. Einwandfreie Verbindung durch Abschmiergeln der Kontaktflächen, Nachjustieren des Steckers oder durch Austausch des Steckers herstellen.
P = Position; A = Allgemein		

P	A	Erläuterung der Störfallursache
150	●	**Störfallursache: Wackelkontakt** Ist die Verbindung zwischen der elektrischen Leitung und dem Geber nicht fest, ergibt sich eine zeitweise Unterbrechung der Meßleitung und somit der Meßwertanzeige.
151	●	**Störfallursache: Öldruck zu niedrig** Die Öldruck-Kontrollampe erlischt normalerweise bei einem Öldruck $>$ 0,5 bar. Leuchtet die Lampe während des Motorlaufs auf, ist der Motor umgehend stillzusetzen, da mit dem Ausfall der Motorschmierung gerechnet werden muß. Leuchtet sie jedoch bei heißem Motor (Schmieröl sehr dünnflüssig) im Leerlauf und verschwindet bei Drehzahlerhöhung wieder, besteht für den Motor keine Gefahr. Eine Überprüfung des Öldruckwächters, der im Ölpumpengehäuse eingebaut ist, sollte dennoch durchgeführt werden.
152	●	**Störfallursache: Meßwelle gelöst/gebrochen** Betroffen ist die Drehzahl- und Geschwindigkeitsmessung. Das Drehzahlmessergetriebe befindet sich im Zylinderkopf. Die Drehzahlmesserwelle löst sich von der Antriebswelle. Ein Bruch der Tachowelle beruht meist auf falscher Montage. Der Tachoantrieb muß sich so auf der Steckachse befinden, daß die Welle horizontal austritt. Ferner kann ein verschmutzter Antrieb zur Funktionsstörung führen.

P = Position; A = Allgemein

P	A	Erläuterung der Störfallursache
153	●	**Störfallursache: Batterieladung zu niedrig** Werden beim Anlaßvorgang die Öldruck- und Ladekontrollampe dunkel, ist die Batterieladung ungenügend. Die Batteriekapazität sinkt bei tiefen Außentemperaturen beträchtlich und das vom Anlasser aufzubringende Drehmoment ist durch das zähflüssige Motoröl bedeutend höher. Ferner hat dies einen erhöhten Spannungsabfall und somit eine Schwächung der Zündfunken zur Folge. Deshalb sind weitere Startversuche sinnlos. Die Batterie ist zu laden bzw. auszutauschen. Ein Motorstart ist durch Anschieben, Anschleppen oder mittels Starthilfekabel möglich. Eine Batterie wird durch häufige Starts (der Einschaltstrom des Anlassers beträgt bis zu 320 A), eingeschaltete Stromverbraucher während des Motorstillstands oder durch Salze, die sich an der Oberfläche bilden, entladen. Die Oberfläche der Batterie ist sauber zu halten, vorhandene Salze sind zu entfernen. Eine Batterie entlädt sich im Ruhezustand um etwa 1 % täglich. Temperaturen bis — 50 °C schaden einer voll geladenen Batterie nicht. Ursache einer zu geringen Batterieladung können außer dem Generator und Regler defekte Leitungen oder schlechte Anschlüsse sein. Eine Batterie ist entladen, wenn die Zellenspannung auf 1,75 V abgesunken ist. Eine leere Batterie sollte mit etwa 1/10 der Batteriekapazität, bei einer Batterie mit z. B. 14 Ah mit 1,4 A, geladen werden. Zur Aufrechterhaltung der Nennkapazität genügt ein Ladestrom von etwa 1/10 dieser Stromstärke, also 0,14 A. Zur Einstellung des Ladestromes ist ein Batterieladegerät mit eingebautem Strommesser erforderlich. Eine Batterie, die während einer Ladung verstärkt zu gasen beginnt, ist in etwa einer Stunde vollgeladen (Säurestand 1,28 kg/l). Dies ist auch der Sollzustand, indem eine Batterie stillzulegen ist. Zum Auffüllen des Säurestandes ist nur destilliertes Wasser zu verwenden. Zur Vermeidung von Schäden an Chromteilen durch Batteriegase ist auf günstige Verlegung der Entlüftungsschläuche zu achten.

P = Position; A = Allgemein

Elektrik

P	A	G	D	Erläuterung der Störfallursache
154	●			**Störfallursache: Bordspannung zu niedrig** Ablagerungen an den Batteriepolen erhöhen den elektrischen Widerstand. Die Pole sind mit einem trockenen Lappen zu reinigen und mit Polfett zu versehen.
155	●			**Störfallursache: Bordspannung zu hoch** Wird eine voll geladene Batterie weiter geladen, bilden sich auf der Batterieoberfläche Säurekristalle. Ursache einer Batterieüberladung ist ein Reglerdefekt. In diesem Fall wird trotz hoher Bordspannung die Generatorerregung und somit die Generatorspannung nicht reduziert. Häufiger Lampendefekt kann durch Überspannung eintreten.

P = Position; A = Allgemein; G = Gleichstromgenerator; D = Drehstromgenerator

P	A	G	D	Erläuterung der Störfallursache
156		●	●	**Störfallursache: Generator defekt** Leuchtet die Ladekontrollampe bei laufendem Motor, erzeugt der Generator keine Spannung. Ursache kann ein Generatordefekt sein. Es findet keine Batterieladung statt, und die Stromversorgung des Bordnetzes erfolgt nur noch durch die Batterie. Bei vollgeladener Batterie und ausgeschalteten Stromverbrauchern, ausgenommen die Zündanlage mit einem Leistungsbedarf von etwa 20 W, ist mit einer Batterie von 14 Ah ein etwa dreiviertelstündiger Motorbetrieb noch möglich. Ein Generatordefekt kann durch zu hohe Drehzahlen bzw. Wärmeeinwirkung entstehen. Rotor des Generators streift am Stator. Durch seitliche Belüftungsschlitze im Generatordeckel gelangt Wasser und Schmutz ins Gehäuse.
		●		Der Kollektor einer Gleichstromlichtmaschine muß eine vollkommen glatte Oberfläche aufweisen. Ein mit Öl oder Fett behafteter Kollektor ist mit einem benzinfeuchten Tuch zu reinigen. Ist der Kollektor riefig, ist ein Überdrehen in der Werkstatt nötig.
			●	Eine Drehstromlichtmaschine ist gegen Spannungsspitzen durch Verwendung der Gleichrichterdioden äußerst empfindlich. Deshalb dürfen sämtliche Leitungen zwischen Lichtmaschine, Batterie und Regler nur bei stehender Lichtmaschine unterbrochen werden bzw. unterbrochen sein.
157	●			**Störfallursache: Generator** Lager des Generators defekt. Das Kugellager ist zu erneuern.
158			●	**Störfallursache: Schleifkohlen** Die Schleifkohlen können gebrochen sein, oder eine Litze zu den Schleifkohlen ist abgerissen. Außerdem erhöht ein zu schwacher Anpreßdruck der Schleifkohlen den Übergangswiderstand, wodurch der Erregerstrom des Generators und somit die Generatorspannung abnimmt. Der gleiche Effekt wird erzielt, wenn die Schleifkohlen springen, d. h. nicht ständig auf den Schleifringen des Generators voll anfliegen. Bei eingeschalteter Zündung und Motorstillstand fließt bei einwandfreiem Stromkreis Strom vom Pluspol der Batterie über Zündanlaßschalter, Ladekontrollampe, Regler, Erregerwicklung des Generators, die über Kohlen und Schleifringe (Anschluß DF und D-) angeschlossen ist, nach Minus. Werden die Kohlen nicht ausreichend durch die Federn auf die Schleifringe gedrückt, liegt eine Stromunterbrechung vor, oder es besteht an diesen Stellen ein erhöhter Übergangswiderstand.

P = Position; A = Allgemein; G = Gleichstromgenerator; D = Drehstromgenerator

P	A	G	D	Erläuterung der Störfallursache
159		●	●	**Störfallursache: Regler defekt** Ist der Regler defekt, wird die Batterie überladen oder nicht mehr geladen. Im letzten Fall sinkt die Batteriespannung soweit, daß die Zündenergie zur Zündung des Kraftstoffluftgemisches nicht mehr ausreicht (Motorstillstand). Wenn auch bei Tage mit eingeschaltetem Fahrlicht gefahren wird, ist dieser Zustand relativ schnell erreicht.
P = Position; A = Allgemein; G = Gleichstromgenerator; D = Drehstromgenerator				

Elektrik

P	A	Erläuterung der Störfallursache
160	●	**Störfallursache: Spannungsdifferenz** Während des Motorlaufs erzeugt der Generator eine Spannung, die der Batteriespannung entgegenwirkt. In diesem Betriebszustand besteht an den Anschlußklemmen der Ladekontrollampe keine wesentliche Spannungsdifferenz (Batteriespannung 12 V, Generatorspannung 14 V) und die Ladekontrollampe erlischt bei einwandfreier Anlage. Entsteht durch einen Defekt eine erhöhte Spannung an der Ladekontrollampe, kann dies zum Aufleuchten führen. Generator; B+; +; Batterie; -; Zündanlaßsch; Ladekontroll-lampe; D+; Regler *193 Prinzipschaltung der Ladekontrollampe* Hat z. B. der Kontakt des Reglers einen zu hohen Übergangswiderstand ist der Erregerstrom des Generators zu klein, folglich auch die Generatorerregung und somit die Generatorspannung. Ist die Steckverbindung am Generator locker, wird die Batterie nicht mehr geladen.
161	●	**Störfallursache: Batterie falsch angeschlossen** Ist die Batterie richtig angeschlossen, ist sie mit dem Generator parallel geschaltet (Abb. 194 A). Ist die Batterie falsch angeschlossen, ist sie mit dem Generator in Reihe geschaltet (Abb. 194 B). In diesem Fall sind beide Stromquellen über Masse kurzgeschlossen. Bis die Batterie entleert ist fließt ein Kurzschlußstrom. Die Bordspannung beträgt null Volt. A; B; G; +; - *194 Schaltung der Stromquellen: A richtig, B falsch*
P = Position; A = Allgemein		

P	A	Erläuterung der Störfallursache
162	●	**Störfallursache: Batterie defekt** Erhöht sich die Lichtstärke des Scheinwerfers mit steigender Drehzahl im unteren Drehzahlbereich merklich, kann ein Batteriedefekt vorliegen oder die Batterieladung ist ungenügend, was auf einen defekten Regler schließen läßt. Übersteigt die Säuredichte der Batterie den Wert 1,28, liegt ein innerer Kurzschluß vor. Die Lebensdauer einer Batterie beträgt mindestens zwei Jahre. Vorzeitig kann die Batterie Risse durch Vibrationen bekommen. Eine entladene Batterie gefriert durch Wasserbildung bereits bei — 5 °C, eine vollgeladene Batterie ab — 60 °C.
163	●	**Störfallursache: Stromunterbrechung** Eine Stromunterbrechung liegt vor, wenn eine elektrische Leitung ständig unterbrochen ist. Dies bewirkt den Ausfall eines oder mehrerer Stromverbraucher. Ob die gesamte Stromversorgung oder nur ein Stromkreis bzw. Strompfad durch eine Leitungsunterbrechung ausgefallen ist, läßt sich durch Inbetriebsetzung bestimmter Stromverbraucher feststellen. Eine Leitungsunterbrechung kann ohne zu messen, bei eingeschaltetem Verbraucher durch stückweises Bewegen (Knicken) der Leitung festgestellt werden. Elektrische Leitungen sind zur Vermeidung von Bruchstellen gut befestigt, also nicht frei schwingend zu verlegen. Klemmverbindungen sollten gegen Lockern mit Schraubensicherungen versehen werden, z. B. mit Federscheiben oder Sicherungslack.
164	●	**Störfallursache: Sicherung** Häufig entsteht der Ausfall eines Stromverbrauchers durch schlechten Kontakt zwischen Sicherung und Haltefedern. Deshalb sollten noch vor Überprüfung der Sicherung einwandfreie Kontakte durch Nachbiegen der Haltefedern bzw. Blankschmiergeln der Kontaktflächen (oft genügt ein Drehen der Sicherung) hergestellt werden. Brennt eine ausgewechselte Sicherung nach kurzer Zeit wieder durch, liegt in diesem Stromkreis ein Kurzschluß vor.
165	●	**Störfallursache: Wackelkontakt** Unter einem Wackelkontakt ist die Unterbrechung einer elektrischen Leitung zu verstehen, die in ungleichen Abständen stattfindet. Die Folge ist ein ungewolltes zeitweises Unterbrechen eines Stromkreises.

P = Position; A = Allgemein

P	A	Erläuterung der Störfallursache

166 ●

Störfallursache: Übergangswiderstand zu groß

Durch Oxydation nimmt der Widerstand zu und die Stromstärke ab. Dies kann zum Versagen eines Stromverbrauchers führen. Oxydationserscheinungen sind durch Abschaben oder Abschmiergeln zu beseitigen. Lose Klemmen sind festzuziehen und einwandfreie Steckverbindungen (ausreichender Kontaktdruck, blanke Kontakte) herzustellen.

195 Pannen in der Elektrik sind meist leicht zu beheben, wenn man den Ursachen erst einmal auf die Spur gekommen ist

167 ●

Störfallursache: Masseschluß/Kurzschluß

Ein Masseschluß oder Kurzschluß entsteht durch blankgescheuerte Kabel, wodurch Pluspotential direkt mit Minus (Motorblock, Fahrgestell, Minusleitung) in Verbindung kommt. Liegt der Berührungspunkt zwischen einer Sicherung und einem Verbraucher, brennt die Sicherung durch. Bei nicht abgesicherten Leitungsteilen (z. B. Anlasser, Zündung, Leitungen vor Sicherungen) führt ein Kurzschluß in einem Stromkreis infolge des hohen Kurzschlußstromes zur Erhitzung der betreffenden Kabel und dessen Isolierung verbrennt.
Findet ein Kurzschluß statt, was sich durch Rauchentwicklung zeigt, ist umgehend das Masseband von der Batterie zu lösen. Die betroffenen Kabel sind auszutauschen bzw. fest und reichlich mit Isolierband zu umwickeln, um noch bis zur nächsten Werkstatt fahren zu können.
Die Fehlersuche ist mit einer Sichtprüfung aller elektrischen Leitungen des betroffenen Stromkreises auf Isolationsschäden zu beginnen. Bringt diese Methode den gewünschten Erfolg nicht, dann ist eine Isolationsmessung der in Betracht kommenden elektrischen Leitungen, Geräte und Wicklungen mit einem Widerstandsmeßgerät durchzuführen.

168 ●

Störfallursache: Kurzschluß

Ist der Kurzschluß durch ein durchgescheuertes Anlasserkabel entstanden, besteht die Gefahr eines Kabelbrandes.

P = Position; A = Allgemein

P	A	E	Erläuterung der Störfallursache
169		●	**Störfallursache: Steuergerät** Die Leiterplatten im Steuergerät (Träger und Verbindungen der elektrischen Bauteile) kann einen unsichtbaren Riß haben. Eine Reparatur ist nicht möglich, es muß ausgewechselt werden.
170	●		**Störfallursache: Funkentstörung** Stromerzeuger, Stromverbraucher und elektrische Leitungen senden während des Betriebes hochfrequente elektromagnetische Störwellen aus, die den Funkempfang der in der Nähe befindlichen Empfänger ohne Schutzmaßnahmen stören. Störwellen entstehen durch Lichtbögen (Ein- und Ausschalten von elektrischen Verbrauchern) und Funkenstrecken (an Kollektoren der elektrischen Maschinen). Die Reichweite der Störungen ist abhängig von der Frequenz der Störwellen und kann bei Zündanlagen einige Kilometer betragen. Die größte Störquelle im Kraftfahrzeug ist der Hochspannungsteil der Zündanlage. Maßnahmen gegen die Ausbreitung von Störwellen bzw. zur Reduzierung auf ein erträgliches Maß sind Dämpfung (Fernentstörung), Ableitung (Nahentstörung), Abschirmung. Nach den gesetzlichen Vorschriften muß die elektrische Anlage jedes Kraftfahrzeuges fernentstört sein. Eine Nahentstörung ist gesetzlich nicht vorgeschrieben, aber stets erforderlich, wenn ein Funkgerät betrieben wird. Als Dämpfungsglieder finden Drahtwiderstände Anwendung. Zur Ableitung dienen Kondensatoren bzw. Drosselspulen, die auch häufig kombiniert als sogenannte Entstörer oder Entstörfilter zum Einsatz kommen. Sie müssen möglichst nahe der Störquelle eingebaut sein, damit die Störwellen auf dem kürzesten Weg zur Masse abgeleitet werden. Unter Abschirmung ist der Schutz elektrischer Leitungen, Bauteile und Geräte gegen die Einwirkung elektromagnetischer Störungen zu verstehen, durch die die Aussendung von Störwellen verhindert wird. Hierzu werden elektrische Leitungen und Geräte teilweise oder vollständig mit einem metallischen Mantel umgeben.

P = Position; A = Allgemein; E = Einspritzanlage

4. Motorrad-Praxis

Zur Erzielung einer hohen Betriebs- und Verkehrssicherheit sind alle Reparatur- und Wartungsarbeiten fachmännisch und äußerst gewissenhaft auszuführen. Grundlage sind umfangreiche Kenntnisse in Theorie und Praxis. Schwierige Tätigkeiten sollten nur von einem Fachmann bzw. technisch versierten Motorradfahrer erledigt werden. Zur Erhöhung der Verkehrsicherheit sind außer den Wartungsintervallen regelmäßig folgende Überprüfungen durchzuführen:

Bereifung
Der Reifenzustand muß einwandfrei sein, die Profiltiefe mindestens 1,5 mm betragen.

Bremsen
Der Bremsflüssigkeitsbehälter sollte bis zur Max-Markierung gefüllt sein. Liegt der Höhenstand erheblich darunter, muß unverzüglich eine Fehlersuche und Fehlerbehebung erfolgen. Ein Bremstest ist regelmäßig durchzuführen.

Lenkung
Die Lenkung muß richtig eingestellt sein.

Ladung
Das zulässige Gesamtgewicht bzw. die zulässigen Achslasten dürfen die im Fahrzeugschein angegebenen Werte nicht überschreiten.

Beleuchtung
Sämtliche Beleuchtungseinrichtungen und die Blinkanlage müssen störungsfrei arbeiten.

Akustische Signalanlage
Während der Signalgabe muß der Signalton einwandfrei und ohne Unterbrechungen sein.

Zur Erzielung einer hohen Betriebssicherheit sind regelmäßig folgende Prüfungen durchzuführen:

- Kühlflüssigkeitsstand (bei Motoren mit Flüssigkeitskühlung).
- Motorölstand (bei Motoren mit Schmieranlagen)
- Reifenluftdruck
- Kraftstoffvorrat
- Ferner sind die elektrischen Anlagenteile auf ihre Funktionstüchtigkeit zu überprüfen.

Werkzeug

Nachstehende Zusammenstellung beinhaltet die zweckmäßigsten Werkzeuge zur Ausführung von Wartungs- und Reparaturarbeiten.

Werkzeug	Erläuterung
Gabelschlüssel SW 10, 11, 12, 14, 17, 19	Maulöffnung um 15 ° abgewinkelt
Gabelringschlüssel SW 9	Beidseitig gleiche Schlüsselweite. Ringschlüssel sind sechskantschonend. Für Bremsleitungsverschraubungen sind offene Ringschlüssel zu verwenden.
Doppelringschlüssel SW 10, 11, 12, 14, 17, 19	
Speichenschlüssel	Zum Spannen der Speichen
Steckschlüssel	Ein- oder Doppelsteckschlüssel mit Querloch zur Aufnahme des Drehdorns.
Knarre oder Ratsche mit 3/8'' oder 1/2'' Vierkant	Für Betätigung von Steckeinsätzen. Zur Aufnahme der Steckeinsätze bzw. eines Verlängerungsstücks mit einem Vierkant versehen.
Steckeinsätze oder Nüsse	Es gibt 6- und 12-Kantnüsse. Letztere gestatten kleinere Schritte.
Drehmomentschlüssel für Steckeinsätze	Zum Anziehen von Schrauben und Muttern mit bestimmtem Drehmoment.

Werkzeug	Erläuterung
Inbusschlüssel	Für Inbusschrauben (Ersatz für Kreuzschlitzschrauben)
Zündkerzenschlüssel	
Hammer 250 g und 1000 g	
Greifzange	Greifweite des Zangenmauls durch Rillen und Rippen verstellbar. Greifbacken feinverzahnt.
Spezialzange	Zum Aushaken der Bremsbackenrückholfeder
Flachzange/Rundzange	
Seitenschneider	Zum Trennen von Bowdenzüge und elektrischen Leitungen
Abisolierzange	Zum Abisolieren elektrischer Leitungen. Einstellbar auf beliebige Querschnitte.
Kabelquetschzange	Mit ihr werden Kabelschuhe bzw. Flachstecker ans Ende elektrischer Leitungen angebracht.
Schraubendreher oder Schraubenzieher und einen Schlagschraubenzieher	Schraubenschlitz und Klingendicke eines Schraubendrehers müssen zusammenpassen. Schraubendreher verschiedener Klingendicke für Schlitzschrauben und Kreuzschraubendreher für Kreuzschraubenköpfe. Schraubendreher mit auswechselbaren Einsätzen für Schlitz- und Kreuzschrauben zweckmäßig. Zum Drehen von Sechskanteinsätzen eignen sich auch Steckschlüssel.
Fühlerlehren	Auch Spione genannt, dienen zum Ausmessen schmaler Schlitze z. B. Ventilspiel, Unterbrecher- bzw. Elektrodenabstand.
Schieblehre	Besitzt Meßschneiden für Außendurchmesser, Meßspitzen für Innendurchmesser und ein Tiefenmaß. Die Ablesegenauigkeit beträgt 1/10 mm.
Vielfachmeßgerät	Zum Messen elektrischer Größen (Spannung, Strom, Widerstand)
Durchgangsprüfer	Zum Finden einer Wicklungsunterbrechung.
Prüflampe	Zur Prüfung eines Stromkreises.
Stroboskop oder Zündlichtpistole	Zum Einstellen des Zündzeitpunktes. Unentbehrlich bei kontaktlosen Zündanlagen.
Unterdruckmeßgeräte	Zur Synchronisation von Zwei- oder Vielfachvergasern.
Reifenluftdruckmesser	
Luftpumpe	
Säureprüfer	Zur Messung der Batteriesäuredichte.

Zu den wichtigsten Werkstatteinrichtungen zählen: Schraubstock, Bohrmaschine, Meißel, Blechschere, Schleifscheiben, Feilen, Schaber, Gewindebohrer mit Wendeisen, Schneideisen für Außengewinde, Nietwerkzeuge für Ketten, Körner, Durchschläge, Handbügelsäge, Abzieher, Gummihammer, Stahlbürste, Lötkolben, Heimwerker-Schweißgerät.
Einige Werkstätten führen einen Motortest bzw. eine Störfalldiagnose mittels »colortune« durch. Hier handelt es sich um eine Testkerze, die anstelle der normalen Zündkerze in den Motor geschraubt wird. Die Testkerze weist als Isolator ein Spezialglasfenster auf, das zur Beobachtung der Verbrennungsflammen dient. Anhand der Verbrennungsfarbe kann festgestellt werden, ob das Gemisch zu fett, zu mager (z. B. durch angesaugte Falschluft) oder ob Öl im richtigen Kraftstoff-Luftgemisch mitverbrannt wird. Außerdem ist zu erkennen, ob die Flamme durch fehlende Zündfunken aussetzt oder der Kondensator defekt ist.

Fahrzeugsicherung

Schritt	Maßnahme	Anmerkung
1	Warnblinkanlage einschalten	
2	Anhalten und Motor stillsetzen	
3	Fahrzeug aus dem fließenden Verkehr bringen	Durch Schieben oder mit Hilfe des Anlassers (Bei eingelegtem 1. Gang und eingekuppeltem Zustand Anlasser betätigen)
4	Absichern des Fahrzeuges	Auf Autobahnen und Schnellstraßen etwa 100 m vor dem Hindernis. Standfeste Geräte verwenden.
5	Personen in sicherem Abstand vom Verkehr aufhalten	Abschließen, sobald man sich vom Fahrzeug weiter entfernt
6	Beseitigung der Störung bzw. Hilfe anfordern	Notrufnummer: 1 10
		Feuerwehr: 1 12
	196 *Notrufsäule*	Notrufsäulen auf Autobahnen (Abstand 1 bis 2 km). Schwarze Pfeile auf den Leitpfosten zeigen in Richtung der nächsten Notrufsäule 197 *Leitpfosten*
		Notrufmelder in öffentlichen Münzfernsprechern (nicht in jedem vorhanden)
		Notruftelefone auf Bundestraßen. Blaue Hinweisschilder zeigen den Weg

198
Das Warndreieck gehört nicht auf den Bürgersteig, sondern auf die Fahrbahn – es soll nachfolgende Fahrzeuge auf das Hindernis aufmerksam machen. Vor allem muß es in einem größeren Abstand zur Unfall- bzw. Pannenstelle aufgestellt werden.

4.1 Reparaturen

Da als Fehlerquelle meist Komponenten mit begrenzter Lebensdauer wie z. B. Glühlampen, Unterbrecher, Zündkerzen, Generatorkohlen, Bremsbeläge usw. in Frage kommen sollte entsprechend der Störfallübersicht hier mit der Fehlersuche begonnen werden.

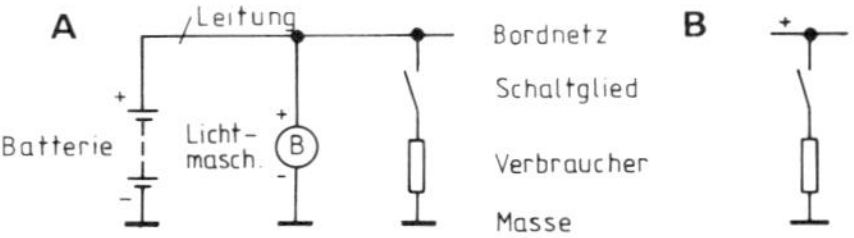

199 Darstellung eines Stromkreises:
A mit, B ohne Stromquelle

Bei der Überprüfung eines Stromkreises (jeder Stromkreis besteht im Wesentlichen aus Stromquelle, Schaltglied, Verbraucher und Leitungen) ist grundsätzlich vom Pluspol (+) der Stromquelle auszugehen. Das Pluspotential des Bordnetzes ist meist ohne der Stromquelle Batterie bzw. Lichtmaschine wie auf Abb. 199 dargestellt.

Ist ein Stromkreis durch ein Schaltglied bzw. durch mehrere parallel oder in Reihe geschaltete Schaltglieder geschlossen, so fließt Strom vom Pluspol der Stromquelle durch den bzw. die Verbraucher zum Minuspol (Masse = Motorblock, und Rahmen) der Stromquelle. Zu den Verbrauchern, in Abb. 199A und B als Widerstand dargestellt, zählen alle elektrischen Geräte und Komponenten, die im eingeschalteten Zustand Strom verbrauchen.

Zur Fehlersuche in der elektrischen Anlage dienen Prüflampen, mit deren Hilfe sich Unterbrechungen in einem Stromkreis feststellen lassen. Ihrem Aufbau entsprechend ist zwischen Prüflampen mit beziehungsweise ohne eigene Stromquelle zu unterscheiden. Die üblichen Schaltungen sind in Abb. 200A und B dargestellt.

Gemäß Abb. 200A leuchtet die Prüflampe nur bei direkter Leitungsverbindung voll auf, das heißt wenn sich die Prüfspitzen berühren oder wenn zwischen den Prüfspitzen die zu prüfende Leitung beziehungsweise ein niederohmiger Verbraucher geschaltet ist und keine Unterbrechung vorliegt.

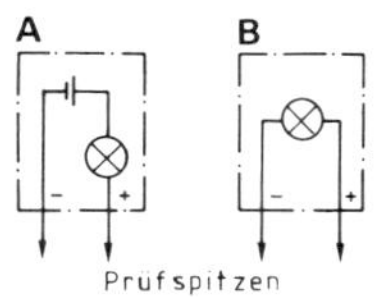

200
Schaltungen von Prüflampen:
A mit Batterie,
B zur Spannungsprüfung

Die Spannungsprüflampe (Abb. 200B) besteht aus einer Prüflampe für 6 V bzw. 12 V und den Leitungen mit Prüfspitzen oder Krokodilklemmen.

Zur Spannungsprüfung ist ein Ende mit Masse zu verbinden, und mit dem anderen sind die zu überprüfenden Anschlußpunkte der elektrischen Anlage abzutasten. Trifft man damit auf Pluspotential, leuchtet die Lampe.

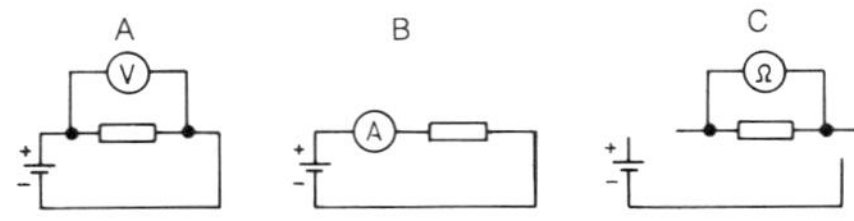

201 Meßschaltungen:
A Spannungsmessung; B Strommessung;
C Widerstandmessung

Dieses Verfahren ist ein einfaches und billiges Mittel zur Eingrenzung eines Fehlers.

Der Einsatz elektrischer Meßgeräte zur Fehlersuche ist von der Art einer Störung abhängig. Aufgrund genauer Meßwerte kann man sichere Rückschlüsse auf die Funktionstüchtigkeit der Anlage und seiner Geräte ziehen. Meist benötigt man eine Aussage über Spannung, Strom oder Widerstand. Anstelle von Einzelmeßgeräten kann auch ein Mehrfachinstrument mit Meßbereichumschaltung verwendet werden.

Beim Umgang mit Meßgeräten muß darauf geachtet werden, daß keine Beschädigung durch äußere Einwirkungen oder durch Anlegen falscher Meßgrößen vorkommt. In jedem Fall kann eine Zerstörung des empfindlichen Meßwerkes die Folge sein. Deshalb nur Meßgeräte mit einem ausreichenden Meßbereich einsetzen!

Bedient man sich eines Mehrfachinstrumentes mit Meßbereichumschaltung, ist grundsätzlich vor jeder Messung der größte Meßbereich einzustellen und erst während der Messung stufenweise soweit umzuschalten, bis sich ein ausreichender Zeigerausschlag einstellt. Die wesentlichen Meßschaltungen sind aus Abb. 201 ersichtlich.

Eine Spannungsmessung erfordert keinen Eingriff in den Stromkreis.

Ein Strommesser ist im stromlosen Zustand in den Stromkreis einzufügen bzw. auszubauen.

Vor Anschließen eines Widerstandsmessers ist der Verbraucher bzw. die Meßstrecke im stromlosen Zustand von den übrigen Teilen eines Stromkreises zu trennen.

Durch Oxydation, Verschmutzung, Abnutzung von Kontakten beziehungsweise durch schwachen Kontaktdruck ergibt sich eine Erhöhung des Übergangswiderstandes und als Folge ein erhöhter Spannungsverlust. Ferner tritt ein unzulässig großer Spannungsverlust bei zu kleiner Dimensionierung einer Leitung auf. In jedem Fall funktionieren die angeschlossenen Verbraucher, je nach Ausmaß der Störung, nicht mehr einwandfrei oder sie fallen ganz aus. Gemessen wird der Spannungsverlust mit dem Spannungsmesser. Abb. 202 zeigt die wesentlichen Meßpunkte einer elektrischen Anlage. Einen Überblick der im Leitungsnetz vorhandenen Spannungen beziehungsweise zulässigen Spannungsverluste vermittelt nachstehende Zusammenstellung.

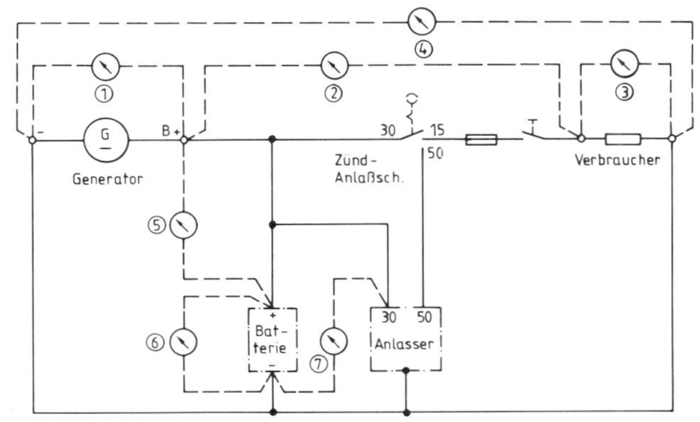

202 Spannungsmessungen im Bordnetz

Spannungen im Bordnetz

Messung	Benennung	Bordnetz	Meßwert	Bemerkung
1	Ladespannung zur Lichtmaschine	6 V 12 V	≈ 7,2 V ≈ 14,5 V	Reglerspannung mit mittlerer Drehzahl und Normalbetrieb
2	Verbraucherleitungen	6 V 12 V	0,3 V 0,5 V	Bei eingeschaltetem Verbraucher
	Lichtleitung	6/12 V	0,2 V	
3	Spannung am Verbraucher	6 V 12 V	6 V 12 V	
4	Masse Lichtmaschine Masse Verbraucher	6 V 12 V	0,4 V	
5	Batterie-Ladeleitung	6 V 12 V	0,2 V 0,4 V	Bei Nennleistung des Generators
6	Batterie-Spannung	6 V 12 V	6 V 12 V	Bei stehendem Motor
		6 V 12 V	≈ 7 V ≈ 14 V	Bei laufendem Motor ab mittlerer Drehzahl
7	Am Anlasser	6 V 12 V	≧ 4 V ≧ 8 V	Beim Anlassen, 50 % Batteriekapazität und 20 °C

Do it yourself

Das Finden einer Störung setzt einige technische Kenntnisse voraus. Unabhängig vom Umfang einer Anlage sei die schrittweise Fehlereingrenzung empfohlen. Damit diese Arbeiten auch der Nichtfachmann ausführen kann, sind die Arbeitsgänge in der erforderlichen Schrittfolge gegliedert und gut illustriert. Generell geht es nicht allein darum, einen Fehler zu finden und zu beseitigen, z. B. eine defekte Sicherung, sondern es muß auch die Störungsursache festgestellt und ausgeschaltet werden, damit sich der Schaden nicht wiederholt. Die Schrittfolge der Arbeitsabläufe sollte aus technischen Gründen eingehalten werden.

Vorraussetzung bei der Suche einer Störquelle und deren Beseitigung ist genügend Raum, ausreichende Beleuchtung, geeignetes Werkzeug und sofern erforderlich – die richtigen Ersatzteile. Ferner sind Prüf- und Meßgeräte nötig, wenn eine systematische Fehlerortung durchzuführen ist, das heißt, wenn eine Grobbestimmung keinen Erfolg brachte. Auch sind folgende Maßnahmen zur Unfallverhütung zu treffen:

- Fahrzeug gegen unbeabsichtigtes Bewegen sichern.
- Angehobene Fahrzeuge nur besteigen, wenn ein Kippen oder Abgleiten von den Stützpunkten unmöglich ist.
- Keine Vergaserkraftstoffe zu Reinigungsarbeiten verwenden, da sie gesundheitsschädlich sind und Brand- bzw. Explosionsgefahr verursachen. Es wird Wasserdampf oder Kaltreiniger empfohlen.
- Vor Schweißarbeiten Brand- und Explosionsgefahr verhindern durch Beseitigen von Undichtheiten im Kraftstoffsystem, Abdecken des verschlossenen Kraftstoffbehälters bzw. der Kraftstoffleitungen und ausreichende Belüftung des Arbeitsbereichs.
- Kraftstoffbehälter mit einer Pumpe oder einem Saugheber entleeren bzw. Kraftstoff in einen Auffangbehälter abfließen lassen.
- Kraftstoffeinspritzdüsen nicht mit dem Finger testen, da dies zur Vergiftung führen kann.

Vor Beginn einer Reparatur sollte über folgende Punkte Klarheit bestehen:
- Schwierigkeitsgrad: Reichen die Fähigkeiten aus?
- Werkzeug: Steht das erforderliche Werkzeug bzw. Spezialwerkzeug zur Verfügung!
- Geräte: Sind Meß- bzw. Prüfgeräte erforderlich, sind sie greifbar und kann damit umgegangen werden?
- Ersatzteile: Werden Ersatzteile benötigt bzw. sind die erforderlichen Ersatzteile vorhanden (einschließlich Schrauben, Dichtungen usw.)?
- Zeitaufwand: Welcher Zeitaufwand ist erforderlich? Ist die zur Verfügung stehende Zeit ausreichend?
- Hilfskraft: Sind alle Arbeiten aus eigener Kraft ausführbar oder wird ein Helfer für bestimmte Arbeitsgänge benötigt?
- Verkehrssicherheit: Wird die Verkehrssicherheit betroffen? Wenn ja – oder in Zweifelsfällen – sollte eine Werkstatt mit der Ausführung beauftragt werden.

Ferner sollten nur Original-Ersatzteile verwendet werden. Entschließt man sich, Gebrauchtteile einzubauen, ist eine genaue Zustandskontrolle unerläßlich.
Da jedoch von einem Laien nicht ohne weiteres erkennbar ist, ob ein Ersatzteil in Ordnung ist oder nicht, da sich dessen Funktionstüchtigkeit meist erst nach dem Einbau zeigt, sollte beim Kauf teuerer Komponenten ein Fachmann hinzugezogen werden. Ferner ist eine schriftliche Gewährleistung für Ersatzteile anzustreben, wenn diese von einem Ausschlächter bezogen werden. Kann der Austausch nur von einer Werkstatt durchgeführt werden, so ist besonders die Kostenfrage zu überlegen, da der Lieferant von Gebrauchtteilen bei Reklamationen den Kaufbetrag meist nicht zurückgibt, sondern lediglich ein Ersatzteil zur Verfügung stellt oder eine Gutschrift vornimmt. In einem solchen Fall ergeben sich zum erneuten Risiko die meist weit über den Materialwert liegenden Arbeitskosten, das heißt, daß im Endeffekt ein von der Werkstatt eingebautes Neuteil billiger und die Gewährleistung für Material und Ausführung der Arbeit selbstverständlich ist.

Zur Vermeidung von Fahrzeugschäden und erhöhtem Kraftstoffverbrauch sind die Einstellvorschriften einzuhalten.

Werkstatt-Auftrag

Wird eine Werkstatt mit einer Reparatur beauftragt, sollten folgende Punkte beachtet werden:
- Voraussichtliche Kosten erfragen. Handelt es sich um eine größere Raparatur, schriftlichen Kostenvoranschlag anfordern. Ein Kostenvoranschlag bis 500 DM darf maximal um 20 %, ab 500 DM um 15 % ohne Rückfrage überschritten werden. Ansonsten ist die Zustimmung des Auftraggebers einzuholen.
- Der für eine bestimmte Arbeit benötigte Zeitaufwand ist in Zeiteinheiten (ZE) festgelegt. 100 Zeiteinheiten entsprechen einer Arbeitsstunde.
- Terminvereinbarung.
- Mängelliste vorbereiten.
- Arbeitsauftrag vor der Unterschrift genau überprüfen. Sollte z. B. kein Öl- bzw. Zündkerzenwechsel vorgenommen werden, empfiehlt sich ein entsprechender Vermerk.
- Keine Wertgegenstände im Motorrad zurücklassen.
- Rückgabe ausgewechselter Teile vereinbaren.
- Bei Abholung, soweit möglich, ausgeführte Arbeiten überprüfen bzw. eine Funktionsprüfung durchführen. Etwaige Beanstandungen umgehend melden.
- Die branchenübliche Reparatur-Garantie beträgt 6 Monate ohne Kilometerbegrenzung.
- Bei unüberbrückbaren Differenzen mit der Werkstatt vermitteln die Kfz-Innungen, Handelskammern, der TÜV und Automobilclubs, die nächstgelegene Schiedsstelle. Die Tätigkeit der Schiedsstelle ist für Kfz-Reparaturreklamationen zuständig und kostenlos.
- Führte eine grobe Fahrlässigkeit der Werk-

statt zu einem Unfall, besteht die Verpflichtung zum Schadenersatz.

- Handelt es sich um einen größeren Motorschaden, ist abzuwägen, ob eine Reparatur, ein Teilmotor, Austauschmotor oder ein neuer Motor sinnvoll ist.

Eine größere Motorreparatur ist nur dann zu empfehlen, wenn die Fahrleistung weniger als 50 000 km beträgt. In diesem Fall kann z. B. bei einem Zylinderkopfschaden eine Reparatur vorgenommen oder ein neuer Zylinderkopf eingebaut werden, wenn der Kurbeltrieb und die Zylinder noch in Ordnung sind. Ist dies nicht sicher, kann bereits nach kurzer Zeit durch einen überholten oder neuen Zylinderkopf, aufgrund der nun höheren Kompression, ein Lagerschaden entstehen.
Bestehen diesbezügliche Zweifel, sollte man sich für einen Teilmotor oder Austauschmotor entscheiden. Bei einem Teilmotor ist der Zylinderblock neu ausgeschliffen, Kurbelwelle und Pleuel neu gelagert, neue Kolben eingebaut und die Ölpumpe überholt.
Ist das Motorrad noch relativ neu, ist meist ein Austauschmotor günstiger, da der gesamte Motor überholt ist.

203
Sie sollte immer an Bord sein, die Betriebsanleitung. Sie enthält für Wartung und Reparatur wichtige Hinweise. Eine Werkstatt-Reparaturanleitung werden Sie nur in seltenen Fällen bekommen, ist aber auch entbehrlich, wenn Sie sich an die Anleitungen auf den folgenden Seiten halten

Gewährleistung

Während der Gewährleistungszeit müssen berechtigte Garantiearbeiten von der zuständigen Vertragswerkstatt ausgeführt werden. Werden Garantieansprüche von der Vertragswerkstatt nicht bzw. nicht zufriedenstellend erledigt, besteht die Möglichkeit, sich schriftlich an die nächste Niederlassung oder direkt ans Herstellerwerk zu wenden. Dies ist auch zur Erzielung einer Kulanz ratsam, wenn nach Ablauf der Garantie ein größerer Schaden auftritt und die Fahrleistung unterm Jahresdurchschnitt liegt, kein Verschulden durch falsche Fahrweise vorliegt und sämtliche Wartungsarbeiten von der Vertragswerkstatt ausgeführt wurden.
Generell sollten alle Mängel, die während der Garantie nicht behoben werden konnten, zur Erhaltung der Garantie schriftlich erfaßt und als Einschreibbrief an die Vertragswerkstatt und an die Niederlassung oder ans Werk gemeldet werden.

Nützliche Tips

- Festgerostete Schrauben bzw. Muttern lassen sich durch folgende Methoden lösen: Einsprühen mit rostlösendem Mittel z. B. Caramba; dieser Vorgang ist meist mehrmals zu wiederholen und kann Tage beanspruchen.
  Wenn räumlich möglich, Hebelarm des Schlüssels verlängern. In keinem Fall rohe Gewalt anwenden damit die Schraubverbindung nicht abbricht bzw. Schaden nimmt.
  Bei Schlitzschrauben führt der Einsatz eines Schlagschraubendrehers meist zum Erfolg. Oft genügt ein Schlag mit dem Hammer auf den Schaft des Schraubendrehers.
  Eine positive Auswirkung hat das Anwärmen (40 bis 50 °C) der Schraube oder Mutter mittels Flamme oder Lötkolben, wodurch eine Materialdehnung stattfindet. Das Trennen der Verbindung muß im warmen Zustand erfolgen.

- Die Schraube eines abgedrehten Schraubenkopfes muß aufgebohrt und anschließend das Gewinde neu geschnitten werden. Vor dem Bohren ist die Bohrstelle mit einem Körnerschlag zu versehen. Es ist zweckmäßig, mit einem kleinen Bohrer vorzubohren. Führt diese Maßnahme zu keinem einwandfreien Gewinde, muß das Gewindeloch auf den nächst größeren Kerndurchmesser aufgebohrt und ein dementsprechend neues Gewinde geschnitten werden. Ferner kann auch ein spezieller Gewindeeinsatz eingebaut werden, wobei der Originaldurchmesser erhalten bleibt. Diese Arbeit sollte einer Fachwerkstatt übertragen werden.

- Kontermuttern dienen nicht der Sicherheit, sondern lediglich zur Entlastung der darunter befindlichen Mutter. Aufgrund dessen sind zur Sicherung gegen Lockern Sprengringe, Sicherungsbleche (eine Lasche wird nach der Verschraubung umgebogen) oder Kronenmuttern mit Splint (die Enden des Splints werden nach Durchstecken durch die Krone der Mutter und einem dafür vorgesehenem Loch in der Schraube zurückgebogen) zu verwenden.
- Sicherheitstechnisch besonders wichtig sind alle Schrauben, durch die Bauteile mit dem Fahrzeugrahmen verbunden sind sowie Schrauben am Steuerkopf der Lenkung und die der Radbefestigung.
- Beim Einsatz von Werkzeug ist zu beachten, daß Schraubenschlüssel mit der Handinnenfläche und geöffneter Hand geführt werden sollen, um Verletzungen durch Abrutschen zu vermeiden. Ferner ist grundsätzlich das für den Arbeitsgang geeignetste Werkzeug zu verwenden und das Motorrad bei allen Arbeiten, die Kraftaufwand erfordern, gegen Kippen bzw. Umfallen zu sichern.
- Bei Demontagen muß grundsätzlich der ursprüngliche Zustand gemerkt bzw. registriert werden, oder die Bauteile sind der Reihe nach auf sauberen Untergrund abzulegen und soweit zweckmäßig, zu kennzeichnen. Ferner ist auf Keile, Stifte, Ringe, Scheiben, Federn, Hülsen und Dichtungen zu achten, da sie leicht verloren gehen.
- Bestimmte Teile sind mit Pfeilen, Zapfen, Kerben oder Strichen markiert, oder sie bestitzen eine Arretierung, in deren Stellung sie demontierbar sind bzw. in der Stellung der Zusammenbau zu erfolgen hat.
- Lage und Seite der Kolben sind vor dem Abnehmen zu kennzeichnen. Der eingedruckte Pfeil im Kolbenboden gibt die Einbaurichtung an.
- Wie die einzelnen Teile demontiert werden können bzw. in welcher Reihenfolge man am zweckmäßigsten vorgeht, ist meist bei genauer Untersuchung der Maschinenteile feststellbar.
- Zur Beachtung: Bei allen Arbeiten an der Kraftstoffanlage ist offenes Feuer zu vermeiden, da akute Brandgefahr.
- Eine gründliche und schonende Reinigung von Motorteilen wird erzielt, wenn man sie zum Aufweichen zuvor in Benzin oder Petroleum legt.
- Scharfe Kanten sind etwas abzurunden und abgeschnittene Schrauben anzuschrägen.
- Ist ein Seilzugnippel gerissen, sollten alle damit verbundenen Seilzüge und Seilzugteile gleichzeitig ausgewechselt werden.
- Lötwasser erleichtert meist die Lötung, fördert aber die Korrossion.
- Gegen Eisbildung in den Bowdenzügen hilft Abschmieren mit einem Frostschutzmittel.
- Wichtige Seilzüge sollten doppelt verlegt sein, damit bei einem Riß unterwegs nur ein Umhängen erforderlich ist.
- Seilzug der Kupplung sollte ein Spiel von 2 bis 3 mm aufweisen, da sonst die Kupplung schleift. Ein zu großes Kupplungsspiel führt zu Schaltschwierigkeiten.
- Seilzüge können vom Fachhandel komplett bezogen werden.
- Zum Abschmieren aller Schmierstellen mit Schmiernippel ist eine Abschmierpresse zu verwenden.
- Schmierintervalle mit Fett abgeschmierter Schmierstellen sind länger als bei Verwendung von Öl. Sie verlängern sich weiter bei Verwendung von Graphit- oder Molybdänzusätzen.

Sicherheit ist oberstes Gebot. Eine vernünftige Kombi und Schutzhelm gehören zu den Selbstverständlichkeiten.

Motor ausbauen/einbauen

S	A	E	T	Ausführung	Anmerkung
1	●			Motorrad auf festen und ebenen Boden auf Mittelständer stellen	Es ist genügend Bewegungsfreiheit und gutes Licht erforderlich
2	●			Sitzbank ausbauen	
3	●			Kraftstofftank ausbauen	Siehe Seite 173
4	●			Motoröl ablassen	Siehe Seite 274
5	●		●	Kühlflüssigkeit ablassen	Siehe Seite 277
6	●		●	Anschlüsse von der Kühlmittelpumpe lösen	
7	●		●	Servozylinder der Kupplung abbauen	Kupplungshebel nach Ausbau nicht mehr betätigen, ansonsten Probleme beim Einbau des Servozylinders
8	●			Schaltpedal abschrauben	
9	●			Lichtmaschinen-Kabelstecker trennen	Unter der Sitzbank
10	●		●	Anschlüsse zum Ganganzeiger-schalter lösen	
11	●			Massekabel vom Minuspol der Batterie lösen	Zur Vermeidung von Kurzschlüssen
12	●			Massekabel vom Motorblock abschrauben	
13	●			Kabel vom Öldruckschalter abziehen	
14	●		●	Kabel vom Impulsgeber trennen	
15	●			Zündkerzenstecker abziehen	Vor Abziehen der Kerzenstecker Lage durch Numerierung kenn-zeichnen
16	●		●	Kabel vom Anlasser trennen	
17	●			Abgasanlage ausbauen	
18	●			Hinterrad ausbauen	Siehe Seite 221
19	●		●	Endantrieb ausbauen	Siehe Seite 213
20	●			Luftfiltergehäuse ausbauen	
21	●		●	Vergaser ausbauen	
22	●		●	Kühler ausbauen	Siehe Seite 171
23	●			Kurbelgehäuse-Entlüftungsschlauch entfernen	
S = Schrittfolge; A = Ausbau; E = Einbau; T = Typspezifisch					

Motor ausbauen/einbauen

S	A	E	T	Ausführung	Anmerkung
24	●			Fahrbaren Wagenheber unter den Motor so plazieren, daß die Motoraufhängung entlastet wird	
25	●			Schraubverbindungen zwischen Motor und Rahmen lösen (auf etwaige Distanzhülsen achten), Aufhängebolzen entfernen und Motor aus Rahmen heben	Bevor der Motor aus dem Rahmen genommen wird, prüfen, ob alle Voraussetzungen erfüllt sind, d. h. ob nicht noch weitere Teile zu demontieren sind
26		●		Einbau in umgekehrter Schrittfolge	Auf richtige Verlegung der Kabel und Seilzüge achten
27		●		Abgasanlage einbauen	Neue Dichtungen verwenden
28		●		Schmieranlage füllen	Siehe Seite 274
29		●	●	Kühlanlage füllen	Siehe Seite 277
30		●		Einstellung der Drosselklappe prüfen bzw. korrigieren	
31		●		Einstellung der Kupplung prüfen bzw. korrigieren	
S = Schrittfolge; A = Ausbau; E = Einbau; T = Typspezifisch					

Inbetriebnahme

Schritt	Ausführung	Anmerkung
1	Kraftstoffbehälter mit Kraftstoff füllen	
2	Kraftstoffhahn öffnen	
3	Dichtheitskontrolle der Kraftstoffanlage	
4	Kaltstarteinrichtung schließen	
5	Motor starten	Erlischt die Öldruckkontrollampe nicht, Motor umgehend stillsetzen und eine Fehlersuche bzw. Fehlerbehebung durchführen
6	Nach erreichtem Motorrundlauf Kaltstarteinrichtung öffnen	
7	Dichtheitskontrolle der Schmieranlage	
8	Funktionsprüfung der Gangschaltung	
9	Funktionsprüfung der Bremsanlage	
10	Motor abstellen	

Inbetriebnahme

Schritt	Ausführung	Anmerkung
11	Ventilspiel überprüfen bzw. neu einstellen	Sind die Ventile bei warmem Motor einzustellen, dann Prüfung und Einstellung unmittelbar nach Abstellen des Motors vornehmen
12	Motor einfahren	Die ersten 1000 km bei unterschiedlicher Belastung und nicht bei Vollast. Nach 1000 km allmähliche Annäherung an das Belastungsmaximum

4.1.2 Schmieranlage

Ölsieb reinigen

Schritt	Ausführung	Anmerkung
1	Schmiersystem entleeren	Siehe Seite 274
2	Ölwanne abschrauben, Dichtung enfernen	
3	Ölsieb ausbauen *204 Ölsieb*	Drahtbügel aushängen
4	Ölsieb und Ölwanne mit reinem Kraftstoff bzw. Kaltreiniger säubern und trocknen	
5	Ölsieb einbauen	
6	Ölwanne anschrauben	Neue Dichtung verwenden
7	Schmiersystem füllen	Siehe Seite 274
8	Motor starten	
9	Ölwanne auf Dichtheit kontrollieren	Wenn Leckstelle, Befestigungsschrauben nachziehen
10	Motor abstellen	

Ölpumpe ausbauen/prüfen/einbauen

S	A	P	E	Ausführung	Anmerkung
1	●			Ölauffangbehälter unter Ölfilter plazieren und Ölfilterglocke entfernen 205 *Ölfilter*	Altöl gelegentlich an einer Ölsammelstelle abliefern
2	●			Ölauffangbehälter unter die Ölwanne stellen und Ölablaßschraube entfernen	
3	●			Ölwanne abschrauben	Bei bestimmten Typen erreicht man die Ölpumpen erst nach Demontage des Getriebes und der Kupplung
4	●			Abbau aller Bauteile die den Zugang zur Ölpumpe noch versperren	
5	●			Ölpumpe abschrauben 206 *Ölpumpe*	
6		●		Zerlegen der Ölpumpe. Einzelteile in Benzin reinigen	Auf sauberen Untergrund legen
7		●		Überprüfen der Einzelteile auf Verschleiß und Beschädigungen	Schlechte Teile durch neue ersetzen. Auf Schleifspuren an den Rotoren und am Gehäuse achten
8		●		Ölpumpe in umgekehrter Reihenfolge wie beim Zerlegen zusammenbauen. Sämtliche Teile reichlich ölen. Ölpumpe vor Anbringen des Deckels mit Öl vollfüllen	Spiel zwischen Pumpenrotoren und Gehäuse $\leqq$ 0,35 mm mittels Fühlerlehre messen. Ist das Spiel $>$ der Toleranzbereich muß die Ölpumpe durch eine neue ersetzt werden.
9		●		Ölpumpe auf leichten Lauf durch drehen am Antriebszahnrad kontrollieren	

S = Schrittfolge; A = Ausbau; P = Prüfen; E = Einbau

Ölpumpe ausbauen/prüfen/einbauen

S	A	P	E	Ausführung	Anmerkung
10			●	Ölpumpe einbauen	Neue O-Ringe, Paßstifte und Splinte verwenden
11			●	Anbau aller in Schritt 4 entfernten Bauteile	
12			●	Ölwanne anschrauben	Neue Dichtung verwenden
13			●	Einsetzen der Ölablaßschraube	
14			●	Anbringen der Ölfilterglocke	
15			●	Schmiersystem füllen	
S = Schrittfolge; A = Ausbau; P = Prüfen; E = Einbau					

Ölkühler ausbauen/einbauen

Schritt	Ausführung	Anmerkung
1	Schmieranlage entleeren	Siehe Seite 274
2	Teil der Motorverkleidung abnehmen	Soweit erforderlich
3	Verschraubungen am Ölfilterkopf lösen *207 Ölkühler*	
4	Ölkühler mit den Ölschläuchen entfernen	
5	Einbau des Ölkühlers in umgekehrter Schrittfolge	
6	Schmiersystem füllen	Siehe Seite 274
7	Motor starten	
8	Ölkühler auf Dichtheit kontrollieren	
9	Motor abstellen	

4.1.3 Kühlanlage

Thermostat prüfen/austauschen

S	P	A	Ausführung	Anmerkung
1		●	Kraftstoffhahn schließen	
2		●	Sitzbank abnehmen	
3		●	Kraftstofftank ausbauen	
4		●	Kühlanlage entleeren	Siehe Seite 277
5		●	Luftfilter mit Gehäuse abnehmen	
6		●	Oberen Kühlmittelschlauch lösen	
7		●	Kühlmittelrohr ausbauen	
8		●	Kabel vom Temperaturgeber abnehmen	
9		●	Thermostat-Gehäusedeckel abschrauben	*208 Thermostat-Gehäuse*
10		●	Kühlmittelrohr vom Thermostat-gehäuse lösen	
11		●	Thermostatgehäusedeckel entfernen	
12		●	Thermostat aus Thermostatgehäuse nehmen	
13	●		Thermostatlänge messen	Maß im kalten Zustand
14	●		Thermostat und ein Wasser-thermometer in einen mit Wasser gefüllten Kochtopf geben	
15	●		Aufheizen des Wassers. Der Kühlflüssigkeitsregler muß bei etwa 70 °C bis 80 °C beginnen sich zu öffnen und bei etwa 90 °C bis 95 °C voll geöffnet haben.	Kochplatte, Tauchsieder, elektrischer Heiztopf
16	●		Im geöffneten Zustand gemäß Schritt 13 Länge messen	Der Thermostat muß mindestens 7 mm länger sein
17		●	Thermostat einbauen	Neuen O-Ring verwenden
18		●	Kühlanlage in umgekehrter Reihenfolge zusammenbauen	
19		●	Kühlsystem mit Kühlmittel füllen	Siehe Seite 277
20		●	Motor starten, bei Erreichen der Betriebstemperatur Dichtheitskontrolle durchführen	
S = Schrittfolge; P = Prüfung; A = Austausch				

Thermoschalter prüfen/austauschen

S	P	A	Ausführung	Anmerkung
1	●		Motor starten und laufen lassen bis die Kühlmitteltemperatur etwa 90 °C erreicht hat	Kühlergebläse muß laufen
2	●		Motor abstellen	Kühlergebläse muß bei etwa 85 °C abschalten
3	●	●	Beide Kabel vom Thermoschalter lösen *209 Thermoschalter*	
4	●		Die in Schritt 3 getrennten Kabel kurzschließen	
5	●		Zündung einschalten	Läuft jetzt das Kühlergebläse ist der Thermoschalter defekt. Kühlergebläse prüfen (siehe Seite 172)
6	●		Zündung ausschalten	
7	●		Die in Schritt 4 hergestellte Kurzschlußbrücke beseitigen	
8		●	Thermoschalter ausbauen	Im Wasserkasten des Kühlers eingebaut
9		●	Thermoschalter einbauen	
10		●	Die in Schritt 3 gelösten Kabel anschließen	
11		●	Funktionsprüfung	
12		●	Dichtheit prüfen	

S = Schrittfolge; P = Prüfung; A = Austausch

Kühlmittelpumpe ausbauen/einbauen

S	A	E	Ausführung	Anmerkung
1	●		Kurbelgehäusedeckel abschrauben	
2	●		Kühlerverschlußdeckel abnehmen	
3	●		Ablaßschraube am Kühler entfernen und Kühlflüssigkeit ablassen	Siehe Seite 277
4	●		Ablaßschraube am Deckel, Kühlmittelpumpe und an den Zylinderköpfen entfernen und Kühlflüssigkeit aus den Kühlkanälen des Motors ablassen	
5	●		Schlauch vom Deckel der Kühlmittelpumpe abnehmen	
6	●		Pumpendeckel abschrauben	
7	●		Schraube der Rohrklemme herausdrehen	
8	●		Schlauchschellen lösen	
9	●		Kühlmittelpumpe vom Kurbelgehäuse abnehmen	*210 Kühlmittelpumpe*
10	●		Rohr von der Kühlmittelpumpe trennen	
11		●	Neuen O-Ring mit Motoröl bestreichen und in die Nut der Kühlmittelpumpe legen	
12		●	Kühlmittelpumpe ins Kurbelgehäuse schieben	Schlitz der Kühlmittelpumpe beachten
13		●	Rohr mit Pumpenschlauchstutzen und Pumpendeckel verbinden	Neuen O-Ring am Rohrende anbringen
14		●	Paßstifte einsetzen	
15		●	Neuen O-Ring in die Nut des Pumpendeckels einlegen und Pumpendeckel festschrauben	
16		●	Kühlmittelschlauch anschließen und Schlauchschellen befestigen	
17		●	Kurbelgehäusedeckel anschrauben	
18		●	Ablaßschrauben einsetzen	
19		●	Kühlsystem mit Kühlflüssigkeit füllen (siehe Seite 277)	50 % Wasser und 50 % Äthylen-Glykol
20		●	Probefahrt	
21		●	Dichtprüfung	
S = Schrittfolge; A = Ausbau; E = Einbau				

Kühler ausbauen/einbauen

S	A	E	Ausführung	Anmerkung
1	●		Sitzbank abbauen	
2	●		Kraftstofftank ausbauen	Siehe Seite 173
3	●		Kühlmittel ablassen 211 *Kühlmittelablaßschraube*	Siehe Seite 277
4	●		Kühlmittelüberlaufschlauch lösen	212 *Kühler*
5	●		Kabelsteckverbindung am Lüfter trennen	
6	●		Deckel des unteren Kühlerschlauches bzw. rechten Luftkammerdeckel sowie die beidseitigen Kühlerdeckel entfernen	
7	●		Kabel vom Thermoschalter trennen	
8	●		Schlauchschellen lösen	
9	●		Kühler abschrauben und mit den Schläuchen entnehmen	
10		●	Schläuche an Kühlerstutzen anschließen	
11		●	Kühler am Rahmen festschrauben	
12		●	Schläuche anschließen und mit Schellen befestigen	Nur einwandfreie Schläuche einbauen
13		●	Thermoschalter anschließen	Auf guten Kontakt achten
14		●	Lüftermotor anschließen	
15		●	Kühlsystem mit Kühlflüssigkeit füllen	Siehe Seite 277
16		●	Kraftstofftank einbauen	Siehe Seite 173
17		●	Sitzbank einbauen	
18		●	Probefahrt	
19		●	Dichtprüfung	

S = Schrittfolge; A = Ausbau; E = Einbau

Elektromotorisches Kühlergebläse prüfen

Schritt	Ausführung	Anmerkung
1	Motor starten	
2	Elektrischen Anschluß des Thermoschalters abziehen und an Masse halten. Kühlergebläse muß trotz kaltem Motor laufen, ansonsten Relais defekt, Stromunterbrechung oder Kühlergebläse defekt.	
3	Läuft das Kühlergebläse nicht, Relaiskontakt mit elektrischer Leitung provisorisch überbrücken. Kühlergebläse muß laufen, ansonsten Stromunterbrechung oder Kühlergebläse defekt.	
4	Die in Schritt 3 verlegte Leitung entfernen	
5	Die in Schritt 2 abgenommene Leitung mit Thermoschalter verbinden. (Kontakt muß einwandfrei sein)	
6	Mit Prüflampe Steuerkreis überprüfen (siehe Seite 252)	
7	Mit Prüflampe Hauptstromkreis überprüfen (siehe Seite 252)	
8	Motor auf Betriebstemperatur bringen	*213 Stromlaufplan eines Kühlergebläses: A Thermoschalter im Hauptstromkreis B Thermoschalter im Steuerstromkreis*
9	Schritt 2 wiederholen wenn Kühlergebläse nicht läuft	Läuft das Kühlergebläse ist der Thermoschalter defekt. Wenn nicht, ist das Kühlergebläse defekt, vorausgesetzt, die bisher durchgeführten Prüfschritte brachten positive Ergebnisse
10	Motor stillsetzen	

Lüfter ausbauen/einbauen

S	A	E	T	Ausführung	Anmerkung
1	●			Kühler ausbauen	Siehe Seite 171
2	●		●	Rechten und linken Kühlerdeckel abschrauben und mit Kühlergrill abnehmen	
3	●			Lüfterradmantel mit Lüfterrad abschrauben	
4	●			Befestigung des Lüfterrades lösen und Lüfterrad vom Lüftermantel abnehmen	
5	●			Lüfterrad losschrauben und vom Lüftermotor abziehen	*214 Lüfter*
6		●		Lüfterrad auf die Welle des Lüftermotors schieben und befestigen	Unterlag- und Sicherungsscheibe nicht vergessen
7		●		Lüftermotor und Lüfterradmantel zusammenschrauben	Markierung muß nach oben zeigen
8		●		Lüfterradmantel am Kühler festschrauben	
9		●	●	Kühlergrill mit Kühlerdeckel einbauen	
10		●		Kühler einbauen	
11		●		Funktionsprüfung	
S = Schrittfolge; A = Ausbau; E = Einbau; T = Typspezifisch					

4.1.4 Kraftstoffanlage

Kraftstofftank ausbauen/reinigen/einbauen

S	A	R	E	Ausführung	Anmerkung
1	●			Sitzbank hochklappen, Gegenstände entfernen	
2	●			Tankbefestigung lösen	
3	●			Kraftstofftank leicht anheben und quer zur Fahrtrichtung bewegen	Kraftstofftank löst sich von den Gummidämpfern
S = Schrittfolge; A = Ausbau; R = Reinigung; E = Einbau					

Kraftstofftank ausbauen/reinigen/einbauen

S	A	R	E	Ausführung	Anmerkung
4	●			Kraftstoffhahn schließen *215 Kraftstoffhahn*	
5	●			Kraftstoffschlauch vom Kraftstoffhahn abziehen	
6	●			Tanksicherungsbügel vom Rohrstück des Rahmens abziehen	Zuerst nach hinten, dann nach oben ziehen und gleichzeitig von oben auf das Tankende drücken
7	●			Kraftstofftank hinten anheben, unter leichten Hin- und Herbewegungen hochheben	
8		●		Kraftstoffhahn bzw. Kraftstoffhähne ausbauen	
9		●		Kraftstoffhahn bzw. Kraftstoffhähne reinigen	
10		●		Kraftstofftank mit Benzin ausspülen. Vorsicht: Kein offenes Feuer	Bei stärkerem Rost neuer Kraftstofftank erforderlich. Innen nicht mit Lack oder Farbe ausbessern
11			●	Einbau in umgekehrter Schrittfolge	Sofern vorhanden, auf Entlüftungsschläuche der Tankbelüftung achten. Sie dürfen nicht eingeklemmt werden.
S = Schrittfolge; A = Ausbau; R = Reinigung; E = Einbau					

Kraftstoffhahn ausbauen/reinigen/einbauen

S	A	R	E	Ausführung	Anmerkung
1	●			Kraftstoffhahn schließen	*216 Kraftstoffhahn* *Sind zwei manuell zu betätigende Kraftstoffhähne vorhanden, sind beide gleichzeitig zu öffnen bzw. zu schließen*
2	●			Schlauch vom Kraftstoffhahn abziehen	
3	●			Behälter unter Kraftstoffhahn halten, Kraftstoffhahn öffnen und warten, bis Kraftstofftank leer	
4	●			Kraftstoffhahn vom Kraftstofftank abschrauben	
5		●		Kraftstoffhahn zerlegen	
6		●		Sämtliche Teile in Benzin reinigen	
7		●		Kraftstoffhahn zusammenbauen	Neue Dichtungen verwenden
8			●	Kraftstoffhahn in umgekehrter Schrittfolge einbauen	Neue Dichtung zwischen Überwurfmutter und Tankstutzen einsetzen. Schadhaften Schlauch erneuern
9			●	Kraftstofftank mit Kraftstoff füllen	
10			●	Kraftstoffhahn öffnen	
11			●	Dichtprobe	
S = Schrittfolge; A = Ausbau; R = Reinigung; E = Einbau					

Automatisches Kraftstoffventil prüfen/austauschen

Schritt	Ausführung	Anmerkung
1	Kraftstoffhahn öffnen *217 Kraftstoffhahn*	Manuell zu betätigen
2	Behälter unter Kraftstoffschlauch plazieren	Zum Auffangen von Kraftstoff

Automatisches Kraftstoffventil prüfen/austauschen

Schritt	Ausführung	Anmerkung
3	Kraftstoffschlauch vom Vergaser abziehen und in den Behälter geben	Ist das Kraftstoffventil einwandfrei, ist es bei Motorstillstand geschlossen da kein Unterdruck wirksam
4	Unterdruckschlauch vom Ansaugkanal des Motors lösen und gemäß Bild 218 mit einer Vakuumpumpe verbinden	Tank Hahn Pumpe Ventil Behälter *218 Prüfschaltung*
5	Vakuumpumpe betätigen	Kraftstoffventil wird mit Unterdruck beaufschlagt und muß öffnen, d. h. es muß Kraftstoff in den Behälter fließen
6	Vakuumpumpe entfernen	Kraftstoffventil muß schließen da kein Unterdruck mehr wirksam
7	Kraftstoffventil und Unterdruckschlauch mit Luft durchblasen	Wenn Prüfergebnisse bisher negativ
8	Schritt 4 bis 6 wiederholen	
9	Kraftstoffventil bzw. Unterdruckschlauch austauschen	Wenn alle Prüfungen negativ
10	Kraftstoffleitung mit Vergaser verbinden	
11	Unterdruckschlauch mit Ansaugkanal verbinden	
12	Kraftstoffhahn schließen	

Elektro-Kraftstoffpumpe ausbauen/einbauen

S	A	E	Ausführung	Anmerkung
1	●		Sitzbank ausbauen	
2	●		Kraftstofftank ausbauen	
3	●		Seitendeckel abschrauben	
4	●		Batterie ausbauen	Zuerst Minuskabel abklemmen
S = Schrittfolge; A = Ausbau; E = Einbau				

Elektro-Kraftstoffpumpe ausbauen/einbauen

S	A	E	Ausführung	Anmerkung
5	●		Batterieträger ausbauen	
6	●		Magnetschalter des Anlassers ausbauen	
7	●		Kraftstoffschläuche von der Kraftstoffpumpe trennen	Kraftstoffpumpe mit elektromagnetischem Antrieb
8	●		Kraftstoffpumpe abschrauben	
9	●		Kabelstecker von der Kraftstoffpumpe abziehen	
10		●	Einbau in umgekehrter Schrittfolge	Zuerst Pluskabel anklemmen
S = Schrittfolge; A = Ausbau; E = Einbau				

4.1.5 Vergaseranlage

Gemischregulierschraube austauschen/einstellen

S	A	E	Ausführung	Anmerkung
1	●	●	Gemischregulierschraube soweit im Uhrzeigersinn hineindrehen bis sie am Sitz schwach ansteht *219 Gemischregulierschraube*	Umdrehungen bei jedem Vergaser zählen und notieren. Wichtig für Einbau
2	●		Gemischregulierschraube ganz herausdrehen und Zustand überprüfen	Bei Verschleißerscheinungen neue Gemischregulierschraube einsetzen Ist der Austausch bei einem Vergaser erforderlich, sind auch die übrigen auszutauschen
3	●		Gemischregulierschraube bis in die Position vor dem Ausbau hineindrehen	Bei Verwendung neuer Schrauben ist eine Einstellung erforderlich
S = Schrittfolge; A = Austausch; E = Einstellung				

Gemischregulierschraube austauschen/einstellen

S	A	E	Ausführung	Anmerkung
4		●	Gemischregulierschraube auf Sollwert zurückdrehen	Richtwert: 2,5 bis 3 Umdrehungen
5		●	Motor starten und bis Erreichen der Betriebstemperatur fahren	Je nach Außentemperatur etwa 10 bis 12 Minuten
6		●	Drehzahlmesser anschließen	Wenn keiner eingebaut
7		●	Mit Leerlaufschraube Leerlauf-drehzahl einstellen	Richtwert 1000 1/min ± 50
8		●	Gemischregulierschraube um eine halbe Umdrehung nach links drehen	
9		●	Steigt die Leerlaufdrehzahl um etwa 50 1/min, jede Gemisch-regulierschraube zusätzlich um eine halbe Umdrehung nach links drehen	Die Leerlaufdrehzahl muß um 50 1/min abfallen
10		●	Schritt 7 wiederholen	
11		●	Gemischregulierschraube des Vergasers 1 soweit nach rechts drehen, bis die Leerlaufdrehzahl um 50 1/min abfällt	
12		●	Gemischregulierschraube des Vergasers 1 eine Umdrehung nach links drehen	
13		●	Schritt 7 wiederholen	
14		●	Schritt 11 bis 13 bei den übrigen Vergasern durchführen	
S = Schrittfolge; A = Austausch; E = Einstellung				

Schwimmerkammer prüfen

Schritt	Ausführung	Anmerkung
1	Vergaser ausbauen	Siehe Seite 182
2	Schwimmerkammer vom Vergaser abschrauben	220 *Schwimmerkammer*
3	Vergaser etwa 30 ° aus der Senkrechten neigen, Schwimmerstand (Sollwert siehe Betriebsanleitung) messen	
4	Schwimmer, Schwimmerstift und Schwimmernadelventil ausbauen	
5	Die in Schritt 4 entfernten Teile auf Riefen und Kerben überprüfen	
6	Sämtliche Düsen aus Vergaser schrauben	
7	Schwimmerventilsitz ausbauen	
8	Filter ausbauen	
9	Sämtliche Teile überprüfen	Sie dürfen keine Rückstände aufweisen und müssen frei von Riefen und Kerben sein
10	Schwimmerkammer in umgekehrter Schrittfolge zusammenbauen	
11	Schwimmerkammer mit Vergaser verschrauben	
12	Vergaser einbauen	Siehe Seite 182

Unterdruckkammer prüfen

Schritt	Ausführung	Anmerkung
1	Vergaser ausbauen	Siehe Seite 182
2	Unterdruckkammerdeckel abschrauben 221 *Unterdruckkammer*	Einzelteile der Vergaser beachten

Unterdruckkammer prüfen

Schritt	Ausführung	Anmerkung
3	Druckfeder, Membran und Kolben entnehmen	
4	Kolben auf Verschleiß überprüfen	Der Kolben muß sich in der Kammer leicht bewegen lassen
5	Nadelhalter hineindrücken und mit Schlüssel um 60 ° drehen	
6	Nadelhalter, Feder und Nadel vom Kolben entnehmen	
7	Sämtliche Teile insbesondere die Nadelspitze auf Verschleiß überprüfen	Die Nadel darf weder abgenützt noch verbogen sein
8	Membran überprüfen	Die Membran darf keine Risse aufweisen und nicht porös sein
9	Unterdruckkammer in umgekehrter Schrittfolge zusammenbauen	Die Vertiefung im Unterdruckkammerdeckel muß sich mit dem in der Membran befindlichen Loch decken

Gasseilzug ausbauen/einbauen

S	A	E	Ausführung	Anmerkung
1	●		Gummitülle vom Drehgriffgehäuse zurückschieben	
2	●		Deckelschraube am Gasdrehgriff herausschrauben und Deckel abnehmen	
3	●		Nippel des Seilzugs aushängen	
4	●		Seilzugrolle nach oben ziehen und abnehmen	
5	●		Gasdrehgriff vom Lenker schieben	*222 Gasseilzug im Drehgriff*
6	●		Schrauben aus Drehgriffgehäuse schrauben	Zugang zu den Schaltern
7	●		Kraftstofftank ausbauen	Zugang zum Seilzug-Verteiler
8	●		Sicherungsmutter am Einsteller des Seilzugverteilers lösen und Einsteller ganz hineinschrauben	
9	●		Mutter am Seilzugverteiler lösen	
S = Schrittfolge; A = Ausbau; E = Einbau				

Gasseilzug ausbauen/einbauen

S	A	E	Ausführung	Anmerkung
10	●		Die zu den Vergasern führenden Seilzüge mit Nippel aus dem Gehäuse ziehen	
11	●		Nippel aushängen	
12	●		Nippel an den Vergasern aushängen	
13	●		Vergaserzug entfernen	
14		●	Sämtliche Seilzugnippel mit Seilzugverteiler verbinden	Neue Seilzüge sind bereits eingefettet.
15		●	Seilzugverteiler zusammenbauen	Gebrauchte oder selbst angefertigte Seilzüge sind einzufetten.
16		●	Nippel an den Vergasern einhängen	
17		●	Drehgriffeinheit zusammenbauen	Der Seilzug muß knickfrei verlegt werden und darf nicht scheuern.
18		●	Nippel einhängen und Gasdrehgriff auf Lenker schieben	Auf Zahnstellung achten
19		●	Vollgasstellung prüfen bzw. korrigieren	Drehgriff solange um einen oder mehrere Zähne vor- oder zurücknehmen bis Vollgasanschlag erreicht
20		●	Gehäusedeckel festschrauben	
21		●	Gummitülle überschieben	
22		●	Gaszug einstellen	
S = Schrittfolge; A = Ausbau; E = Einbau				

Choke-Seilzug ausbauen/einbauen

S	A	E	Ausführung	Anmerkung
1	●		Chokehebel abschrauben *223 Chokehebel*	
2	●		Seilzug aushängen	
S = Schrittfolge; A = Ausbau; E = Einbau				

Choke-Seilzug ausbauen/einbauen

S	A	E	Ausführung	Anmerkung
3	●		Kraftstofftank ausbauen	Siehe Seite 173
4	●		Sicherungsmutter am Einsteller des Seilzugverteilers lösen und Einsteller ganz hineinschrauben	
5	●		Mutter am Seilzugverteiler lösen	
6	●		Die zu den Startvorrichtungen der einzelnen Vergaser führenden Seilzüge mit Nippel aus dem Gehäuse ziehen	
7	●		Nippel aushängen	
8	●		Nippel an den Vergasern aushängen	
9		●	Der Einbau erfolgt in umgekehrter Schrittfolge	Neue Seilzüge sind bereits eingefettet. Gebrauchte oder selbst angefertigte Seilzüge sind einzufetten. Der Seilzug muß knickfrei verlegt werden und darf nicht scheuern.
10		●	Choke-Seilzug einstellen	Spiel am Chokehebel etwa 7 mm
S = Schrittfolge; A = Ausbau; E = Einbau				

Vergaser ausbauen/einbauen

S	A	E	T	Ausführung	Anmerkung
1	●			Kraftstoffhahn schließen	
2	●		●	Sitzbank ausbauen	
3	●		●	Seitenrahmendeckel abschrauben	
4	●		●	Kraftstofftank ausbauen	Siehe Seite 173
5	●			Luftfiltergehäuse abschrauben *224 Luftfiltergehäuse*	
S = Schrittfolge; A = Ausbau; E = Einbau; T = Typspezifisch					

Vergaser ausbauen/einbauen

S	A	E	T	Ausführung	Anmerkung
6	●		●	Zündspule ausbauen	
7	●		●	Wasserrohr abschrauben	
8	●		●	Wasserschläuche abnehmen	
9	●		●	Luftkammerdeckel abschrauben	
10	●		●	Thermostatdeckel abschrauben	
11	●		●	Massekabel lösen	
12	●			Entlüftungsschlauch abnehmen	
13	●			Kraftstoffleitungen von den Vergasern abnehmen	
14	●			Vergaser abschrauben und entnehmen	
15	●		●	Choke- und Gasseilzüge abklemmen	
16		●		Einbau in umgekehrter Schrittfolge	*225 Vergaser*
17		●	●	Stellung der Luftklappe prüfen/einstellen	Muß in Startstellung geschlossen sein
18		●		Stellung der Drosselklappe prüfen/einstellen	Siehe Betriebsanleitung
19		●		Leerlaufdrehzahl einstellen	Siehe Seite 281
20		●	●	Vergaser synchronisieren	Siehe Seite 288
S = Schrittfolge; A = Ausbau; E = Einbau; T = Typspezifisch					

4.1.6 Einspritzanlage

Drosselklappe prüfen/einstellen

S	P	E	Ausführung	Anmerkung
1	●	●	Motor abstellen	
2	●	●	Gaszug ganz betägigen	Von einem Helfer
3	●		Stellung der Drosselklappe überprüfen	Die Drosselklappe muß ganz geöffnet sein
S = Schrittfolge; P = Prüfung; E = Einstellung				

Drosselklappe prüfen/einstellen

S	P	E	Ausführung	Anmerkung
4		●	Gasgestänge einstellen 226 *Einstellschraube*	Wenn in Schritt 3 nicht ganz offen. Die Anschlagschraube der Drosselklappe ist gesichert und darf nicht verstellt werden.
5	●	●	Gashebel loslassen	
S = Schrittfolge; P = Prüfung; E = Einstellung				

Drosselklappe ausbauen/einbauen

S	A	E	T	Ausführung	Anmerkung
1	●			Motorrad auf Mittelständer stellen	
2	●		●	Motorradverkleidung abschrauben	Soweit erforderlich
3	●			Kraftstofftank ausbauen	Siehe Seite 173
4	●			Luftleitung vom Luftsammler lösen	227 *Luftsammler*
5	●			Einspritzleiste mit den Einspritzventilen ausbauen	
6	●			Alle Schlauchschellen am Luftsammler lösen	
7	●			Motorgehäuseentlüftung vom Luftsammler abnehmen	
8	●			Luftsammler entnehmen	
S = Schrittfolge; A = Ausbau; E = Einbau; T = Typspezifisch					

Drosselklappe ausbauen/einbauen

S	A	E	T	Ausführung	Anmerkung
9	●			Schlauchbinder an der Drosselklappeneinheit lösen	
10	●			Seilzüge an der Drosselklappeneinheit aushängen	
11	●			Sperrige Bauteile ausbauen	
12	●			Drosselklappeneinheit entnehmen	*228 Drosselklappeneinheit*
13	●			Druckregler austauschen	Nur wenn defekt
14	●			Unterdruckschalter austauschen	
15		●		Einbau in umgekehrter Schrittfolge	
S = Schrittfolge; A = Ausbau; E = Einbau; T = Typspezifisch					

Drosselklappenschalter prüfen/einstellen

S	P	E	Ausführung	Anmerkung
1	●	●	Drosselklappenschalter lockern *229 Drosselklappenschalter*	
2	●	●	Stellung der Drosselklappe überprüfen bzw. in Ruhestellung bringen	Die Drosselklappe muß ganz geschlossen sein
3	●	●	Ohmmeter an die Klemmen 14 und 17 (Vollastkontakt) des Drosselklappenschalters anschließen	*230 Prüfschaltung*
4	●	●	Meßwert ablesen	Widerstand hoch, Schalter geöffnet
S = Schrittfolge; P = Prüfung; E = Einstellung				

Drosselklappenschalter prüfen/einstellen

S	P	E	Ausführung	Anmerkung
5		●	Drosselklappenschalter so weit drehen, bis Widerstand 0 Ohm	Drosselklappenschalter geschlossen
6		●	Drosselklappenschalter um einen halben Teilstrich der Befestigungsmarkierung weiterdrehen und festziehen	
7	●	●	Stellung der Drosselklappe und des Drosselklappenschalters überprüfen bzw. korrigieren	Drosselklappenschalter geschlossen Widerstand 0 Ohm und umgekehrt
8	●	●	Ohmmeter ausbauen	
S = Schrittfolge; P = Prüfung; E = Einstellung				

Drosselklappenschalter ausbauen/einbauen

S	A	E	Ausführung	Anmerkung
1	●		Motorrad auf Mittelständer stellen	
2	●		Drosselklappenschalter losschrauben	
3	●		Drosselklappenschalter von der Drosselklappenwelle abziehen	
4	●		Mehrfachstecker trennen	
5		●	Drosselklappenschalter in umgekehrter Schrittfolge einbauen	*231 Drosselklappenschalter*
6		●	Gasdrehgriff betätigen und auf ein Klicken (Kontakt schließt in Leerlauf bzw. Vollaststellung) achten	Ist kein Klicken wahrnehmbar ist der Drosselklappenschalter zu verdrehen
S = Schrittfolge; A = Ausbau; E = Einbau				

Luftmengenmesser ausbauen/einbauen

S	A	E	Ausführung	Anmerkung
1	●		Motorrad auf Mittelständer stellen	
2	●		Luftfiltereinsatz ausbauen	Siehe Seite 290
3	●		Teile der Motorradverkleidung abschrauben	
4	●		Luftansaugschnorchel vom Kühler trennen	
5	●		Luftleitung am Luftsammler lockern	*232 Luftfiltergehäuse*
6	●		Luftfiltergehäuseoberteil entfernen	Es beinhaltet den Luftmengenmesser
7	●		Befestigungsschrauben herausschrauben	
8	●		Schlauchbinder der Luftleitung am Luftmengenmesser lockern	
9	●		Luftfiltergehäuseoberteil um 180 ° drehen	
10	●		Luftmengenmesser aus Luftfiltergehäuseoberteil entnehmen	
11	●		Mehrfachstecker trennen	
12		●	Luftmengenmesser in umgekehrter Schrittfolge einbauen	
S = Schrittfolge; A = Ausbau; E = Einbau				

Zusatzluftschieber prüfen/austauschen

S	P	A	Ausführung	Anmerkung
1	●		Prüfvoraussetzung herstellen	Motorstillstand und Motor kalt
2	●	●	Schläuche vom Zusatzluftschieber abziehen	*233 Stromlaufplan*
3	●		Stellung des Zusatzluftschiebers prüfen	Eventuell mit Hilfe einer Lichtquelle. Der Zusatzluftschieber muß offen bzw. teilweise offen sein
4	●		Stecker vom Schalter des Luftmengenmessers abziehen	
5	●		Zündung einschalten	Bei wasserbeheizten Zusatzluftschiebern sind die in Schritt 2 abgezogenen Schläuche aufzustecken, der Motor bis Erreichen der Betriebstemperatur in Betrieb zu nehmen und die Schläuche wieder abzuziehen
6	●		Etwa 10 Minuten warten	
7	●		Stellung des Zusatzluftschiebers prüfen	Der Zusatzluftschieber muß geschlossen sein
8	●		Zündung ausschalten	
9		●	Zusatzluftschieber austauschen	Wenn Prüfung gemäß Schritt 3 bis 7 negativ
10	●		Den in Schritt 4 abgezogenen Stecker mit Luftmengenmesser verbinden	
11	●	●	Schläuche auf Zusatzluftschieber stecken	

S = Schrittfolge; P = Prüfung; A = Austausch

Luftfiltergehäuse ausbauen/einbauen

S	A	E	T	Ausführung	Anmerkung
1	●			Motorrad auf Mittelständer stellen	
2	●		●	Motorradverkleidung abschrauben	
3	●			Luftfiltereinsatz ausbauen	Siehe Seite 290
4	●		●	Kühlerverkleidung abschrauben	234 Luftfiltergehäuse
5	●			Luftansaugschnorchel abmontieren	
6	●			Luftleitung am Luftsammler lockern	
7	●			Luftfiltergehäuseoberteil heraus-ziehen	
8	●			Luftfiltergehäuseunterteil abschrauben	
9	●			Luftfiltergehäuse entfernen	
10		●		Einbau in umgekehrter Schrittfolge	Auf dichte Verbindungen achten damit keine Falschluft angesaugt wird
S = Schrittfolge; A = Ausbau; E = Einbau; T = Typspezifisch					

Druckregler prüfen/einstellen

S	P	E	Ausführung	Anmerkung
1	●	●	Motor betriebswarm fahren und abstellen	
2	●	●	Manometer an Kraftstoffleitung anschließen	Meßbereich 0 bis 3 bar
3	●	●	Motor starten und im Leerlauf betreiben	
4	●	●	Kraftstoffdruck ablesen	Sollwert: 2,5 ± 0,1 bar
5		●	Kontermutter am Druckregler lösen *235 Druckregler*	
6		●	Kraftstoffdruck durch Verdrehen der Einstellschraube auf Sollwert einstellen	Rechtsdrehung bewirkt Druckerhöhung und umgekehrt
7		●	Einstellschraube durch Kontermutter sichern	
8	●		Motor abstellen	
9	●		Manometer ausbauen	
S = Schrittfolge; P = Prüfung; E = Einstellung				

Druckregler ausbauen/einbauen

S	A	E	Ausführung	Anmerkung
1	●		Motorrad auf Mittelständer stellen	
2	●		Luftfiltergehäuse ausbauen	Siehe Seite 189
3	●		Kraftstoffleitungen vom Druckregler abnehmen	
4	●		Unterdruckschlauch vom Druckregler abziehen	
5	●		Druckregler abschrauben	236 *Druckregler*
6		●	Einbau in umgekehrter Schrittfolge	
S = Schrittfolge; A = Ausbau; E = Einbau				

Elektroeinspritzventil prüfen/austauschen

S	P	A	Ausführung	Anmerkung
1	●	●	Zündung ausschalten	
2	●	●	Anschlußkabel abziehen 237 *Elektro-Einspritzventil*	Keine Gewalt anwenden um Beschädigungen zu vermeiden
3	●		Magnetwicklung auf Durchgang prüfen Widerstands-meßgerat Masse Magnet-ventil 238 *Prüfschaltung*	Widerstandsmeßgerät muß Wicklungswiderstand des Magnetventils anzeigen Sollwert: 15 bis 19 Ohm
S = Schrittfolge; P = Prüfung; A = Austausch				

Elektroeinspritzventil prüfen/austauschen

S	P	A	Ausführung	Anmerkung
4	●		Magnetwicklung auf Masseschluß prüfen Widerstands-meßgerat Magnet-ventil *239 Prüfschaltung*	Widerstandsmeßgerät muß null anzeigen
5		●	Mediumleitungen von Magnetventil trennen	
6		●	Magnetventil abschrauben	
7		●	Magnetventil einsetzen	
8	●	●	Anschlußkabel mit Magnetventil verbinden	
S = Schrittfolge; P = Prüfung; A = Austausch				

Steuergerät prüfen

Schritt	Ausführung	Anmerkung
1	Zündung einschalten	
2	Eingangsspannung am Steuergerät messen	Spannungsmesser muß 12 V anzeigen
3	Steckverbindung an einem der Einspritzventile trennen	Keine Gewalt anwenden, um eine Beschädigung des Steckers zu vermeiden
4	Spannung zwischen ankommenden Leitungen und Masse messen *240 Spannungsmessung am Stecker eines elektromagnetischen Einspritzventils*	Die gemessene Spannung muß an den Steckerkontakten gleich sein, ansonsten ist das Steuergerät defekt
5	Die in Schritt 3 getrennte Steckverbindung herstellen	
6	Schritt 3 bis 5 an den übrigen Einspritzventilen durchführen	
7	Zündung ausschalten	

Steuergerät ausbauen/einbauen

S	A	E	Ausführung	Anmerkung
1	●		Motorrad auf Mittelständer stellen	
2	●		Zugang zum Steuergerät herstellen	z. B. Batterieblenden abnehmen
3	●		Sicherungsblech am Mehrfachstecker mit Schraubendreher abdrücken und Mehrfachstecker trennen	
4	●		Sicherungsstift mit Hilfe einer Flachzange nach oben herausziehen	
5	●		Steuergerät herausziehen	
6		●	Einbau des Steuergerätes in umgekehrter Schrittfolge	*241 Steuergerät*
7		●	Die in Schritt 2 entfernten Teile anbringen	
S = Schrittfolge; A = Ausbau; E = Einbau				

4.1.7 Starteranlage

Steuerung eines Anlassers prüfen

Schritt	Ausführung	Anmerkung
1	Kabelanschlüsse am Anlasser bewegen *242 Anlasser*	Schlechte Anschlüsse erhöhen den Übergangswiderstand und verringern die Stromaufnahme der Magnetschalterwicklungen bzw. der Feldwicklung des Anlassers Oxydationserscheinungen durch Abschaben beseitigen, lose Verbindungen festziehen. Abgebrochene Kabel anschließen
2	Zündung einschalten	Leuchtet die Lade- und Öldrucklampe, ist die Stromzuführung zum Schalter (Klemme 30) und die Durchschaltung zur Klemme 15 in Ordnung

Steuerung eines Anlassers prüfen

Schritt	Ausführung	Anmerkung
3	Prüflampe oder Spannungsmesser an Klemme 30 des Anlassers und Masse anschließen	*243 Steuerung eines Anlassers*
4	Prüflampe oder Spannungsmesser an Klemme 30 des Anlaßrelais und Masse anschließen	
5	Prüflampe oder Spannungsmesser an Klemme 50 und an Masse des Anlassers anschließen. Motor kurz starten	
6	Kabel von Klemme 86 des Relais trennen und Prüflampe mit dem abgenommenen Kabel und Masse verbinden	Leuchtet die Prüflampe nicht bzw. der Spannungsmesser zeigt nichts oder zu wenig an, liegt eine Stromunterbrechung oder ein zu hoher Übergangswiderstand vor.
7	Das in Schritt 6 abgenommene Kabel wieder mit dem Relais verbinden	Läuft der Anlasser trotz positiver Meßergebnisse nicht, liegt eine Stromunterbrechung zwischen Abschluß 85 des Relais und Masse vor. Es kann der Notaus- oder Kupplungsschalter defekt sein. Ferner kann eine Masseverbindung schlecht oder der Anlasser defekt sein

Anlasser prüfen

Schritt	Ausführung	Anmerkung
1	Zündung ausschalten	
2	Elektrische Verbindung von Klemme + der Batterie nach Klemme 30 des Anlassers abklemmen und gemäß Abb. 244 einen Strommesser (Meßbereich 0–400 A) anschließen	
3	Spannungsmesser (Meßbereich 0–15 V) gemäß Abb. 244 anschließen	
4	Kupplungsschalter gemäß Abb. 244 überbrücken	
5	5. Gang einlegen und Hinterradbremse ganz betätigen	*244 Prüfschaltung*

Anlasser prüfen

Schritt	Ausführung	Anmerkung
6	Motor starten, Meßwerte ablesen und Motorstart nach 2 bis 3 Sekunden abbrechen	Bei einwandfreier und voll geladener Batterie sollte die Spannung nicht unter 8 V absinken. Der Kurzschlußstrom (Anlasser ist blockiert) sollte einen Wert von etwa 300 A erreichen. Werden diese Werte nicht erreicht, kann die Masseverbindung an der Batterie oder am Motor schlecht sein oder der Anlasser ist defekt
7	Die in Schritt 2 bis 4 vorgenommene Schaltungsänderung rückgängig machen	

Anlasser ausbauen/einbauen

S	A	E	B	Ausführung	Anmerkung
1	●		●	Kraftstofftank ausbauen	Siehe Seite 173
2	●			Massekabel von der Batterie abklemmen	Zur Vermeidung eines Kurzschlusses
3	●			Zündung ausschalten	
4	●		●	Anlasserabdeckhaube abschrauben	
5	●			Sämtliche Kabel vom Anlasser trennen *245 Anlasser mit Magnetschalter*	
6	●		●	Hintere Befestigungsmutter entfernen	Nur mit schlanker Stecknuß möglich
7	●		●	Mittelteil der Motorradverkleidung abschrauben	Bei Motorräder mit Vollverkleidung

S = Schrittfolge; A = Ausbau; E = Einbau; B = BMW

Anlasser ausbauen/einbauen

S	A	E	B	Ausführung	Anmerkung
8	●		●	Halterung des Ölkühlers ausbauen	
9	●		●	Motorschutzhaube abschrauben	
10	●			Anlasser abschrauben und entfernen	
11		●		Einbau in umgekehrter Schrittfolge	
S = Schrittfolge; A = Ausbau; E = Einbau; B = BMW					

Magnetschalter austauschen

Schritt	Ausführung	Anmerkung
1	Masseband von der Batterie abnehmen	
2	Anlasser ausbauen	
3	Elektrische Leitung vom Magnetschalter lösen *246 Magnetschalter*	Plusleitung
4	Befestigungsschrauben des Magnetschalters entfernen	Geeignetes Werkzeug benützen, um Beschädigung der Schrauben zu vermeiden!
5	Magnetschalter aus Halterung nehmen	
6	Dichtstellen abdichten	
7	Magnetschalter in Halterung einhängen und festschrauben	
8	Elektrische Leitung an Magnetschalter anschließen	
9	Anlasser einbauen	

Zündfunkentest

Schritt	Ausführung	Anmerkung
1	Zündkerzenstecker von Zündkerze abziehen	
2	Zündkabel vom Zündkerzenstecker trennen	
3	Zündung einschalten	
4	Zündkabel bis etwa 5 mm den Zylinderkopf nähern *247 Prüfanordnung*	Zündspannng und Zündenergie können lebensgefährliche Werte erreichen. Deshalb das Zündkabel mit einer isolierten Zange festhalten!
5	Motor kurz starten und auf Zündfunken achten	Im Zündzeitpunkt muß ein starker blauer Funke vom Zündkabel zum Zylinderkopf überspringen. Springt kein Funke über, Abstand verkleinern. Ist die Zündanlage in Ordnung, springt ein Zündfunke auch bei einem Abstand von 0,7 bis 1 mm über
6	Zündung ausschalten	
7	Zündkerzenstecker mit Zündkabel verbinden	
8	Zündkerzenstecker mit Zündkerze verbinden	

Zündspule prüfen/austauschen

S	P	A	Ausführung	Anmerkung
1	●	●	Zündung ausschalten	
2	●	●	Kraftstofftank ausbauen	Siehe Seite 173
3	●	●	Masseband von der Batterie abklemmen	Sonst Kurzschlußgefahr
4	●	●	Kabel lösen und Zündspulen ausbauen *248 Zündspulen*	Die Werkstatt führt einen Zündfunkentest mittels Funkentester durch. Die Funkenlänge soll 0,8 mm betragen.
5	●		Widerstand der Primärspule messen *249 Prüfung der Primärspule*	Richtwert: 1,5 bis 2,8 Ohm
6	●		Widerstand der Sekundärspule messen *250 Prüfung der Sekundärspule*	Sollwert: 13,5 bis 16,5 Ohm
S = Schrittfolge; P = Prüfung; A = Austausch				

Zündspule prüfen/austauschen

S	P	A	Ausführung	Anmerkung
7	●		Widerstandsmessung zwischen einem Primäranschluß und dem Spulenkern messen 251 *Masseschlußprüfung der Primärspule*	Sollwert: Im Kiloohmbereich Beträgt der Widerstand Null Ohm, ist die Zündspule defekt und muß ausgetauscht werden. Ein Austausch ist auch erforderlich, wenn die Hochspannungskabel stark beschädigt sind.
8	●		Widerstandsmessung zwischen einem Sekundäranschluß und dem Spulenkern messen 252 *Masseschlußprüfung der Sekundärwicklung*	
9	●	●	Zündspule einbauen und Zündspulenkabel anschließen	
10	●	●	Masseband mit Batterie verbinden	
11	●	●	Kraftstofftank einbauen	Siehe Seite 173
S = Schrittfolge; P = Prüfung; A = Austausch				

Vorwiderstand prüfen

Schritt	Ausführung	Anmerkung
1	Zündung ausschalten	
2	Kraftstofftank ausbauen	
3	Kabel vom Vorwiderstand abklemmen	
4	Widerstandsmeßgerät an die Klemmen des Vorwiderstandes anschließen	
5	Widerstandswert ablesen	Sollwert 1,5 bis 2 Ohm. Bei größeren Abweichungen ist der Vorwiderstand auszutauschen
6	Widerstandsmeßgerät entfernen	
7	Kabel mit Vorwiderstand verbinden	
8	Kraftstofftank einbauen	

Impulsgeber prüfen

S	K	Ausführung	Anmerkung
1	●	Abdeckung abschrauben *253 Abdeckung*	
S = Schrittfolge; K = Kawasaki			

Impulsgeber prüfen

S	K	Ausführung	Anmerkung
2	●	Stecker an der Zündbox trennen *254 Zündbox*	Stecker vierpolig
3	●	Widerstandsmeßgerät mit den Spulenanschlüssen sw und bl (für Zylinder 1 und 4) verbinden und Meßwert ablesen	Richtwert: 400 bis 490 Ohm. Bei größeren Abweichungen ist der Impulsgeber (bei Kawasaki eine feste Einheit mit der Grundplatte) auszutauschen
4	●	Widerstandsmeßgerät mit den Spulenanschlüssen ge und rt (für Zylinder 2 und 3) verbinden und Meßwert ablesen	
5	●	Widerstandsmeßgerät mit einen Spulenanschluß der Spule für Zylinder 1 und 4 und Masse verbinden	*255 Meßschaltung zur Masseschlußprüfung* Sollwert: unendlich Ist der Widerstand kleiner, hat die Spule des Impulsgebers Masseschluß
6	●	Widerstandsmeßgerät mit einen Spulenanschluß der Spule für Zylinder 2 und 3 und Masse verbinden	
7	●	Sichtkontrolle der Dauermagnete und des Zündverstellers	
8	●	Stecker mit Zündbox verbinden	
9	●	Abdeckung anschrauben	
S = Schrittfolge; K = Kawasaki			

Impulsgeber austauschen

S	A	E	Ausführung	Anmerkung
1	●		Kupplungsdeckel abschrauben	
2	●		Impulsgeber abschrauben	
3		●	Impulsgeber einbauen	*256 Impulsgeber*
4		●	Kupplungsdeckel anschrauben	
5		●	Zündzeitpunkt prüfen	Siehe Seite 202
S = Schrittfolge; A = Ausbau; E = Einbau				

Zündzeitpunkt prüfen

Schritt	Ausführung	Anmerkung
1	Zündkerzen überprüfen bzw. erneuern	Nach 5000 km reinigen, Elektrodenabstand (0,7 bis 0,8 mm) messen bzw. korrigieren. Nach 10 000 km austauschen
2	Zündkerzenstecker überprüfen	Müssen sauber und dürfen nicht verschmort sein
3	Kabelverbindungen der Zündanlage überprüfen	Feste Verbindungen, nicht durchgescheuert
4	Stroboskop anschließen *257 Anschlußschaltung eines Stroboskops*	
5	Abdeckung der Impulsgeber und des Fliehkraftreglers abschrauben	Die Strichmarkierungen zur Einstellung des Zündzeitpunkts sind durch die Öffnung in der Impulsgeber-Grundplatte sichtbar

Zündzeitpunkt prüfen

Schritt	Ausführung	Anmerkung
6	Motor starten und mit Leerlaufdrehzahl laufen lassen	Richtwert : 1000 1/min ± 50
7	Mit Stroboskop die Strichmarkierungen anblitzen	Die F-Strichmarkierung muß sich in der Mitte der beiden Festmarkierungen befinden
8	Drehzahl auf etwa 3000 1/min erhöhen	Die beiden Strichmarkierungen müssen mit den beiden Festmarkierungen eine Linie bilden. Abweichungen können durch Verdrehen der Impulsgeber-Grundplatte nicht korrigiert werden
9	Motordrehzahl, ausgehend von der Leerlaufdrehzahl, langsam bis 3600 1/min steigern und Strichmarkierungen beobachten	Die Fliehkraftverstellung muß sichtbar und reibungslos sein. Der Fliehkraftregler darf nicht klemmen. Liegt ein Defekt vor, Regler ausbauen, reinigen, abschmieren und wieder einbauen.
10	Rotorlauf beobachten *258 Rotor*	Der Rotor muß rund und ruhig laufen
11	Motor abstellen	
12	Steuerrotor von Hand drehen	Er darf nicht klemmen
13	Fliehgewichte von Hand bewegen. Lagerstellen mit etwas Öl versehen *259 Fliehgewichte*	Sie müssen leichtgängig sein
14	Zündzeitpunkt-Prüfung gemäß Schritt 4 bis 9 wiederholen	Stimmt der Zündzeitpunkt nicht, ist die Zünzeitpunkt-Verstelleinrichtung auszutauschen

Zündzeitpunkt einstellen

S	ST	DY	B	Ausführung	Anmerkung
1	●	●		Motorschutzhaube abschrauben	
2	●		●	Steckverbindung am Zündauslöser trennen *260 Zündauslöser*	Erfolgt bei einer kontaktgesteuerten elektronischen Zündanlage bzw. bei einer Schwungradzündung die Zündzeitpunkteinstellung mittels Prüflampe, fließt über den Unterbrecher ein so geringer Strom, daß eine batteriegespeißte Prüflampe zu verwenden ist (Abb. 200A), die dem Unterbrecher parallel geschaltet werden muß.
3	●			Zündeinstellgerät mit Zündauslöser verbinden	Drahtklammer der Steckverbindung entfernen
4	●			Zündkerzenstecker abziehen und Zündkerzen herausschrauben	
5	●		●	Motor an der Innensechskantschraube mit Schlüssel im Uhrzeigersinn gegen die Fahrtrichtung durchdrehen	Leuchtet die Diode des Zündeinstellgerätes auf, muß die Schwungradmarkierung (mittlerer Strich »S«) mit der Schaulochmarkierung im Motorgehäuse übereinstimmen
6	●		●	Bei Bedarf Zündzeitpunkt durch Verdrehen des Zündauslösers korrigieren	Drehen im Uhrzeigersinn bewirkt Spätzündung und umgekehrt
7	●			Schlüssel entfernen, Zündkerzen einschrauben, Zündkerzenstecker mit Zündkerzen verbinden, Zündeinstellgerät entnehmen, Zündauslöser anschließen und Motorschutzhaube montieren	
8		●		Stroboskop anschließen	Mit Batterie und einem Zündkabel verbinden *261 Anschlußschaltung eines Stroboskops*
S = Schrittfolge; ST = Statisch; DY = Dynamisch; B = BMW					

Zündzeitpunkt einstellen

S	ST	DY	B	Ausführung	Anmerkung
9		●		Motor starten und mit Leerlaufdrehzahl laufen lassen	Zündzeitpunkt 5 ° bis 10 ° vor OT
10		●		Schwungrad durch das Schauloch anblitzen	Schwungradmarkierung (mittlerer Strich »S«) muß mit der Schaulochmarkierung übereinstimmen
11		●	●	Motordrehzahl kurzzeitig auf etwa 3500 1/min erhöhen	Im Schauloch muß der weiße Punkt »F« (volle Frühzündung) erscheinen
12		●		Einstellrad des Stroboskops bis zur Markierung »OT« verdrehen und Verstellwinkel ablesen	Zündzeitpunkt beim 2-Takter etwa 20 ° vor OT beim 4-Takter etwa 39 ° vor OT
13		●	●	Wenn Korrektur erforderlich, Befestigungsschrauben des Zündauslösers lockern, Zündauslöser auf Sollwert einstellen und wieder festschrauben	Drehen im Uhrzeigersinn bewirkt Spätzündung und umgekehrt
14		●		Motor abstellen	
15	●	●		Motorschutzhaube anschrauben	

S = Schrittfolge; ST = Statisch; DY = Dynamisch; B = BMW

Zündbox prüfen

S	E	A	K	Ausführung	Anmerkung
1	●			Zündung ausschalten	
2	●			Spannungsmesser an Plus (schwarz oder grün) und Minus (Masse) der Zündbox anschließen	*262 Zündbox*
3	●			Zündung einschalten	Motor nicht starten
4	●			Meßwert ablesen	Sollwert: Batteriespannung
5	●	●		Zündung ausschalten	
6	●			Spannungsmesser an Plus (schwarz, blau, gelb oder rot) und Minus der Zündbox anschließen	

S = Schrittfolge; E = Eingebaut; A = Ausgebaut; K = Kawasaki

Zündbox prüfen

S	E	A	K	Ausführung	Anmerkung
7	●			Zündung einschalten	
8	●			Meßwert ablesen	Sollwert: 0,5 bis 1,0 V
9	●	●		Zündung ausschalten	
10		●		Sämtliche an der Zündbox angeschlossenen Leitungen trennen	
11		●		Zündbox abschrauben	Zuleitungen
12		●	●	Widerstandsmeßgerät an die Plusleitung sw/gn und sw/ge anschließen	Sollwert: 200 bis 250 Ohm
13		●	●	Widerstandsmeßgerät an die Leitung rt und sw/ge anschließen	Zuleitungen Sollwert: 200 bis 600 Ohm
14		●	●	Widerstandsmeßgerät an die Leitung sw/ge und rt anschließen	Zuleitungen Sollwert: 300 bis 700 Ohm
15		●	●	Widerstandsmeßgerät an die Plusleitung sw/ge und Minusleitung sw (gn) anschließen	Zuleitungen Sollwert: Widerstand unendlich
16		●	●	Widerstandsmeßgerät an die Plusleitung bl (rt) und Minusleitung sw (ge) anschließen	Stecker Sollwert: 25 bis 45 Kiloohm
17		●	●	Widerstandsmeßgerät an sw (ge) und rt (bl) anschließen	Stecker Sollwert: 20 bis 40 Kiloohm
18		●		Zündbox einbauen	Weichen die Meßwerte von den Sollwerten ab, dürfte die Zündbox defekt sein
19		●		Zündbox anschließen	
S = Schrittfolge; E = Eingebaut; A = Ausgebaut; K = Kawasaki					

Steuergerät und Kühlkörper austauschen

S	B	Ausführung	Anmerkung
1		Kraftstofftank ausbauen	Siehe Seite 173
2		Masseband von Batterie abklemmen	Sonst Kurzschlußgefahr
3	●	Steuergerät ausbauen *263 Steuergerät einer Transistorzündung*	Muttern unterm Kühlkörper mit Ringschlüssel festgehalten
4	●	Kühlkörper ausbauen	Unterm Steuergerät angeordnet
5		Einbau in umgekehrter Schrittfolge	
S = Schrittfolge; B = BMW			

Zündschalter prüfen/ausbauen/einbauen

S	P	A	E	Ausführung	Anmerkung
1	●			Funktionsprüfung	
2	●			Kraftstofftank ausbauen	rt br br bl br/ ws *264 Schaltung zur Durchgangsprüfung eines Zündschalters*
3	●			Mehrfachstecker des Zündschalters trennen	
4	●			Zündschalter gemäß Abb. 264 in sämtlichen Schaltstellungen auf Stromdurchgang prüfen	
5	●			Mehrfachstecker des Zündschalters verbinden	
6	●			Kraftstofftank einbauen	
7		●		Scheinwerfer ausbauen	
8		●		Kabelstecker vom Zündschalter trennen	
9		●		Zündschalter abschrauben	
10			●	Einbau in umgekehrter Schrittfolge	*265 Zündschalter*
S = Schrittfolge; P = Prüfung; A = Ausbau; E = Einbau					

Kupplungsseilzug ausbauen/einbauen

S	A	E	Ausführung	Anmerkung
1	●		Kupplungsseilzug vom Kupplungshandhebel trennen	266 Kupplungseinsteller
2	●		Sicherungsmutter des Kupplungseinstellers lockern	
3	●		Kupplungseinsteller ins Gehäuse drehen	
4	●		Kupplungsseilzug am Ausrückhebel aushängen	267 Ausrückhebel
5	●		Gummitülle am Getriebe-Widerlager beseitigen	
6	●		Kupplungsseilzug aus Getriebe-Widerlager ziehen	
7		●	Einbau in umgekehrter Schrittfolge	Neue Seilzüge sind bereits eingefettet.
8			Kupplungsspiel einstellen (siehe Seite 209)	Gebrauchte oder selbst angefertigte Seilzüge sind einzufetten. Der Seilzug muß knickfrei verlegt werden und darf nicht scheuern
S = Schrittfolge; A = Ausbau; E = Einbau				

Kupplungsausrückhebel ausbauen/einbauen

S	A	E	Ausführung	Anmerkung
1	●		Kupplungsseilzug am Ausrückhebel aushängen	268 Ausrückhebel
2	●		Ausrückhebel vom Getriebelagerbock losschrauben	
3	●		Bolzen herausziehen	
4	●		Ausrückhebel entfernen	
5		●	Einbau in umgekehrter Schrittfolge	
6		●	Kupplungsspiel einstellen	Siehe Seite 209
S = Schrittfolge; A = Ausbau; E = Einbau				

Kupplungsspiel einstellen

Schritt	Ausführung	Anmerkung
1	Kontermutter des Bowdenzugs am Kupplungshandhebel lockern	
2	Stellschraube am Kupplungshandhebel so verstellen bis sich am getriebeseitigen Kupplungshebel ein Maß von 210 mm ± 2 (typspezifisch) ergibt	 *269 Sollmaß am getriebeseitigen Kupplungshebel*
3	Kontermutter am Kupplungshandhebel festziehen	
4	Kontermutter der getriebeseitigen Stellschraube lockern	*270 Getriebeseitiger Kupplungshebel*
5	Getriebeseitige Stellschraube so verstellen bis sich am Kupplungshandhebel ein Spiel von 3 mm ± 0,5 ergibt	
6	Kontermutter der getriebeseitigen Stellschraube festziehen	

Kupplungs-Servozylinder ausbauen/einbauen

S	A	E	H	Ausführung	Anmerkung
1	●		●	Kurbelgehäusedeckel abschrauben	Links hinten
2	●		●	Auffangbehälter unter Kupplungs-Servozylinder stellen *271 Kupplungs-Servozylinder*	
S = Schrittfolge; A = Ausbau; E = Einbau, H = Honda					

Kupplungs-Servozylinder ausbauen/einbauen

S	A	E	H	Ausführung	Anmerkung
3	●			Ölschraube entfernen	Kupplungsflüssigkeit nicht mit lackierten Flächen in Berührung bringen
4	●			Kupplungsschlauch vom Kupplungs-Servozylinder entfernen	
5	●			Kupplungs-Servozylinder ausbauen	
6		●		Kupplungs-Servozylinder einbauen	
7		●		Kupplungsschlauch mit der Ölschraube anschließen	Neue Dichtungsscheiben verwenden
8		●	●	Kurbelgehäusedeckel anschrauben	Links hinten
9		●		Behälter mit Kupplungsflüssigkeit füllen und Kupplungshydraulik entlüften	Siehe Seite 211
S = Schrittfolge; A = Ausbau; E = Einbau; H = Honda					

Kupplungs-Hauptzylinder ausbauen/einbauen

S	A	E	Ausführung	Anmerkung
1	●		Kupplungsflüssigkeit ablassen	Siehe Seite 211
2	●		Kupplungshebel abschrauben	Wenn erforderlich auch Rückspiegel abschrauben
3	●		Kabel vom Kupplungsschalter lösen und Kupplungsschlauch abnehmen	Wird die Ölschraube entfernt Schlauchende vor Schmutz schützen
4	●		Kupplungshauptzylinder abschrauben *272 Kupplungshauptzylinder*	
5		●	Kupplungshauptzylinder auf Lenker befestigen	Zuerst die obere Schraube festziehen
6		●	Ölschlauch mit Ölschraube montieren	Neue Dichtungsscheiben verwenden
S = Schrittfolge; A = Ausbau; E = Einbau				

Kupplungs-Hauptzylinder ausbauen/einbauen

S	A	E	Ausführung	Anmerkung
7		●	Schubstange und Endstück in das Loch des Kupplungshebels geben und Kupplungshebel befestigen	
8		●	Kabel mit Kupplungsschalter verbinden	
9		●	Behälter mit Kupplungsflüssigkeit füllen und Hydrauliksystem entlüften	Siehe Seite 211

S = Schrittfolge; A = Ausbau; E = Einbau

Hydrauliksystem entleeren/füllen/entlüften

S	A	F	E	Ausführung	Anmerkung
1	●		●	Entlüftungsschlauch an das Entlüftungsventil anschließen und in Auffangbehälter führen *273 Entlüftungsventil*	
2	●			Entlüftungsventil des Servozylinders öffnen	
3	●			Mit Kupplungshebel solange pumpen, bis keine Flüssigkeit mehr aus Entlüftungsventil fließt	Membrane des Kupplungshebels muß auf Behälter montiert sein, ansonsten tritt Flüssigkeit während der Pumpbewegungen aus dem Behälter
4	●	●		Entlüftungsventil schließen	
5		●		Behälter bis zur Max-Markierung füllen	Nur vorgeschriebene Kupplungsflüssigkeit verwenden
6		●		Membrane montieren	
7			●	Ende des Entlüftungsschlauchs in einen Behälter (Flasche oder Glas von etwa 0,5 Liter, etwa 1/3 bis 1/2 mit Bremsflüssigkeit gefüllt) stecken	Dadurch wird das Ansaugen von Luft verhindert

S = Schrittfolge; A = Ablassen; F = Füllen; E = Entlüften

Hydrauliksystem entleeren/füllen/entlüften

S	A	F	E	Ausführung	Anmerkung
8			●	Kupplungshebel anziehen, Entlüftungsventil etwa um 1/2 Umdrehung öffnen, umgehend wieder schließen	Zur Vermeidung von Leckagen Kupplungshebel nicht bis Lenkergriff durchziehen
9			●	Kupplungshebel langsam loslassen	
10			●	Schritt 7 und 8 nach einer Wartezeit von einige Sekunden so oft wiederholen, bis keine Luftbläschen am Schlauchende sichtbar sind	Bei Bedarf Kupplungsflüssigkeit jeweils bis Max-Markierung nachfüllen
11			●	Entlüftungsschlauch mit Behälter entfernen	
12			●	Schutzkappe auf Entlüftungsventil	
13			●	Funktionsprüfung	
S = Schrittfolge; A = Ablassen; F = Füllen; E = Entlüften					

Hinterradkette austauschen

Schritt	Ausführung	Anmerkung
1	Motorrad aufbocken	Hinterrad muß sich frei drehen lassen
2	Kettenabdeckung abschrauben	
3	Bremsstrebe lösen	
4	Achsmutter abschrauben	
5	Kettenspanner beidseitig ganz zurückdrehen	
6	Rad nach vorne schieben	
7	Hinterradkette abnehmen	
8	Achse herausziehen und Rad abnehmen	*274 Kettenspanner*
9	Hinterradschwinge ausbauen	
10	Getrieberitzel ausbauen	
11	Kettenrad abschrauben	*275 Hinterradschwinge*

Hinterradkette austauschen

Schritt	Ausführung	Anmerkung
12	Zusammenbau in umgekehrter Schrittfolge	Kette und Kettenräder sind gleichzeitig zu ersetzen. Der Austausch einer Kette ist erforderlich, wenn sie sich um etwa 2 % verlängert hat. Zum Ausmessen ist die Kette mit einem Gewicht von etwa 10 kg zu belasten.
13	Hinterradkette spannen	

Endantrieb ausbauen/einbauen

S	A	E	T	Ausführung	Anmerkung
1	●			Motorrad auf Mittelständer stellen	Motorrad so unterbauen, daß sich Hinterrad frei drehen kann
2	●			Endantriebsöl ablassen	
3	●			Hinterrad ausbauen	Siehe Seite 221
4	●		●	Linkes Federbein ausbauen	276 Federbein
5	●		●	Bremsgestänge losschrauben und Bremsstange aus Hebelbolzen ziehen	
6	●		●	Obere Schraube der Federbeinbefestigung lockern	
7	●			Muttern der rechten Schwingenarmbefestigung abschrauben	277 Schwinge
S = Schrittfolge; A = Ausbau; E = Einbau; T = Typspezifisch					

Endantrieb ausbauen/einbauen

S	A	E	T	Ausführung	Anmerkung
8	●		●	Endantriebsgehäuse vom Schwingenarm abnehmen bzw.	
8.1	●		●	Endantriebsgehäuse und Kardanwelleneinheit ausbauen	
9	●		●	Kardanwelle so in einen Schraubstock spannen, daß die Endantriebseinheit nach oben abgezogen werden kann	
10	●		●	Endantriebseinheit von der Kardanwelle abziehen	*278 Endantrieb*
11		●		Einbau in umgekehrter Schrittfolge. Typbedingte Einzelheiten gemäß Schritt 12 bis 18	
12		●	●	Dämpfergehäuse mit Öl füllen	
13		●	●	Anschlagring in die Nut des Dämpfernockens geben und Dämpferfeder einsetzen	
14		●	●	Endantriebsgehäuse über Dämpfernocken stülpen und so weit nach unten drücken, bis der Anschlagring richtig in der Nut der Ritzelverbindungs-Verzahnung sitzt	
15		●	●	Kardanwelleneinheit in den Schwingenholm schieben und ausrichten	
16		●	●	Endantriebsgehäuse festschrauben	Anzugsmomente: Pos. 8 20 Nm Pos. 8.1 65 Nm
17		●	●	Hinterrad einbauen	Siehe Seite 221
18		●	●	Federbein montieren	
19		●		Endantrieb mit Öl füllen	Vorgeschriebenes Getriebeöl verwenden

S = Schrittfolge; A = Ausbau; E = Einbau; T = Typspezifisch

Leerlaufschalter ausbauen/einbauen

S	A	E	Ausführung	Anmerkung
1	●		Getriebeöl ablassen	
2	●		Hinteren Motorbolzen nach Abschrauben der Muttern herausziehen *279 Einbaustelle des hinteren Motorbolzens (typspezifisch)*	*280 Leerlaufschalter*
3	●		Abstandshülse aus Motorgehäuse schlagen	
4	●		Kabel vom Leerlaufschalter abziehen	
5	●		Leerlaufschalter herausschrauben	
6		●	Einbau in umgekehrter Schrittfolge	
S = Schrittfolge; A = Ausbau; E = Einbau				

4.1.10 Fahrwerk

Vorderrad ausbauen/einbauen

S	A	E	T	Ausführung	Anmerkung
1	●		●	Geschwindigkeitsgeber abschrauben	
2	●		●	Tachometerwelle abschrauben	
3	●			Rechten Bremssattel losschrauben und entfernen	Vorderrad-Bremshebel nicht mehr betätigen, ansonsten gibt es Einbauprobleme
S = Schrittfolge; A = Ausbau; E = Einbau; T = Typspezifisch					

Vorderrad ausbauen/einbauen

S	A	E	T	Ausführung	Anmerkung
4	●		●	Achshaltemuttern abschrauben und Halter entfernen	
5	●		●	Achsklemmschraube lösen	
6	●			Vorderachse ausbauen	
7	●			Vorderrad entfernen (Laufrichtung kennzeichnen)	*281 Befestigung eines Vorderrads*
8		●		Bremssattel einbauen	Befestigungsschrauben mit etwa 35 Nm festziehen
9		●		Vorderrad zwischen die Gabel schieben	Laufrichtung beachten
10		●	●	Achshalter anschrauben	
11		●	●	Achshaltermuttern leicht anziehen	
12		●		Vorderradachse einführen	
13		●	●	Tachogetriebe einrichten	
14		●		Vorderradachse festschrauben	Anzugsmoment 60 Nm
15		●		Spalt zwischen der Außenfläche der rechten Bremsscheibe und der Innenkante des rechten Bremssattels mittels Fühlerlehre messen (Sollwert 0,7 mm)	
16		●		Rechtes Gabelbein soweit herausziehen, bis der Sollwert gemäß Schritt 15 erreicht ist	*282 Einbaulage der Vorderradbremse*
17		●	●	Achshaltemuttern (mit Vorderen beginnen) festziehen	Anzugsmoment 20 Nm
18		●	●	Achsklemmschraube festziehen	
19		●	●	Geschwindigkeitsgeber anschrauben	
20		●	●	Tachometerwelle anschrauben	
21		●		Vorderradbremse einige Male betätigen und gemäß Schritt 15 beidseitigen Spalt messen bzw. einstellen	

S = Schrittfolge; A = Ausbau; E = Einbau; T = Typspezifisch

Vorderradgabel ausbauen/einbauen

S	A	E	T	Ausführung	Anmerkung
1	●			Vorderrad ausbauen	Siehe Seite 215
2	●		●	Vorderrad-Kotflügel ausbauen	Wenn an Tauchgabel befestigt
3	●		●	Lenkungsdämpfer ausbauen	Siehe Seite 219
4	●		●	Motorverkleidung abschrauben	
5	●		●	Cockpitverkleidung abschrauben	
6	●			Massekabel von der Batterie abklemmen	Zur Vermeidung von Kurzschlüssen
7	●			Schalter von den Lenkergriffen ausbauen	
8	●			Scheinwerfer ausbauen	
9	●		●	Lenker ausbauen	Siehe Seite 220
10	●			Abbau des Gabeljochs durch Lösen der Befestigungsschrauben und der Hutmutter in der Gabelmitte	
11	●		●	Lichtscheibe der Blinkleuchten abschrauben und Kabel abklemmen	
12	●			Blinkergehäuse abschrauben	*283 Gabeljoch*
13	●			Bremszange vom Gabelgleitrohr nach Lösen der Schraubverbindungen und Zurückdrehen der Einstellmutter entfernen	Stellung der Einstellmutter merken. Das Hydrauliksystem ist nicht zu zerlegen. Die Bremse darf nicht betätigt werden, da sonst Bremsflüssigkeit auslaufen würde
14	●			Lösen der Hutmutter am oberen Ende des Gabelführungsrohres, Gabeljoch und Gabelführungsrohr entfernen	Herausfallende Kügelchen der Lagerung mit Lappen auffangen
15		●		Kügelchen in Lagerung einlegen und Gabeljoch mit Gabelführungsrohr mittels Hutmutter am Rahmen festschrauben	Motorrad ruht auf Unterbau
16		●		Federbeine in die Gabelführungsrohre schieben und Gummibalge befestigen. Dämpferöl einfüllen	
S = Schrittfolge; A = Ausbau; E = Einbau; T = Typspezifisch					

Vorderradgabel ausbauen/einbauen

S	A	E	T	Ausführung	Anmerkung
17		●		Die weiteren Schritte in umgekehrter Schrittfolge	Laufringe und Lager mit Fett versehen
18		●		Einstellung der Lenkkopflager überprüfen bzw. berichtigen	Beim Vor- oder Rückwärststoßen bzw. beim Bremsen darf sich kein Spiel im Lenkkopflager bemerkbar machen. Eine zu feste Lagerung verursacht bei langsamer Fahrt ein Schlingern, ein zu großes Spiel Vibrationen
S = Schrittfolge; A = Ausbau; E = Einbau; T = Typspezifisch					

Lenkkopflager prüfen/nachstellen

S	P	N	T	Ausführung	Anmerkung
1	●	●		Motorrad aufbocken	Vorderrad muß sich frei drehen lassen
2	●			Gabelholme an den Enden erfassen und gleichzeitig in Fahrtrichtung schlagartig ziehen und drücken	Es darf kein Spiel spürbar sein. Gegebenenfalls Lenkkopflager nachstellen
3		●		Griff des Lenkungsdämpfers und die Prellplatte ausbauen	
4		●	●	Dichtmanschetten der Gabel nach unten schieben	
5		●	●	Kraftstofftank ausbauen	Zweckmäßig wenn wenig Platz
6		●		Lenkkopfmutter lösen	Zentriermutter
7		●		Lenkkopflager durch Hammerschlag auf die Lenkkopfmutter entspannen	Weiche Auflage verwenden
8		●		Halteschrauben des Lenkers lösen	Dadurch Zugriff zur Einstellmutter verbessert
9		●		Lenkkopflager-Einstellmutter nachziehen *284 Einstellmutter eines Lenkkopflagers*	Das Lenkkopflager ist richtig eingestellt, wenn sich der Lenker ohne äußere Einwirkung langsam bis zum Anschlag bewegt. Ein zu fest vorgespanntes Lenkkopflager erhöht den Verschleiß
S = Schrittfolge; P = Prüfung; N = Nachstellung; T = Typspezifisch					

Lenkkopflager prüfen/nachstellen

S	P	N	T	Ausführung	Anmerkung
10		●		Lenkkopfmutter festziehen, dabei Einstellmutter festhalten	Anzugsmoment etwa 120 Nm
11		●		Lenkungsspiel überprüfen	Wenn nötig korrigieren
12		●		Schritt 3 bis 5 in umgekehrter Schrittfolge ausführen	
S = Schrittfolge; P = Prüfung; N = Nachstellung; T = Typspezifisch					

Lenkungsdämpfer ausbauen/einbauen

S	A	E	T	Ausführung	Anmerkung
1	●			Sterngriff abbauen	Auf Gummi achten
2	●		●	Beidseitige Motorverkleidung abnehmen	
3	●		●	Kraftstofftank ausbauen	
4	●			Sicherungsbügel abziehen	*285 Lenkungsdämpfer*
5	●			Dämpfer aus den Gelenken drücken	
6	●			Platte losschrauben	
7	●			Platte, Schieberstück und Riegel entnehmen	
8	●			Zahnrad nach unten abnehmen	
9		●		Einbau in umgekehrter Schrittfolge	
S = Schrittfolge; A = Ausbau; E = Einbau; T = Typspezifisch					

Lenker ausbauen/einbauen

S	A	E	T	Ausführung	Anmerkung
1	●			Massekabel von der Batterie abklemmen	
2	●		●	Kabel vom Kupplungsschalter trennen	
3	●		●	Lenkerschalter abschrauben	
4	●		●	Kupplungs-Hauptzylinder abschrauben	
5	●		●	Chokeseilzug vom Chokehebel trennen	
6	●		●	Kabel vom Vorderrad-Bremslicht-schalter trennen	
7	●		●	Bremshauptzylinder abschrauben	*286 Lenker mit angebauten Komponenten*
8	●			Lenker abschrauben	
9	●			Lenkergriffe abschrauben bzw. abziehen	
10		●		Einbau in umgekehrter Schrittfolge	
S = Schrittfolge; A = Ausbau; E = Einbau; T = Typspezifisch					

Lenksäule ausbauen/einbauen

S	A	E	Ausführung	Anmerkung
1	●		Scheinwerfer komplett ausbauen	
2	●		Instrumente abschrauben	
3	●		Zündschalter ausbauen	
4	●		Lenker ausbauen	Siehe Seite 220
5	●		Vorderrad ausbauen	Siehe Seite 215
6	●		Lenksäulenmutter abschrauben	
7	●		Obere Gabelbrücke abschrauben	
8	●		Kontermutter entfernen	
9	●		Lagereinstellmuter lösen und Lenksäule entfernen	
10	●		Lenksäulenlager überprüfen. Wenn verschlissen oder beschädigt, austauschen	*287 Lenksäule*
S = Schrittfolge; A = Ausbau; E = Einbau				

Lenksäule ausbauen/einbauen

S	A	E	Ausführung	Anmerkung
11		●	Lenksäulenlager mit Lagerfett versehen	
12		●	Lenksäule einbauen	
13		●	Lager-Einstellmutter einbauen und mit Kontermutter sichern	Anzugsmoment etwa 15 Nm
14		●	Obere Gabelbrücke einbauen	Anzugsmoment der Lenksäulenmutter etwa 100 Nm
15		●	Vorderrad einbauen	Siehe Seite 215
16		●	Schritt 1 bis 4 in umgekehrter Schrittfolge ausführen	
S = Schrittfolge; A = Ausbau; E = Einbau				

Lenkschloß ausbauen/einbauen

S	A	E	T	Ausführung	Anmerkung
1	●		●	Abdeckplatte mittels Schraubendreher abhebeln	288 Lenkschloß
2	●		●	Zündschlüssel ins Lenkschloß stecken und nach links (entgegen dem Uhrzeigersinn) bis zum Anschlag drehen	
3	●		●	Stiftschraube entfernen	
4	●			Schließzylinder herausziehen	
5		●	●	Einbau in umgekehrter Schrittfolge	Vor Einbau den Zylinder, jedoch nicht das Schlüsselloch leicht ölen
S = Schrittfolge; A = Ausbau; E = Einbau; T = Typspezifisch					

Hinterrad ausbauen/einbauen

S	A	E	T	Ausführung	Anmerkung
1	●			Motorrad auf Mittelständer stellen	Gegen Kippen sichern
2	●		●	Federbein-Verstellung auf die härteste Stufe einstellen (Rad wird nach unten gedrückt)	
S = Schrittfolge; A = Ausbau; E = Einbau; T = Typspezifisch					

Hinterrad ausbauen/einbauen

S	A	E	T	Ausführung	Anmerkung
3	●		●	Kappe der Bremsankerplatten-anschlagschraube abnehmen und Schraube herausdrehen	
4	●		●	Bremseinstellmutter und Bremsstange entfernen	
5	●			Achsmutter herausschrauben und mit Beilagscheibe entfernen	
6	●			Achsklemmschraube lösen (mit zweiten Schlüssel gegenhalten)	
7	●			Hinterradachse herausziehen bzw. mittels Dorn und Hammer heraustreiben	
8	●			Hinterrad vom Endantriebsgehäuse lösen	
9	●			Hinterrad abnehmen	*289 Hinterrad*
10		●		Mitnehmerverzahnung im Antrieb und in der Radaufnahme mit Mehrzweckfett einfetten	
11		●	●	Hinterrad in die Schwinge einführen	Motorrad von einem Helfer etwas kippen
12		●		Hinterrad mit Endantriebsgehäuse verbinden	Verzahnung muß exakt kämmen
13		●		Hinterachse einfetten	
14		●	●	Hinterachse durch Schwingenholm, Seitenhülse, Bremsankerplatte, Nabe und Endantriebsgehäuse schieben	
15		●		Achsmutter anziehen	Anzugsmoment etwa 55 Nm
16		●		Motorrad auf die Räder stellen und einige Male voll durchfedern	Zwecks Beseitigung von Verspannungen
17		●		Motorrad auf Mittelständer stellen	
18		●		Achsklemmschraube anziehen	Anzugsmoment etwa, je nach Typ, 18 bis 30 Nm
19		●	●	Bremsstange durch Bremshebelstift stecken und mit Bremseinstellmutter halten	
20		●	●	Bremsankerplatten-Anschlagschraube festziehen	Anzugsmoment etwa 60 Nm
21		●	●	Hinterradbremse einstellen	Siehe Seite 314

S = Schrittfolge; A = Ausbau; E = Einbau; T = Typspezifisch

Hinterradschwinge ausbauen/einbauen

S	A	E	T	Ausführung	Anmerkung
1	●			Hinterrad ausbauen	Siehe Seite 221
2	●		●	Endantriebsgehäuse ausbauen	
3	●		●	Unteren Aufhängungsbolzen des Stoßdämpfers entfernen	
4	●		●	Verbindungsschrauben von Schwinge und Gelenkhebel entfernen	
5	●		●	Federbeine ausbauen	
6	●			Schwingenlagerzapfen ausbauen	
7	●			Rechten Lagerzapfen ausbauen	*290 Hinterradschwinge*
8	●			Linken Lagerzapfen ausbauen	
9	●			Schwinge entfernen	
10	●			Manschette vom Schwingenholm entfernen	
11		●		Lager und Staubdichtungen einfetten und einsetzen	
12		●		Hinterradschwinge einbauen	Anzugsmomente: Linker Lagerzapfen 100 bis 110 Nm Rechter Lagerzapfen mit 40 Nm anziehen, anschließend lösen und mit 20 Nm festziehen
13		●		Schwinge einige Male belasten	
14		●		Rechten Lagerzapfen nachziehen	Anzugsmoment: 110 bis 130 Nm
15		●		Kontermutter festziehen, dabei rechten Lagerzapfen blockieren	
16		●		Endantriebsgehäuse einbauen	
17		●	●	Stoßdämpfergestänge montieren	
18		●	●	Hinterrad einbauen	Siehe Seite 221
S = Schrittfolge; A = Ausbau; E = Einbau; T = Typspezifisch					

Hinterradschwinge überholen

S	A	E	Ausführung	Anmerkung
1	●		Hinterradschwinge ausbauen	Siehe Seite 223
2	●		Gelenkwelle ausbauen	Siehe Seite 224
3	●		Abstandsbuchse abnehmen	
4	●		Dichtring herausziehen	Spezialwerkzeug erforderlich
5	●		Kugellager-Innenring aus Schwinge nehmen	
6	●		Äußeren Lagerring herausziehen	Spezialwerkzeug erforderlich
7			Sämtliche Teile in Benzin reinigen	
8		●	Lagerbuchsen und Welle einfetten	Verschlissene Teile sind durch neue zu ersetzen
9		●	Hinterradschwinge in umgekehrter Schrittfolge zusammenbauen	Außenlaufringe mit Schlagdorn in die Schwinge eintreiben
10		●	Gelenkwelle einbauen	Siehe Seite 224
11		●	Hinterradschwinge einbauen	Siehe Seite 223
12		●	Hinterradschwingenlager einstellen	Siehe Seite 309
S = Schrittfolge; A = Ausbau; E = Einbau				

Gelenkwelle ausbauen/einbauen

S	A	E	Ausführung	Anmerkung
1	●		Hinterradschwinge ausbauen	Siehe Seite 223
2	●		Hinterradschwinge in Montagevorrichtung einbauen	Spezialvorrichtung die in einen Schraubstock gespannt ist
3	●		Sprengring mittels Dorn aus der Nut entfernen	
4	●		Montagevorrichtung entspannen	
5	●		Hinterradschwinge aus Montagevorrichtung ziehen	
6	●		Einzelteile der Gelenkwelle entnehmen und reinigen	Der Reihe nach auf sauberen Untergrund ablegen
7		●	Einzelteile der Gelenkwelle auf Verschleiß überprüfen	Verschlissene Teile durch neue ersetzen
8		●	Einzelteile der Gelenkwelle in die radschwinge einsetzen	
S = Schrittfolge; A = Ausbau; E = Einbau				

Gelenkwelle ausbauen/einbauen

S	A	E	Ausführung	Anmerkung
9		●	Hinterradschwinge in die Montagevorrichtung einsetzen	
10		●	Montagevorrichtung spannen	
11		●	Sprengring in die Nut der Gelenkwelle drücken	Schlaghülse und Hammer erforderlich
12		●	Montagevorrichtung entspannen	
13		●	Hinterradschwinge einbauen	Siehe Seite 223
14		●	Hinterradschwinge einstellen	Siehe Seite 309
S = Schrittfolge; A = Ausbau; E = Einbau				

Stoßdämpfer ausbauen/einbauen

S	A	E	T	Ausführung	Anmerkung
1	●		●	Seitendeckel abnehmen	
2	●		●	Sitzbank ausbauen	Werkzeugkasten entfernen
3	●			Stoßdämpfer in die schwächste Stellung einstellen	
4	●			Stoßdämpfer unten abschrauben	
5	●			Stoßdämpfer oben abschrauben	
6	●			Stoßdämpfer entfernen	*291 Stoßdämpfer*
7		●		Obere und untere Lagerbuchse mit Fettpaste versehen	
8		●		Stoßdämpfer einbauen	Anzugsmoment etwa 40 Nm
9		●	●	Stoßdämpfer einstellen	
10		●	●	Sitzbank einbauen	Werkzeugkasten unterbringen
11		●	●	Rahmenseitendeckel anbringen	
12		●	●	Luftdruck korrigieren	
S = Schrittfolge; A = Ausbau; E = Einbau; T = Typspezifisch					

Federbein zerlegen

Schritt	Ausführung	Anmerkung
1	Schraube am oberen Ende des Federbeins entfernen *292 Federbein*	Zutritt des atmosphärischen Luftdrucks und somit Vermeidung eines Vakuums, das ein Auslaufen des Dämpferöls verhindern würde
2	Dämpferöl durch Öffnen des Ablaßzapfens auslaufen lassen *293 Ölablaßzapfen eines Federbeins*	Öl in einem Behälter auffangen
3	Untere Hälfte des Federbeins in einen Schraubstock spannen und lösen der in der Achslagerung befindlichen Schraube	Um eine Beschädigung des Federbeins zu verhindern, ist der Schraubstock mit Weichmetallbacken zu versehen
4	Entfernen der Sicherung mittels Spezialzange	
5	Wellendichtring entfernen	Befindet sich oben am unteren Teil des Federbeins
6	Obere Hälfte des Federbeins entfernen	
7	Dämpfer, Feder und Federsitz auseinanderziehen	
8	Nach Lösen der Federbefestigungsmutter Feder entfernen	Dämpfer in Schraubstock spannen

Federbein überholen

Schritt	Ausführung	Anmerkung
1	Überprüfen des Spiels der unteren zur oberen Federbeinhälfte	Federbein muß ausgebaut sein
2	Überprüfen des Spiels zwischen Dämpferkolben und unterer Federbeinhälfte. Bei zu großem Spiel ist das Federbein bzw. der Dämpfer auszutauschen	Verschleiß zeigt sich durch ungenügende Dämpfung
3	Überprüfen der Federlänge	Sollwert siehe technische Daten. Materialermüdung bewirkt eine Verkürzung der Feder und zu weiche Federung. Bei Bedarf Feder austauschen
4	Dichtringe austauschen	
5	Gummifaltbalge untersuchen, bei Verschleißerscheinungen oder Beschädigung durch neue ersetzen	Der Gummi muß elastisch sein und darf keine Risse aufweisen

Feder-Dämpfereinheit überprüfen

Schritt	Ausführung	Anmerkung
1	Feder-Dämpfereinheit ausbauen *294 Feder-Dämpfereinheit*	
2	Entfernen der Feder. Hierzu Feder-Dämpfereinheit senkrecht stellen, Schutzrohr entgegen der Federkraft nach unten drücken, und die Keile am oberen Ende des Schutzrohres entfernen	Eine zweite Person erforderlich
3	Schutzrohr und Feder trennen	
4	Messen der Federlänge	Sollwert siehe technische Daten. Überschreitet die Federlänge den Toleranzbereich, ist eine neue Feder einzubauen

Feder-Dämpfereinheit überprüfen

Schritt	Ausführung	Anmerkung
5	Visuelle Zustandskontrolle des Dämpfers	Bei ersichtlichem Ölverlust ist ein neuer Dämpfer einzusetzen
6	Zusammenbau der Feder-Dämpfer-einheit	Mußte ein Teil ausgewechselt werden, ist dasselbe Teil auch bei der zweiten Feder-Dämpfereinheit durch ein neues zu ersetzen, damit eine einwandfreie Straßenlage gewährleistet ist
7	Federn mittels Nutmutternschlüssel einstellen *295 Feder-Einstellmutter*	Die Feder ist der Belastung entsprechend einzustellen, d. h. Solo und langsame Fahrt: Feder entspannt; Solo und schnelle Fahrt: Feder halb gespannt; mit Beifahrer oder schwerem Gepäck: Feder gespannt.

Reifenwechsel

Schritt	Ausführung	Anmerkung
1	Rad ausbauen	Vorderrad siehe 215 Hinterrad siehe 221
2	Luft durch Öffnen des Ventils ausströmen lassen	
3	Reifenflanken von den Felgen-hörnern drücken	Nach innen drücken
4	Rändelmutter des Ventils entfernen und Ventil nach innen drücken	
5	Mit zwei Montiereisen am Ventil eine der Reifenflanken über das anliegende Felgenhorn heben	Reifenflanken müssen sich zu Beginn im Felgenbett befinden
6	Mit Montiereisen Stück um Stück der Reifenflanke, der in Schritt 5 begonnenen Demontage, über das Felgenhorn heben	
7	Schlauch herausziehen	

Reifenwechsel

Schritt	Ausführung	Anmerkung
8	Zweite Reifenflanke gemäß Schritt 5 und 6 über das gleiche Felgenhorn heben	Nicht erforderlich, wenn nur der Schlauch geflickt werden muß. Nach etwa 1/3 des Umfangs können die restlichen 2/3 von Hand von der Felge gezogen werden
9	Schlauch leicht aufpumpen und in den Reifen legen	Bei Verwendung eines gebrauchten Reifens ist die Reifenlauffläche auf Beschädigung und Fremdkörper zu untersuchen
10	Reifen in Schräglage so auf die Felge drücken, damit das Ventil durch Felgenband und Felge gesteckt werden kann, und Rändelmutter soweit zuschrauben, daß die Ventilfixierung gewährleistet ist	Vergewissern, ob das Felgenband eingelegt ist
11	Erste Reifenflanke auf die Felge ziehen	Zum letzten Drittel wird ein Montiereisen benötigt. Eine Montageerleichterung verschafft das Einstreichen der Reifenflanken mit Talkum
12	Zweite Reifenflanke, beginnend beim Ventil, gemäß Schritt 11 auf die Felge zu ziehen	Schlauch nicht einklemmen
13	Prüfen ob Ventil in richtiger Lage und Schlauch nicht eingeklemmt	Unstimmigkeiten sind zu beheben. Auf Markierungslinie der Reifenflanke achten
14	Schlauch auf Sollwert aufpumpen. Dabei Lage des Ventils und Lage des Reifens zur Felge überprüfen sowie das Rad mehrmals an verschiedenen Stellen am Boden aufspringen lassen.	
15	Rändelmutter des Ventils festziehen und Staubkappe anbringen	
16	Rad einbauen	

Flicken eines Schlauches

Schritt	Ausführung	Anmerkung
1	Schlauch aufpumpen	
2	Orten der undichten Stelle, indem der Schlauch Stück um Stück in einen Behälter mit Wasser gehalten wird	Eine undichte Stelle zeigt sich durch aufsteigende Luftbläschen
3	Ventil öffnen und Luft aus Schlauch ablassen	
4	Schlauch abtrocknen	
5	Undichte Stelle mit Waschbenzin reinigen und Trocknen lassen	
6	Zu flickende Stelle mit Gummilösung bestreichen und warten, bis sie angetrocknet ist	Siehe Gebrauchsanweisung
7	Schutzfolie vom Flicken abziehen und Flicken auf die zu verschließende Stelle drücken	Die Größe des Flickens muß der Lochgröße angepaßt werden
8	Dichtheitskontrolle gemäß Schritt 1 und 2	

4.1.11 Bremsanlage

Scheibenbremsklötze austauschen

S	A	E	Ausführung	Anmerkung
1	●		Bremszange vom Gabelgleitrohr abschrauben *296 Bremszange*	Federrringe und Unterlegscheiben beachten
2	●		Bremszange mit Halter von der Bremsscheibe trennen	
3	●		Fest angeordnete Belagplatte abschrauben und mit Metallplatte abnehmen	Auf Federring achten
S = Schrittfolge; A = Ausbau; E = Einbau				

Scheibenbremsklötze austauschen

S	A	E	Ausführung	Anmerkung
4	●		Bremszangenhalter gegen den Kolben drücken und bewegliche Belagplatte abnehmen	
5			Sämtliche Teile der Bremszange reinigen	Defekte Teile sind auszutauschen
6			Kolben auf Dichtheit prüfen	
7			Visuelle Kontrolle der Schutzmanschette	
8		●	Gummikappe der Entlüftungsschraube abnehmen *297 Entlüftungsschraube*	*298 Anschluß einer Flasche*
9		●	Entlüftungsschraube über einen Schlauch mit einer Flasche verbinden die zu 1/3 mit Bremsflüssigkeit gefüllt ist	
10		●	Entlüftungsschraube öffnen, Kolben möglichst weit in die Bremszange schieben und Entlüftungsschraube schließen	
11		●	Flasche mit Schlauch entfernen	
12		●	Beide Bremsklötze einbauen	Der feste Belag weist eine Führungszunge auf
13		●	Bremszange am Gleitrohr festschrauben	Unterlegscheibe und Federung verwenden
14		●	Höhenstand der Bremsflüssigkeit überprüfen, bei Bedarf nachfüllen	
15		●	Bremstest	

S = Schrittfolge; A = Ausbau; E = Einbau

Bremsscheibe ausbauen/einbauen

S	V	H	Ausführung	Anmerkung
1	●		Vorderrad ausbauen	Siehe Seite 215
2	●		Schraubensicherungen der Bremsscheibenbefestigung aufheben *299 Befestigungsschrauben der Bremsscheibe*	
3	●		Befestigungsschrauben der Bremsscheibe entfernen	
4		●	Hinterrad ausbauen	Siehe Seite 221
5		●	Schraubensicherungen der Bremsscheibenbefestigung aufheben *300 Befestigungsschrauben der Bremsscheibe*	
6		●	Befestigungsschrauben der Bremsscheibe entfernen	
7	●	●	Bremsscheibe abnehmen	
8	●	●	Visuelle Kontrolle der Bremsscheibe	Die Bremsscheibe darf keine Risse und keine tiefen Riefen aufweisen
9	●	●	Stärke der Bremsscheibe messen	Verschleißgrenze 4,0 mm
10	●	●	Seitenschlag messen	Verschleißgrenze 0,3 mm Werkstattsache
S = Schrittfolge; V = Vorderrad; H = Hinterrad				

Bremsscheibe ausbauen/einbauen

S	V	H	Ausführung	Anmerkung
11	●	●	Einbau der Bremsscheibe in umgekehrter Schrittfolge	Neue Sicherungsbleche verwenden
12	●		Vorderrad einbauen	Siehe Seite 215
13		●	Hinterrad einbauen	Siehe Seite 221
14	●	●	Bremstest	
S = Schrittfolge; V = Vorderrad; H = Hinterrad				

Bremssattel ausbauen/einbauen

S	A	E	Ausführung	Anmerkung
1	●		Sauberen Behälter unter Bremssattel stellen *301 Bremssattel*	Zum Auffangen von Bremsflüssigkeit
2	●		Bremsschlauch vom Bremssattel lösen	Zur Vermeidung von Schäden an lackierten Teilen, auslaufende Bremsflüssigkeit umgehend beseitigen
3	●		Bremssattel losschrauben und abnehmen	
4		●	Bremsklotzfeder auf Bremssattelbügel montieren	
5		●	Bremssatteldrehbolzen schmieren	Mit Bremsflüssigkeit oder Silikonfett
6		●	Bremssattel einsetzen	Bremsklötze nicht beschädigen
7		●	Bremssattel festschrauben	Drehmoment 25 bis 30 Nm
8		●	Bremsschlauch mit Bremssattel verbinden	
9		●	Bremsflüssigkeitsbehälter bis Max-Markierung füllen	
10		●	Bremssystem entlüften	Siehe Seite 237
11		●	Bremstest	
S = Schrittfolge; A = Ausbau; E = Einbau				

Trommelbremsbeläge austauschen

S	A	R	E	Ausführung	Anmerkung
1	●	●		Hinterrad ausbauen	Siehe Seite 221
2	●	●		Befestigung des Bremsbackens lösen 302 *Bremsbacken-Befestigungsschraube*	
3	●	●		Oberen Bremsbacken mittels Schraubendreher von der Ankerplatte drücken	
4	●	●		Rückzugsfedern aushängen und unteren Bremsbacken entfernen	
5		●		Markierung am Bremshebel und an der Nockenwelle anbringen 303 *Nockenwelle*	Wichtig für richtigen Zusammenbau
6		●		Bremsnocken aus Ankerplatte ziehen	
7		●		Schmutz und Rost beseitigen	
8		●		Bremsnocken und Nockenwelle einfetten	
9		●		Nocken einbauen und Bremshebel befestigen	Die in Schritt 5 vorgenommene Markierung beachten
10		●		Bremstrommel reinigen	Mit benzingetränktem Lappen. Eine stark riefige Bremstrommel ist zu überdrehen bzw. auszutauschen
S = Schrittfolge; A = Ausbau; R = Reinigung; E = Einbau					

Trommelbremsbeläge austauschen

S	A	R	E	Ausführung	Anmerkung
11			●	Zusammenbau der Bremse in umgekehrter Schrittfolge	Die Bremsbeläge sind auf die Bremsbacken geklebt
12			●	Hinterrad einbauen	Siehe Seite 221
13			●	Trommelbremse einstellen	Siehe Seite 235
14			●	Bremstest	
S = Schrittfolge; A = Ausbau; R = Reinigung; E = Einbau					

Trommelbremse einstellen

Schritt	Ausführung	Anmerkung
1	Kontermutter des Bremslichtschalters lösen, Einstellschraube des Bremslichtschalters so verdrehen bis der Fußbremshebel die gewünschte Stellung erreicht hat *304 Mutter und Bremslichtschalter*	Bremslichtschalter mechanisch betätigt (z. B. BMW R 100)
2	Mutter (am Ende der Bremsstange im Uhrzeigersinn soweit drehen, bis die Bremsbacken an den Bremstrommeln schleifen	Das Hinterrad ist von Hand zu drehen *305 Mutter am Bremsstangenende*
3	Mutter um 3 bis 4 Umdrehungen gegen den Uhrzeigersinn drehen	
4	Leerweg am Fußbremshebel messen	Sollwert 25 mm
5	Wenn nötig Schritt 2 bis 4 wiederholen	

Hauptbremszylinder ausbauen/einbauen

S	A	E	Ausführung	Anmerkung
1	●		Bremssystem entleeren	Siehe Seite 315
2	●		Handbremshebel abschrauben	Gegebenenfalls auch Rückspiegel
3	●		Bremsschlauch vom Haupt-bremszylinder trennen *306 Hauptbremszylinder*	Zur Vermeidung von Schäden an lackierten bzw. Kunststoffteilen ist auslaufende Bremsflüssigkeit umgehend zu beseitigen
4	●		Schlauchende zustopfen	Damit keine Bremsflüssigkeit ausläuft und eine Verschmutzung ausgeschlossen ist
5	●		Hauptbremszylinder abschrauben	
6		●	Hauptbremszylinder anschrauben	Zuerst die obere dann die untere Klemmschraube festziehen
7		●	Bremsschlauch mit Ölschraube und Dichtungsscheiben anschließen	Neue Dichtungsscheiben verwenden
8		●	Handbremshebel befestigen	
9		●	Bremssystem mit Bremsflüssigkeit füllen	Siehe Seite 315
10		●	Bremssystem entlüften	Siehe Seite 237
11		●	Bremstest	
12		●	Bremssystem auf Dichtheit überprüfen	

S = Schrittfolge; A = Ausbau; E = Einbau

Bremssystem entlüften

S	T	Ausführung	Anmerkung
1		Motorrad auf Mittelständer abstellen	
2	●	Kraftstofftank abbauen (siehe Seite 173)	Wenn Bremsflüssigkeitsbehälter unterm Kraftstofftank plaziert
3		Deckel des Bremsflüssigkeitsbehälters abnehmen *307 Bremsflüsssigkeitsbehälter*	
4		Bremsflüssigkeitsbehälter bis Max-Markierung auffüllen	Nur vorgeschriebene Bremsflüssigkeit verwenden
5		Gummikappe der Entlüftungsschraube des Bremssattels abnehmen *308 Entlüftungsschraube des Bremssattels*	
6		Ein Ende des Entlüftungsschlauches (etwa 5 mm Innendurchmesser) auf Entlüftungsschraube stecken, das andere in ein Gefäß führen das zur Hälfte mit Bremsflüssigkeit gefüllt ist Schlauch Entl.-Ventil Kolben Bremszylinder Bremsleitung Flasche *309 Anschluß einer Flasche*	Das Eintauchen des Entlüftungsschlauches in ein mit Bremsflüssigkeit gefülltes Gefäß ist erforderlich, damit keine Luft über das Entlüftungsventil in die Bremsanlage gelangt
7		Handbremshebel so oft betätigen, bis Bremsdruck spürbar, und bei angezogenem Handbremshebel Entlüftungsschraube kurzzeitig öffnen	Hierzu ist eine Hilfskraft erforderlich. Handbremshebel nur bei geschlossenem Ventil loslassen
S = Schrittfolge; T = Typspezifisch			

Bremssystem entlüften

S	T	Ausführung	Anmerkung
8		Schritt 7 so lange wiederholen bis keine Luftblasen mehr im Gefäß aufsteigen	Der Bremflüssigkeitshöhenstand im Bremsflüssigkeitsbehälter ist durch Nachfüllen im Sollbereich zu halten, damit keine Luft in die Bremsanlage gelangt
9		Entlüftungsschlauch von Entlüftungsschraube abnehmen und Entlüftungsschraube mit Gummikappe versehen	
10		Schritt 5 bis 9 bei einem weiteren Bremskreis durchführen	
11		Bremsflüssigkeitsbehälter schließen	
12	●	Kraftstofftank einbauen	Siehe Seite 173
13		Bremstest	
14		Dichtheitskontrolle	
S = Schrittfolge; T = Typspezifisch			

Bremslichtschalter prüfen/austauschen

S	P	A	Ausführung	Anmerkung
1	●		Zündung einschalten	
2	●	●	Beide Kabel vom Handbremslichtschalter abziehen	Blank schmirgeln, wenn Steckverbindungen verschmutzt oder oxydiert
S = Schrittfolge; P = Prüfung; A = Austausch				

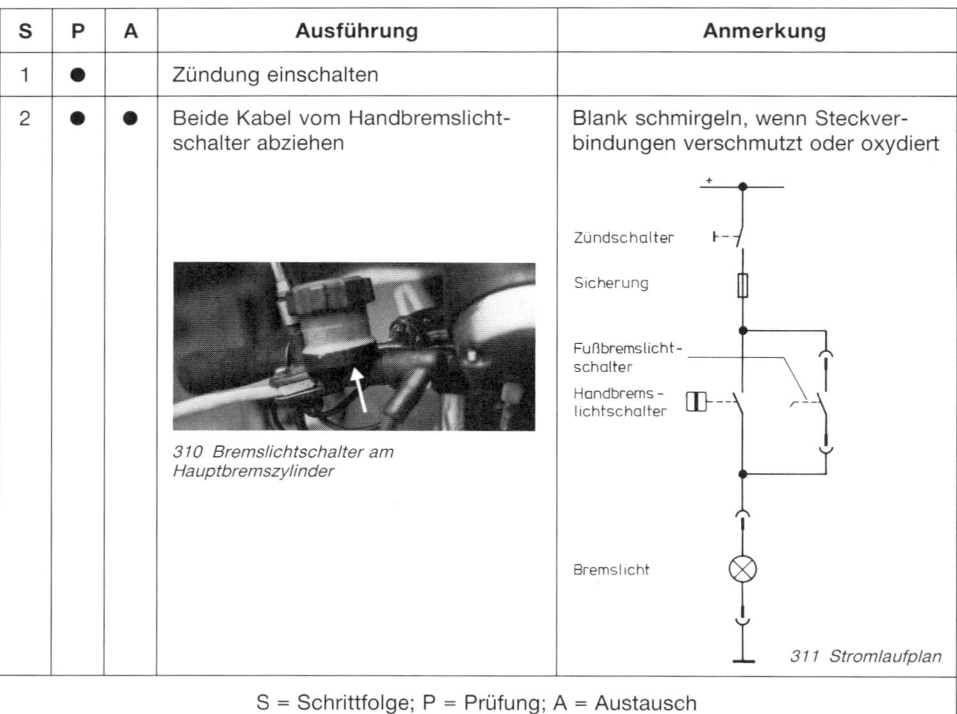

310 Bremslichtschalter am Hauptbremszylinder

311 Stromlaufplan

Bremslichtschalter prüfen/austauschen

S	P	A	Ausführung	Anmerkung
3	●		Die Enden der in Schritt 2 abgezogenen Kabel verbinden und Bremslicht beobachten	Leuchten die Bremslichter nicht, ist der Hand-Bremslichtschalter in Ordnung. Wird die Bremse nicht betätigt, ist der Kontakt des Hand-Bremslichtschalters offen
4	●		Die in Schritt 3 hergestellte Verbindung trennen	
5		●	Hand-Bremslichtschalter herausschrauben	Es läuft etwas Bremsflüssigkeit aus, wenn am Hauptbremszylinder befestigt
6		●	Neuen Hand-Bremslichtschalter einschrauben	Bremssystem muß nicht entlüftet werden
7	●	●	Kabelstecker mit Hand-Bremslichtschalter verbinden	
8		●	Handbremshebel mehrmals betätigen	Es darf keine Bremsflüssigkeit austreten
9		●	Dichtheitskontrolle	
10	●		Fußbremslichtschalter gemäß Schritt 2 bis 9 prüfen bzw. austauschen *312 Fußbremslichtschalter*	
11		●	Funktionsprüfung Nacheinander Fuß- und Handbremse betätigen	Bremsleuchte muß bereits bei leichtem Bremsdruck aufleuchten
12	●	●	Zündung ausschalten	

S = Schrittfolge; P = Prüfung; A = Austausch

Scheinwerferlampe auswechseln

Schritt	Ausführung	Anmerkung
1	Ausschalten der Lampenstromkreise bzw. Abklemmen des Massekabels vom Minuspol der Batterie	Zur Vermeidung von Kurzschlüssen
2	Lampenabdeckung entfernen. Bei Scheinwerfer, Frontring mittels Schraubendreher vom Scheinwerfergehäuse abdrücken	
3	Kabelstecker abnehmen	Sofern vorhanden
4	Lampe entfernen Bei H4-Lampen Federdrahtbügel ausklinken und Lampe aus Reflektor nehmen. Glühlampen mit Bajonettverschluß in die Lampenfassung drücken und gleichzeitig nach links drehen	Die Standlichtlampe kann erst entfernt werden, nachdem sie aus ihrer Steckaufnahme gezogen wurde. Das Auswechseln einer Kontroll- bzw. Instrumentenlampe erfordert den Abbau des Kombinstruments
5	Scheinwerferglas reinigen	
6	Neue Lampe einsetzen Bei H4-Lampen Federdrahtbügel einklinken Glühlampen mit Bajonettverschluß in die Lampenfassung drücken und gleichzeitig nach rechts drehen	Neue Scheinwerfer-Lampen am Glaskolben mit sauberem Tuch oder weichem Papier anfassen (nicht mit bloßen Händen), da sonst die Reflektoroberfläche durch entstehende Dämpfe angegriffen wird
7	Lampenabdeckung anbringen	Scheinwerfereinsatz oben in den Bördelrand des Scheinwerfergehäuses einhängen und unten gegen das Scheinwerfergehäuse drücken
8	Massekabel an den Minuspol der Batterie anschließen	
9	Funktionsprüfung	

Scheinwerfer ausbauen/einbauen

S	A	E	Ausführung	Anmerkung
1	●		Befestigungsschrauben des Scheinwerfers herausschrauben	
2	●		Kabelstecker trennen	
3	●		Scheinwerfer entnehmen	
4	●		Sicherungsmutter der Vertikaleinstellung abschrauben	Typspezifisch
5	●		Halterung abbauen und mit Scheinwerfergehäuse abnehmen	
6		●	Einbau in umgekehrter Schrittfolge	
7		●	Scheinwerfer einstellen	Siehe Seite 317
S = Schrittfolge; A = Ausbau; E = Einbau				

4.1.13 Blinkanlage

Blinkgeber ausbauen/einbauen

S	A	E	Ausführung	Anmerkung
1	●		Massekabel von der Batterie abklemmen	Zur Vermeidung eines Kurzschlusses
2	●		Scheinwerfergehäuse öffnen	Wenn der Blinkgeber im Scheinwerfergehäuse eingebaut (z. B. bei BMW) Bei bestimmten Typen befindet er sich im Schaltkasten
3	●		Reflektor und Abdeckscheibe abnehmen	Wenn Blinkgeber im Scheinwerfergehäuse eingebaut und Motorrad verkleidet
4	●		Blinkgeber ausbauen *313 Blinkgeber*	
S = Schrittfolge; A = Ausbau; E = Einbau				

Blinkgeber ausbauen/einbauen

S	A	E	Ausführung	Anmerkung
5	●		Steckverbindung trennen und eine Zustandsprüfung durchführen	Feste Verbindung, keine Korrosion, kein Schmutz
6		●	Der Einbau erfolgt in umgekehrter Schrittfolge	
7		●	Funktionsprüfung	Die Blinkfrequenz sollte 60 bis 120 Impulse/Minute betragen. Bei Abweichungen sind sämtliche Anschlüsse, vor allem der Masseanschluß, Kabel, Glühlampen und die Lampenkontakte zu überprüfen
S = Schrittfolge; A = Ausbau; E = Einbau				

4.1.14 Signalanlage

Signalanlage prüfen

Schritt	Ausführung	Anmerkung
1	Zündung einschalten	
2	Signaltaste betätigen	Signal muß ertönen
3	Anschlüsse an der Fanfare überprüfen	Fester Anschluß Kein Kabelbruch Keine Oxydation
4	Sicherung und Sicherungssockel überprüfen	Wenn kein Signalton
5	Spannungsprüfung mittels Prüflampe gemäß Bild 314 A bzw. B A B Sicherung Fanfarenschalter Relais Fanfare Prüflampe *314 Spannungsprüfung an einer Fanfare:* *A Direktsteuerung* *B Relaissteuerung*	Erforderlich, wenn bei Signalgabe und einwandfreier Sicherung kein Signalton. Ist keine Spannung vorhanden, liegt eine Unterbrechung zum Signalhorn oder Masseschluß vor. Leuchtet die Prüflampe, ist die Fanfare defekt oder es liegt an der Masseverbindung

Signalanlage prüfen

Schritt	Ausführung	Anmerkung
6	Relais überprüfen	Siehe Seite 254 Zugriff nach Ausbau des Kraftstofftanks. Das Relais kann mittels Schraubendreher abgehebelt werden
7	Signaltaste überprüfen	Durchgangsprüfung
8	Zündung ausschalten	

Signalhorn ausbauen/einbauen/justieren

S	A	E	J	Ausführung	Anmerkung
1	●			Massekabel von der Batterie abklemmen	Zur Vermeidung eines Kurzschlusses
2	●			Kabel vom Signalhorn lösen	
3	●			Signalhorn abschrauben	
4		●		Einbau in umgekehrter Schrittfolge	
5			●	Tonhöhe und Lautstärke durch Verstellen der Einstellschraube (auf der Rückseite) einstellen	*315 Signalhorn*

S = Schrittfolge; A = Ausbau; E = Einbau; J = Justierung

Tachometer prüfen

Schritt	Ausführung	Anmerkung
1	Kabelanschlüsse überprüfen	Die Anschlüsse müssen blank und fest sein
2	Spannungsmesser gemäß Abb. 316 zwischen Tachometer und Kilometerzähler am Stecker anschließen	 *316 Meßschaltung*
3	Zündung einschalten	
4	Vorderrad langsam drehen, gleichzeitig Meßwert ablesen	Meßwerte: 0 V im Stillstand 4–8 V schwankend während der Raddrehung Stimmen die Meßwerte ist der Tacho defekt
5	Kabel und Kabelanschlüsse überprüfen	Wenn der Meßwert unter 4 V
6	Schritt 4 wiederholen	
7	Zündung ausschalten	
8	Spannungsmesser entfernen	
9	Einwandfreie Steckverbindung herstellen	

Kilometerzähleinrichtung überholen

Schritt	Ausführung	Anmerkung
1	Kilometerzähler nach Lösen der Befestigung und Entfernen der Scheiben, Distanzhülsen und Dämpfergummi von Halteplatte nehmen	Ein defekter Kilometerzähler ist komplett auszutauschen
2	Überwurfmutter der Wellenhülle lösen	
3	Lampenfassung aus Grundplatte des Kilometerzählers ziehen	

Kilometerzähleinrichtung überholen

Schritt	Ausführung	Anmerkung
4	Antriebswelle ausbauen 317 *Einbauort des Kilometerzählerantriebs*	Der Antrieb befindet sich in der Nabe des Vorderrades. Die Schmierung des Antriebs ist beim Ausbau des Radlagers vorzunehmen
5	Antriebswelle ausziehen, mit benzingetränkten Lappen reinigen, neu einfetten und wieder in die Hülle schieben	Antriebswelle auf der Instrumentenseite nicht bis zum Ende mit Fett versehen, damit es nicht in den Zähler gelangen kann. Eine beschädigte Welle oder Hülle ist auszutauschen
6	Zusammenbau der Kilometerzähleinrichtung in umgekehrter Schrittfolge	

Tachowelle ausbauen/einbauen

S	A	E	Ausführung	Anmerkung
1	●		Tachowelle am Tacho abschrauben	Wenn erforderlich Kombizange verwenden
2	●		Tachowelle vom Getriebe losschrauben	318 *Einbau der Tachowelle am Getriebe*
3	●		Gummitülle abziehen	
4	●		Tachowelle entnehmen	
5		●	Tachowelle mit Tachowellenanschluß am Getriebe verschrauben	
6		●	Neue Gummitülle anbringen	
7		●	Tachowelle mit Tacho verbinden	Die Tachowelle darf nicht geknickt werden. Ferner muß die Verlegung so erfolgen, daß ein Aufscheuern ausgeschlossen ist
S = Schrittfolge; A = Ausbau; E = Einbau				

Drehzahlmesserwelle ausbauen/einbauen

S	A	E	Ausführung	Anmerkung
1	●		Drehzahlmesserwelle am Drehzahlmesser abschrauben	
2	●		Motorschutzhaube abschrauben	319 Einbauort der Drehzahlmesserwelle
3	●		Drehzahlmesserwelle losschrauben und herausziehen	
4		●	Einbau der Drehzahlmesserwelle in umgekehrter Schrittfolge	
S = Schrittfolge; A = Ausbau; E = Einbau				

Drehzahlmeßeinrichtung überholen

Schritt	Ausführung	Anmerkung
1	Drehzahlmesser nach Lösen der Befestigung und Entfernen der Scheiben Distanzhülsen und Dämpfergummi von Halteplatte nehmen	Ein defekter Drehzahlmesser ist komplett auszutauschen
2	Überwurfmutter der Wellenhülle lösen	
3	Lampenfassung aus Grundplatte des Anzeigers ziehen	
4	Antriebswelle ausbauen *320 Einbauort des Drehzahlmesserantriebs*	Der Antrieb befindet sich meist hinterm Zylinderkopfdeckel und wird von der Nockenwelle angetrieben. Er muß nicht gewartet werden und wird von der Motorschmierung geschmiert
5	Antriebswelle ausziehen, mit benzingetränkten Lappen reinigen, neu einfetten und wieder in Hülle schieben	Antriebswelle auf der Instrumentenseite nicht bis zum Ende mit Fett versehen, damit es nicht ins Instrument gelangen kann. Eine beschädigte Welle oder Hülle ist auszutauschen
6	Zusammenbau der Drehzahlmeßeinrichtung in umgekehrter Schrittfolge	

Kraftstoff-Niveaugeber prüfen/ausbauen/einbauen

S	P	A	E	Ausführung	Anmerkung
1	●	●		Kabel vom Kraftstoff-Niveaugeber abziehen	Geber Meßgerat
2	●			Widerstandsmeßgerät gemäß Abb. 321 anschließen	*321 Meßschaltung*
3	●			Widerstand bei vollem Kraftstofftank messen	Sollwert 5 bis 10 Ohm
4	●	●		Kraftstofftank entleeren	
5	●			Widerstand bei leerem Kraftstofftank messen	Sollwert 95 bis 100 Ohm
6	●			Widerstandsmeßgerät entfernen	
7		●		Kraftstofftank ausbauen	
8		●		Kraftstoff-Niveaugeber ausbauen	Erforderlich, wenn die Sollwerte in Schritt 3 und 5 nicht erreicht wurden
9			●	Kraftstoff-Niveaugeber einbauen	
10			●	Kraftstofftank einbauen	
11	●		●	Kabel mit Kraftstoff-Niveaugeber verbinden	
12	●		●	Zündung einschalten	
13	●		●	Kraftstofftank füllen und dabei Kraftstoffanzeige beobachten	Bei keinem oder falschem Meßwert Meßleitungen und Anschlüsse überprüfen bzw. Anzeiger austauschen
S = Schrittfolge; P = Prüfung; A = Ausbau; E = Einbau					

Reservekraftstoff-Kontrollampe prüfen

Schritt	Ausführung	Anmerkung
1	Reservetank füllen	
2	Zündung einschalten	Kontrollampe darf nicht leuchten
3	Zündung ausschalten	Zündschalter Sicherung Kontrollampe Niveaugeber *322 Stromlaufplan*
4	Reservetank bis auf etwa 3 Liter entleeren	
5	Zündung einschalten	Kontrollampe muß abhängig vom Sensortyp, sofort oder nach etwa einer Minute leuchten
6	Sicherung überprüfen	Falls die Meldung nicht funktioniert.
7	Leitungen und Steckverbindung überprüfen	Defekte Komponenten sind auszutauschen
8	Kontrollampe überprüfen	

Anzeiger ausbauen/einbauen

S	A	E	Ausführung	Anmerkung
1	●		Scheinwerfer und Scheinwerfergehäuse ausbauen	
2	●		Tachowelle vom Tacho trennen	
3	●		Stecker von den Anzeigern abziehen	
4	●		Anzeiger abschrauben	
5		●	Einbau in umgekehrter Schrittfolge	Einwandfreie Steckverbindung herstellen
S = Schrittfolge; A = Ausbau; E = Einbau				

Öldruckschalter prüfen/austauschen

S	P	A	Ausführung	Anmerkung
1	●	●	Zündung ausschalten	
2	●	●	Kabel vom Öldruckschalter abziehen 323 Öldruckschalter	abgezogenes Kabel Öldruckschalter Ohmmeter 324 Prüfschaltung
3	●		Ohmmeter gemäß Abb. 324 anschließen	
4	●		Widerstand ablesen	Meßwert: Null Ohm (Kontakt des Öldruckschalters geschlossen)
5	●		Motor starten und mit einer Drehzahl von etwa 2000 1/min betreiben	Meßwert: unendlich (Kontakt des Öldruckschalters offen)
6	●		Motor stillsetzen	
7	●		Ohmmeter entfernen	
8	●		Öldruck messen	Siehe Seite 275
9		●	Öldruckschalter herausschrauben	Wenn die Meßwerte gemäß Schritt 4 und 5 nicht erreicht wurden und der Öldruck stimmt
10		●	Neuen Öldruckschalter einschrauben	Anzugsmoment 0,5 bis 0,7 Nm
11	●	●	Kabel mit Öldruckschalter verbinden	
12		●	Motor starten	Öldruckkontrollampe muß erlöschen
13		●	Dichtheitskontrolle	Es darf kein Motoröl austreten
14		●	Motor stillsetzen	
S = Schrittfolge; P = Prüfung; A = Austausch				

Gangpositionsschalter prüfen

S	H	Ausführung	Anmerkung
1		Sitzbank abnehmen	
2	●	Mehrfachstecker des Gangpositionsschalters trennen *325 Mehrfachstecker des Gangpositionsschalters (ausgebaut)*	*326 Gangpositionsschalter (ausgebaut)*
3	●	Durchgangsprüfung gemäß Abb. 327 vornehmen 1. Y; 0 Lg/R; 2. Bl/Y; 3. W/Bu; 4. R/W; 5. Br/Y; Overdrive G/O; Durchgangsprüfer *327 Prüfschaltung zur Prüfung des Gangpositionsschalters*	Batteriegespeister Durchgangsprüfer erforderlich. Die Prüflampe des Durchgangsprüfers muß in der entsprechenden Gangposition leuchten
4	●	Die in Schritt 2 getrennte Steckverbindung wieder herstellen	
5		Sitzbank montieren	

S = Schrittfolge; H = Honda

Batterie laden/austauschen

S	A	L	Ausführung	Anmerkung
1	●	●	Minusklemme (Masseband) vom Minuspol der Batterie abklemmen	*328 Batterieanschlüsse*
2	●	●	Pluskemme vom Pluspol der Batterie abklemmen	
3	●	●	Halterahmen abschrauben und abnehmen	
4	●	●	Batterie nach oben herausnehmen	Vorsicht! Batteriesäure zerstört Textilien
5		●	Zellenverschlüsse abschrauben	Zum Entweichen der Gase
6		●	Überprüfen des Säurespiegels und bei Bedarf auf Sollwert durch Nachfüllen von destilliertem Wasser bringen	Säurespiegel ca. 5 mm über Plattenoberkante
7		●	Ladegerät anschließen *329 Anschlußschaltung eines Batterieladegerätes*	Plus der Batterie mit plus des Ladegerätes. Desgleichen mit minus
8		●	Einschalten des Ladegerätes und Einstellen der Ladestromstärke	Ladestromstärke ≦ 5 × 5 % der Nennkapazität
9		●	Ausschalten und Abklemmen des Ladegerätes	Volladung ist bei einer Batteriespannung von 7,5 bis 8,1 V bzw. 15 bis 16,7 V bei einer 6- bzw. 12 V-Batterie erreicht
10		●	Flüssigkeitsstand durch Nachfüllen von destilliertem Wasser auf Sollwert (ca. 5 mm über Plattenoberkante) bringen	Sofern erforderlich
11		●	Verschlüsse einschrauben	Löcher der Verschlüsse dürfen nicht verstopft sein, damit Gase entweichen können
12	●	●	Batterie in umgekehrter Schrittfolge einbauen	Polköpfe der Batterie vor Anschließen der Leitungen zur Vermeidung von Oxydation mit Polfett versehen. Zur Vermeidung eines Kurzschlusses zuerst Plusleitung, dann Minusleitung anschließen
S = Schrittfolge; A = Ausbau; L = Laden				

Elektrische Leitung prüfen

Schritt	Ausführung	Anmerkung
1	Kabelanschlüsse am Stromverbraucher durch Bewegen der Kabel auf festen Sitz überprüfen. Lose Verbindungen festziehen. Oxydationserscheinungen durch Abschaben beseitigen. Hierzu ist die Verbindung kurzzeitig zu lösen	Elektrische Leitungen müssen mit den Klemmen der Verbraucher und Schaltgeräte metallisch blank und fest verbunden sein, damit der Übergangswiderstand gering und kein Wackelkontakt möglich ist
2	Spannung am Stromverbraucher prüfen Kontakt Sicherung Verbraucher Pruf-lampe *330 Anschluß einer Prüflampe an einem Stromverbraucher*	Ist an einem eingeschalteten Stromverbraucher keine Spannung, liegt eine Stromkreisunterbrechung zwischen Stromquelle und Stromverbraucher vor. Bei vorhandener Spannung ist der Stromverbraucher defekt oder die Masseverbindung unterbrochen
3	Spannung an der Sicherung prüfen A Kontakt Sicherung Verbraucher Pruf-lampe *331 Anschluß einer Prüflampe: A Vor einer Sicherung B Nach einer Sicherung* Kontakt Sicherung Verbraucher Pruf-lampe B	Leuchtet die Prüflampe vor der Sicherung eines Stromkreises auf und nach der Sicherung nicht mehr, ist die Sicherung defekt oder der Kontakt zwischen Sicherung und Sicherungselement unterbrochen
4	Spannung am Betätigungsglied (Schalter, Taster) prüfen A Kontakt Sicherung Verbraucher Pruf-lampe *332 Anschluß einer Prüflampe: A Vor einem Schaltelement B Nach einem Schaltelement* Kontakt Sicherung Verbraucher Pruf-lampe B	Leuchtet die Prüflampe vor einem Schaltelement nicht, ist die Stromzuführung von der Batterie unterbrochen. Leuchtet sie dagegen vor einem Schaltelement und nach dem Schaltelement nicht, ist das Schaltelement defekt

Masseschluß-Prüfung

Schritt	Ausführung	Anmerkung
1	Verbraucher ausschalten	
2	Sicherung entfernen	Bei abgesichertem Stromkreis
3	Verbraucher abklemmen bzw. Gerätestecker abziehen	
4	Widerstandsmeßgerät bzw. batteriegespeistes Prüfgerät mit freiem Verbraucheranschluß und Masse verbinden *333 Anschlußschaltung zur Prüfung eines Verbrauchers auf Masseschluß*	Zeigt das Meßgerät einen Widerstandswert im Kiloohm- oder Ohmbereich bzw. spricht das Prüfgerät an, so besteht Masseschluß In diesem Fall ist der Verbraucher zu reparieren oder auszuwechseln
5	Widerstandsmeßgerät bzw. batteriegespeistes Prüfgerät an ein Leitungsende und Masse anschließen *334 Schaltung zur Ermittlung eines Leitungsmasseschlusses*	
6	Verbraucher anschließen	Auf gute Verbindungen achten
7	Sicherung einsetzen	
8	Verbraucher zwecks Funktionsprüfung einschalten	Sicherung darf nicht durchbrennen

Relais prüfen

S	P	E	A	Ausführung	Anmerkung
1	●	●		Stromkreis einschalten	
3	●	●		Prüflampe an Relaisklemme 30 und Masse anschließen 86 30 85 87 Pruflampe *335 Anschluß der Prüflampe an Klemme 30 eines Relais*	*336 Relais* Prüflampe muß leuchten, ansonsten Stromzuführung zum Relaiskontakt bzw. zur Relaisspule unterbrochen
3	●	●		Prüflampe an Relaisklemme 87 und Masse anschließen 86 30 85 87 Pruflampe *337 Anschluß der Prüflampe an Klemme 87 eines Relais und Masse*	War die Prüfung gemäß Schritt 2 positiv, muß Prüflampe leuchten, ansonsten Relais defekt Handelt es sich um ein Relais mit Öffner, muß Prüflampe erlöschen *338 Relais mit Öffner*
4	●		●	Relais ausbauen	
5	●		●	Prüflampe an Klemme 30 und 87, Batterie an Klemme 85 und 86 anschließen 85 30 86 87 Batterie Relais Pruflampe *339 Prüfschaltung eines Relais mit Schließer*	Prüflampe leuchtet, wenn Relais in Ordnung Prüflampe erlischt, wenn Relaiskontakt ein Öffner
6	●		●	Relais einbauen	
				S = Schrittfolge; P = Prüfung; E = Eingebaut; A = Ausgebaut	

Drehstrom-Generator und Regler prüfen

Schritt	Ausführung	Anmerkung
1	Motor starten, warmfahren und ausschalten	
2	Zündung ausschalten	
3	Generator-Abdeckung entfernen	Seitendeckel
4	Spannungsmesser gemäß Abb. 340 anschließen *340 Meßschaltung*	Meßbereich 0–30 V
5	Motor starten und im Leerlauf laufen lassen	
6	Spannung ablesen	Sollwert etwa 14 V
7	Motordrehzahl stetig erhöhen und Spannung ablesen	Sollwert bis auf etwa 15 V ansteigend. Steigt die Spannung nicht an oder der Sollwert wird überschritten, ist die Regler/Gleichrichtereinheit defekt
8	Scheinwerfer einschalten und Spannung ablesen	Meßwert muß um einige Zehntel sinken
9	Scheinwerfer ausschalten und Motor stillsetzen	
10	Zündung ausschalten	
11	Spannungsmesser abklemmen	

Regler eines Drehstrom-Generators prüfen

S	GS	Ausführung	Anmerkung
1		Schutzhaube abschrauben	
2	●	Spannungsmesser an »B +« des Diodenträgers und an »D –« des Reglers anschließen *341 Diodenträger* *342 Regler*	*343 Meßschaltung*
3	●	Kabel vom Anschluß B + des Diodenträgers abziehen. Spannungsmesser bleibt mit B + verbunden	Pluspol der Batterie wird vom Diodenträger getrennt. Eingriff nur bei Motorstillstand
4		Motor starten	
5		Meßwert ablesen	Sollwert 13,5 bis 14,2 V
6	●	Das in Schritt 3 abgezogene Kabel wieder mit B + des Diodenträgers verbinden	
7	●	Spannungsmesser an B + des Diodenträgers und D + des Reglers anschließen	Meßwert bis 0,5 V Regler defekt. Meßwert 1,5 bis 4,0 V. Diodenträger defekt
8		Motor abstellen	
9		Spannungsmesser entfernen	
10		Motorschutzhaube anschrauben	
S = Schrittfolge; GS = Generator mit Schleifringe und Regler			

Drehstrom-Generator prüfen

S	GT	Ausführung	Anmerkung
1		Deckel über Getrieberitzel abbauen	
2	●	Die drei zum Generator führenden Kabel abklemmen *344 Generator*	
3		Motor starten und mit etwa 4000 1/min im Stand laufen lassen	
4	●	Messung der Wechselspannung gemäß Abb. 345 durchführen Generator *345 Spannungsmessung der Stator-Wicklung 1*	Meßbereich des Spannungsmessers 0–250 V Sollwert über 50 V Liegt die Spannung unter 50 V, ist die Statorwicklung defekt und muß erneuert werden. Sind die Statorwicklungen in Ordnung, dürfte bei schadhaftem Ladesystem die Regler-/Gleichrichtereinheit defekt sein
5	●	Messung der Wechselspannung gemäß Abb. 346 durchführen Generator *346 Spannungsmessung der Stator-Wicklung 2*	
6	●	Messung der Wechselspannung gemäß Abb. 347 durchführen Generator *347 Spannungsmessung der Stator-Wicklung 3*	

S = Schrittfolge; GT = Generator ohne Schleifringe mit Transistorregler

Drehstrom-Generator prüfen

S	GT	Ausführung	Anmerkung
7		Motor abstellen	
8		Spannungsmesser entfernen	
9	●	Die in Schritt 2 getrennte Verbindung herstellen	
10		Schutzhaube anschrauben	
S = Schrittfolge; GT = Generator ohne Schleifringe mit Transistorregler			

Drehstrom-Generator ausbauen/einbauen

S	A	E	Ausführung	Anmerkung
1	●		Motorschutzhaube abschrauben BMW	Auf Belüftungsschlauch achten
2	●		Stecker vom Stator abziehen *348 Stecker am Stator*	Das Statorgehäuse trägt die Statorwicklung. Bei bestimmten Motorradtypen ist die Sitzbank und ein Rahmenseitendeckel zu entfernen
3	●		Elektrische Leitung abklemmen	
4	●		Innensechskantschrauben aus Stator drehen	
5	●		Schleifkohlen mit Druckfedern aus Führung heben	
6	●		Stator entnehmen	
7	●		Befestigungsschraube des Rotors herausdrehen und mit Abdrückschraube vom Kurbelwellenende abdrücken	Sitzt der Rotor fest, kann ein Lösen durch einen Hammerschlag auf die Abdrückschraube (Spezialwerkzeug) erreicht werden
8		●	Rotor auf Kurbelwelle montieren	Kurbelwellenkonus und die konische Bohrung im Läufer müssen sauber sein
9		●	Stator auf Motorgehäuse montieren	Drei Innensechskantschrauben
S = Schrittfolge; A = Ausbau; E = Einbau				

Drehstrom-Generator ausbauen/einbauen

S	A	E	Ausführung	Anmerkung
10		●	Steckverbindung herstellen	
11		●	Belüftungsschlauch in die Motorschutzhaube einsetzen	
12		●	Motorschutzhaube festschrauben	
S = Schrittfolge; A = Ausbau; E = Einbau				

Diodenträger und Regler ausbauen/einbauen

S	D	R	Ausführung	Anmerkung
1		●	Kraftstofftank ausbauen	Siehe Seite 173
2	●		Sitzbank abnehmen	
3	●	●	Massekabel von der Batterie abklemmen	
4	●		Motorschutzhaube abschrauben	
5	●		Diodenträger vom Motorgehäuse abschrauben *349 Diodenträger*	
6	●		Die mit dem Diodenträger verbundenen Kabel kennzeichnen und abziehen	Damit beim Anschluß eine Verwechslung ausgeschlossen ist
7		●	Steckverbindung am Regler trennen *350 Regler*	
8		●	Regler abschrauben	
9	●	●	Einbau in umgekehrter Schrittfolge	
S = Schrittfolge; D = Diodenträger; R = Regler				

Stator eines Drehstrom-Generators ausbauen/einbauen

S	GT	A	E	Ausführung	Anmerkung
1	●	●		Deckel über Getrieberitzel abbauen	
2	●	●		Die drei zum Generator führenden Kabel abklemmen *351 Generator*	Auf Kabelschellen achten
3	●	●		Ölauffangbehälter unter Generatordeckel stellen	
4	●	●		Generatordeckel abschrauben und Deckel mit Dichtung vom Motorgehäuse abziehen	
5	●	●		Kabelbefestigung abschrauben	Auf Federringe achten
6	●	●		Stator vom Generatordeckel abschrauben	Auf Kabel-Gummitülle achten
7	●		●	Stator mit Generatordeckel verschrauben und Schrauben mit Sicherungslack gegen Lösen sichern	Gummitülle vor Einbau mit Dichtmasse versehen
8	●		●	Generatorkabel befestigen	Schrauben mit Federringe
9	●		●	Generatordeckel am Motorgehäuse festschrauben	Neue Dichtung verwenden, auf Paßhülsen achten
10	●		●	Generator mit den in Schritt 2 abgeklemmten Kabel verbinden und mit den Schellen sichern	
11	●		●	Deckel über Getrieberitzel befestigen	
12	●		●	Ölstand überprüfen, gegebenenfalls nachfüllen	

S = Schrittfolge; GT = Generator ohne Schleifringe mit Transistorregler; A = Ausbau; E = Einbau

Reglerspannung eines Gleichstromgenerators messen

Schritt	Ausführung	Anmerkung
1	Massekabel von der Batterie abklemmen	
2	Kabel an der Reglerklemme B+ entfernen	
3	Spannungsmesser anschließen (Abb. 352)	*352 Prüfschaltung*
4	Drehzahlmesser an Klemmen 15 und 1 der Zündspule anschließen	Notfalls kann die Überprüfung ohne Drehzahlmesser durchgeführt werden
5	Motor starten	Spannungsmesser zeigt 0 V, da der Rückstromschalter noch offen ist
6	Drehzahl soweit stetig erhöhen, bis Spannungsmesser sprungartig ausschlägt	Bei einer 6-V-Batterie 6–7 V; Bei einer 12-V-Batterie 12–14 V. Der Rückstromschalter hat die Verbindung Generator – Batterie hergestellt
7	Erhöhung der Drehzahl auf etwa 3000 1/min	Der Spannungswert liegt zwischen 6,5 V und 7,4 V bzw. 13 V und 14,7 V
8	Allmähliche Drehzahlreduzierung bis zur Leerlaufdrehzahl (Richtwert: 1000 1/min ± 50)	Kurz vor Erreichen der Leerlaufdrehzahl muß die Spannung schlagartig auf 0 V zurückgehen. Die Verbindung Generator – Regler ist wieder unterbrochen
9	Motor stillsetzen	
10	Ausgangszustand herstellen	

Lade- und Rückstrom eines Gleichstromgenerators messen

Schritt	Ausführung	Anmerkung
1	Kabel an der Reglerklemme B+ entfernen	Generator: D− D+ DF; Regler: D+ DF; +L; Strommesser; +B; Batterie: + − 353 *Prüfschaltung*
2	Strommesser, mit Nullstellung in der Skalenmitte, gemäß Abb. 353 anschließen	
3	Motor starten	
4	Drehzahl soweit stetig erhöhen, bis die Stromstärke nicht mehr weiter steigt	Der Strommesser zeigt die Stärke des Batterieladestromes an
5	Drehzahl langsam bis Erreichen der Leerlaufdrehzahl reduzieren	Der Zeiger des Strommessers bewegt sich vom Ladebereich über die Nullstellung in den Entladebereich. Der Meßwert des Entladebereichs ist der Rückstrom, d. h. der Strom, der von der Batterie zum Generator fließt
6	Motor stillsetzen	
7	Ausgangswiderstand herstellen	

4.1.17 Sonstiges

Seilzug anfertigen

Schritt	Ausführung	Anmerkung
1	Seil mit Seitenschneider auf passende Länge abschneiden	Meterware
2	Nippel auf Seil schieben, Seildrähte etwas zurückbiegen, Seil senkrecht halten und den daranhängenden Nippel ausrichten	Nippel wird von den Seildrahtenden gehalten
3	Nippel und Seil mit Benzin von Fett reinigen	In der Hülle befindet sich Fett

Seilzug anfertigen

Schritt	Ausführung	Anmerkung
4	Nippel anlöten (Lötkolben 150 W). Heißen Lötkolben an den Nippel halten und der Lötstelle Lötzinn zuführen. Seil solange ruhig halten bis Lötzinn erstarrt	Seil und Nippel müssen blank und frei von Öl und Fett sein. Verzinnung des Seils nicht 2 mm über Nippel, sonst wird das Seil steif und bricht bei Belastung an dieser Stelle
5	Überschüssiges Zinn abfeilen bzw. abschleifen	
6	Seil durch Hülle schieben	
7	Zweiten Nippel gemäß Schritt 2 bis 5 anlöten	

Vorderrad-Kotflügel ausbauen/einbauen

S	A	E	Ausführung	Anmerkung
1	●		Vorderrad ausbauen	Siehe Seite 215
2	●		Kotflügel von der Vorderradgabel abschrauben	Beim Lösen der Muttern Bolzen mit Schlüssel festhalten
3	●		Übrige Schrauben entfernen und Kotflügel abnehmen	
4		●	Kotflügel in umgekehrter Schrittfolge anschrauben	
5		●	Vorderrad einbauen	Siehe Seite 215
S = Schrittfolge; A = Ausbau; E = Einbau				

Hinterrad-Kotflügel ausbauen/einbauen

S	A	E	Ausführung	Anmerkung
1	●		Sitzbank ausbauen	
2	●		Heckleuchtenglas abschrauben	
3	●		Heckleuchtenreflektor aus Gehäuse nehmen	
4	●		Heckleuchtengehäuse vom Kotflügel abschrauben	
5	●		Halter der Blinker entfernen	
S = Schrittfolge; A = Ausbau; E = Einbau				

Hinterrad-Kotflügel ausbauen/einbauen

S	A	E	Ausführung	Anmerkung
6	●		Kabel trennen und aus Kotflügel ziehen	
7	●		Kotflügel abschrauben und herausheben	Auf Sprengring und Gummischeiben achten
8		●	Einbau in umgekehrter Schrittfolge	
S = Schrittfolge; A = Ausbau; E = Einbau				

Blechschäden ausbessern

Zum Ausbessern einer Beule ist ein Gummi- oder Eisenhammer, zum Gegenhalten ein aus Metall bestehendes Fauststück erforderlich. Mit den Schlägen ist am äußeren Rand der Beule zu beginnen und spiralförmig zum Kern der Beule vorzudringen. Führt diese Methode nicht zum gewünschten Erfolg, das heißt die Spannungen konnten nicht vollkommen beseitigt werden, so ist der beschädigte Bereich mit einem Schweißbrenner auf Rotglut zu bringen. In diesem Zustand läßt sich das glühende Blechteil durch Hammerschläge bei Gegenhalten des Fauststückes leicht glätten. Beim Abkühlen findet ein Schrumpfvorgang des Bleches statt, wobei die erforderliche Spannung eintritt.
Verbleibende Unebenheiten gleicht man am zweckmäßigsten durch Auftragen einer aus selbsthärtendem Kunstharz bestehenden Spachtelmasse aus. Die Spachtelmasse wird durch Mischen eines Pulvers mit einer Spezialflüssigkeit hergestellt und ist in einer Zeitspanne von 15 Minuten zu verarbeiten. Um eine gute Verbindung mit dem Blech zu erreichen, sind die zu bearbeitenden Flächen von Schmutz und Lack zu befreien. Es muß eine rauhe Oberfläche hergestellt werden. Da der chemische Härtungsprozeß nur ab einer bestimmten Temperatur vor sich gehen kann, sollten derartige Arbeiten nicht unter 20 °C ausgeführt werden. Das Anbringen der Spachtelmasse kann in mehreren Schichten erfolgen. Nach dem Härtungsprozeß (bei einer Umgebungstemperatur von 20 °C ca. 30 Minuten) ist die Fläche durch Feilen, Schleifen oder Schmirgeln zu glätten.
Roststellen sind bis aufs blanke Blech abzuschaben, abzuschmirgeln oder abzuschleifen (Rostumwandler ist nutzlos). Anschließend, also vor dem Lackieren, Auftragen einer Grundierung (z. B. eine zinkhaltige Grundierfarbe). Zur Bearbeitung größerer Roststellen ist der Einsatz einer Bohrmaschine in Verbindung mit Gummiteller und Schleifpapier oder Drahtbürste vorteilhaft.
Bei kleinen oberflächlichen Schäden genügt eine Wachskonservierung. Ansonsten sind oberflächliche Schadstellen von Wachs- und Politurrückständen gründlich zu reinigen und mit klarem Wasser abzuwaschen. Im abgetrockneten Zustand ist aus einer Lacksprühdose etwas Lack auf einen sauberen Gegenstand zu sprühen, und davon mit einem kleinen Pinsel etwas auf die Schadstelle zu streichen. Sollte der Lack bis zum Blech beschädigt sein, so ist die Schadstelle mit einem scharfen Gegenstand blank zu schaben und anschließend mit Lack zu versehen.
Was beim Lackieren zu beachten ist, kann aus folgender Übersicht übernommen werden.

Hinweise	Ergänzungen
Genügende Helligkeit	Dadurch können Mängel bereits in der Entstehung erkannt werden
Im Freien bei Windstille lackieren	Luft ist freier von Schmutzpartikel
In einem Raum nur bei ausreichender Entlüftung lackieren	Vermeidung gesundheitlicher Schäden, die durch Verdunsten von Lösungsmitteln verursacht werden

Hinweise	Ergänzungen
Lack nur auf einwandfreiem Untergrund auftragen	Untergrund: – Richtig gespachtelt – Weder zu grob noch zu fein schleifen (Schleifpapierkörnung »P« geeignet) – Vollkommen entfettet und trocken – Mit Grundierfarbe versehen – Bei welligem Untergrund entstehen Lauftränen – Lack deckt nicht wenn Farbunterschied zum Untergrund zu groß
Lackierung nur bei der dem Lack entsprechenden Temperatur ausführen (Sprühdosentemperatur ≈ bis 30 °C)	– Bei zu hoher Temperatur erfolgt die Trocknung zu schnell und der Lack wird matt – Bei zu niedriger Temperatur verdunsten die Lösungsmittel zu langsam, der Lack und die Schmutzaufnahme aus der Luft erhöht sich – Eine der Außentemperatur entsprechende Lackart verwenden
Vor einer Lackierung Lack durch längeres Schütteln der Sprühdose mischen	Die Folge einer ungenügenden Lackmischung sind Farbtonunterschiede
Lackschicht nicht zu dick auftragen	– Der Lack läuft – Die Trockenzeit verlängert und die Schmutzaufnahme erhöht sich
Mehrere Lackschichten nicht zu kurz hintereinander auftragen	Werden mehrere Lackschichten aufgesprüht bevor die vorhergehende ausreichend getrocknet ist, ergibt sich eine wellige Oberfläche
Passenden Sprühabstand wählen	Ist der Sprühabstand zu klein, kann Treibgas in den Lack gelangen, was zur Bläschenbildung führt

4.2 Wartung

Unter Wartung sind alle Inspektionen und Arbeiten zu verstehen, die in bestimmten Zeitabständen ausgeführt werden sollen, damit das einwandfreie Funktionieren des Motors und seiner Hilfssysteme sichergestellt ist und demzufolge die erforderliche Betriebssicherheit und die erwartete Lebensdauer erreicht werden. Voraussetzung über eine ordnungsgemäße Wartung sind Kenntnisse über Umfang, Intervalle, Motortyp und Fahrzeugaufbau.
Besondere Bedeutung hat die Qualitätssicherung, die jedoch nur durch sorgfältiges Registrieren der wesentlichen Arbeiten und Austauschteile gemäß untenstehendem Beispiel gewährleistet ist:

Die angegebenen Wartungsintervalle basieren auf Empfehlungen bzw. Vorschriften der Motorradhersteller. Im Hinblick auf die verschiedenen Fabrikate und Typen sollte jedoch grundsätzlich die entsprechende Betriebsanleitung berücksichtigt werden.
Alle von Laien ausführbaren Wartungsarbeiten sind ab einem bestimmten Umfang (oder Schwierigkeitsgrad) in der erforderlichen bzw. zweckmäßigsten Schrittfolge beschrieben und als Orientierungshilfe zum Teil illustriert.
Alle Arbeiten, die die Verkehrssicherheit betreffen, sind in nachfolgender Übersicht (S. 266, Spalte »Vor jeder Fahrt«) gekennzeichnet und sollten vor Antritt der Fahrt ausgeführt werden.

Datum	Tachostand	Tätigkeit	Bemerkung
11.3.	15000	Zündkerzen gereinigt Elektrodenabstand eingestellt	
7.4.	20000	Luftfilter ausgetauscht	
21.5.	25000	Zündkerzen ausgetauscht	Bosch W5D/W225 T30

Übersicht

Typspezifisch	Arbeiten / Intervalle	Vor jeder Fahrt	Nach 1 000 km	Nach 5 000 km	Alle 5 000 km	Alle 7 500 km	Alle 10 000 km	Alle 15 000 km	Jährlich	Alle 2 Jahre	Richtwert	Werksangabe	Seite des Arbeitsablaufs	Werkstattsache
	Motor													
●	Ventilspiel kontrollieren/einstellen		●			●					●		270	●
	Kompression messen		●		●							●	271	
	Kurbelgehäuseentlüftung entleeren					●					●		272	
●	Zylinderkopfmuttern nachziehen		●	●	●							●	—	●
●	Steuerkettenspannung prüfen		●	●	●							●	—	●
●	Zweitakter entkohlen											●	273	
	Schmieranlage													
●	Motoröl und Ölfilter wechseln		●			●					●		274	
●	Motorölstand prüfen	●											—	
●	Öldruck messen		●	●	●							●	275	
●	Ölsumpffilter überprüfen/reinigen						●					●	276	
	Kühlanlage													
●	Kühlflüssigkeitsstand kontrollieren/korrigieren	●											277	
●	Frostschutz der Kühlflüssigkeit prüfen							●					—	●
●	Kühlflüssigkeit austauschen									●	●		277	
●	Kühlanlage auf Dichtheit überprüfen		●			●						●	278	
●	Kühler überprüfen/reinigen						●				●		279	
●	Schläuche des Kühlsystems überprüfen		●					●			●		279	
	Kraftstoffanlage													
	Kraftstoffhahnsieb reinigen							●				●	280	
●	Kraftstoffsieb reinigen							●			●		280	
	Kraftstoffleitungen überprüfen		●					●			●		281	
	Kraftstoffvorrat überprüfen	●											—	
	Vergaseranlage													
●	Schwimmerkammer reinigen		●			●					●		281	
●	Drosselklappenvergaser einstellen					●					●		281	●
●	Schiebervergaser reinigen							●			●		283	
●	Schiebervergaser einstellen					●					●		284	●
●	Luftfilter reinigen/austauschen						●				●		285	
●	Starterklappe prüfen/einstellen							●			●		286	●
●	Gasseilzüge prüfen/einstellen		●				●				●		287	

Übersicht

Typspezifisch	Arbeiten / Intervalle	Vor jeder Fahrt	Nach 1 000 km	Nach 5 000 km	Alle 5 000 km	Alle 7 500 km	Alle 10 000 km	Alle 15 000 km	Jährlich	Alle 2 Jahre	Richtwert	Werksangabe	Seite des Arbeitsablaufs	Werkstattsache
●	Leerlaufdrehzahl einstellen		●			●					●		—	●
●	Vergaser synchronisieren					●						●	288	●
	Gasdrehgriff abschmieren						●					●	—	
●	Vergaserzug ölen		●			●					●		322	
●	Chokeseilzug ölen		●		●						●		322	
●	CO-Wert einstellen								●				—	●
	Einspritzanlage													
●	Luftfiltereinsatz austauschen							●				●	290	
●	Motorleerlauf einstellen					●						●	291	●
●	Kraftstoffilter austauschen							●				●	292	
●	Startdrehzahl einstellen					●						●	293	●
	Zündanlage													
	Zündanlage überprüfen		●	●	●						●		294	
	Zündkerze prüfen/austauschen						●					●	295	
●	Zündzeitpunkt einer unterbrechergesteuerten Batteriezündung prüfen/einstellen		●					●			●		296	●
●	Zündzeitpunkt einer Magnetzündung prüfen/einstellen				●						●		297	●
●	Unterbrecherkontakt austauschen/einstellen				●					—	●		298	
●	Fliehkraftregler schmieren				●							●	—	
	Abgasanlage													
	Sichtprüfung der Abgasanlage					●					●		—	
●	Abgasanlage eines Zweitakters entkohlen				●							●	—	●
	Kraftübertragung													
	Getriebeöl wechseln		●					●				●	299	
	Getriebeölstand kontrollieren											●	300	
●	Öl im Hinterradantrieb kontrollieren/austauschen		●					●				●	300	
●	Zahnräder und Kette des Sekundärantriebs überprüfen		●			●					●		—	
●	Lamellenkupplung nachstellen					●					●		301	●
●	Trockenkupplung nachstellen						●				●		302	●
●	Antriebskette ölen		●								●		302	
●	Antriebskette nachspannen		●									●	303	

Übersicht

Typspezifisch	Arbeiten / Intervalle	Vor jeder Fahrt	Nach 1 000 km	Nach 5 000 km	Alle 5 000 km	Alle 7 500 km	Alle 10 000 km	Alle 15 000 km	Jährlich	Alle 2 Jahre	Richtwert	Werksangabe	Seite des Arbeitsablaufs	Werkstattsache
●	Kupplungsflüssigkeitsstand kontrollieren/nachfüllen		●			●					●		303	
	Seilzug der Kupplung ölen		●	●	●							●	322	
	Nippel des Kupplungsseilzuges schmieren					●						●	—	
	Kupplungshebelgelenke schmieren					●						●	—	
	Fahrwerk													
	Sichtprüfung des Rahmens					●					●		—	
	Radfederung überprüfen							●			●		304	●
	Zustandsprüfung der Räder	●									●		305	
	Reifenluftdruck prüfen/korrigieren		●									●	305	
●	Radspeichen überprüfen/nachspannen				●						●		306	
	Radlagerspiel prüfen					●						●	306	
●	Lenkschloß ölen								●		●		306	
	Öl einer Vorderradgabel wechseln		●						●			●	307	
●	Radlager abschmieren						●				●		—	
	Räder auf Unwucht überprüfen		●	●	●							●	—	●
	Lenkkopflagerspiel prüfen/nachstellen		●				●				●		307	
	Lenkkopflager abschmieren							●	●		●		—	
●	Schmierstellen abschmieren		●	●	●							●	—	
	Öl einer Schwinge wechseln		●					●	●			●	308	
●	Hinterradstoßdämpfer prüfen						●		●			●	—	●
●	Hinterrad-Schwingenlagerspiel prüfen/nachstellen		●			●						●	309	
●	Lager der Hinterradschwinge abschmieren					●						●	—	
	Schraubverbindungen nachziehen		●	●		●					●		—	
	Seitenständer überprüfen							●			●		—	
	Bremsanlage													
	Bremsflüssigkeitsstand kontrollieren/nachfüllen	●									●		310	
	Bremspedalhöhe prüfen/einstellen		●				●				●		310	
	Bremsleitungen prüfen/austauschen		●		●							●	311	
	Bremsanlage auf Dichtheit überprüfen		●			●						●	311	
	Bremslicht prüfen/einstellen		●				●				●		312	
	Scheibenbremsklötze kontrollieren				●						●		313	

Übersicht

Typspezifisch	Arbeiten / Intervalle	Vor jeder Fahrt	Nach 1 000 km	Nach 5 000 km	Alle 5 000 km	Alle 7 500 km	Alle 10 000 km	Alle 15 000 km	Jährlich	Alle 2 Jahre	Richtwert	Werksangabe	Seite des Arbeitsablaufs	Werkstattsache
	Trommelbremsbeläge kontrollieren					●					●		313	
●	Seilzug einer Vorderrad-Scheibenbremse einstellen		●			●					●		312	
●	Hinterradbremse einstellen		●			●					●		314	
	Bremsflüssigkeit austauschen								●			●	315	
●	Geber für Tachometer (am Hinterradantrieb) reinigen		●					●				●	—	
	Bremsschlauch austauschen									●		●	—	
	Bremsgestänge bzw. Bremspedalachse abschmieren					●						●	—	
	Funktionsprüfung der Bremsanlage	●											—	
	Funktionsprüfung des Bremslichts	●											—	
	Beleuchtungsanlage													
	Funktionsprüfung einer Beleuchtung	●											316	
	Scheinwerfer einstellen		●					●					317	
	Blink- und Signalanlage													
	Funktionsprüfung der Blinkanlage	●											317	
	Funktionsprüfung der Signalanlage	●											317	
	Elektrik													
	Batterie prüfen		●			●						●	318	
	Batteriesäure prüfen/nachfüllen					●					●		319	
	Batterieanschlüsse überprüfen/reinigen		●			●						●	319	
●	Tachoantriebswelle abschmieren							●	●			●	—	
●	Drehzahlmesser-Antriebswelle abschmieren							●	●			●	—	
	Alle elektrischen Leitungen und Anschlüsse überprüfen							●			●		—	

Ventilspiel kontrollieren/einstellen

Schritt	Ausführung	Anmerkung
1	Zündkerzenstecker abziehen und Zündkerzen herausschrauben	Leichtes Durchdrehen des Motors durch fehlende Kompression
2	Ventilabdeckung nach Lösen der Schraubverbindungen entfernen	Ventilspiel nur bei stehendem und kaltem Motor einstellen
3	Motor soweit im Uhrzeigersinn durchdrehen bis beide Ventile vollkommen geschlossen (Kipphebel müssen den Nockengrundkreis berühren)	Markierungen müssen sich decken. Beim Mehrzylinder-Reihenmotor mit Zylinder 1 (von vorne gesehen links außen) beginnen
4	Ventilspiel durch Einführen der Fühlerlehre zwischen Ventilschaft und Kipphebel ermitteln *354 Messen des Ventilspiels*	Sollwert für Ein- und Auslaßventil siehe Betriebsanleitung. Fühlerlehre muß sich mit spürbarem Widerstand durchziehen lassen
5	Gegenmutter der Einstellschraube lockern und Einstellschraube so verdrehen bis das Ventilspiel stimmt *355 Ventileinstellschrauben*	Nur erforderlich bei Sollwertabweichung. Vielfach ist das Ventilspiel durch Ventilplättchen einzustellen.
6	Gegenmutter anziehen und Schritt 4 wiederholen. Bei einer Abweichung vom Sollwert Schritt 5 und anschließend Schritt 4 wiederholen	Das Ventilspiel muß immer etwas größer als der Sollwert sein. Bei zu kleinem Ventilspiel schließen die Ventile nicht vollkommen. Die Folge ist eine Motorüberhitzung.

Ventilspiel kontrollieren/einstellen

Schritt	Ausführung	Anmerkung
7	Ventilabdeckung befestigen	Alte Dichtung nur verwenden wenn sie unbeschädigt und nicht verhärtet ist
8	Zündkerzen einsetzen und mit Zündkerzenstecker verbinden	
9	Probelauf	Bei richtiger Einstellung des Ventilspiels läuft der Ventiltrieb leise

Kompression messen

Schritt	Ausführung	Anmerkung
1	Motor bis Erreichen der Betriebstemperatur laufen lassen	Prüfvoraussetzung: Einwandfreies Ventilspiel
2	Motor abstellen	
3	Sämtliche Zündkerzenstecker von den Zündkerzen abziehen	Zuordnung kennzeichnen Kerzenstecker so plazieren, d. h. weit genug von Masse entfernt, damit keine Funken überspringen können bzw. Steckverbindung an der Zündbox trennen
4	Sämtliche Zündkerzen herausschrauben	
5	Kompressionsdruckprüfer mit Gummikonus auf das Kerzenloch des zu prüfenden Zylinders dicht andrücken *356 Andrücken eines Kompressionsdruckprüfers auf das Kerzenloch*	Es finden auch Druckaufnehmer Anwendung, die in das Kerzenloch geschraubt werden
6	Leerlauf einlegen	

Kompression messen

Schritt	Ausführung	Anmerkung
7	Motor mit Hilfe des Anlassers bei Vollgas (maximale Zylinderfüllung) einige Male durchdrehen lassen	Druckunterschiede von 2 bar sind beim Ottomotor normal. Langsamer Druckanstieg läßt auf undichte Ventile, Kolben- und Zylinderverschleiß oder auf eine undichte Zylinderkopfdichtung schließen
8	Zeigerrückstellung auf null vornehmen	
9	Kompressionsdruckprüfung an den restlichen Zylindern	
10	Zündkerzen einsetzen	
11	Zündkerzenstecker auf Zündkerzen stecken	Beim Aufstecken der Zündkabel auf Zündfolge achten
12	Steckverbindung an der Zündbox herstellen	

Kurbelgehäuseentlüftung entleeren

Haben sich im durchsichtigen Teil eines Ablaßschlauches Rückstände angesammelt, ist eine Entleerung erforderlich. Hierzu ist der Verschlußstopfen kurzzeitig zu entfernen

Bevor es ans Schrauben geht, eine Checkliste aller beabsichtigten Arbeiten aufstellen!

Zweitakter entkohlen

Schritt	Ausführung	Anmerkung
1	Motorrad auf Mittelständer stellen	
2	Auspuff ausbauen	
3	Alle Teile, die den Zugriff zum Zylinderkopf versperren, demontieren	
4	Zylinderkopf abschrauben und abnehmen	Muttern auf Stehbolzen oder Schrauben
5	Kurbelbetrieb soweit drehen bis Kolben im OT	
6	Ölkohle vom Kolbenboden abschaben	
7	Kolbenboden mit Stahlwolle polieren	
8	Kolbenboden mit Petroleum reinigen	
9	Kurbeltrieb soweit drehen bis Kolben im UT	
10	Ölkohle vom Auslaßkanal von außen aus abschaben, polieren und reinigen	
11	Zylinderlauffläche leicht einfetten	
12	Kurbeltrieb soweit drehen bis Kolben im OT	*357 Zweitakter mit abgenommenem Zylinderkopf*
13	Kolbenboden reinigen	
14	Zylinderkopf entkohlen	Starke Verkohlung mit Schaber beseitigen
15	Zylinderkopf polieren und reinigen	
16	Weitere Kolben gemäß Schritt 5 bis 13 entkohlen	Nur bei Mehrzylinder-Motoren
17	Schalldämpfer-Endstück entkohlen	Prallplatte mit Drahtbürste von Ölkohle befreien
18	Zylinderkopf einbauen	Neue Zylinderkopfdichtung verwenden Mit vorgeschriebenem Drehmoment über Kreuz festziehen
19	Auspuff einbauen	
20	Die in Schritt 3 ausgebauten Teile in umgekehrter Schrittfolge einbauen	

Motoröl und Ölfilter wechseln

Schritt	Ausführung	Anmerkung
1	Motor warm fahren	Damit Öl dünnflüssig
2	Abschlußdeckel des Ölfilters abschrauben 358 *Ölfilter*	
3	Deckel des Ölfilters lösen und mit Dichtring entfernen	Auslaufendes Öl mit Gefäß auffangen
4	Filtereinsatz herausziehen	Mit Drahthaken
5	Neuen Filtereinsatz einsetzen	Neue Dichtungen verwenden
6	Gefäß zum Auffangen des Altöls unter die Ölablaßschraube stellen	Unter Ölwanne
7	Ölablaßschraube öffnen und Öl auslaufen lassen	
8	Ölablaßschraube reinigen und fest einschrauben	
9	Ölgefäß entfernen und zum Transport in einen Kanister füllen	Altöl an einer Sammelstelle, z. B. Tankstelle, abliefern
10	Verschluß des Ölbehälters öffnen 359 *Verschluß eines Ölbehälters*	Ist kein Ölbehälter vorhanden, Nachfüllverschraubung öffnen
11	Richtige Menge der vorgeschriebenen Ölmarke einfüllen	Siehe Betriebsanleitung. Mehrbereichsöl oder Winter- bzw. Sommeröl
12	Ölnachfüllöffnung schließen	Mineralöl nicht mit Synthetik-Öl mischen
13	Motor kurzzeitig laufen lassen und Dichtheitskontrolle	

Öldruck messen

Schritt	Ausführung	Anmerkung
1	Motor starten und nach Erreichen der Betriebstemperatur stillsetzen	Öltemperatur ca. 80 °C Hat die Kühlmitteltemperatur den Betriebswert erreicht, muß der Motor noch ca. 3 Minuten weiterlaufen
2	Elektrische Leitung vom Öldruckschalter abziehen *360 Öldruckschalter*	Hat ein Öldruckschalter mehrere Anschlüsse, ist ein Anschlußbild mit den Leitungsfarben anzufertigen
3	Öldruckschalter herausschrauben	
4	Druckmesser in Gewindeloch des Öldruckschalters einschrauben	Meßbereich: Siehe Betriebsanleitung Richtwert 0–5 bar
5	Drehzahlmesser an Klemme 15 und 1 der Zündspule und Masse anschließen	Nicht erforderlich, wenn Drehzahlmesser eingebaut
6	Motor starten und auf eine Drehzahl von 3000 bzw. 5000 1/min bringen und Meßwert ablesen	Sollwert: Siehe Betriebsanleitung Wird dieser Druck nicht erreicht, ist ein Schaden an den zu schmierenden Motorteilen vorhanden oder die Ölpumpe ist defekt Ein höherer Öldruck weist auf einen erhöhten Widerstand in der Schmieranlage hin
7	Motor stillsetzen	
8	Drehzahlmesser ausbauen	Wenn in Schritt 5 eingebaut
9	Druckmesser ausbauen	
10	Öldruckschalter einschrauben	
11	Elektrische Leitung anschließen	Kontakt muß einwandfrei sein

Ölsumpffilter überprüfen/reinigen

Schritt	Ausführung	Anmerkung
1	Motorrad auf Mittelständer stellen	
2	Motoröl ablassen	Siehe Seite 274
3	Ölwanne abschrauben	
4	Ölsumpffilter ausbauen	Auf Einbaulage achten
5	Ölsumpffilter reinigen	
6	Ölsieb überprüfen	Ein gerissenes Ölsieb muß ausgetauscht werden
7	Ölwanne reinigen	
8	Ölsumpffilter einbauen	Öleinlaß nach vorne
9	Ölwanne anschrauben	Neue Ölwannendichtung verwenden
10	Motoröl einfüllen	Siehe Seite 274
11	Dichtprüfung der Ölwanne	

4.2.3 Kühlanlage

Werkstatt-Tip

- Undichtigkeiten eines Kühlers lassen sich vielfach durch flüssige Dichtmittel beseitigen. Sie sind der Kühlflüssigkeit beizugeben.
- Durch häufiges Nachfüllen von Kühlwasser wird die Verkalkung des Kühlsystems verkürzt und die Frostschutzgrenze reduziert.
- Kalkablagerungen in einem Kühler können durch ein flüssiges Entkalkungsmittel beseitigt werden, das in das Kühlsystem einzufüllen ist. Die Wirkung tritt bei warmen Motor ein. Anschließend ist die Kühlflüssigkeit abzulassen. Bei starker Verkalkung ist dieser Vorgang zu wiederholen. Nach dieser Prozedur ist das Kühlsystem mit Kühlflüssigkeit normaler Zusammensetzung aufzufüllen.
- Zur Vermeidung von Korrosion ist vor längerer Stillegung des Kraftfahrzeuges das Kühlsystem unter Beigabe von Frost- und Korrosionsschutz ganz zu füllen.
- Ist ein wassergekühlter Motor noch heiß, darf Kühlwasser nur langsam bei laufendem Motor nachgefüllt werden, um Materialspannungen – die zu einem Riß des Motorblocks führen können – zu vermeiden.

Kühlflüssigkeitsstand kontrollieren/korrigieren

Schritt	Ausführung	Anmerkung
1	Kühlmittelstand am Ausgleichbehälter kontrollieren *361 Ausgleichbehälter*	Sollwert bei kaltem Motor ≧ Min-Markierung, bei warmem Motor über Min, aber nicht über Max
2	Verschlußdeckel des Ausgleichbehälters öffnen	
3	Kühlflüssigkeit in den Ausgleichbehälter bis zur Max-Markierung auffüllen	Kühlmittel besteht aus destilliertem Wasser, Frost- und Korrosionsschutz. Der Wasseranteil beträgt 50 %
4	Motor kurzzeitig laufen lassen	Entlüftung des Kühlsystems
5	Loch im Ausgleichbehälter mit einer Nadel reinigen	Ist das Loch verstopft, kann während der Abkühlphase keine Kühlflüssigkeit vom Ausgleichbehälter in den Kühler nachfließen, da der atmosphärische Luftdruck nicht wirksam sein kann
6	Ausgleichbehälter schließen	

Kühlflüssigkeit austauschen

Schritt	Ausführung	Anmerkung
1	Kühlerverschluß entfernen	Vorsicht bei heißem Motor
2	Kühlwasserablaßschraube bzw. -ablaßhahn öffnen	Kann keine Ablaßschraube bzw. kein Ablaßhahn gefunden werden, untersten Kühlwasserschlauch am Kühler entfernen
3	Abwarten, bis Kühlanlage vollkommen leer	
4	Kühlwasserablaßschraube bzw. -ablaßhahn schließen	Eventuell abgenommenen Kühlwasserschlauch anschließen

Kühlflüssigkeit austauschen

Schritt	Ausführung	Anmerkung
5	Kühlsystem mit blankem Wasser füllen	Reinigung des Kühlsystems
6	Motor starten und nach etwa 2 Minuten abstellen	
7	Kühlwasser ablassen	
8	Schritt 4 bis 7 solange wiederholen, bis Spülwasser sauber bleibt	
9	Kühlsystem mit Kühlmedium bestehend aus Wasser, Frostschutz und Korrosionsschutz füllen	Am zweckmäßigsten vor Einfüllen mischen. Mischungsverhältnis gemäß Gebrauchsanweisung
10	Motor in Betrieb setzen und bei Bedarf nachfüllen	Kühlflüssigkeitsstand etwa 1 cm über Kühlrippen des Kühlers
11	Nach Erreichen der Betriebstemperatur Motor abstellen, wenn keine Luftblasen mehr im Kühlerstutzen austreten	

Kühlanlage auf Dichtheit überprüfen

Schritt	Ausführung	Anmerkung
1	Visuelle Kontrolle der Schläuche, Schlauchanschlüsse und des Kühlers. Bei Verwendung eines Prüfgerätes (es wird auf dem Verschluß angebracht) wird das Kühlsystem unter Druck gesetzt. Aufschluß über die Dichtigkeit gibt das Druckverhalten im Kühlsystem	Spuren von eingetrocknetem Frostschutzmittel weisen auf eine Leckstelle hin Schläuche müssen weich sein. Verhärtete oder brüchig gewordene Schläuche austauschen!
2	Motor starten und bis Erreichen der Betriebstemperatur fahren	Kühlsystem steht unter Druck
3	Motor abstellen und Kühlsystem auf Tropfenbildung überprüfen	Bildet sich eine Leckage unter dem Motor, nach Ursache suchen Auf Spritzer von getrocknetem Frostschutz achten
4	Verschluß des Kühlers bzw. Ausdehnungsgefäßes öffnen	Kühlerverschluß mit Lappen lockern, einige Sekunden warten, dann ganz öffnen
5	Motor starten	

Kühlanlage auf Dichtheit überprüfen

Schritt	Ausführung	Anmerkung
6	Überprüfen, ob Luftblasen aus dem Verschluß austreten	Austretende Luftblasen deuten auf eine defekte Zylinderkopfdichtung hin
7	Motor abstellen	
8	Bei Bedarf Kühlmittel nachfüllen und Verschluß schließen	Wenn erforderlich, Kühlanlage abdichten bzw. poröse Schläuche, defekte Kühlmittelpumpe oder Zylinderkopfdichtung ersetzen

Kühler überprüfen/reinigen

Schritt	Ausführung	Anmerkung
1	Fremdkörper aus den Lamellen entfernen	*362 Kühler*
2	Kühler mit Wasser und Druckluft reinigen	
3	Verbogene Lamellen geradebiegen	
4	Kühler austauschen, wenn eine Beschädigung vorliegt bzw. die Kühlfläche durch starke Verschmutzung reduziert ist	Siehe Seite 171

Schläuche des Kühlsystems überprüfen

Schritt	Ausführung	Anmerkung
1	Sichtprüfung der Kühlmittelschläuche	Poröse oder beschädigte Kühlmittelschläuche sind umgehend auszutauschen, da sie aufreißen können
2	Alle Verbindungen auf Dichtheit überprüfen	Die Verbindungen müssen fest sein. Das Kühlsystem darf keine Leckstellen aufweisen
3	Defekte Teile austauschen (siehe Kühlflüssigkeit austauschen Seite 277)	Nur Originalteile verwenden
4	Kühlanlage entlüften	Wenn Schläuche ausgetauscht wurden

Kraftstoffhahnsieb reinigen

Schritt	Ausführung	Anmerkung
1	Kraftstoffhahn schließen	
2	Überwurfmutter entfernen	
3	Schlauchanschluß abziehen	
4	Sieb abnehmen und in Kraftstoff reinigen	
5	Sieb einsetzen	Bei Bedarf neue Dichtung verwenden
6	Überwurfmutter anbringen	
7	Schlauch anschließen	
8	Kraftstoffhahn öffnen	
9	Dichtheitskontrolle	

Kraftstoffsieb reinigen

Schritt	Ausführung	Anmerkung
1	Filterglocke nach Lösen der Befestigungsschraube abnehmen *363 Filterglocke*	Kraftstoffbehälter-Entleerung und Kraftstoffhahn-Ausbau nicht erforderlich
2	Kraftstoffsieb entfernen und in Kraftstoff gründlich auswaschen	
3	Filterglocke reinigen	
4	Kraftstoffsieb einsetzen	
5	Filterglocke festschrauben	

Kraftstoffleitungen überprüfen

Die Kraftstoffleitungen zwischen Kraftstoffhahn und Vergaser bestehen aus synthetischem Gummi und sind mit Drahtklammern befestigt. Zu kontrollieren sind die Schlauchverbindungen und der Leitungszustand. Sind die Leitungen porös oder beschädigt, ist ein Austausch dringend notwendig. Es dürfen nur Originalteile verwendet werden. Natürlicher Gummi schwillt und löst sich auf.

4.2.5 Vergaseranlage

Werkstatt-Tip

- Damit eventuell angesammeltes Wasser und Schmutz aus dem Vergaser abfließen kann, sollte von Zeit zu Zeit bei geöffnetem Benzinhahn die unterste Schraube am Vergaser kurzzeitig geöffnet werden.

Schwimmerkammer reinigen

Schritt	Ausführung	Anmerkung
1	Kraftstoffhahn schließen	
2	Spannbügel des Schwimmerkammerdeckels abdrücken und Schwimmerkammer abnehmen	
3	Kraftstoff aus Schwimmerkammerdeckel ausschütten	
4	Schwimmerkammerdeckel reinigen	*364 Schwimmerkammerdeckel*
5	Schwimmerkammerdeckel exakt mit Vergaser verbinden	Neue Dichtung verwenden

Drosselklappenvergaser einstellen

Schritt	Ausführung	Anmerkung
1	Seilzüge der Startvorrichtung einstellen	Einstellvoraussetzungen
2	Motor warmlaufen lassen	
3	Gasdrehgriff vollkommen schließen	
4	Leerlaufgemisch-Regulierschraube durch Rechtsdrehung ganz einschrauben *365 Leerlaufgemisch-Regulierschraube*	Bei zwei oder mehr Vergasern sind diese Einstellungen an jedem Vergaser vorzunehmen

Drosselklappenvergaser einstellen

Schritt	Ausführung	Anmerkung
5	Leerlaufgemisch-Regulierschraube eine Umdrehung ausschrauben	Eine genaue Vergasereinstellung ist nur mittels Synchronnisiergerät möglich Siehe Seite 288
6	Drosselklappen-Anschlagschraube soweit einschrauben, bis Drosselklappenhebel dessen Anschlag berührt *366 Drosselklappen-Anschlagschraube*	
7	Drosselklappen-Anschlagschraube eine Umdrehung einschrauben	
8	Leerlaufgemisch-Regulierschraube soweit nach links bzw. rechts verdrehen, bis die maximale Leerlaufdrehzahl erreicht ist	Durch Rechtsdrehung wird das Gemisch ärmer, durch Linksdrehung fetter
9	Drosselklappen-Anschlagschraube etwas zurückdrehen und anschließend Leerlaufgemisch-Regulierschraube soweit nach rechts bzw. links drehen, bis der Motor mit der Leerlaufdrehzahl rund läuft	Siehe Betriebsanleitung Richtwert: 1000 1/min ± 100

Schiebervergaser reinigen

Schritt	Ausführung	Anmerkung
1	Vergaser ausbauen	
2	Deckelplatte abschrauben *367 Deckelplatte*	
3	Schwimmergehäusedeckel abschrauben *368 Schwimmergehäusedeckel*	Manchmal mit Bügel befestigt
4	Abschlußschraube herausschrauben	
5	Gasschieber mit Düsennadel herausnehmen *369 Gasschieber mit Düsennadel*	
6	Schwimmer herausnehmen	
7	Haupt-, Nadel- und Leerlaufdüse herausdrehen	

Schiebervergaser reinigen

Schritt	Ausführung	Anmerkung
8	Vergasergehäuse und sämtliche Einzelteile in Kraftstoff reinigen	Nach der Reinigung auf sauberen Untergrund legen
9	Düsenbohrungen mit Preßluft durchblasen	
10	Zusammenbau des Vergasers in umgekehrter Schrittfolge	Stellung der Einstellschrauben nicht verändern

Schiebervergaser einstellen

Schritt	Ausführung	Anmerkung
1	Einstellung der Startereinrichtung überprüfen bzw. berichtigen	Spiel des Seilzugs am Starterhebel für die Startereinrichtung etwa 2 mm. Zur Justierung dient eine Stellschraube
2	Motor auf Betriebstemperatur bringen. Startereinrichtung ausschalten und Gasdrehgriff schließen	
3	Gasschieber-Anschlagschraube durch Linksdrehung herausschrauben *370 Gasschieber-Anschlagschraube*	Motor läuft langsamer
4	Seilzug so einstellen, daß der Gasschieber vollkommen geschlossen ist	
5	Gasschieber-Anschlagschraube soweit hineindrehen, bis der Motor bei geschlossenem Gasdrehgriff mit erhöhter Leerlaufdrehzahl läuft	Rechtsdrehung ergibt höhere Leerlaufdrehzahl

Schiebervergaser einstellen

Schritt	Ausführung	Anmerkung
6	Leerlaufgemisch-Regulierschraube soweit hineindrehen, bis sich ein merkbarer Widerstand ergibt. Anschließend soweit zurückdrehen (etwa $^{1}/_{2}$ Umdrehung), bis Motor rund läuft. *371 Leerlaufgemisch-Regulierschraube*	Rechtsdrehung ergibt ein fetteres, Linksdrehung ein ärmeres Gemisch
7	Gasschieber-Anschlagschraube bis Erreichen der gewünschten Leerlaufdrehzahl herausschrauben	
8	Stellschraube des Gasseilzuges am Vergaser so einstellen, daß zwischen Vergaser und Gasdrehgriff ein Spiel von etwa 1 mm vorhanden ist.	Motordrehzahl siehe Betriebsanleitung Richtwert: 900 1/min

Luftfilter reinigen/austauschen

S	R	A	Ausführung	Anmerkung
1	●	●	Halteklammern des Gehäusedeckels mittels Schraubendreher abheben	*372 Luftfilter*
2	●	●	Gehäusedeckel abnehmen	
3	●	●	Luftfiltereinsatz entnehmen	
4	●		Luftfiltereinsatz ausklopfen anschließend mit Preßluft ausblasen	
5	●	●	Luftfiltergehäuse und Gehäusedeckel mit trockenem Lappen reinigen	
6	●	●	Luftfiltereinsatz so ins Luftfiltergehäuse legen, daß die Beschriftung in Fahrtrichtung hinten und die Pfeilmarkierung »TOP-OBEN« ist.	
7	●	●	Gehäusedeckel montieren	
S = Schrittfolge; R = Reinigung; A = Austausch				

Starterklappe prüfen/einstellen

S	P	E	Ausführung	Anmerkung
1	●	●	Kraftstofftank ausbauen	
2	●	●	Chokehebel am Lenker bis Anschlag nach oben drücken	Chokeventil sollte geöffnet sein
3	●		Chokehebel am Vergaser hin- und herbewegen	Es darf kein Spiel vorhanden sein
4		●	Choke-Seilzugklemme am Vergaser lockern und Seilzug soweit verschieben bis Chokehebel ganz geöffnet	
5		●	Choke-Seilzugklemme festziehen	
6	●	●	Chokehebel am Lenker bis Anschlag nach unten drücken	Chokeventil muß geschlossen sein
7		●	Spiel zwischen Chokehebel am Vergaser und Seilzug messen	Sollwert: Siehe Betriebsanleitung Bei Abweichung Schritt 4 bis 7 wiederholen
8	●	●	Chokeseilzug schmieren	Bei Bedarf
9	●	●	Kraftstofftank einbauen	
S = Schrittfolge; P = Prüfung; E = Einstellung				

Gasseilzüge prüfen/einstellen

S	P	E	Ausführung	Anmerkung
1	●		Gasdrehgriff in verschiedenen Lenkerstellungen ganz aufdrehen, anschließend loslassen	Der Gasdrehgriff muß nach Loslassen selbsttätig die Ruhestellung einnehmen
2	●		Spiel am Flansch des Gasdrehgriffs messen *373 Flansch eines Gasdrehgriffs*	Sollwert 2 bis 6 mm
3	●	●	Kraftstofftank ausbauen	
4		●	Kontermutter an einem Ende des Gasseilzugs lockern *374 Unterer Einsteller eines Gasseilzugs*	Kleinere Einstellung am oberen, größere am unteren Einsteller vornehmen
5		●	Einsteller verdrehen	
6		●	Kontermutter festziehen	
7		●	Schritt 1 und 2 wiederholen	Bei Abweichungen Schritt 4 bis 6 wiederholen
8	●		Gasseilzüge überprüfen	Geknickte oder beschädigte Gasseilzüge austauschen
9	●	●	Gasseilzüge schmieren	Gasseilzüge am oberen Ende lösen und mit einem Seilzugschmiermittel versehen
10	●	●	Kraftstofftank einbauen	

S = Schrittfolge; P = Prüfung; E = Einstellung

Vergaser synchronisieren

Schritt	Ausführung	Anmerkung
1	Vergasereinstellung überprüfen und bei Bedarf richtigstellen	
2	Kraftstoffbehälter 0,5 m höher lagern. Die dabei gelöste Verbindung zwischen Kraftstoffhahn und Vergaser ist durch einen Kraftstoffschlauch wieder herzustellen	Durch diese Maßnahme wird der Kraftstoffdruck erhöht
3	Den an jedem Vergaser vorhandenen Prüfanschluß über einen Schlauch mit je einem Vakuummesser verbinden *375 Prüfanschluß eines Vergasers*	Schlauchanschluß des Vakuummessers kann nach Entfernen der Verschlußschraube des Prüfanschlusses mit dem Vergaser verschraubt werden
4	Motor starten	
5	Nach Erreichen der Betriebstemperatur Einstellschraube jedes Vergasers so verstellen, bis sämtliche Vakuummesser den Sollwert anzeigen *376 Einstellschraube eines Vergasers*	Zulässige Abweichungen der Messungen $\leqq$ 3 cm Hg (Hg = Quecksilber)

Vergaser synchronisieren

Schritt	Ausführung	Anmerkung
6	Jede Leerlauf-Luftschraube so einstellen, daß der Motor bei maximalen Unterdruck noch rund läuft *377 Leerlauf-Luftschraube eines Vergasers*	Die Leerlauf-Luftschrauben sind jetzt vom geschlossenen Zustand etwa eine Umdrehung aufgedreht
7	Einstellschraube am Gasgestänge so einstellen, daß der Motor im Leerlauf rund läuft	Leerlaufdrehzahl 900 bis 1000 1/min
8	Motor abstellen	
9	Schläuche und Vakuummesser entfernen und Verschlußschrauben einsetzen	
10	Kraftstoffbehälter und Luftfilter einbauen	

Luftfiltereinsatz austauschen

Schritt	Ausführung	Anmerkung
1	Motorrad auf Mittelständer stellen	
2	Motorradverkleidung abschrauben	
3	Befestigung des Luftfilters lösen	
4	Ansaugschnorchel aus Luftfiltergehäuse ziehen	
5	Luftfiltereinsatz herausziehen	
6	Luftfiltergehäuse reinigen	*378 Luftfiltergehäuse*
7	Luftfiltereinsatz ins Luftfiltergehäuse geben	Beschriftung nach außen, Pfeilrichtung nach oben
8	Ansaugschnorchel mit Luftfiltergehäuse verbinden	
9	Luftfilter befestigen	
10	Motorradverkleidung anschrauben	

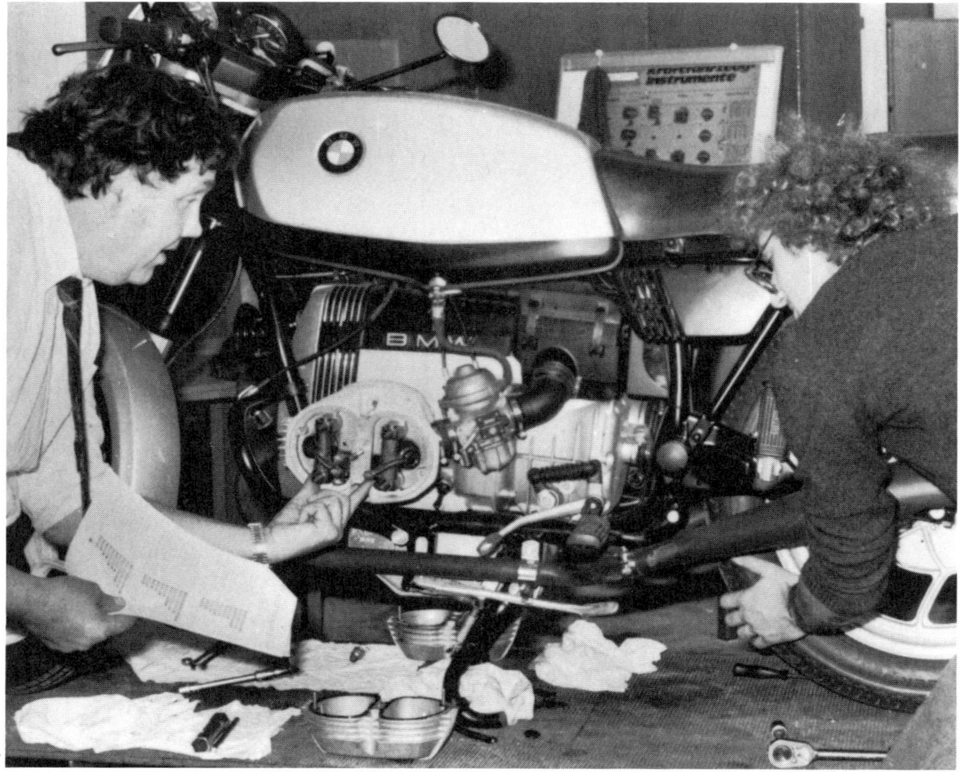

Motorleerlauf einstellen

Schritt	Ausführung	Anmerkung
1	Motorrad bis Erreichen der Betriebstemperatur fahren	
2	Zündung ausschalten	
3	Motorrad auf Mittelständer stellen	
4	Verschlußstopfen der Unterdruckanschlüsse abziehen 379 *Verschlußstopfen*	
5	Unterdruckschlauch vom Druckregler abziehen 380 *Druckregler*	381 *Kreislaufschema der LE-Jetronic*
6	Synchrontester über Adapter mit den Unterdruckanschlüssen der Zylinder 1, 2 und 3 verbinden	
7	Adapter mit Unterdruckanschluß des Zylinders 4 verbinden	
8	Den in Schritt 5 vom Druckregler abgezogenen Schlauch auf den Winkelnippel des mit Zylinder 4 verbundenen Adapters verbinden	
9	Motor starten	
10	Umluftschrauben so verdrehen, bis der Synchrontester für jeden Zylinder den gleichen Wert anzeigt	382 *Umluftschrauben*

Motorleerlauf einstellen

Schritt	Ausführung	Anmerkung
11	Leerlauf-Einstellschraube so verdrehen, bis die Leerlaufdrehzahl erreicht ist *383 Leerlauf-Einstellschraube*	Sollwert: Siehe Betriebsanleitung Richtwert: 950 ± 50 1/min Ist bei geringer Gasgriffdrehung kein Knacken im Leerlaufschalter zu hören, müssen die Umluftschrauben anders eingestellt werden
12	Motor abstellen	
13	Synchrontester und Adapter ausbauen	
14	Den in Schritt 5 vom Druckregler abgezogenen Schlauch mit Druckregler verbinden	
15	Unterdruckanschlüsse mit Verschlußstopfen verschließen	

Kraftstoffilter austauschen

Schritt	Ausführung	Anmerkung
1	Motorrad auf Mittelständer stellen	
2	Tankverschluß öffnen	Kraftstoffilter im Tank eingebaut (typspezifisch)
3	Kraftstoffeinfüllstutzen ausbauen	
4	Schlauchbinder lösen	
5	Druckleitung mit Kraftstoffilter aus Einfüllstutzen ziehen	
6	Kraftstoffilter von Druckleitung trennen	
7	Einbau des neuen Kraftstoffilters in umgekehrter Schrittfolge	

Startdrehzahl einstellen

Schritt	Ausführung	Anmerkung
1	Motorrad auf Mittelständer stellen	
2	Kontermutter der Einstellschraube lösen	384 Konter- und Einstellschraube
3	Kaltstartbetätigung in Stufe 1 drücken	
4	Einstellschraube so verdrehen, bis sie sich um 1 mm angehoben hat	
5	Kaltstartbetätigung in Stufe 2 drücken	
6	Abstand der Einstellschraube messen	Die Einstellschraube muß sich auf 2,5 mm angehoben haben
7	Kontermutter der Einstellschraube festziehen	

4.2.7 Zündanlage

Werkstatt-Tip

- Die Einstellung einer kontaktlosen elektronischen Zündanlage ist bei bestimmter Kurbelwellenstellung vorzunehmen. Der Geber muß in kleinem Abstand zum Leitstück, das sich auf der Kurbel- oder Nockenwelle befindet, angeordnet sein. Die Grundeinstellung ist bei stehendem Motor, die Feineinstellung mittels Stroboskop im Leerlauf durchzuführen. Eine Korrektur ist durch Verdrehen der Grundplatte möglich.
- Unterbrecher mit verschmorten Kontakten sind auszutauschen. Die Bearbeitung der Kontaktflächen mit einer Kontaktfeile bringt nur eine kurzzeitige Verbesserung, da der Abbrand bestehen bleibt.
- Unterbrecherkontakte müssen frei von Öl oder Fett sein, da sonst keine einwandfreie Kontaktgabe bzw. Unterbrechung gewährleistet ist.
  Die Kontaktflächen müssen sich genau gegenüberliegen, da sonst die Lebensdauer verkürzt wird.
- Das Isolierstoffklötzchen am Unterbrecherhammer ist ein Verschleißteil, durch dessen Abnützung sich der Kontaktabstand verringert und die Zündeinstellung verändert.
- Ein Lockern der Befestigungsschraube des Unterbrechers bewirkt eine Veränderung des Kontaktabstandes und Ausfall der Zündung.
- Sitzt eine Zündkerze zu fest, dann Kriechöl auf den Sitz der Zündkerze sprühen und vor dem Herausschrauben 10 Minuten einwirken lassen.
- Zur Reinigung der Zündkerzen-Elektroden sollte eine Stahlbürste verwendet werden.
- Verkokte Zündkerzen sind in einem Sandstrahlgebläse zu reinigen.
- Überhitzte Zündkerzen (Tränen an den Elektroden) sind durch neue zu ersetzen. Eine Fehlersuche (Spätzündung, Benzin mit zu geringer Ölbeimischung, Schwimmernadel zu tief eingehängt, Überbeanspruchung der Maschine) und Fehlerbehebung ist durchzuführen.

Zündanlage überprüfen

Schritt	Ausführung	Anmerkung
1	Zustandsprüfung der Zündkerzenstecker	Er darf nicht verschmutzt, verkohlt und nicht beschädigt sein
2	Zündkerzen überprüfen	Siehe unten
3	Sämtliche Zündkabel auf feste Verbindungen überprüfen	Die Kabel dürfen weder gebrochen noch durchgescheuert sein
4	Kabelanschlüsse an: Zündbox, Zündspule, Vorwiderstand und Impulsgeber überprüfen	386 *Blockschaltplan einer Zündanlage*
5	Fliehkraftregler auf Gängigkeit testen und bei Bedarf etwas schmieren 385 *Fliehkraftregler*	

Zündkerze prüfen/austauschen

S	P	A	Ausführung	Anmerkung
1	●	●	Zündung ausschalten	
2	●	●	Zündkerzenkabel abziehen 387 *Zündkerzenkabel mit Zündkerzenstecker*	
3	●	●	Zündkerze herausschrauben	
S = Schrittfolge; P = Prüfung; A = Austausch				

Zündkerze prüfen/austauschen

S	P	A	Ausführung	Anmerkung
4	●		Zündkerze begutachten Rußablagerung: Gemisch zu fett, Wärmewert falsch Weiße Ablagerung: Gemisch zu mager Elektroden abgebrannt: Frühzündung, Wärmewert falsch	Zündkerze, Wärmewert, Vergasereinstellung und Benzineinspritzung in Ordnung, wenn der Isolator der Kerze hellbraun ist oder pulvrige Niederschläge in hellgelber bis grauweißer Farbe aufweist. Stahlkörper der Kerze trägt einen leichten mattschwarzen, trockenen oder hellgelblichen bis grauweißen Niederschlag
5	●		Elektrodenabstand mittels Fühlerlehre überprüfen Wenn nötig berichtigen	Sollwert 0,7 bis 0,8 mm Kleinmotoren 0,5 mm
6	●		Zündkerzenstecker auf herausgeschraubte Zündkerze stecken und Zündkerze auf Motorblock legen *388 Anordnung der Zündkerzenprüfung*	Zündkerzengehäuse muß mit Masse verbunden sein. Während der Prüfung nicht mit der Hand, sondern mit einer Isolierzange halten. Zündspannung und Zündenergie können lebensgefährliche Werte erreichen.
7	●		Motorstart (von Helfer), umgehend wieder stillsetzen	Erscheinen in gleichmäßigen Abständen zwischen den Elektroden starke Funken, sind die Zündkerze und die übrigen gemeinsamen Teile der Zündanlage in Ordnung
8	●		Zündkerzenstecker abziehen	
9	●	●	Zündkerzen (auf Kerzentyp und Gewindelänge achten) von Hand einschrauben, Zündkerzenschlüssel ansetzen und leicht festziehen (ca. $^{1}/_{8}$ einer Umdrehung)	Nur bei kaltem Motor. Gewinde nicht ölen, evtl. mit Graphit bestreichen Zündkerzengewinde – Anzugs-Drehmoment 10 mm – 1,5 kpm 12 mm – 3,0 kpm 14 mm – 4,0 kpm 18 mm – 5,0 kpm
10	●	●	Zündkerzenstecker auf Zündkerze stecken	
S = Schrittfolge; P = Prüfung; A = Austausch				

Zündzeitpunkt einer unterbrechergesteuerten Batteriezündung prüfen/einstellen

S	HK	KE	Ausführung	Anmerkung
1	●	●	Batterie abklemmen	Zuerst Massekabel
2	●	●	Zündkerze(n) herausschrauben	Durchdrehen des Motors möglich
3	●	●	Abdeckung der Zündeinrichtung entfernen	Zugang zum Unterbrecher
4	●	●	Motor soweit durchdrehen, bis Unterbrecherhammer abhebt	Sind die Kontakte verschmort, Unterbrecher erneuern
5			Kontaktabstand mittels Fühlerlehre prüfen *389 Prüfung des Kontaktabstandes*	Sollwert 0,35 bis 0,4 mm
6	●	●	Unterbrecher-Kontaktabstand auf Sollwert einstellen. Hierzu Befestigungsschraube des Unterbrecherambosses lockern, entsprechend verdrehen und festziehen	Unterbrecheramboß = feststehendes Teil des Unterbrechers
7	●	●	Unterbrecherabstand kontrollieren	Weicht der Istwert vom Sollwert ab, erneut einstellen
8	●	●	Prüflampe anschließen *390 Prüfschaltung zur Kontrolle des Zündzeitpunktes mittels Prüflampe: A Herkömmliche Kontaktsteuerung B Kontaktgesteuerte Elektronik*	Eine Klemme der Prüflampe mit Kondensator, die andere Klemme mit Masse verbinden
9	●		Batterie anklemmen	Zuerst Pluskabel

S = Schrittfolge; HK = Herkömmliche Kontaktsteuerung; KE = Kontaktgesteuerte Elektronik

Zündzeitpunkt einer unterbrechergesteuerten Batteriezündung prüfen/einstellen

S	HK	KE	Ausführung	Anmerkung
10	●		Zündung einschalten	
11	●	●	Motor soweit durchdrehen, bis sich Markierung am Motor mit der am Schwungrad deckt	Kolbenstellung zum Zündzeitpunkt
12	●	●	Einstellen des Zündzeitpunktes durch Lockern und Verdrehen nach rechts bzw. links der Unterbrechergrundplatte	Prüflampe muß aufleuchten, da der Unterbrecher öffnet. Leuchtet die Lampe zuvor, besteht Frühzündung, leuchtet sie zu spät, liegt Spätzündung vor. Bei elektronischen Zündanlagen erlischt die Prüflampe
13	●		Zündung ausschalten	
14	●	●	Prüflampe abklemmen	
15	●	●	Abdeckung der Zündeinrichtung anbringen	
16	●	●	Zündkerze(n) einschrauben	
17		●	Batterie anklemmen	Zuerst Pluskabel

S = Schrittfolge; HK = Herkömmliche Kontaktsteuerung; KE = Kontaktgesteuerte Elektronik

Zündzeitpunkt einer Magnetzündung prüfen/einstellen

Schritt	Ausführung	Anmerkung
1	Magnetschwungrad soweit verdrehen, bis Markierungen für oberen Totpunkt übereinstimmen.	Markierungen siehe Betriebsanleitung
2	Kontaktabstand des Unterbrechers mit einer Fühlerlehre prüfen und bei Bedarf auf Sollwert einstellen	Sollwert siehe Betriebsanleitung (0,35 bis 0,4 mm)
3	Magnetschwungrad soweit verdrehen bis sich Zündmoment-Markierung am Schwungrad und Gehäuse decken.	Markierungen siehe Betriebsanleitung
4	Magnetschwungrad soweit nach rechts drehen, bis sich der Unterbrecher öffnet.	Bei richtiger Einstellung öffnet sich der Kontakt mit Beginn der Drehung.
5	Zündzeitpunkt durch Verdrehen der Ankerplatte korrigieren. Durch eine Verdrehung des Magnetschwungrades nach links wird der Zündzeitpunkt vorverlegt. Durch eine Verdrehung nach rechts erfolgt die Zündung später.	Nur erforderlich bei falscher Zündzeitpunkteinstellung
6	Ankerplatte festschrauben	

Unterbrecherkontakt austauschen/einstellen

S	A	E	Ausführung	Anmerkung
1	●	●	Abdeckung entfernen 391 *Abdeckung der Unterbrecher*	
2	●		Entfernen der Sicherungen die die beweglichen Kontakte auf den Wellen halten	
3	●		Kabel an den Unterbrecherfedern lösen	Auf Reihenfolge der Isolationsscheiben achten
4	●		Bewegliche Unterbrecherkontakte entfernen	
5	●		Feststehende Unterbrecherkontakte, nach Lösen der Verbindung mit der Grundplatte, entfernen 392 *Feststehender Kontakt*	
6	●		Neue Unterbrecher in umgekehrter Reihenfolge einbauen	Auf richtige Reihenfolge der Isolationsscheiben achten
7		●	Motor mittels Kickstarter soweit durchdrehen, bis ein Kontakt ganz geöffnet ist	Prüfstellung
8		●	Befestigungsschraube des feststehenden Kontakts lockern. Dann feststehenden Kontakt soweit nach links oder rechts drehen, bis der Abstand zum beweglichen Kontakt 0,35 bis 0,4 mm beträgt. Anschließend Befestigungsschraube anziehen.	Der Kontaktabstand ist mit einer Fühlerlehre zu messen. Diese muß sich zwischen den Kontakten bei maximaler Öffnung leicht bewegen lassen, also nicht klemmen oder wackeln.
S = Schrittfolge; A = Austausch; E = Einstellung				

Unterbrecherkontakt austauschen/einstellen

S	A	E	Ausführung	Anmerkung
9		●	Messen des Kontaktabstandes. Bei Abweichung vom Sollwert erneute Einstellung durchführen.	
10		●	Einstellung weiterer Kontakte gemäß Schritt 7 bis 9	Sofern vorhanden
11	●	●	Zündzeitpunkt einstellen	Siehe Seite 296
12	●		Unterbrechernocken mit Fett bestreichen	
13	●	●	Abdeckung festschrauben	
S = Schrittfolge; A = Austausch; E = Einstellung				

4.2.8 Kraftübertragung

Werkstatt-Tip

- Eine Kette kann auf Verschleiß geprüft werden, indem man versucht, ein Kettenglied über einem Kettenrad anzuheben. Gelingt dieser Test, ist die Kette verbraucht.
- Kettenräder sind bei Erreichen einer spitzen Zahnform auszuwechseln, da sie in diesem Zustand die Lebensdauer einer Kette beträchtlich verringern.
- Der Kettendurchhang kann geprüft werden, indem man mit dem Daumen auf das Kettenstück zwischen den Kettenrädern drückt. Bei mehr als 1 bis 2 cm schwingt die Kette und muß nachgespannt werden, bei kleiner als 1 cm ächzt sie und muß gelockert werden.
- Das Radialspiel im Kreuzgelenk einer Gelenkwelle ist prüfbar, indem Gelenkwelle und Flansch verdreht werden. Das Axialspiel einer Gelenkwelle ist bei festgehaltenem Flansch durch stoßartiges Verschieben der Gelenkwelle in Achsrichtung prüfbar.
  Ist ein Radial- oder Axialspiel vorhanden, muß die Gelenkwelle ausgetauscht werden.

Getriebeöl wechseln

Schritt	Ausführung	Anmerkung
1	Motor auf Betriebstemperatur bringen	Öl muß dünnflüssig sein
2	Gefäß zur Aufnahme des Getriebeöls unter die Ölablaßschraube stellen	
3	Ölablaßschraube herausschrauben	Unterseite des Getriebes
4	Öleinfüllschraube herausschrauben	
5	Kraftrad so bewegen, daß das gesamte Öl ablaufen kann	
6	Ölablaßschraube fest einschrauben	
7	Getriebeöl der vorgeschriebenen Sorte und Menge in Öleinfüllöffnung geben	Maximaler Ölstand = unterer Gewindegang der Einfüllöffnung. Ölsorte siehe Betriebsanleitung
8	Öleinfüllschraube einschrauben	

Getriebeölstand kontrollieren

Schritt	Ausführung	Anmerkung
1	Öleinfüllschraube herausschrauben	
2	Visuelle Kontrolle des Getriebeölstandes	Ölstand muß $\leqq$ Max und $>$ Min sein
3	Bei Bedarf soviel Getriebeöl der vorgeschriebenen Sorte nachfüllen, bis Ölstand im Sollbereich	Maximaler Ölstand = unterer Gewindegang der Einfüllöffnung
4	Öleinfüllschraube einschrauben	

Öl im Hinterrad-Endantrieb kontrollieren/austauschen

S	K	A	Ausführung	Anmerkung
1	●	●	Motorrad auf Mittelständer stellen	
2	●	●	Verschlußdeckel abnehmen *393 Verschlußdeckel eines Hinterrad-Endantriebs*	
3	●		Ölstand kontrollieren	Das Hinterrad-Endantriebsgehäuse muß bis zum unteren Rand des Einfülldeckellochs gefüllt sein
4	●		Öl nachfüllen	Bei abgesunkenem Ölstand
5	●		Hinterrad-Endantrieb auf undichte Stellen überprüfen	
6		●	Ölauffangbehälter unter Ablaßschraube anordnen *394 Ablaßschraube eines Hinterrad-Endantriebs*	
S = Schrittfolge; K = Kontrolle; A = Austausch				

Öl im Hinterrad-Endantrieb kontrollieren/austauschen

S	K	A	Ausführung	Anmerkung
7		●	Ablaßschraube entfernen	
8		●	Ablaßschraube einschrauben und fest anziehen	Wenn Hinterrad-Endantriebsgehäuse leer
9		●	Ölauffangbehälter entfernen	Öl zur Sammelstelle bringen
10		●	Hinterrad-Endantriebsgehäuse mit vorgeschriebener Ölsorte füllen	Gegebenenfalls zuvor Leckstellen beseitigen
11	●	●	Hinterrad-Endantriebsgehäuse mit Verschlußdeckel verschließen	
S = Schrittfolge; K = Kontrolle; A = Austausch				

Lamellenkupplung nachstellen

Schritt	Ausführung	Anmerkung
1	Sicherungsschraube etwa $^1/_2$ Umdrehung nach links drehen	
2	Kupplungseinstellschraube zurückdrehen	
3	Seilzugschraube am Lenker entkontern und ganz hineindrehen	Kupplungshebel muß auf Anschlag liegen. Wenn Zugseil nicht zu kurz
4	Seilzugschraube am Lenker soweit herausschrauben, bis nach Ziehen des Kupplungshebels sich ab etwa 1 mm der Kupplungshebel am Gehäuse abzuheben beginnt	
5	Seilzugschraube am Lenker kontern	
6	Kupplungseinstellschraube soweit nach rechts drehen, bis sich Schwergängigkeit einstellt	
7	Kupplungseinstellschraube etwa $^1/_3$ Umdrehungen nach links drehen	Spiel zwischen Kupplungshebel und Anschlag am Gehäuse etwa 2 bis 3 mm
8	Verschlußschrauben mit Dichtringe einsetzen	

Trockenkupplung nachstellen

Schritt	Ausführung	Anmerkung
1	Prüfen des Kupplungsspiels am Kupplungsausrückhebel mittels Fühlerlehre	Sollwert etwa 2 mm
2	Prüfen, ob der Kupplungsausrückhebel bei halb gezogenem Kupplungshandhebel parallel zum Getriebegehäusedeckel steht	Bei Abweichungen ist eine erhöhte Betätigungskraft erforderlich
3	Gekonterte Stellschraube am Kupplungsausrückhebel so verstellen, bis Ausrückhebel bei halbgezogenem Kupplungshandhebel parallel zum Getriebegehäusedeckel steht	Nur durchführen, wenn Prüfung gemäß Schritt 2 negativ
4	Kupplungsspiel am Kupplungsausrückhebel durch Verdrehen der Rändelmutter am Kupplungshandhebel berichtigen. Durch Rechtsdrehen wird das Kupplungsspiel vergrößert, durch Linksdrehen verkleinert	Nur erforderlich, wenn Kupplungsspiel falsch
5	Gekonterte Stellschraube am Kupplungsausrückhebel so verstellen, bis Kupplungsspiel richtig. Durch Rechtsdrehen wird das Kupplungsspiel verkleinert, durch Linksdrehen vergrößert	Nur durchführen, wenn Einstellvorgang gemäß Schritt 4 unzureichend

Antriebskette ölen

Schritt	Ausführung	Anmerkung
1	Motorrad auf Mittelständer stellen	
2	Kette mit Petroleum abwaschen	Erforderlich bei stärkerer Verschmutzung
3	Kette mit Lappen abtrocknen	
4	Hinterrad drehen, gleichzeitig mittels Ölkanne zwischen den Laschen und Rollen der Kette ölen	Empfehlenswert ist ein Kettenschmiermittel
5	Überschüssiges Öl mit Lappen abwischen	

Antriebskette nachspannen

Schritt	Ausführung	Anmerkung
1	Motorrad auf Mittelständer stellen	
2	Hinterrad durchdrehen, dabei kleinsten und größten Durchhang messen	Richtwert: 30 bis 35 mm
3	Antriebskette mittels Kettenspanner nachspannen *395 Kettenspanner*	Kann die vorgeschriebene Kettenspannung nicht mehr erzielt werden, ist die Kette auszutauschen
4	Lage des Hinterrads kontrollieren	Das Hinterrad muß sich genau in der Längsachse befinden
5	Kontermutter der Kettenspannschrauben festziehen	Bei einwandfreier Lage des Hinterrads

Kupplungsflüssigkeit kontrollieren/nachfüllen

Schritt	Ausführung	Anmerkung
1	Lenker in horizontale Lage stellen	
2	Flüssigkeitsstand kontrollieren *396 Behälter der Kupplungsflüssigkeit*	Der Behälter muß bis zur Max-Markierung gefüllt sein. Fehlt Flüssigkeit, ist das Hydrauliksystem auf Dichtheit zu überprüfen. Undichte Stellen sind abzudichten.
3	Deckel des Behälters abnehmen	Kupplungshebel nicht mehr betätigen, ansonsten spritzt Flüssigkeit aus dem Behälter
4	Kupplungsflüssigkeit bis zur Max-Markierung nachfüllen	Nur vorgeschriebene Bremsflüssigkeit verwenden. Verschiedene Marken dürfen nicht gemischt werden.
5	Behälter verschließen	

4.2.9 Fahrwerk

Werkstatt-Tip

- Teleskopgabeln müssen während der kalten Jahreszeit mit dünnflüssigem, und in der warmen Jahreszeit mit dickflüssigem Öl gefüllt sein.
- Zum Abschmieren aller Schmierstellen mit Schmiernippel ist eine Abschmierpresse zu verwenden.
- Schmierintervalle mit Fett abgeschmierter Schmierstellen sind länger als bei Verwendung von Öl. Sie verlängern sich weiter bei Verwendung von Graphit- oder Molybdänzusätzen.
- Ob die Felge eines Rades einwandfrei läuft, läßt sich bei freilaufendem Rad prüfen, indem man das Rad dreht und einen weichen Gegenstand von Hand der Felge allmählich nähert. Ein »eierndes« Rad ist mit dem Speichen-Nippelschlüssel zu berichtigen.
- Reifenwechsel, insbesondere bei schweren Maschinen, ist schwierig, deshalb Werkstattsache.

Radfederung überprüfen

S	V	H	Ausführung	Anmerkung
1	●		Vorderradgabel in kurzer Folge stark belasten	Die Federwirkung muß gut sein
2	●	●	Motorrad auf Mittelständer stellen	
3	●	●	Luftventilkappe entfernen *397 Luftventilkappe*	
4	●	●	Luftdruck messen	Richtwert: 0,7 kg/cm^2
5	●		Luftventilkappen montieren	
6		●	Hinterrad ruckartig zur Seite drücken und auf Lagerspiel achten	Ist ein Spiel feststellbar, muß das Schwingenlager ausgetauscht werden
7	●	●	Gabel bzw. Stoßdämpfer auf Leckstellen und Beschädigungen überprüfen	Beschädigte Teile sind auszutauschen
8	●	●	Alle Muttern und Schrauben nachziehen	
S = Schrittfolge; V = Vorderradfederung; H = Hinterradfederung				

Zustandsprüfung der Räder

S	G	R	Ausführung	Anmerkung
1	●		Radlagerspiel überprüfen	Siehe Seite 306 Es darf kein Spiel vorhanden sein
2	●		Messen des Höhenschlags am Felgenhorn	Maximal 0,8 mm
3	●		Messen des Seitenschlags am Felgenhorn	Maximal 0,5 mm
4	●		Visuelle Kontrolle des Laufrades	Es dürfen weder Risse noch Bruchstellen sichtbar sein Besonders auf die Verbindungen Felge/Speichen achten Beschädigte Räder sind zu ersetzen
5		●	Lauffläche der Reifen überprüfen	Auf Risse und Fremdkörper untersuchen. Reifen mit Aufblähungen sind umgehend auszutauschen
6		●	Profiltiefe mit Schieblehre messen	Sollwert $\geqq$ 3 mm
7		●	Luftdruck messen	Siehe Seite 305
S = Schrittfolge; G = Gußrad; R = Reifen				

Reifenluftdruck prüfen/korrigieren

Schritt	Ausführung	Anmerkung
1	Schutzkappe des Reifenventils abschrauben Luftdruckgerät auf Reifenventil drücken	
2	Reifendruck ablesen. Bei Bedarf Reifenluftdruck erhöhen (Plustaste) bzw. reduzieren (Minustaste)	Nur bei kaltem Reifen, da der Reifenluftdruck bereits nach einigen Fahrkilometern um etwa 0,3 bar Überdruck ansteigen kann Sollwerte siehe Betriebsanleitung
3	Luftdruckgerät vom Reifenventil abziehen	
4	Schutzkappe auf Reifenventil schrauben	

Radspeichen überprüfen/nachspannen

Schritt	Ausführung	Anmerkung
1	Laufradspeichen auf richtige Spannung durch Gegenschlagen mittels Schraubenzieher überprüfen	Die richtige Speichenspannung ist an der Tonhöhe zu erkennen.
2	Rad, Reifen, Schlauch und Felgenband abnehmen	Erforderlich beim Nachziehen der Speichen, um eine Beschädigung des Schlauches zu vermeiden bzw. eine mögliche Unfallursache zu beseitigen
3	Richtige Speichenspannung mit Speichenschlüssel einstellen	
4	Laufrad zentrieren und auswuchten	Bei Seiten- bzw. Höhenschlag der Felge
5	Radmontage	

Radlagerspiel prüfen

Schritt	Ausführung	Anmerkung
1	Motorrad auf Mittelständer stellen	
2	Motorrad so unterbauen, daß sich das Rad frei dreht	Gegen kippen absichern
3	Rad oben und unten mit den Händen anfassen und stoßartig hin- und herbewegen	Es darf kein Spiel vorhanden sein. Bei negativem Ergebnis sind die Radlager auszutauschen
4	Unterbau beseitigen	Vorsicht! Motorrad kann kippen

Lenkschloß ölen

Schritt	Ausführung	Anmerkung
1	Abdeckplatte mit Schraubendreher abhebeln	
2	Schlüssel ins Lenkschloß stecken	
3	Schlüssel nach links (entgegen dem Uhrzeigersinn) bis Anschlag drehen und Schließzylinder herausziehen	
4	Schließzylinder des Lenkschlosses ölen	Nicht das Schlüsselloch
5	Schließzylinder einsetzen	

Öl einer Vorderradgabel wechseln

Schritt	Ausführung	Anmerkung
1	Motorrad so aufstellen, daß Teleskopgabel ganz ausfedert	
2	Gummikappen von Bodenverschraubungen der Gleitrohre abnehmen	
3	Bodenverschraubungen durch Entfernen der Muttern lösen	An Dämpferrohrenden
4	Verschlußkappen der Gabelrohre entfernen	Zum Belüften der Gabelrohre
5	Ölauffanggefäß unter die Gleitrohre stellen	
6	Gleitrohre nach unten ziehen und Öl ablaufen lassen	
7	Bodenverschraubungen verschließen	
8	Neues Öl der vorgeschriebenen Sorte und Menge einfüllen	Siehe Betriebsanleitung
9	Verschlußkappen anbringen	
10	Ölgefäß entfernen und zum Transport in einen Kanister füllen	Altöl an einer Sammelstelle (Tankstelle) abliefern

Lenkkopflagerspiel prüfen/nachstellen

S	P	N	T	Ausführung	Anmerkung
1	●	●		Motorrad aufbocken	Vorderrad muß sich frei drehen lassen
2	●			Gabelholme an den Enden erfassen und gleichzeitig in Fahrtrichtung schlagartig ziehen und drücken	Es darf kein Spiel spürbar sein. Gegebenenfalls Lenkkopflager nachstellen
3		●		Griff des Lenkungsdämpfers und die Prellplatte ausbauen	
4		●	●	Dichtmanschetten der Gabel nach unten schieben	
5		●	●	Kraftstofftank ausbauen	Zweckmäßig wenn wenig Platz
6		●		Lenkkopfmutter lösen	Zentriermutter
7		●		Lenkkopflager durch Hammerschlag auf die Lenkkopfmutter entspannen	Weiche Auflage verwenden
8		●		Halteschrauben des Lenkers lösen	Dadurch Zugriff zur Einstellmutter verbessert
S = Schrittfolge; P = Prüfung; N = Nachstellung; T = Typspezifisch					

Lenkkopflagerspiel prüfen/nachstellen

S	P	N	T	Ausführung	Anmerkung
9		●		Lenkkopflager-Einstellmutter nachziehen 398 *Einstellmutter eines Lenkkopflagers*	Das Lenkkopflager ist richtig eingestellt, wenn sich der Lenker ohne äußere Einwirkung langsam bis zum Anschlag bewegt. Ein zu fest vorgespanntes Lenkkopflager erhöht den Verschleiß
10		●		Lenkkopfmutter festziehen dabei Einstellmutter festhalten	Anzugsmoment etwa 120 Nm
11		●		Lenkungsspiel überprüfen	Wenn nötig korrigieren
12		●		Schritt 3 bis 5 in umgekehrter Schrittfolge ausführen	
S = Schrittfolge; P = Prüfung; N = Nachstellung; T = Typspezifisch					

Öl einer Schwinge wechseln

Schritt	Ausführung	Anmerkung
1	Motorrad bis Erreichen der Betriebstemperatur fahren	Öl wird dünnflüssig
2	Motorrad auf Mittelständer stellen	399 *Ölablaßschraube*
3	Ölnachfüllschraube herausschrauben	
4	Wanne unter Ölablaßschraube stellen	
5	Ölablaßschraube herausschrauben	
6	Nach vollkommener Entleerung Ölablaßschraube einschrauben und festziehen	
7	Öl mit Hilfe eines Trichters einfüllen	Nur vorgeschriebenes Öl verwenden
8	Meßstab in die Einfüllöffnung stecken, herausziehen und Ölstand ablesen	Der Sollwert ist erreicht, wenn der Meßstab 2 mm mit Öl bedeckt ist. Wird mehr Öl eingefüllt, entsteht in der Schwinge ein erhöhter Druck, der zu einem Schaden führen kann
9	Schritt 7 und 8 wiederholen wenn Sollwert noch nicht erreicht	
10	Ölnachfüllschraube einschrauben	

Hinterrad-Schwingenlagerspiel prüfen/nachstellen

Schritt	Ausführung	Anmerkung
1	Ruckartiges Hin- und Herziehen des Schwingenarmes *400 Hinterrad-Schwingenlager und Schwingenarm*	Bei vorhandenem Lagerspiel ist eine Einstellung gemäß Schritt 3 bis 5 durchzuführen
2	Schutzkappe abnehmen	
3	Gegenmutter lockern	
4	Lagerbolzen vorspannen, wieder lösen und festziehen *401 Lagerbolzenmutter*	Sollwerte für Anzugs- und Festziehdrehmomente siehe Betriebsanleitung Richtwert für Vorspanndrehmoment 20 Nm (≈ 2 mkp) Richtwert für Festziehdrehmoment 100 Nm (≈ 10 mkp)
5	Gegenmutter festziehen	
6	Lager mittels Fettpresse abschmieren	
7	Schutzkappe anbringen	

4.2.10 Bremsanlage

Werkstatt-Tip

- Läßt sich der Bremshebel bedeutend weiter als normal bewegen, muß mit Bremsflüssigkeitsverlust gerechnet werden.
- Einem Versagen der Bremsen nach dem Waschen ist vorzubeugen, indem im 1. Gang bei betätigten Bremsen solange gefahren wird, bis sich die Bremswirkung wieder einstellt, das heißt, bis die Feuchtigkeit durch die heiß werdenden Bremsen verdampft ist.
- Verölte Bremsbeläge bzw. Bremsscheiben mit stärkeren Schleifreifen sind auszutauschen.

Bremsflüssigkeitsstand kontrollieren/nachfüllen

Schritt	Ausführung	Anmerkung
1	Visuelle Kontrolle des Flüssigkeitsstandes im Bremsflüssigkeitsbehälter *402 Bremsflüssigkeitsbehälter an einem Lenker*	Der Flüssigkeitsstand sollte bis zur Max-Markierung reichen. Die Min-Markierung darf nicht unterschritten werden, damit sichergestellt ist, daß keine Luft in das Bremssystem gelangt.
2	Nachfüllen von Original-Bremsflüssigkeit. Hierzu Schraubverschluß öffnen, wenn sich der Bremsflüssigkeitsbehälter in horizontaler Lage befindet.	Dringend notwendig, wenn der Flüssigkeitsspiegel unter der Min-Markierung liegt. Da in diesem Fall die Sicherheit in hohem Maße gefährdet ist, muß die Fehlerursache unverzüglich festgestellt und beseitigt werden. Bei abgenommenem Schraubverschluß Bremshebel nicht betätigen, da sonst Bremsflüssigkeit herausspritzt.

Bremspedalhöhe prüfen/einstellen

Schritt	Ausführung	Anmerkung
1	Motorrad auf Mittelständer stellen	*403 Anschlagschraube*
2	Kontermutter der Anschlagschraube lockern	
3	Bremspedalhöhe (Lage des Bremspedals 7 mm unter der Fußrasteroberkante) durch Verdrehen der Anschlagschraube einstellen	
4	Anschlagschraube kontern	

Bremsleitungen prüfen/austauschen

Schritt	Ausführung	Anmerkung
1	Sichtprüfung der Bremsschläuche	Poröse oder beschädigte Bremsschläuche sind umgehend auszutauschen
2	Sichtprüfung der Bremsleitungen	Angerostete oder beschädigte Bremsleitungen sind umgehend auszutauschen
3	Alle Verbindungen auf Dichtheit überprüfen	Die Verbindungen müssen fest sein. Das Bremssystem darf keine Leckstellen aufweisen.
4	Defekte Bremsleitungen austauschen	Nur Originalteile verwenden
5	Bremsanlage entlüften (siehe Seite 237)	Wenn ein Eingriff erforderlich war

Bremsanlage auf Dichtheit überprüfen

Schritt	Ausführung	Anmerkung
1	Hauptbremszylinder auf Leckstellen überprüfen *404 Hauptbremszylinder*	Meist am Lenker
2	Bremssattel auf Leckstellen überprüfen *405 Bremssattel einer Scheibenbremse*	Undichtigkeiten zeigen sich auch am Bremsflüssigkeitsverlust
3	Bremsleitungen auf Beschädigungen und Roststellen hin kontrollieren	Mangelhafte Bremsleitungen austauschen

Seilzug einer Vorderrad-Scheibenbremse einstellen

Schritt	Ausführung	Anmerkung
1	Kraftstofftank entfernen	Nur bei Betätigung des Hauptbremszylinders über einen Seilzug und Anordnung unter dem Kraftstoffbehälter
2	Staubkappe entfernen	
3	Spiel am Hauptbremszylinder mittels Fühlerlehre prüfen	
4	Einstellen des Spiels nach Lösen der Kontermutter	
5	Einstellschraube kontern	
6	Staubkappe anbringen	
7	Montage des Kraftstoffbehälters	

Bremslicht prüfen/einstellen

Schritt	Ausführung	Anmerkung
1	Zündung einschalten	
2	Bremspedal langsam betätigen und Weg des Bremspedals bis Aufleuchten des Bremslichts messen	Richtwert: 25 mm
3	Bremslichtschalter mittels Einstellmutter so einstellen, daß das Bremslicht aufleuchtet wenn die Bremse zu wirken beginnt *406 Hinterrad-Bremslichtschalter*	Zuvor Höhe des Bremspedals prüfen bzw. einstellen. Schaltergehäuse nicht verdrehen *407 Einstellmutter*
4	Zündung ausschalten	

Scheibenbremsklötze kontrollieren

S	T	Ausführung	Anmerkung
1	●	Abdeckkappe vom Bremssattel mittels Schraubendreher abhebeln	
2		Bremsbelagstärke überprüfen *408 Scheibenbremsklötze*	Ist die Bremsbelagstärke ≦ 2 mm (ohne Stahlplatte), sind die Bremsklötze auszutauschen. Bei ungleichmäßigem Verschleiß sind alle Bremsklötze eines Rades auszutauschen, um eine gleichmäßige Bremswirkung zu erzielen und die Bremskolben auf Gängigkeit zu überprüfen
3		Scheibenbremse betätigen und Abstand zwischen Bremszange und Bremsscheibe messen	Ist die Verschleißgrenze, welche meist durch eine rote Markierung gekennzeichnet ist, ≦ 1,5 mm erreicht, sind die Bremsklötze auszutauschen
4		Scheibenbremsbetätigung beenden	
5	●	Abdeckkappe montieren	
S = Schrittfolge; T = Typspezifisch			

Trommelbremsbeläge kontrollieren

Schritt	Ausführung	Anmerkung
1	Motorrad auf Kippständer stellen	Untergrund muß befestigt sein
2	Kettenschutz abbauen	Nur erforderlich, wenn keine Schaulöcher in der Nabe
3	Kettenschloß öffnen und Kette vom hinteren Kettenrad nehmen	Lage und Laufrichtung der Kette merken
4	Hinterrad ausbauen	
5	Bremsankerplatte ausbauen *409 Bremsankerplatte*	Sie befindet sich in der Radnabe
6	Bremsbeläge kontrollieren	Sind die Reibbeläge stark oder einseitig verschlissen, ist ein Austausch vorzunehmen
7	Zusammenbau in umgekehrter Schrittfolge	

Hinterradbremse einstellen

Schritt	Ausführung	Anmerkung
1	Motorrad auf Kippständer stellen	
2	Einstellmutter (am Ende der Zugstange) soweit verdrehen, bis eine leichte Bremswirkung beim Drehen des Hinterrades feststellbar ist *410 Einstellschraube einer Hinterradbremse*	Durch Rechtsdrehung wird der Pedalweg verkleinert, durch Linksdrehung vergrößert
3	Einstellmutter etwa 3 bis 4 Umdrehungen zurückdrehen bzw. soweit zurückdrehen, bis der Bremspedalweg 20 bis 30 mm beträgt	Sollwert siehe Betriebsanleitung. Ein zu geringes Spiel führt zum Blockieren der Hinterradbremse
4	Einstellung des Bremslichtschalters kontrollieren und gegebenfalls korrigieren *411 Bremslichtschalter*	Die Einstellung muß eine sichere Kontaktgabe bei ausreichendem Spiel gewährleisten

Bremsflüssigkeit austauschen

Schritt	Ausführung	Anmerkung
1	Bremsflüssigkeitsbehälter öffnen *412 Bremsflüssigkeitsbehälter*	Befindet sich der Bremsflüssigkeitsbehälter unter dem Kraftstoffbehälter, so ist dieser abzubauen. Fachwerkstätten verwenden zum Austausch ein Spezialgerät, das bei geöffnetem Entlüftungsventil neue Bremsflüssigkeit in das Bremssystem drückt
2	Schutzkappe des Entlüftungsventils abnehmen und Entlüftungsventil über einen Schlauch (etwa 5 mm Innendurchmesser) mit der in einem Gefäß befindlichen Bremsflüssigkeit verbinden (Gefäß etwa zu $^1/_3$ gefüllt) *413 Entlüftungsventil*	Dadurch entweicht die alte Bremsflüssigkeit über das jeweils geöffnete Entlüftungsventil, ohne daß Luft in das Bremssystem gelangen kann *414 Anschluß einer Flasche*
3	Entlüftungsschraube öffnen	
4	Handbremshebel solange wiederholt betätigen, bis Bremsflüssigkeitsbehälter fast leergepumpt ist	
5	Neue Bremsflüssigkeit einfüllen und solange weiterpumpen, bis neue Bremsflüssigkeit austritt	Erkennbar an der helleren Farbe. Ein weiterer Anhaltspunkt ist die nachgefüllte Menge
6	Entlüftungsventil schließen und Handbremshebel solange wiederholt ziehen, bis ein geringer Hebelweg erreicht ist	
7	Entlüftungsventil bei vollem Systemdruck öffnen und sofort schließen, wenn Hebel ganz durchgezogen ist	Diesen Vorgang so oft wiederholen, bis keine Luftblasen in der Flasche mehr sichtbar sind
8	Nachfüllen von Bremsflüssigkeit	

Bremsflüssigkeit austauschen

Schritt	Ausführung	Anmerkung
9	Funktionsprüfung im Stand durch einige kurz aufeinanderfolgende Bremsbetätigungen	Der Bremshebelweg muß unverändert bleiben. Ansonsten ist Schritt 7 zu wiederholen
10	Bremsflüssigkeitsbehälter schließen	
11	Funktionsprüfung während der Fahrt bei verschiedenen Geschwindigkeiten	

4.2.11 Beleuchtungsanlage

Funktionsprüfung einer Beleuchtungsanlage

Schritt	Ausführung	Anmerkung
1	Zünd-Lichtschalter in Stellung »Parken«	Standlicht, Schlußlicht und Skalenbeleuchtung ein.
2	Zünd-Lichtschalter ein, Abblendlicht in Stellung »Parken«	Siehe Seite 76, Abb. 163
3	Zünd-Lichtschalter und Abblendschalter ein	Abblendlicht, Standlicht, Schlußlicht und Skalenbeleuchtung ein
4	Zünd-Lichtschalter, Abblendschalter und Fernlicht ein	Fernlicht, Fernlichtkontrollampe, Standlicht, Schlußlicht und Skalenbeleuchtung ein
5	Lichthupe ein	
6	Nebelscheinwerfer ein- und ausschalten	Sofern vorhanden
7	Fernlicht ein (bei Anlagen mit zwei Scheinwerfern)	Fernlicht des einen, Abblendlicht des zweiten Scheinwerfers, Fernlichtkontrollampe, Standlicht, Schlußlicht und Skalenbeleuchtung ein
8	Sämtliche Lichtschalter in Ruhestellung	

Scheinwerfer einstellen

Schritt	Ausführung	Anmerkung
1	Reifenluftdruck messen bzw. auf Sollwert bringen	
2	Hintere Federbeine auf Solobetrieb einstellen	
3	Motorrad mit Fahrer belasten und auf einer ebenen Fläche im Abstand von 5 m gegenüber einer hellen Wand aufstellen	
4	Höhe »H« vom Boden bis Scheinwerfermitte messen, auf die Wand übertragen und einen senkrechten Strich durchziehen sodaß sich ein Kreuz ergibt	5cm Hell-Dunkelgrenze H 415 *Markierungen zur Scheinwerfereinstellung*
5	Unter dem in Schritt 4 gezeichneten Kreuz ein zweites Kreuz im Abstand von 5 cm zeichnen	
6	Abblendlicht einschalten und Scheinwerfer so ausrichten, daß die Hell-Dunkel-Grenze ab Mitte des unteren Kreuzes nach rechts bis zur Mitte des oberen Kreuzes ansteigt und wieder bis Mitte des unteren Kreuzes abfällt	

4.2.12 Blink- und Signalanlage

Funktionsprüfung der Blinkanlage

Schritt	Ausführung	Anmerkung
1	Zündung einschalten	Ladekontrollampe ein
2	Betätigen des Blinkschalters nach links bzw. rechts	Linke bzw. rechte Blinkleuchten und die Blinkerkontrollampe müssen im Blinkrhythmus leuchten
3	Blinkschalter ausschalten	
4	Zündung ausschalten	Ladekontrollampe aus

Funktionsprüfung der Signalanlage

Schritt	Ausführung	Anmerkung
1	Zündung einschalten	Ladekontrollampe ein
2	Fanfarenschalter kurzzeitig betätigen	Auf einwandfreien Klang des bzw. der Signalgeber achten
3	Zündung ausschalten	Ladekontrollampe aus

Batterie prüfen

S	T	M	Ausführung	Anmerkung
1	●	●	Zündung einschalten	
2	●		Fernlicht einschalten und Lichtstärke beurteilen	Schwaches Licht deutet auf eine unzureichende Batterieladung bzw. auf eine defekte Batterie hin
3	●		Motor mit Hilfe des Anlassers starten und während des Startvorganges Lichtstärke beobachten	Nimmt die Lichtstärke beträchtlich ab, ist die Batterieladung ungenügend bzw. die Batterie defekt. Dieser Grobtest läßt sich bei Kraftfahrzeugen, bei denen während des Anlaßvorganges alle zu diesem Zeitpunkt nicht benötigten Verbraucher automatisch abgeschaltet werden, nicht durchführen
4	●		Fernlicht ausschalten	
5		●	Sitzbank hochklappen bzw. Seitendeckel abnehmen	
6		●	Spannungsmesser anschließen und Spannungswert ablesen (Abb. 417) *416 Batterie*	Auf richtigen Meßbereich achten Sollwert: 6 V bei einer 6 V-Anlage, 12 V bei einer 12 V-Anlage. Eine Batterie ist entladen, wennn die Zellenspannung auf 1,75 V abgesunken ist. *417 Meßschaltung*
7		●	Motor mit Hilfe des Anlassers starten Während des Startvorganges Spannung ablesen	Sollwert: $\approx$ 8 V
8		●	Motor mit erhöhter Leerlaufdrehzahl (2000 bis 3000 1/min) betreiben	Sollwert: 13,5 bis 14,5 V
9		●	Motor stillsetzen	
10		●	Spannungsmesser abklemmen	
11		●	Batteriezustand mittels Zellenprüfer feststellen	Tankstelle bzw. Werkstatt
12		●	Sitzbank herunterklappen bzw. Seitendeckel anbringen	
S = Schrittfolge; T = Test; M = Messung				

Batteriesäure prüfen/nachfüllen

S	E	A	T	Ausführung	Anmerkung
1	●		●	Sitzbank hochklappen	Abhängig vom Einbauort
2		●	●	Seitendeckel entfernen	
3	●	●		Verschlußkappen abschrauben	
4	●	●		Säurestand kontrollieren *418 Batterie*	Wenn nötig, mit Taschenlampe in jede Zellenöffnung leuchten. Der Säurespiegel muß über den Bleiplatten stehen
5		●	●	Batterie ausbauen	Zuerst Massekabel abklemmen
6	●	●		Bei Bedarf destilliertes Wasser nachfüllen	Vorteilhaft Plastikflasche mit Schlauch
7	●	●		Zellenöffnungen mit Verschluß-kappen schließen	
8		●	●	Batterie einbauen	Zuerst Pluskabel anschließen
9		●	●	Seitendeckel befestigen	
10	●		●	Sitzbank absenken	
S = Schrittfolge; E = Eingebaut; A = Ausgebaut; T = Typspezifisch					

Batterieanschlüsse überprüfen/reinigen

S	P	R	T	Ausführung	Anmerkung
1	●	●		Motorrad auf Mittelständer stellen	
2	●	●	●	Sitzbank abnehmen bzw. hochklappen oder Seitenverkleidung abnehmen	
3			●	Die unter der Sitzbank befindlichen Gegenstände entfernen	
S = Schrittfolge; P = Prüfung; R = Reinigung; T = Typspezifisch					

Batterieanschlüsse überprüfen/reinigen

S	P	R	T	Ausführung	Anmerkung
4	●			Sämtliche an den Pluspol (+) der Batterie angeschlossenen Kabel und das an den Minuspol (–) angeschlossene Masseband durch Bewegen auf festen Sitz überprüfen *419 Batterie*	Es muß eine feste Verbindung bestehen
5		●		Masseband vom Minuspol (–) der Batterie abklemmen	Wenn Verbindung locker und Anschlüsse verschmutzt bzw. oxydiert
6		●		Kabel vom Pluspol (+) der Batterie abklemmen	
7		●		Unsaubere Batteriepole und Klemmlaschen blank schaben	
8	●	●		Kabel an Pluspol der Batterie festklemmen	Laschen vor dem Festziehen ganz auf die Batteriepole drücken
9	●	●		Masseband an Minuspol der Batterie festklemmen	
10	●	●		Batteriepole mit Polfett bestreichen	Zur Vermeidung von Oxydation
11	●	●		Die in Schritt 3 entfernten Gegenstände unter die Sitzbank legen	
12	●	●	●	Sitzbank montieren bzw. herunterklappen oder Seitenverkleidung anbringen	
S = Schrittfolge; P = Prüfung; R = Reinigung; T = Typspezifisch					

Historische Maschinen wollen mit besonderer Sorgfalt gewartet sein (hier eine Mabeco von 1928). ▶

5. Pflege

Das Aussehen und somit die Wertbeständigkeit eines Motorrads werden in hohem Maße von dessen Pflege bestimmt. Werden Verschmutzungen nicht rechtzeitig beseitigt, führt das zu Lackschäden. Ferner kommen den Maßnahmen zur Rostvermeidung bzw. Rostbekämpfung eine besondere Bedeutung zu, da durch eine gründliche Arbeit auf diesem Gebiet die Lebensdauer von Fahrzeugteilen, wie z. B. die des Rahmens, beachtlich erhöht wird. Bei der Inspektion des Rahmens sind vor allem die Schweißstellen auf etwaige Risse bzw. Rostansätze zu untersuchen, da in jedem Fall eine Schwächung des Materials gegeben ist. Derartige Mängel sind umgehend und fachmännisch zu beseitigen.

Werkstatt-Tip

- Teerflecken sind mit Benzin, Petroleum, Terpentin oder einem Lackkonservierer zu beseitigen.
- Verölte Stellen sind mit einem fettlösenden Mittel vor der Motorwäsche zu reinigen.
- Zylinderkühlrippen sind mit einer Bürste zu säubern.
- Leichtmetallteile sollten mit Leichtmetallpolitur bearbeitet werden.
- Auspuffkrümmer bei Zweitakter sind mittels Bürste zu reinigen; Auspufftöpfe müssen in der Werkstatt durch Ausbrennen gesäubert werden.
- Verschmutzungen allgemeiner Art können mit warmer Seifen- oder Waschmittellösung geringer Konzentration beseitigt werden.
- Zur Vermeidung von Lackschäden muß beim Waschen reichlich Wasser und ein weicher Schwamm verwendet werden.
- Eisbildung beim Waschen – bei Temperaturen unter dem Gefrierpunkt – ist durch Vermischen des Waschwassers mit Glyzerin zu verhindern.
- Eine Dampfstrahlreinigung führt häufig zu einer Störung in der elektrischen Anlage und kann Korossionsschäden zur Folge haben. Deshalb ist eine manuelle Reinigung mit Wasser, Schwamm und Lappen vorzuziehen.
- Lackschäden – insbesondere an Schweißstellen – sind baldmöglichst zur Vermeidung von Korossion zu beseitigen.

Seilzug abschmieren

Schritt	Ausführung	Anmerkung
1	Seilzug ausbauen	Nur erforderlich wenn kein Schmiergerät verwendet wird.
2	Seilzug reinigen	*420 Schmieranordnung eines Seilzugs* Seilzüge, die mit Nylon überzogen sind, dürfen nicht abgeschmiert werden, da der Überzug aufquellen kann
3	Über oberes Ende eine als Trichter dienende Gummihülle schieben	
4	Seilzug senkrecht aufhängen	
5	Motoröl, Waffenöl oder Mehrzwecköl solange in Trichter füllen bis am unteren Ende Öl austritt	
6	Trichter vom oberen Seilzugende abziehen	
7	Seilzug einbauen	

Motorrad reinigen

Schritt	Ausführung	Anmerkung
1	Motorrad mit Schwamm und reichlich Wasser reinigen	Es darf kein Wasser an die elektrische Anlage, den Luftfilter oder Vergaser gelangen
2	Nachbehandlung hartnäckiger Schmutzstellen	
3	Mit Wasser nachspülen	
4	Abtrocknen	Besonders gründlich Chromteile
5	Lackteile mit Autowachs oder Autopolitur, Chromteile mit Chrompolitur versehen	Entsteht kein Glanz, Lackierung polieren und anschließend konservieren
6	Sekundärantriebskette einölen	Siehe Seite 302

Motorrad stillegen

Schritt	Ausführung	Anmerkung
1	Reinigen	Elektrische Geräte und Anschlüsse müssen trocken bleiben. Chromteile nicht einfetten

Motorrad stillegen

Schritt	Ausführung	Anmerkung
2	Warmfahren	Voraussetzung fürs Ablassen der Öle, da nun dünnflüssig
3	Hochbocken	
4	Batterie ausbauen	In kühlem und trockenem Raum aufbewahren. Alle Monate mittels Ladegerät nachladen
5	Motoröl ablassen (4-Takter)	Altes Öl besitzt korossionsbildende Stoffe
6	Getriebeöl ablassen (2-Takter)	
7	Hinterachsöl ablassen	Typbedingt
8	Ölfüllung der Schwingenholme ablassen	
9	Kraftstoffhahn schließen	
10	Kraftstoffbehälter ganz mit Kraftstoff füllen und etwas Öl beigeben	Zur Vermeidung von Korossion
11	Wassersammelbehälter des Kraftstoffhahns entleeren	
12	Kraftstoffilter des Kraftstoffhahns reinigen	
13	Vergaserschwimmerkammer(n) entleeren	
14	Frisches Motoröl, Getriebeöl, Hinterachsöl und Schwingenholmöl einfüllen	Erfolgt nach einigen Monaten die Inbetriebnahme, kann mit dem Öl 1000 bis 2000 km gefahren werden
15	Etwa 3 cm^3 Motoröl in Ventileinstellöffnungen geben	Schmierung der Ventilsteuerung
16	Gang einlegen	
17	Zündkerze(n) entfernen	Erleichtert das Durchtreten
18	Etwas Motoröl in das Kerzenloch bzw. in die Kerzenlöcher geben	Zur Schmierung der Zylinderlaufbahn(en)
19	Motor mittels Kickstarter mehrmals durchtreten	Frisches Öl gelangt an alle Schmierstellen
20	Zündkerze(n) einschrauben	
21	Motor bis OT-Punkt durchdrehen. Beim Zweitakter Ansaugstutzen des Vergasers mit Lappen verschließen	Durch geschlossene Ventile wird der Zutritt der Außenluft verhindert
22	Seilzüge schmieren	Korossionsschutz
23	Sekundärkette ölen	Siehe Seite 302
24	Motorrad in einen trockenen Raum abstellen oder mit einer Plane vollkommen abdecken	

6. Änderungen

Jedes Kraftfahrzeug muß von der Kfz-Zulassungsstelle für den Verkehr freigegeben werden.
Die Betriebserlaubnis erlischt bzw. muß neu beantragt werden, wenn Änderungen am Fahrzeug vorgenommen wurden, durch deren Betrieb eine Gefährdung von Verkehrsteilnehmern möglich sein kann. Hierzu zählen im wesentlichen:

- Einbau eines anderen Motortyps
- Änderung der Getriebeübersetzung
- Änderungen an der Abgasanlage
- Änderung des Fahrwerks
- Verwendung anderer Felgen und Reifen
- Änderungen an der Bremsanlage, z. B. Einbau von Scheibenbremsen anstelle von Trommelbremsen
- Änderungen an der Lenkung
- Einbau anderer Sitze

Für Teile, die mit einem Prüfzeichen versehen sind, ist die Betriebserlaubnis erteilt. Handelt es sich um ein nicht genehmigtes Teil, ist ein Sachverständigen-Gutachten erforderlich. Das geprüfte Teil darf nur bei positivem Ergebnis verwendet werden. Sonderteile müssen im Kraftfahrzeugbrief eingetragen sein. Ein Vermerk im Kraftfahrzeugschein ist zu empfehlen.
Sonderteile am Fahrzeug, die nicht eingetragen sind, können zum Erlöschen der Betriebserlaubnis für das gesamte Fahrzeug führen.

6.1 Verbrennungsmotor

Zur Leistungserhöhung von Serienmotoren können Änderungen an Motorbauteilen – auch Frisieren oder Tuning genannt – vorgenommen werden. Dies setzt jedoch gute Fachkenntnisse und geeignete Werkstatt-Einrichtungen voraus, deshalb sollten derartige Arbeiten generell von Spezialisten ausgeführt werden. Hier soll lediglich ein Überblick über Möglichkeiten und Maßnahmen vermittelt werden (siehe nachstehende Übersicht).
Werden allerdings verbotene Manipulationen vorgenommen, erlischt automatisch die Betriebserlaubnis. Änderungen, durch die andere Verkehrsteilnehmer gefährdet werden können, müssen nach erteilter Betriebserlaubnis im Fahrzeugschein eingetragen werden.

Möglichkeit	Maßnahme	Anmerkung
Vergrößerung des Hubraumes	Vergrößern der Kolbenfläche durch Aufbohren der Zylinder und Einsetzen größerer Kolben	Nur möglich, wenn geeignete Kolben zu bekommen sind und die Wandstärke des Zylinders ausreicht
	Verlängerung des Kolbenhubs durch Vergrößern des Abstandes zwischen Kurbelzapfen und Kurbelwellenmitte	Neue Kurbelwelle erforderlich
Erhöhung der Verdichtung	Einsatz von Kolben mit speziell ausgebildeten Kolbenböden	Die Belastung des Kurbeltriebes wird größer. Es können sich Fehlzündungen ergeben
	Auftragsschweißung auf dem Kolbenboden	
	Abschleifen an der Dichtfläche des Zylinderkopfes	Eine ausreichende Wandstärke zum Kühlwassermantel muß erhalten bleiben, um keinen Durchbruch zu riskieren, bzw. um dem erhöhten Verdichtungsdruck standzuhalten
	Kürzen des Zylinderblocks durch Abdrehen	Kolben bewegt sich in den Zylinderkopf
Steigerung des Gasdurchflusses	Verringerung der Strömungsverluste im Ansaugsystem durch strömungstechnisch günstigere Führung des Ansaugrohres	

Steigerung des Gasdurchflusses	Einsatz mehrerer Vergaser	Eine maximale Leistungserhöhung wird erzielt, wenn jedem Zylinder ein Vergaser zugeordnet wird.
Änderungen am Zylinderkopf	Vergrößern der Ventile, Ventilsitze und Gaskanäle. Anpassung der Anschlüsse auf der Ansaug- und Auslaßseite an die vergrößerten Kanalquerschnitte	Der Durchmesser des Auslaßventils kann bei gleichem Ventilhub bis zu 15 % kleiner als der Durchmesser des Einlaßventils sein. Scharfe Kanten und starke Querschnittsänderungen sind zu vermeiden, da sie den Gasstrom behindern.
Erhöhung der Drehzahl	Einbau härterer Ventilfedern. Unterlegen einer Scheibe zwischen Zylinderkopf und Ventilfeder. Dabei dürfen die Windungen der Ventilfeder bei vollem Ventilhub nicht aufeinanderliegen.	Die Resonanzfrequenz (Eigenschwingung) der Ventile zusammen mit den Ventilfedern wird in einen höheren Drehzahlbereich verlegt. Die Drosselwirkung des Ein- und Auslaßsystems wird verringert.
	Gewichtsverminderung am Kurbeltrieb durch Auswechseln der Stahlpleuel gegen leichtere. Reduzierung der Schwungscheibenmasse durch Abdrehen von Material.	Die Gewichtsverminderung hat kürzere Beschleunigungszeiten zur Folge. Der Motorrundlauf im unteren Drehzahlbereich wird beeinträchtigt.

Das Frisieren von Kleinkrafträder, z. B. durch Einbau eines größeren Vergasers bzw. Luftfilters, das Aufbohren der Einlaßkanäle oder Änderungen an der Auspuffanlage sind verboten. Außerdem darf zur Steigerung der Höchstgeschwindigkeit weder ein größeres Ritzel am Motor noch ein kleineres Kettenrad eingebaut werden.
Da die Bremsen für eine bestimmte Höchstgeschwindigkeit ausgelegt sind, würden Eingriffe dieser Art die Unfallgefahr erhöhen.

6.2 Elektrische Anlage

Bevor man sich zu einer Erweiterung bzw. Änderung der elektrischen Anlage eines Kraftfahrzeuges entschließt, ist vor allem zu klären, ob die gesetzlichen Bestimmungen eingehalten werden, eine TÜV-Abnahme erforderlich ist (nur für Sonderzubehör bzw. Ersatzteile, die »typgeprüft« sind, ist keine allgemeine Betriebserlaubnis einzuholen) und die Stromversorgung ausreicht. Handelt es sich um den Einbau eines elektronischen Gerätes, so ist ein Einbauort festzulegen, wo:

- keine hohen Temperaturen bzw. Temperaturschwankungen auftreten,
- Erschütterungen, Verschmutzung und Feuchtigkeit weitgehend ausgeschlossen werden können.

Temperaturschwankungen kann man mit vertretbarem technischen Aufwand nur dadurch begegnen, indem man Bauelemente verwendet, die trotz wechselnder Umgebungstemperatur eine einwandfreie Funktion gewährleisten. In jedem Fall muß der Einbauort so gewählt werden, daß eine direkte Wärmeeinwirkung durch heiße Motorteile ausgeschlossen ist.
Den besten Schutz gegen Feuchtigkeit und Verschmutzung bietet eine mit Gießharz ausgegossene elektronische Schaltung. Bei der Dimensionierung einer elektrischen Leitung sind die Strombelastbarkeit und der Spannungsverlust zu berücksichtigen. Der Spannungsverlust im Leitungsnetz darf keine Werte annehmen, bei denen die Funktionstüchtigkeit von Geräten bzw. Anlagenteilen in Frage gestellt ist. Eventuell ist eine Querschnittserhöhung im bestehenden Leitungsnetz erforderlich.
Um ausreichende Befestigung, Schutz gegen Scheuern, einwandfreie Anschlüsse, kein Verletzen von Litzen beim Abisolieren usw. zu gewährleisten, ist das Verlegen von Leitungen fachmännisch auszuführen.
Die Verbindung eines neuen Stromkreises mit dem Pluspotential des Bordnetzes kann an jeder plusführenden Anschlußstelle vorgenommen werden, sofern sichergestellt ist, daß die bis zu diesem Punkt führende Leitung durch die Zusatzbelastung des neuen Verbrauchers nicht überlastet wird. Eine zu schwache Leitung ist gegen eine neue, mit einem für die Gesamtbelastung ausreichendem Querschnitt, auszutauschen.
Die Minusleitung kann an jedem beliebigen Punkt der Fahrzeugmasse angeschlossen werden. Voraussetzung ist eine einwandfreie Verbindung aller Masseteile mit dem Minuspol der Batterie. Um dies zu gewährleisten, sollte der

Anschluß an einer bereits vorhandenen Masseklemme vorgenommen werden.

Zündanlage

Aufgrund der Nachteile herkömmlicher Zündanlagen (nicht wartungsfrei, Verschleiß des Unterbrechernockens, absinkende Zündspannung bei höheren Drehzahlen, Verstellung des Zündzeitpunktes) wurden elektronische Zündanlagen entwickelt.

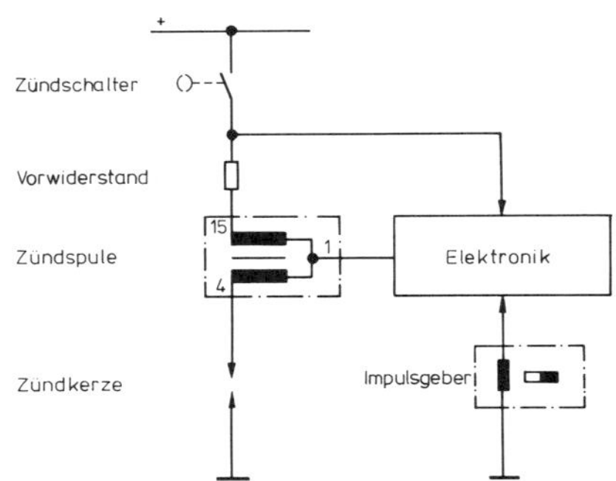

421 Schaltung einer Batterie-Transistor-Zündanlage

Die jeweils durchzuführenden Änderungen sind der Montageanleitung des Bausatzes zu entnehmen.

Beleuchtungsanlage

An Kraftfahrzeugen dürfen nur die vorgeschriebenen und die für zulässig erklärten Beleuchtungseinrichtungen angebracht werden; als Beleuchtungseinrichtung gelten auch Leuchtstoffe und rückstrahlende Mittel. Die Beleuchtungseinrichtungen müssen vorschriftsmäßig angebracht und ständig betriebsfähig sein, sie dürfen weder verdeckt noch verschmutzt sein. Grundsätzlich dürfen nur Zusatzscheinwerfer am Kraftfahrzeug angebracht werden, die mit einem Prüfzeichen (auf der Streuscheibe) versehen sind.
Bei Krafträdern sind maximal zwei Scheinwerfer zulässig. Sie müssen laut StVZO in gleicher Höhe und in gleichem Abstand von der Fahrzeugmitte angeordnet sein. Diese Forderung muß jedoch nicht erfüllt sein, wenn beide Scheinwerfer bei gleichzeitiger Einschaltung bereits aus kurzer Entfernung wie eine Lichtquelle wirken.
Ferner ist zusätzlich ein Nebelscheinwerfer zulässig. Er darf nicht höher als der bzw. die Scheinwerfer angeordnet sein.

Die schaltungstechnische Erweiterung (starke Linien) einer Beleuchtungsanlage um einen Zusatzscheinwerfer und einen Nebelscheinwerfer ist aus Abb. 422 ersichtlich.

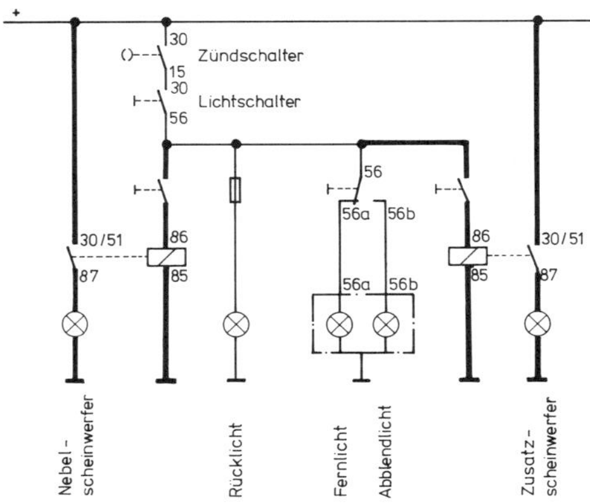

422 Eine um einen Scheinwerfer und um einen Nebelscheinwerfer erweiterte Schaltung einer Beleuchtungsanlage

Zusatz- und Nebelscheinwerfer dürfen gemäß gegenüberliegender Schaltkombinationen nicht gleichzeitig eingeschaltet werden.
Zur Erfüllung dieser Forderungen sollte die Schaltung durch entsprechende Verriegelungen, z. B. durch Relaiskontakte, erweitert werden.
Ferner können beim Zubehörhandel für bestimmte Fabrikate und Typen komplette Umrüstsätze für H4-Licht bezogen werden. Wurden die ursprünglich für Fern- und Abblendlicht eingesetzten Biluxlampen (Leistung 45/40 W) direkt über Schalter eingeschaltet, sollte diese Schaltung zur Steuerung des H4-Lichts (Leistung 60/55 W) in eine Relaissteuerung geändert werden, damit ein geringer Spannungsverlust erzielt wird und eine einwandfreie Kontaktgabe sichergestellt ist (Abb. 423).
Der Austausch der Einsätze ist relativ einfach und kann anhand der Montageanleitung auch von Laien mühelos ausgeführt werden.

Scheinwerferrelais einbauen

Eine sichere Umschaltung vom Abblendlicht auf Fernlicht und umgekehrt, kann durch den Einbau eines Relais erzielt werden. Das Relais muß für die Bordspannung (6 V bzw. 12 V) ausgelegt sein. Zur Steuerung ist ein Umschalter erforderlich.
Ein Anschluß des Umschalters ist mit einem beliebigen Massepunkt zu verbinden, der andere mit einem Anschluß der Relaisspule.

Scheinwerfer				Zusatz-Scheinwerfer		Nebel-Scheinwerfer		Rücklicht
Abblendlicht		Fernlicht						
Ein	Aus	Ein	Aus	Ein	Aus	Ein	Aus	Ein
×			×		×		×	×
	×		×	×			×	×
		×		×			×	×
×				×			×	×
	×		×		×	×		×
×			×		×	×		×
	×		×	×		×		×
		×		×		×		×
×				×		×		×

Zulässige Schaltkombinationen einer Beleuchtungsanlage

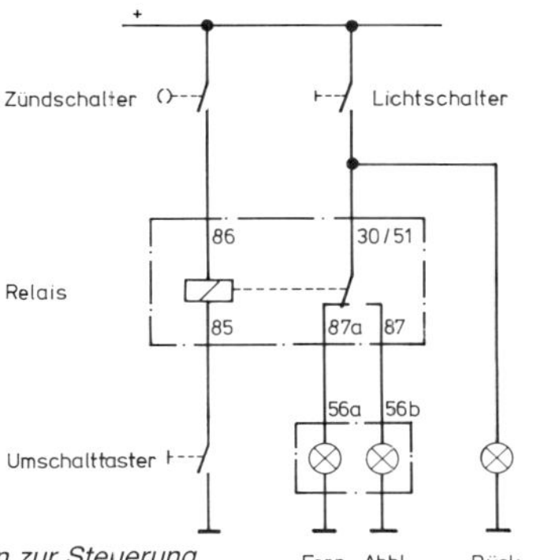

423 Schaltplan zur Steuerung des Fern- und Abblendlichts mittels Taster und Stromstoßrelais

Austausch eines Blinkgebers

Hitzdrahtblinkgeber sind störempfindlich d. h. sie erhöhen durch Vibrationen (bei höherer Motordrehzahl) ihre Blinkfrequenz bzw. sie führen zu einem Defekt des Blinkgebers. Da ein elektronischer Blinkgeber diese Nachteile nicht aufweist, bietet sich dessen Einbau an. Die Schaltungen und Klemmenbezeichnungen der Blinkanlagen sind aus Abb. 424 ersichtlich. Besitzt ein Kraftfahrzeug keine Blinkanlage, sollte eine Nachrüstung erfolgen.

Einbau einer Blinkanlage

Der Bausatz einer nachzurüstenden Blinkanlage besteht im Wesentlichen aus einer Elektro-

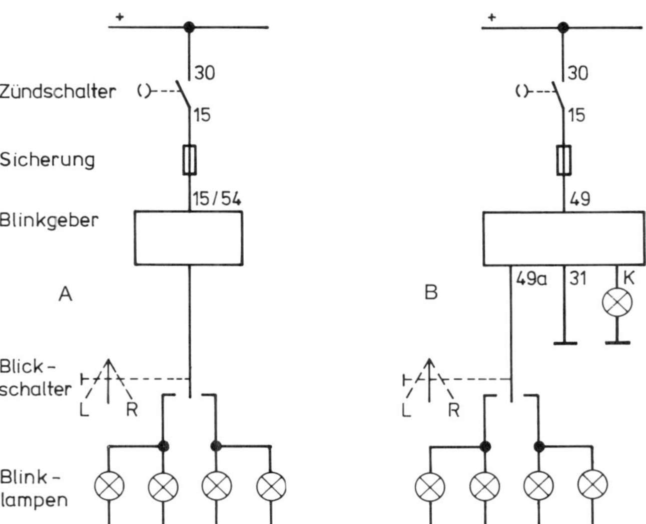

424 Schaltungen einer Blinkanlage:
A mit Hitzdrahtblinkgeber
B mit elektronischem Blinkgeber

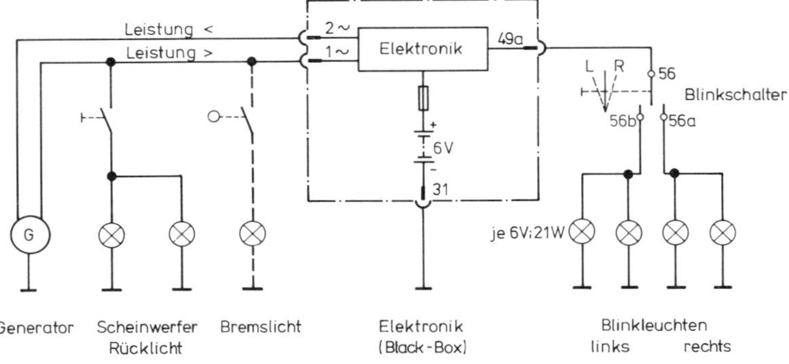

425 Stromlaufplan einer Blinkanlage für Kleinkrafträder

nik, dem Blinkschalter und den Blinkleuchten. Wie diese Geräte durch elektrische Leitungen zu verbinden bzw. an das bestehende Bordnetz anzuschließen sind, zeigt Abb. 425.

Demgemäß ist der Eingang 1 ~ der Elektronik mit der Generatorklemme zu verbinden, an der die Fahrzeugbeleuchtung angeschlossen ist (größere Leistung) und der Eingang 2 ~, an die andere Generatorklemme (kleinere Leistung). Die Elektronik beinhaltet einen Laderegler für die Batterie, Gleichrichter und Blinkgeber. Die Blinkimpulse werden nach Betätigung des Blinkschalters im Blinkgeber erzeugt und gelangen über den Ausgang 49a zu den entsprechenden Blinkleuchten.

Öldruck- und Öltemperaturmessung

Wird eine analoge Öldruckanzeige gewünscht, (Abb. 426), so ist anstelle des Öldruckschalters ein Druckgeber einzuschrauben, der ein elektrisches Meßsignal liefert. Ferner ist ein Druckanzeiger mit geeignetem Meßbereich (siehe Betriebsanleitung) einzubauen.

Die Öltemperatur gibt Aufschluß über den thermischen Zustand des Motors, d. h. wann das Öl seine volle Schmierfähigkeit erreicht hat bzw. der Motor voll belastet werden kann. Zur Erfassung der Öltemperatur ist anstelle des Temperaturschalters ein Temperaturgeber einzuschrauben, der ein analoges Meßsignal liefert. Außerdem ist ein Temperaturanzeiger mit geeignetem Meßbereich einzubauen. Die Öltemperatur in der Ölwanne beträgt 90 bis 120 °C. Der Anzeiger ist mit einer Instrumentenleuchte ausgestattet, die mittels Lichtschalter eingeschaltet wird.

Drehzahlmessung

Der Drehzahlmesser dient zur Anzeige der Motordrehzahl (Drehzahl der Kurbelwelle). Da die vom Motor in jedem Belastungszustand abgegebene Leistung nur dann optimal aus-

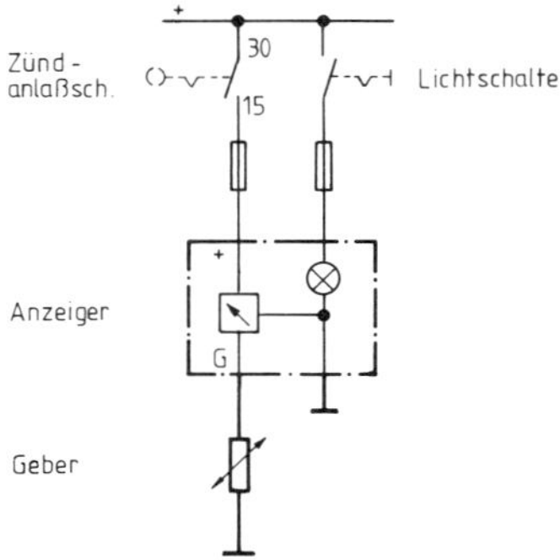

426 Anschluß eines Anzeigers mit analogem Geber

genutzt wird, wenn sich die Motordrehzahl im richtigen Drehmomentbereich bewegt, kommt dieser Messung in bezug auf Wirtschaftlichkeit und Motorverschleiß eine besondere Bedeutung zu. Zu hohe Drehzahlen bewirken eine erhöhte Kolbenbeschleunigung und beeinflussen die Ventilsteuerung ungünstig; bei zu kleinen Drehzahlen wird die Kurbelwelle überansprucht.

Beim Ottomotor erfolgt die Drehzahlmessung durch einen Transistor-Drehzahlmesser, der gemäß Abb. 427 an die Zündspule anzuschließen ist.

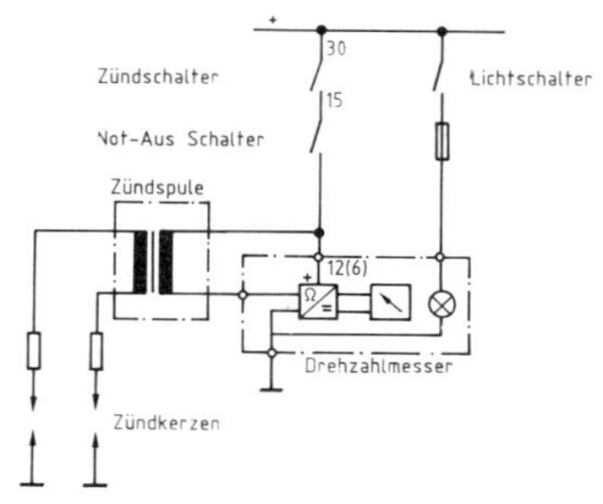

427 Anschlußschaltung eines elektronischen Drehzahlmessers

Sind mehrere Zündspulen vorhanden, ist eine für den Anschluß auszuwählen. Der Anschluß 15 der Zündspule ist bei einem 12 V-Bordnetz mit dem Anschluß +12 des Drehzahlmessers zu verbinden, bei einem 6 V-Bordnetz mit +6.
Der auf der Rückseite des Drehzahlmessers befindliche Schalter ist entsprechend der Einbauanleitung auf die Zylinder- bzw. Taktzahl des Motors einzustellen.
Die Instrumentenbeleuchtung wird über den Lichtschalter eingeschaltet.

Spannungsmessung
Der Spannungsmesser dient zur Überwachung der Batterie bzw. des Bordnetzes.
Die Spannungsschwankungen bei den verschiedenen Betriebsfällen, z. B. Anlassen, gleichzeitige Inbetriebnahme leistungsstarker Verbraucher, geben Aufschluß über den Zustand der Batterie, der Lichtmaschine und des Reglers. Außerdem ist zu erkennen, ob die Batterie geladen (Spannung > Nennspannung) wird.
Die Plusklemme des Spannungsmessers kann an einem beliebigen Punkt der Sammelleitung angeschlossen werden.

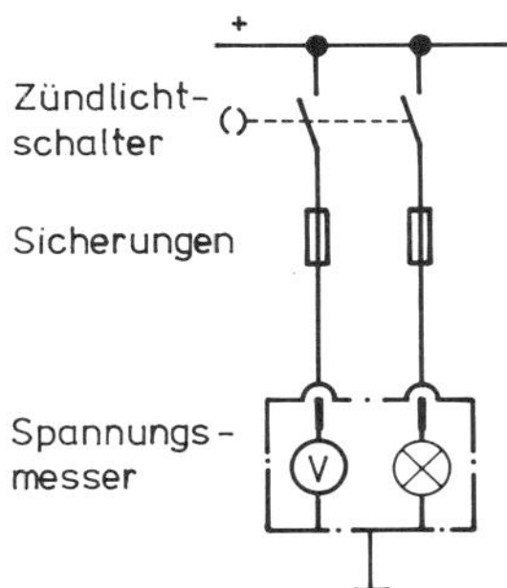

428 Anschluß eines Spannungsmessers

Zeituhr
Da die Normalausführung der Instrumentierung in vielen Fällen ohne Zeituhr ist, wird sie vielfach nachgerüstet. Ihr Einbau und Anschluß sind problemlos.

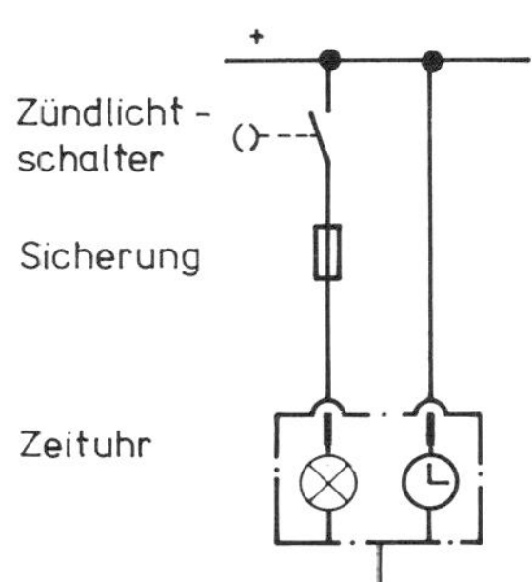

429 Anschluß einer Zeituhr

Entsprechend der individuellen Genauigkeitsanforderung ist beim Kauf einer Zeituhr auf die technischen Daten zu achten.

Heizgriffe
Heizwiderstände zur Beheizung der Griffe sollten nur an ein Bordnetz mit ausreichender Leistungsreserve angeschlossen werden, damit die Stromversorgung der übrigen Verbraucher nicht beeinträchtigt wird.
Als Heizdrahtmaterial ist Kanthal zu empfehlen, das einen spezifischen Widerstand von 1,45 hat.
Die Länge des Heizdrahtes ergibt sich durch den Drahtquerschnitt und der gewünschten Heizleistung. Im allgemeinen genügt eine Heizleistung von 12 W/Griff. Somit fließt bei einer 12 V-Anlage, gemäß der Leistungsformel P [W] = U [V] · I [A], ein Strom von

$$I = \frac{P}{U} = \frac{12}{12} = 1 \text{ A.}$$

Dementsprechend ist nach dem Ohm'schen Gesetz ein Widerstand von R = U : I = 12 Ω erforderlich. Legt man nun einen Querschnitt des Heizdrahtes von 0,3 mm^2 zugrunde, so ergibt sich eine benötigte Heizdrahtlänge

$$l\,[\text{m}] = \frac{R\,[\Omega] \cdot A\,[\text{mm}^2]}{\varrho} = \frac{12 \cdot 0{,}3}{1{,}45} \approx 2{,}5 \text{ m.}$$

Jeder Griff ist mit dem Heizdraht und anschließend mit Isolierband zu umgeben. An jedes Ende eines Heizdrahtes ist ein isolierter Kupferlitzendraht anzulöten, und gemäß Abb. 430 anzuschließen.

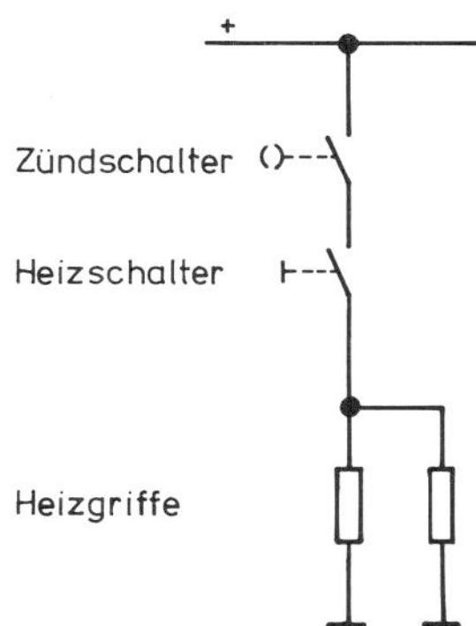

430 Schaltung von Heizgriffen

Zur Ein- und Ausschaltung der Griffheizung ist an geeigneter Stelle ein Schalter (Heizschalter) zu montieren.

7. TÜV-Prüfung

Vor einer TÜV-Prüfung sollten folgende Funktions- und Sichtprüfungen sowie alle notwendigen Einstellungen und Reparaturen durchgeführt werden.

7.1 Übersicht

Arbeiten/ Ausführung — Anlage/ Komponente	Funktionsprüfung	Sichtprüfung	Einstellung	Werkstatt	Laie	Anmerkung
Rückspiegel		●			●	Spiegel muß unbeschädigt, gut befestigt und darf nicht matt sein
Kfz.-Kennzeichen		●			●	Unbeschädigt, gut lesbar und einwandfrei befestigt
Beleuchtung	●		●	●	●	Alle nach vorn gerichteten Beleuchtungseinrichtungen müssen zusammen mit der Schluß- und Kennzeichenbeleuchtung brennen
Abblendlicht	●				●	
Fernlicht	●				●	
Fernlichtkontrolle		●			●	
Scheinwerferglas		●			●	Muß unbeschädigt sein
Scheinwerferreflektor		●			●	Darf nicht angerostet bzw. matt sein
Zusatzscheinwerfer	●				●	Darf mit Fernlicht gleichzeitig leuchten
Schlußleuchte/ Kennzeichenbeleuchtung	●				●	Zündung und Lichtschalter ein
Bremsleuchten	●				●	Zündung ein, Fußbremse betätigen
Rückstrahler		●			●	
Montage eines Seitenwagens		●			●	Betriebserlaubnis
Signalanlage	●				●	Bei eingeschalteter Zündung Signaltaste betätigen. Die Tonhöhe der Schallzeichen muß gleichmäßig sein
Blinkanlage	●				●	Zündung und Abblendlicht einschalten. Blinkschalter betätigen, Blinkleuchten und Kontrolleuchte müssen mit einer Blinkfrequenz von 90 ± 30 Perioden pro Minute leuchten
Fußbremse	●				●	Bremsprobe aus mäßiger und höherer Geschwindigkeit. Die Bremswirkung muß gut sein.
Bremspedalweg			●	●	●	Leerweg etwa $^1/_3$
Handbremse			●	●	●	
Bremsflüssigkeitsstand		●			●	Sollte bis zur Max-Markierung gefüllt sein
Bremsbeläge		●		●		
Kraftstoffanlage		●			●	Auf Dichtheit achten. Leitungen müssen einwandfrei sein

Anlage/Komponente \ Arbeiten/Ausführung	Funktionsprüfung	Sichtprüfung	Einstellung	Werkstatt	Laie	Anmerkung
Lenkkopflagerspiel	●				●	Siehe Wartung
Reifen		●			●	Zulässigkeit siehe Kfz-Schein. Auf Schäden und Profiltiefe (≧ 2 mm) überprüfen
Vorderachse		●		●	●	Spiel des Radlagers prüfen
Motor und Getriebe		●			●	Keine Undichtigkeiten am Motor, Schaltgetriebe und Achsantrieb
Rahmen		●			●	Tragende Teile dürfen weder stärker an- noch- gerostet sein.
Auspuff		●			●	Befestigung muß einwandfrei sein. Auf Dichtheit bzw. Korrosion überprüfen
Abgastest				●		Eventuell Einstellung der Vergaser, Einspritzung und Zündung erforderlich
Bremsseile		●			●	Keine Korrosionsschäden. Einwandfreie Führung
Bremsleitungen		●			●	Keine Korrosionsschäden
Bremsschläuche		●			●	Dürfen nicht porös sein
Hauptbremszylinder		●			●	Auf Dichtheit achten

7.2 Tips

- Gibt man ein Fahrzeug zur TÜV-Vorbereitung in eine Werkstatt, sollte ein detaillierter Kostenvoranschlag verlangt werden. Legen Sie fest, daß alle größeren Reparaturen vor Beginn mit Ihnen abzusprechen sind. Erteilen Sie keiner Werkstatt einen Freibrief.
- Viele Kfz-Werkstätten bieten die Möglichkeit, eine Hauptuntersuchung in ihrem Betrieb von einem Prüfer des TÜV oder deutschen Kraftfahrzeug-Überwachungsvereins (DEKRA) vornehmen zu lassen.
- Die TÜV-Prüfstelle bzw. TÜV-Nachprüfstelle ist frei wählbar.
- Wird das Fahrzeug in einem verkehrsunsicheren Zustand vorgeführt, entfernt der Prüfer die TÜV-Plakette und informiert die Zulassungsstelle. Das Fahrzeug muß von einem Abschleppwagen in die Werkstatt transportiert werden.
- Eine Terminvereinbarung (kann auch telefonisch erfolgen) verkürzt die Wartezeit erheblich.
- Wurden Änderungen am Motorrad vorgenommen, durch deren Betrieb eine Gefährdung von Verkehrsteilnehmern möglich sein kann, muß die Betriebserlaubnis vorgelegt werden, sofern sie noch nicht im Fahrzeugschein eingetragen sind.
- Motorrad in sauberen Zustand vorführen.
- Fahrgestellnummer und Fabrikschild müssen lesbar sein und mit Eintrag im Kfz-Schein übereinstimmen.
- Nebelscheinwerfer müssen vorschriftsmäßig angeordnet sein.
- Zur TÜV-Hauptuntersuchung sollten die Bremsen zur Erzielung einer optimalen Bremswirkung warm gefahren werden. Feuchte Bremsen können trotz einwandfreiem Zustand unterschiedlich stark ziehen.
- Um einen günstigen CO-Wert zu erzielen, ist der Motor bis Erreichen der Betriebstemperatur zu fahren und ein längerer Leerlaufbetrieb zu vermeiden (Richtwert 1,5 ± 0,5 Volumenprozent).
- Führen Sie nach Möglichkeit Ihr Fahrzeug persönlich beim TÜV vor. Es entfallen dadurch Werkstattkosten.
- Stellt der Prüfer einen oder mehrere Mängel fest, werden bei einer Nachuntersuchung, die nur einen Teil der Erstuntersuchung kostet, lediglich die vom Prüfer angekreuzten Mängel überprüft.

8. Tabellen

8.1 Zündabstand und Zündfolge

Takte		Zylinder				Zündabstand [°KW]	Zündfolge	Bemerkung
2	4	1	2	3	4			
●		●				360	1	
	●	●				720		
●			●			180	1,2	Twinmotor
	●		●			180 u. 540		
●			●			360		Gleichläufer
	●		●			360		
	●		●			270 u. 450		90 °-V-Motor
	●		●			300 u. 420		60 °-V-Motor
●			●			360		Boxer-Motor
	●		●			360		
	●				●	180	1,3,2,4 1,4,2,3	
●				●		120	1,2,3	
	●			●		240	1,3,2	
	●				●	180	1,2,4,3 1,3,4,2	Reihenmotor

8.2 Leistungen elektrischer Komponenten

Benennung	Leistung [W]	Bemerkung
Lichtmaschine/Generator	150 200 240 280 460	Drehstromgenerator bei Motorrädern
	19 35	Kleinkrafträder
Magnetzünder-Generator	17	Moped
Zündanlage	5	
Biluxlampe	25/25 35/35 45/40 50/35	Fernlicht/Abblendlicht
Halogenlampe	60/55	
Scheinwerferlampe	15,0	Moped
Standlichtlampe	4,0	

Benennung	Leistung [W]	Bemerkung
Schlußlicht	10,0	
Schluß- und Kennzeichenlampe	5,0	Zweifadenlampe
Bremslichtlampe	21,0	
Schluß- und Bremslichtlampe	7/23 3/32	
Schlußlichtlampe	4,0	Kleinkraftrad
Bremslichtlampe	5,0	
Schlußlichtlampe	2,0	Moped
Bremslichtlampe	5,0	
Kontrollampen	3,0 4,0	Fernlicht Öldruck Leerlauf Bremse Batterieladung Blinker
	0,6	Kleinkraftrad/Moped
Skalenbeleuchtung	3,0	Tachometer Drehzahlmesser Spannungsmesser Zeituhr Öltemperatur
Blinklampe	21,0	
Signalhorn	25,0	
Zündspule	15,0	
Anlasser	400 700	Gleichstrommotor

Die Leistungen können je nach Fabrikat und Typ des Fahrzeuges von den angegebenen Werten geringfügig abweichen.

8.3 Belastungstafel isolierter Kupferleiter für Kraftfahrzeuge

Querschnitt mm^2	Belastung A	Verwendung
0,5	0,5	Melde- und Kontrollampen, Meßkreise usw.
0,75	2,5	Brems- und Schlußleuchten
1,0	3,0	Fahrtrichtungsanzeiger
1,5	6,0	Scheinwerfereinzelleitungen, Blinker- und akustische Signalanlage
2,5	15,0	Scheinwerfersammelleitung, Signalhorn > 6 A usw.
4,0 6,0 10,0	20,0 25,0 40,0	Ladeleitungen, Leitungen zu Lichtschaltern
16–120	–	Anlasserleitungen